U0943720

“十三五”国家重点出版物出版规划项目 · 重大出版工程
高超声速出版工程

高超声速飞行器气动热耗散、输运和再利用管理技术

龚春林　苟建军　唐　硕　著

科学出版社
北　京

内 容 简 介

高超声速飞行器热管理是专门研究高超声速飞行器热耗散、输运及再利用的技术，历来受到航天工业部门的高度重视。热管理系统作为飞行器安全飞行和设备正常工作的重要保障，是高超声速工程发展的关键技术之一。本书重点针对高超声速飞行器典型的热环境特点，提出了等效热平衡模型和热管理系统设计理论，系统地阐述了高超声速飞行器热管理的基本概念与内涵。针对热耗散技术，建立了基于等效热平衡模型的热防护系统设计方法，提出了新型一体化承载防热结构的快速设计和评估方法；针对热输运技术，开展了飞行器大曲率前缘区域热管及对流输运方案的分析和评估，提出了大面积区域对流热输运网络的设计方法；针对热利用技术，开发了防热-供电、承载-防热-供电多功能结构技术。本书最后建立了高超声速飞行器热管理系统的设计流程，实现了热防护子系统、热输运子系统和热电转换子系统的耦合设计。

作者所在单位针对高超声速飞行器热管理方向进行了十多年的持续研究，取得了一系列的研究成果。本书针对作者在高超声速飞行器热管理方面的最新研究成果进行了系统总结，提出的飞行器热耗散、热输运和热利用技术、热管理总体方案、热管理系统设计方法等，可以为飞行器设计专业，尤其是高超声速飞行器热管理方向的研究者提供重要参考。

图书在版编目(CIP)数据

高超声速飞行器气动热耗散、输运和再利用管理技术 / 龚春林，苟建军，唐硕著. —北京：科学出版社，2021.8
(高超声速出版工程)
"十三五"国家重点出版物出版规划项目 · 重大出版工程
ISBN 978-7-03-069189-7

Ⅰ. ①高… Ⅱ. ①龚… ②苟… ③唐… Ⅲ. ①高超音速飞行器—热扩散—研究 Ⅳ. ①V47

中国版本图书馆 CIP 数据核字(2021)第 111709 号

责任编辑：胡文治 / 责任校对：谭宏宇
责任印制：黄晓鸣 / 封面设计：殷 靓

科学出版社 出版
北京东黄城根北街 16 号
邮政编码：100717
http：//www.sciencep.com

南京展望文化发展有限公司排版
广东虎彩云印刷有限公司印刷
科学出版社发行 各地新华书店经销

*

2021 年 8 月第 一 版 开本：B5(720×1000)
2023 年 8 月第三次印刷 印张：18 1/2
字数：318 000

定价：150.00 元

(如有印装质量问题，我社负责调换)

高超声速出版工程

专家委员会

高超声速出版工程·高超声速防热、材料与结构系列

编写委员会

丛书序

飞得更快一直是人类飞行发展的主旋律。

1903 年 12 月 17 日，莱特兄弟发明的飞机腾空而起，虽然飞得摇摇晃晃，犹如蹒跚学步的婴儿，但拉开了人类翱翔天空的华丽大幕；1949 年 2 月 24 日，Bumper-WAC 从美国新墨西哥州白沙发射场发射升空，上面级飞行马赫数超过 5，实现人类历史上第一次高超声速飞行。从学会飞行，到跨入高超声速，人类用了不到五十年，蹒跚学步的婴儿似乎长成了大人，但实际上，迄今人类还没有实现真正意义的商业高超声速飞行，我们还不得不忍受洲际旅行需要十多个小时甚至更长飞行时间的煎熬。试想一下，如果我们将来可以在两小时内抵达全球任意城市，这个世界将会变成什么样？这并不是遥不可及的梦！

今天，人类进入高超声速领域已经快 70 年了，无数科研人员为之奋斗了终生。从空气动力学、控制、材料、防隔热到动力、测控、系统集成等，在众多与高超声速飞行相关的学术和工程领域内，一代又一代科研和工程技术人员传承创新，为人类的进步努力奋斗，共同致力于达成人类飞得更快这一目标。量变导致质变，仿佛是天亮前的那一瞬，又好像是蝶即将破茧而出，几代人的奋斗把高超声速推到了嬗变前的临界点上，相信高超声速飞行的商业应用已为期不远！

高超声速飞行的应用和普及必将颠覆人类现在的生活方式，极大地拓展人类文明，并有力地促进人类社会、经济、科技和文化的发展。这一伟大的事业，需要更多的同行者和参与者！

书是人类进步的阶梯。

实现可靠的长时间高超声速飞行堪称人类在求知探索的路上最为艰苦卓绝的一次前行，将披荆斩棘走过的路夯实、巩固成阶梯，以便于后来者跟进、攀登，意义深远。

以一套丛书，将高超声速基础研究和工程技术方面取得的阶段性成果和宝贵经验固化下来，建立基础研究与高超声速技术应用之间的桥梁，为广大研究人员和工程技术人员提供一套科学、系统、全面的高超声速技术参考书，可以起到为人类文明探索、前进构建阶梯的作用。

2016 年，科学出版社就精心策划并着手启动了“高超声速出版工程”这一非常符合时宜的事业。我们围绕“高超声速”这一主题，邀请国内优势高校和主要科研院所，组织国内各领域知名专家，结合基础研究的学术成果和工程研究实践，系统梳理和总结，共同编写了“高超声速出版工程”丛书，丛书突出高超声速特色，体现学科交叉融合，确保丛书具有系统性、前瞻性、原创性、专业性、学术性、实用性和创新性。

这套丛书记载和传承了我国半个多世纪尤其是近十几年高超声速技术发展的科技成果，凝结了航天航空领域众多专家学者的智慧，既可供相关专业人员学习和参考，又可作为案头工具书。期望本套丛书能够为高超声速领域的人才培养、工程研制和基础研究提供有益的指导和帮助，更期望本套丛书能够吸引更多的新生力量关注高超声速技术的发展，并投身于这一领域，为我国高超声速事业的蓬勃发展做出力所能及的贡献。

是为序！

2017 年 10 月

前　言

目前高超声速技术已成为衡量一个国家国防力量和综合实力的重要象征。随着高超声速工程的发展，出现了飞行包线宽、飞行器尺度大及动力形式复杂等显著特点，技术难度越来越大，由此引发了很多新问题和新的技术需求，其中，复杂严苛的力/热环境是制约高超声速飞行器发展的关键因素之一，而热管理技术成为高超声速工程的关键技术之一。高超声速飞行器所面临的热环境具有大热流、高壁温、强时变和传热过程复杂等特点，而飞行器普遍采用的细长和尖锐构型提升了对热安全性能和低冗余设计的强烈需求，热能的管理成为总体设计、传热传质、流体气动、结构材料、能源电子等学科紧密耦合下的过程管理，因此，高效可靠的热管理技术研发，需要长期持续性的科学研究和工程实践。

传统著作中，将飞行器热管理技术按照冷却方式分为被动、半主动和主动冷却热防护技术，而本书中将热管理技术定义为针对热能的产生、耗散、输运和再利用全过程进行管理的技术，按照热能管理方式分为降热、热耗散、热输运和热利用技术。本书中主要关注热能传递和转换路径，不再特意区分主动、被动技术，此种论述，有助于从能量平衡和总体设计的角度理解热管理学科与其他学科之间的耦合关系，实现热管理系统的低冗余设计。

目前，高超声速飞行器热管理关键技术的成熟度与效率之间普遍存在矛盾，热管理系统设计方法大多较为保守，无法满足高超声速飞行器总体设计需求。针对上述问题，本书作者及合作者在国防基础科研项目、国家自然科学基金等项目的支持下，开展了气动热快速预测方法、基于多功能结构的热耗散技术、关键部位及大面积区域热输运方案设计，以及基于热电转换的热再利用技术研究，建立了高超声速飞行器热管理系统低冗余设计方法和流程。

本书分为五部分，共9章。第一部分为基本概念和方法，包括第1、2章，介绍了高超声速飞行器热管理基本概念，提出了飞行器表面等效热平衡概念，建立了气动热计算与热管理系统设计之间的耦合关系，建立了基于等效热平衡模型的气动热计算方法；第二部分为第3、4章，针对热耗散技术，进行了典型飞行器的被动热防护系统设计，研究了波纹夹芯型防热/承载多功能结构热传导、静力学、动力学半解析评估方法；第三部分为第5、6章，针对热输运技术，开发了飞行器前缘部位的热管和对流冷却方案，提出了大面积区域对流热输运网络设计方法；第四部分为第7、8章，针对热再利用技术，开展了防热/供电及承载/防热/供电多功能结构的设计、评估和优化；第五部分为第9章，建立了热管理系统的设计方法和流程。

本书主要研究内容，先后培养了10余名博士和硕士研究生，包括目前就职于南京航空航天大学的赵吉松博士，中国运载火箭技术研究院的薛鹏飞研究员、王一凡博士，中国空气动力研究与发展中心的陈兵博士，以及目前正在攻读博士学位的胡嘉欣、高戈、常越，感谢上述同仁及同学对本书的支持。另外西北工业大学谷良贤教授在本书成书过程中，提供了大力支持，在此一并感谢。

本书得到了国家自然科学基金项目“织物增强类陶瓷基复合材料的传热机理、性能及细观表征方法研究”（51806175）及“RBCC动力天地往返飞行器气动/推进一体化精细解析建模研究”（11672235）的支持，并获得了“西北工业大学精品学术著作培育项目”的资助。

由于水平有限，书中难免有不足和错漏之处，请各位读者批评指正！

作　者

2021年1月

高超声速出版工程

目 录

第 3 章　被动热防护系统设计

第 4 章　波纹夹芯型防热/承载一体化多功能结构设计及评估方法

第 5 章 飞行器前缘热输运技术

第 6 章 飞行器大面积区域对流热输运网络设计

第 7 章 热电转换结构设计及性能评估

第 9 章 热管理系统优化设计及流程

第1章 绪论

高超声速飞行器是指马赫数大于5,以火箭式、吸气式或组合式发动机为动力系统,在大气层内飞行或出入大气层的飞行器。高超声速技术是研究高超声速飞行器设计和制备的技术,在军事领域,可以衍生出新型战术打击武器和战略威慑力量;在民用领域,可以发展出先进的天地往返运输系统,高效地开发和利用空间资源。因此,高超声速飞行器技术是21世纪航空航天领域的制高点,是衡量一个国家国防力量及空间利用能力的重要标志,代表国家的综合国力和科技水平。

高超声速工程始于20世纪50年代美国的空天飞机(NASP)计划,经历了多次的技术演化和发展思路调整。早期的高超声速飞行器以单级入轨为发展目标,但随着空天飞机计划的受挫,以及相关技术研究的不断深入,各国逐渐意识到单级入轨存在较大的难度,因此调整了各自的高超工程计划,转而开始各项关键技术的研制及演示验证,如美国后续开展的Hyper-X计划进行了超燃冲压发动机演示验证、开展的HyTech计划进行了碳氢燃料超燃冲压发动机演示验证等。图1-1列举了世界各国主要的高超声速飞行器研究计划及研究目标[1],图1-2为美国部分典型高超声速飞行器。

目前,高超声速飞行器逐渐由小尺寸导弹武器向大尺寸飞机和天地往返运载器发展,由巡航类飞行器向加速类入轨飞行器发展,由两级入轨方案向单级入轨方案发展。随着高超声速工程的发展,出现了飞行包线宽、飞行器尺度大及动力形式复杂的特点,技术难度越来越高,由此引发了很多新问题和新技术方向,其中,复杂严苛的力/热环境是制约高超声速飞行器发展的关键因素之一,而热管理技术是高超声速飞行器工程的关键技术之一。

- 美　国
  - NASP 计划⟶X30飞行器⟶单级入轨运载器演示验证
  - Hyper－X计划⟶X43A飞行器⟶超燃冲压发动机演示验证
  - HyTech计划⟶X51飞行器⟶碳氢燃料超燃冲压发动机演示验证
  - 基于 SABRE 发动机的两级入轨方案⟶两级入轨运载器演示验证
- 俄罗斯
  - “冷计划”⟶验证轴对称亚/超燃冲压发动机技术
  - “鹰”高超声速技术发展计划⟶开展大量的地面试验
  - 彩虹－D2 计划⟶超燃冲压远程面对称空对地导弹的演示验证
- 法　国
  - PREPHA计划
  - JAPHAR计划
  - PROMETHEE计划
  - LEA飞行试验等计划
  - ⟶验证吸气式高超声速飞行器相关的关键技术
- 德　国　Sanger 计划⟶两级入轨空天飞机
- 英　国
  - SHyFE飞行试验计划⟶验证冲压发动机的飞行性能
  - “云霄塔”计划⟶Skylon飞行器⟶单级入轨运载器方案研究
- 欧空局　先进推进概念和技术研究计划⟶开展了 RBCC 和 TBCC 等组合推进关键技术和飞行器概念设计
- 日　本
  - 空天飞机方案⟶空天飞机技术验证
  - 吸气式高超推进研究⟶开展大量吸气式高超推进的研究
- 澳大利亚
  - HyShot计划
  - HyCAUSE计划
  - HIFiRE飞行试验计划
  - ⟶利用低成本飞行试验验证吸气式高超声速飞行器相关的关键技术
- 中　国　863 计划等⟶验证超燃冲压发动机为代表的高超声速相关技术

图 1－1　世界主要国家的高超声速飞行器计划

(a) X-51A

(b) HTV-2

(c) X-37B

图 1－2　典型的高超声速飞行器

1.1　高超声速飞行器热环境基本特点

高超声速飞行器在大气层中高速飞行时，周围空气受到强烈压缩和剧烈摩擦，大部分动能转化为热能，致使空气温度急剧升高，而高温气体通过对流传热的形式向飞行器表面传递，称为气动加热。如图 1－3 所示，高超声速来流遇到飞行器壁面,会形成激波,气体经过激波压缩后,速度急剧降低而温度急剧升高,此时一部分动能转换为热能;飞行器壁面的气体因为黏性作用,形成边界层,来流经过边界层时,速度进一步降低而温度进一步升高,壁面边界层内产生很大的速度梯度,来流的部分动能转换为热能;最终,边界层内的高温气体通过热对流、热传导、热辐射等一系列复杂传热过程,与低温壁面间进行热量交换,直至与飞行器壁面向外的热辐射及向内的热传导,达到热平衡状态。

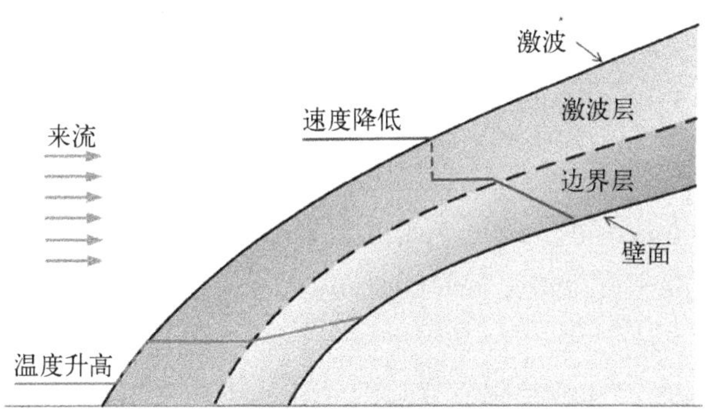

图 1-3　激波、边界层及流场

严重的气动加热会给飞行器带来诸多危害,如影响结构材料的力学性能、降低结构承载能力、引起气动热弹性问题、影响舱内设备仪器的正常使用等。高超声速飞行器特殊的飞行状态和构型设计,决定了其所面临的气动加热尤其严重,传热过程非常复杂。在飞行状态方面,飞行包线很宽,飞行速度和高度的范围很大,如速度从 0*Ma* 到 20*Ma*,高度从地面到入轨,导致气动加热具有较强的时变非线性;另外,相较于航天飞机等垂直起飞的轨道飞行器,大部分高超声速飞行器在大气层中飞行时间更长,气动热的累积效应非常突出。在构型设计方面,高超声速飞行器为了提升进气性能并降低气动阻力,通常具有尖锐的机体前缘和进气道唇口,如 X-43 前缘设计半径仅为 0.76 mm,导致局部关键区域热流密度很大、温度很高;另一方面,为了保证发动机推力与气动阻力的匹配,通常采用机体/发动机一体化设计,发动机进、排气系统与机体融为一体,发动机外部流场和内部流场之间存在强耦合关系,导致发动机燃烧对飞行器机体的传热过程具有重要影响。

高超声速飞行器的任务能力在不断提升和扩展,如定向能武器等大功率设备的装载,增强了针对先进电源和供电技术的需求,而随着机载设备的大功率趋势,舱内的散热和热管理问题会非常严重。美国空军支持了一系列飞行器供电和热管理技术研究项目，如 INVENT（Integrated Vehicle Energy Technology）计划、NGT－PAC（Next Generation Thermal, Power and Controls）计划及 INPPAT（Integrated Propulsion, Power and Thermal）计划等，旨在促进飞行器大功率供电及热管理技术的发展。

综上所述，高超声速飞行器面临的热环境具有如下四个主要特点[2]。

（1）热源复杂。高超声速飞行器热源主要包括穿越大气层或在大气层内飞行时产生的气动热、动力系统工作时产生的燃烧余热以及内部大功率设备的散热。飞行器内、外各热源之间存在热量传递和相互影响，导致飞行器面临复杂的热量载荷。

（2）热载荷大。一方面，飞行器高速飞行时表面会产生大量的气动热，前缘、进气道唇口等尖锐部位的热流密度甚至可达兆瓦每平方米级以上；另一方面，巡航类高超声速飞行器飞行时间长，甚至可达数小时，累积的总热量值即热载荷大。

（3）热载荷时变非线性强。宽包线尤其是天地往返的高超声速飞行器，飞行高度和速度范围大，飞行状态和动力系统工作状态随时间变化剧烈，因此产生的内、外热载荷具有很强的时变非线性。

（4）内、外热载荷相关性强。高超声速飞行器通常采用机体/发动机一体化设计，气动热、燃烧热和设备热共享界面、相互传递、相互影响，内、外热载荷具有强烈的一体化管理需求，热管理系统涉及防热、气动、结构和推进等学科的复杂协同设计。

总之，高超声速飞行器面临的热环境具有热源复杂、气动加热严重、时变非线性强、热载荷相互影响及传热过程复杂等特点；同时，随着天地往返、可重复使用、航班化运输甚至太空旅行需求的发展，高超声速飞行器面临热防护系统低冗余、温度控制高精度、余热利用高效率等设计需求；另外，高超声速飞行器热管理系统与总体、结构及动力等系统之间的耦合性强、设计约束多，上述因素对热管理技术的发展提出了严峻挑战。

1.2　高超声速气动热管理技术研究现状

高超声速飞行器的热管理是指通过跟踪和控制热能的产生、耗散、输运和再利用全过程，采用热能精细化管理技术，有效改善飞行器防热/控热水平，保证飞行器安全并提升飞行器总体设计能效比。如上所述,高超声速飞行器的热源包括气动热、燃烧热和设备散热,本书主要针对气动热开展管理技术研究。目前,气动热管理技术大致可分为气动降热、热耗散、热输运和热再利用技术。

1.2.1 气动降热

高超声速飞行器气动热能的产生与飞行弹道(高度、速度、攻角等)及飞行器构型(气动外形、变几何构型等)密切相关,可以分别通过改变弹道和构型控制气动热的产生。飞行速度越大,高度越低(空气越稠密),则产生的气动热越大,因此减少在低高度下高速飞行的时间,可有效降低气动热。但是,现有飞行器的弹道设计中,主要以任务航程、动力匹配等作为主要目标,气动热作为设计目标的性价比较低,通常作为设计约束,因此,若要通过改变弹道高度、速度特性实现气动降热,需要更加精细的弹道设计技术。

高超声速飞行器为了减小阻力,提高气动性能,一般都具有尖锐前缘,而尖锐前缘将引起严重的气动加热。为了降低前缘等关键部位的气动热,可以适当增大前缘半径,尖锐前缘将产生紧贴壁面的附体激波,而钝化构型将增加激波与壁面间的距离,产生脱体激波,减弱气动加热。常见的前缘钝化分为减材和增材钝化技术,前者对气动性能的影响较大,而后者会增加结构质量。在钝体前缘的基础上,可以采用支杆和逆向射流等流体控制手段,将激波推离壁面,通过改变激波的形状和位置,达到减阻降热的目的[3](图1-4)。另外,可以针对飞行器壁面构造出合适的微结构,通过改变边界层流动状态减阻降热。但是,基于表面微结构的减阻降热技术涉及湍流及微小尺度流动换热,机制非常复杂,如针对纵向微结构,有学者认为微结构中产生的二次涡增加了近壁面区域流动的稳定性,进而降低了流动阻力[4],也有学者认为微结构对壁面流体的阻滞增大了黏性边界层的厚度,减小了边界层平均速度梯度,进而降低了气动阻力[5]。

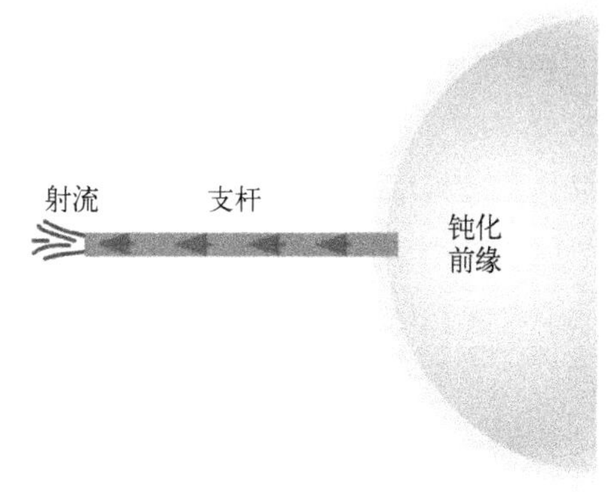

图1-4 典型减阻降热技术:钝化、支杆和喷流

总之,通过弹道规划来实现气动降热具有较大的难度,而基于飞行器构

型变化或壁面微结构的减阻降热技术具有较好的效果，但具有各种缺点，如钝化技术影响气动性能、减阻支杆易烧蚀、逆向射流稳定性差、表面微结构技术复杂机制还不明确等。因此，可靠、高效的减阻降热技术还需要进一步的研究。

1.2.2　热耗散技术

高超声速飞行器表面产生的气动热，大部分被热防护系统阻隔，无法进入机体内部，在机体表面通过热辐射等形式进行耗散。热耗散技术根据热防护系统的形式分为被动式、半主动式和主动式三种，被动式耗散技术主要利用耐高温结构及相应隔热结构阻止热量进入机体内部，而半主动和主动技术则需要利用冷却工质隔离或消耗热量，以期达到热能耗散的目的。

被动热防护结构根据防热功能分为隔热式、热沉式及辐射式结构。隔热式结构通过在飞行器结构外层增加低热导率的隔热材料层，降低防热结构的导热性能，阻止热量进入结构内部；热沉式结构主要依靠结构和材料自身的热沉吸收气动热，将气动热转化为材料内能，达到热防护效果；辐射式结构则主要利用防热结构表面的高发射率，将大部分气动热以辐射的形式耗散在机体之外，进而达到热防护效果。随着防热技术的发展，现有的热防护系统概念通常具有隔热、热沉和辐射的综合防热功能。总之，热防护结构通常由耐高温层、隔热层和黏结层组成，其中，耐高温层的表面涂覆高发射率的涂层，可增强热辐射效率，隔热层由导热系数极低（如气凝胶材料的导热系数与空气相当）的隔热材料组成，降低热量向机体内部传递的能力，增强了辐射耗散。目前，成熟的热防护系统概念主要为 NASA 在航天飞机及后续的高超工程中研制的柔性隔热毡、刚性陶瓷瓦及金属防热瓦等[6]。图 1－5 为两种典型热防护概念示意图，图 1－5(a)为典型金属防热瓦——二代超合金蜂窝板，图 1－5(b)为典型陶瓷防热瓦——氧化铝增强防热瓦。

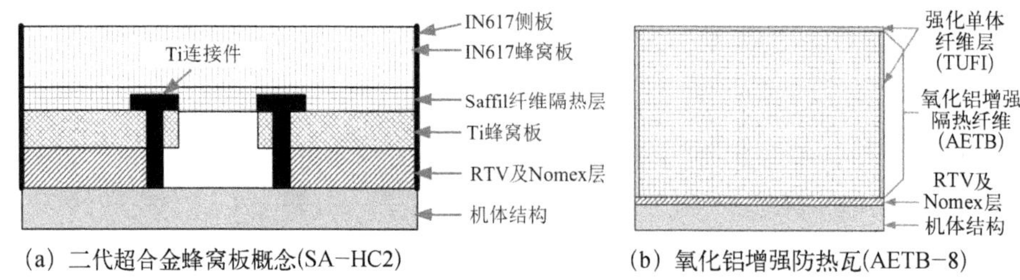

(a) 二代超合金蜂窝板概念(SA－HC2)　　(b) 氧化铝增强防热瓦(AETB－8)

图 1－5　典型热防护概念

传统的热防护概念以阻隔热量为主,结构效率较低,而通过增加额外的功能模块,可以开发出结构效率更高的多功能防热概念。例如,增加承载模块,可以开发出承载/防热一体化热防护方案,图1-6为波纹夹芯型承载/防热一体化概念[7,8],与传统防热瓦、隔热毡等热防护结构相比,提升了结构效率和设计自由度;笔者课题组通过在热防护概念中加入热电材料和相应模块,开发了防热/供电多功能结构[9];得克萨斯农工大学开发了承载/防热/振动控制多功能结构[10]等。理论上,这种多功能的复合结构具有更高的热防护及热能管理效率,但目前的研究和应用还不够,尤其是相较于传统防热结构的效率对比分析还比较欠缺,需要大量后续研究。

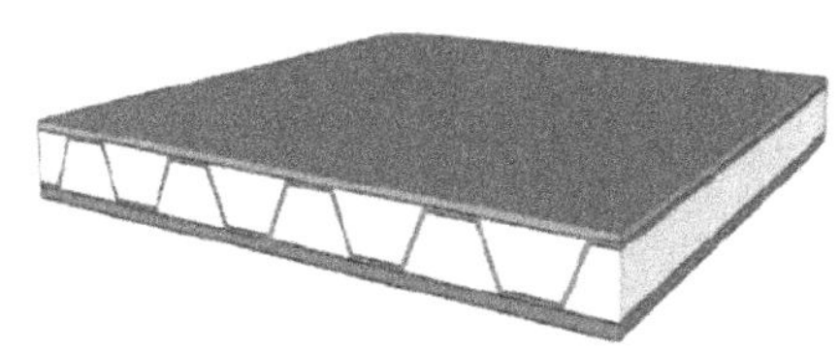

(a) 波纹夹芯型

(b) 改进的波纹夹芯型

图1-6 典型承载/防热多功能热防护方案

半主动式热耗散技术,主要依赖材料或结构本身的特性冷却壁面,主要包括发汗冷却技术。发汗冷却根据工质分为:基于发汗材料的冷却技术,其中发汗材料是指在高熔点材料中渗入具有低熔点和大蒸发潜热的材料,在高温下,低熔点材料将熔化、蒸发吸热,从而降低材料表面温度,典型的发汗材料包括钨渗铜、钼渗铜(铜为低熔点组分)等;基于多孔结构和液体工质的冷却技术,是指在结构壁面下构造微小孔隙,高温作用下液体工质蒸发流过微小孔隙,在壁面处形成致密气膜,达到冷却壁面的目的。由上述描述可知,发汗冷却伴随着工质的相变过程,通常也称为蒸发冷却。发汗冷却技术具有较高的冷却效率,因此被广泛用于火箭发动机燃烧室[11]、高超声速飞行器壁面[12]等部位的冷却,但是,发汗技术所用材料和工质具有消耗性,限制了其在飞行器大面积区域及重复使用部位上的应用。

主动式耗散技术包括气膜、液膜冷却技术等,需要携带额外的冷却工质,通过将工质输送到被保护结构的表面,形成低温气/液膜层以防止热量进入壁面。气膜与发汗冷却技术的不同之处在于后者的组分或工质将发生蒸发相变,而前者通常不涉及相变过程。主动式耗散技术具有较高的冷却效率,但需要消耗大量的工质流体,成本较高。

由此可见，热耗散技术是指通过辐射耗散、气膜或液膜阻隔等方式将热能消耗在机体壁面之外的技术，目前被动式热能耗散技术在研发和应用上最为成熟，但其效率最低；半主动和主动技术效果较好，但技术成熟度较低、系统较为复杂，且成本较高。

1.2.3　热输运技术

高超声速飞行器产生的气动热，部分通过热辐射耗散在周围空间，另外部分进入热防护系统，对于某些关键部位和区域，为避免热量集中导致温度很高，需要利用导热、对流等热传递方式将进入热防护系统的热量输运至低温区域。在高超声速飞行器领域，最常采用的热输运技术包括热管[13, 14]、高导热材料和工质对流[15, 16]技术。

热管的工作原理如图 1－7 所示，热量从热管蒸发段进入，将液体工质加热蒸发为气体，携带热量的气体工质流动到冷凝段时冷却为液体，放出热量，热量经由管壁传递至外部环境。可见，热管在整个工作过程中，通过工质的相变，将热量从蒸发段的热流体传递给了冷凝段的冷流体，能实现高温区域的快速降温。热管的概念最早由 Grover 等[17]在 1964 年提出，随后，热管技术不断发展，结构形式不断多样化，发展出环形、微型、脉动等多种热管方案，其应用范围不断拓展，广泛应用于电子元器件冷却、飞行器热防护等领域。从 1970 年起，NASA 开始研究在高超声速飞行器驻点和机翼前缘等高温区域的热管技术；2006 年，Glass[18]设计制作了用于机翼前缘的高温热管，并进行了考核试验。国内多家单位也针对热管在飞行器热防护方面的应用开展了研究，如西北工业大学通过地面模拟气动加热试验，验证了高温热管在热防护系统上应用的可行性[19]；中国航天空气动力技术研究院针对高超声速飞行器的尖前缘，设计了一体化的高温热管结构[20]。热管技术涉及多孔介质传热传质、相变传热等复杂过程，目前仍然面临启动较慢、可靠性差等问题，限制了进一步的应用。

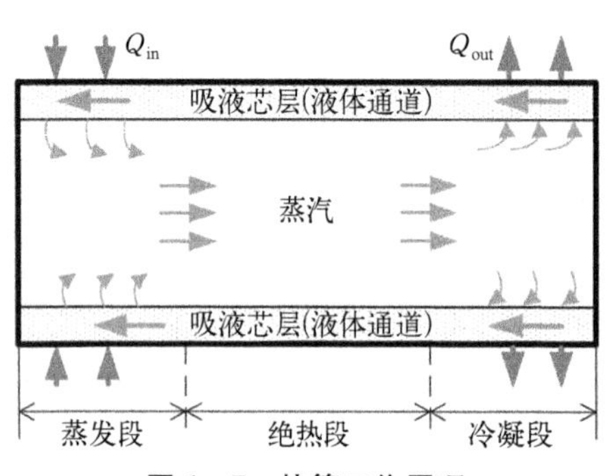

图 1－7　热管工作原理

在热输运过程中，热管可以看作是具有很高导热系数的导热体，而随着材料科学的发展，材料的导热性能有了很大提高，如 C/C 高导热复合材料的导热系数可达 800 W/(m·K)[21],因此高导热材料可以在特定场合代替热管。通过在飞行器高温部位嵌入高导热材料,可将热量通过热传导的形式输运到低温区域,例如,在高超声速飞行器头锥、前缘部位引入高导热材料,可以显著降低壁面温度[22]。不同于热管,基于高导热材料的热传递过程不涉及工质相变,且整个传热过程稳定,但是,目前高导热材料技术的稳定性和可靠性较低,限制了其在飞行器热管理领域的进一步应用。

对流热输运技术以液体工质为中间介质,工质在管道中流动并与管壁间进行对流换热,最终将热量带至低温区域。对流热输运技术的输运效率高,可用于飞行器高温部件的主动热输运,如 NASA 针对高超声速飞行器尖锐前缘,设计了如图 1-8(a)所示的基于对流热输运的前缘构型[23]。如果以燃料作为热输运工质,降低结构温度的同时,对燃料进行预热,则废弃的热量被带入推进系统得以再生利用,即为再生冷却系统。再生冷却技术可同时实现热能的输运和再生利用,广泛用于多种动力系统如超燃冲压发动机[24, 25]、火箭发动机[图 1-8(b)][26, 27]、组合式发动机[16, 28]以及预冷式发动机[29, 30]的燃烧室和尾喷管热管理。目前,对流热输运主要应用于前缘、燃烧室和尾喷管等部位,而从飞行器能量输运及再利用,尤其是机体/发动机热能一体化管理的角度考虑,针对高超声速飞行器大面积区域气动热能的再生冷却技术,具有重大的应用潜力。

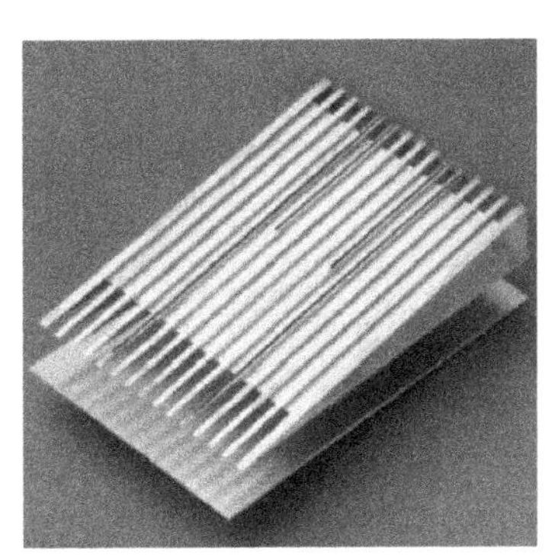

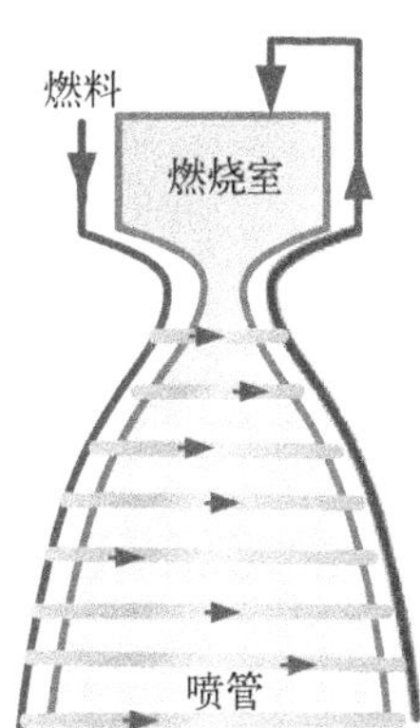

(a) 前缘对流热输运方案[23]　　(b) 火箭再生冷却方案

图 1-8　典型的对流热输运方案示意图

1.2.4　热再利用技术

高超声速飞行器的热能再利用技术主要有再生冷却和热电转换技术。再生冷却技术的研究现状如 1.2.3 节所述,本节不再赘述。

在温度梯度作用下,热电材料中的载流子沿温度梯度的反方向,即从热端向冷端移动从而产生电势差,n 型热电材料的高电势出现在高温端,而 p 型热电材料的高电势出现在低温端,这种现象称为塞贝克效应。基于热电材料的塞贝克效应,可以将热能直接转换为电能,因此,热电转换技术的性能主要取决于热电材料的热电转换效率。现有热电材料主要分为半导体金属合金型热电材料、方钴矿型热电材料、金属硅化物型热电材料、氧化物型热电材料,通过涂层、纳米结构等技术可提高材料的热电转换效率(5%~20%甚至更高[31])。根据适用的温度范围,热电材料分为高温(>900 K,如氧化物[9, 25])、中温(500~900 K,如 PbTe[32, 33])和低温(<500 K,如 Bi_2Te_3[34-36])材料,基于上述材料可开发出适用于相应温度范围的单级结构以及较大温度范围的多级热电转换结构[37, 38]。图 1-9 为典型的热电转换结构示意图,为了输出最大的电势,热电模块通常由 n 型和 p 型热电材料成对连接组成。

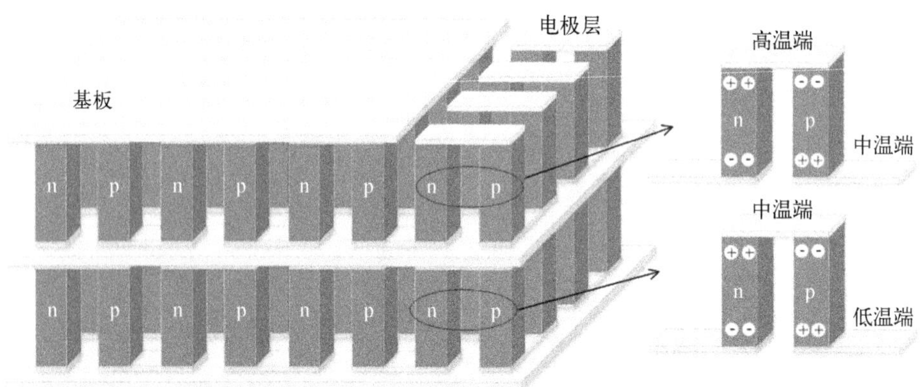

图 1-9 热电转换结构示意图

高超声速飞行器表面气动加热严峻,舱内温度控制要求严格,因此,热防护结构中存在较大的温度梯度,在热防护结构中嵌入热电材料可形成防热-供电多功能结构,若嵌入多层适应不同温度范围的热电材料,则可形成多级热电结构,有效利用宽温域发电。然而,影响热电结构和器件性能的因素众多且复杂,如材料属性、结构形式、界面接触、边界散热等,其中热电材料与电极间接触界面的接触热阻、接触电阻在微米到纳米级尺度上,影响结构的传热、导电过程,进而影响发电功率和热电转换效率。因此,热电结构的设计需要充分考虑各种复杂因素。

1.3　本书主要研究内容

如上所述，高超声速飞行器的热源包括气动热、燃烧热和设备散热，本书主要针对气动热，研究气动热快速预测方法，气动热耗散、输运和再利用技术，以及热管理系统设计方法。如图 1－10 所示，高超声速飞行器热管理系统由降热子系统、热能耗散子系统（主/被动热防护方案）、热输运子系统（相变/导热/对流技术）及热能再利用子系统（再生冷却、热电转换）等组成，可实现飞行器热能产生、耗散、输运和再利用全过程的跟踪和控制。本书主要涉及热能耗散、输运和再利用技术，针对热能产生，未涉及降热技术，但气动热计算时，改进了保守的辐射平衡模型，降低了气动加热壁面温度。

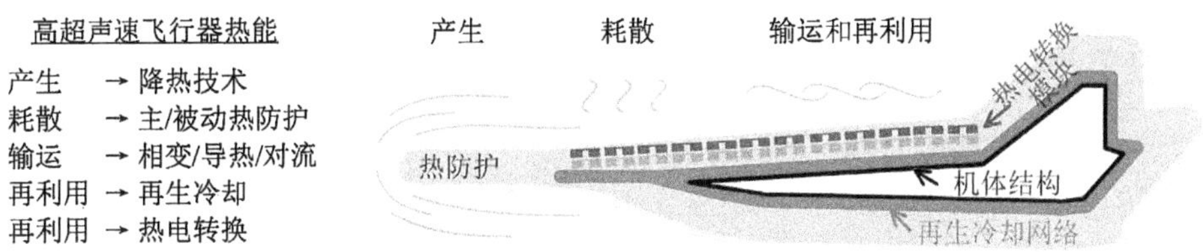

图 1－10　高超声速飞行器热管理系统示意图

很多文献将热管理技术按照热防护方式分为被动冷却、半主动和主动冷却热防护技术，而本书主要关注热能传递路径，不再特意区分主动、被动技术。本书按照热能传递路径将热管理技术分为热耗散、热输运和热再利用技术，其中热耗散技术是指通过辐射耗散、液膜阻隔等方式将热能消耗在机体壁面之外的技术，主要包括被动热防护、发汗冷却、气膜冷却及液膜冷却等技术；热输运技术是指利用固体导热、对流换热等将热能输运至低温区域的技术，包括工质对流、热管、高导热材料等技术；热再利用技术是指通过直接或间接转换将热能回收再利用的技术，包括热电转换和再生冷却等技术。

目前，典型的高超声速飞行器有高速巡航和宽包线飞行两类，如美国 B3 轰炸机，巡航速度为 5～6Ma、飞行时间 1 小时以上；英国 Skylon 单级入轨空天飞机，速度范围为 0～27Ma、高度范围为 0～300 km。笔者课题组设计了两款高超声速飞行器概念，如图 1－11 所示[2]，分别为宽包线运载器（运载器）和巡航飞行器(巡飞器)，前者飞行速域为 0~8Ma、高度为 0~50 km，后者则以 6Ma 速度飞行 2 000 s 以上。本书将主要基于这两类高超声速飞行器，开展热耗散、热输运、热利用技术及热管理系统设计方法的研究。本书分为五部分，第一部分为第 1、2 章，从飞行器表面热平衡入手，提出了等效的热平衡模型，建立了气动热计算与热管理系统包括热耗散、热输运和热利用子系统设计之间的耦合关系；针对气动热，介绍了基于等效热平衡模型的计算方法；第二部分为第 3、4 章，针对热耗散技术，介绍了被动热防护系统设计方法，开展了波纹夹芯型防热/承载多功能结构的热传导、静力学、动力学特性的半解析评估；第三部分为第 5、6 章，针对热输运技术，开发了飞行器前缘部位的热管和对流冷却方案，提出了大面积区域对流热输运网络设计方法；第四部分为第 7、8 章，针对热再利用技术，开展了防热/供电及承载/防热/供电多功能结构的设计、评估和优化；第五部分为第 9 章，提出了高超声速飞行器热管理系统的设计方法和流程。

图 1－11　典型高超声速飞行器及飞行状态特征

参考文献

[1] 陈兵.宽包线吸气式运载器机体/推进一体化耦合设计与分析[D].西安：西北工业大学，2018.

[2] 苟建军，胡嘉欣，常越，等.高超声速飞行器热管理关键技术及进展[J].科技导报，2020，38(13)：1－6.

[3] Ahmed M Y M, Qin N. Recent advances in the aerothermodynamics of spiked hypersonic

vehicles[J]. Progress in Aerospace Sciences, 2011, 47(6): 425 - 449.

[4] Bacher E, Smith C. A combined visualization-anemometry study of the turbulent drag reducing mechanisms of triangular micro-groove surface modifications[C]. Boulder: Shear Flow Control Conference, 1985.

[5] Luchini P, Manzo F, Pozzi A. Resistance of a grooved surface to parallel flow and cross-flow [J]. Journal of Fluid Mechanics, 1991, 228: 87 - 109.

[6] Myers D E, Martin C J, Blosser M L. Parametric weight comparison of advanced metallic, ceramic tile, and ceramic blanket thermal protection systems[R]. Hampton: NASA Langley Technical Report Server, 2000.

[7] 王一凡.面向高速飞行器的波纹夹芯型一体化热防护设计及热力耦合分析方法研究[D].西安: 西北工业大学,2017.

[8] Cao C, Wang R, Xing X, et al. Performance improvement of integrated thermal protection system using shaped-stabilized composite phase change material [J]. Applied Thermal Engineering, 2020, 164: 114529.

[9] Gong C L, Gou J J, Hu J X, et al. A novel TE-material based thermal protection structure and its performance evaluation for hypersonic flight vehicles [J]. Aerospace Science and Technology, 2018, 77: 458 - 470.

[10] Ochoa O O. Functionally graded multifunctional hybrid composites for extreme environments [D]. College Station: Texas A & M University, 2010.

[11] Zhu Y, Jiang P, Sun J, et al. Injector head transpiration cooling coupled with combustion in H_2/O_2 subscale thrust chamber[J]. Journal of Thermophysics and Heat Transfer, 2013, 27 (1): 42 - 51.

[12] Bohrk H. Transpiration-cooled hypersonic flight experiment: setup, flight measurement, and reconstruction[J]. Journal of Spacecraft and Rockets, 2015, 52(3): 674 - 683.

[13] Blet N, Lips S, Sartre V. Heats pipes for temperature homogenization: a literature review[J]. Applied Thermal Engineering, 2017, 118: 490 - 509.

[14] Liu H, Liu W. Thermal-structural analysis of the platelet heat-pipe-cooled leading edge of hypersonic vehicle[J]. Acta Astronautica, 2016, 127: 13 - 19.

[15] Cui M, Mei J, Zhang B W, et al. Inverse identification of boundary conditions in a scramjet combustor with a regenerative cooling system[J]. Applied Thermal Engineering, 2018, 134: 555 - 563.

[16] Jing T, He G, Li W, et al. Flow and thermal analyses of regenerative cooling in non-uniform channels for combustion chamber[J]. Applied Thermal Engineering, 2017, 119: 89 - 97.

[17] Grover G M, Cotter T P, Erickson G F. Structures of very high thermal conductance[J]. Journal of Applied Physics, 1964, 35(10): 3072.

[18] Glass D E. Heat-pipe-cooled leading edges for hypersonic vehicles [C]. Santa Barbara: Workshop on Materials and Structures for Hypersonic Flight, 2006.

[19] 陈连忠,欧东斌.高温热管在热防护中应用初探[J].实验流体力学,2010,3(1): 51 - 54.

[20] 韩海涛,邓代英,陈思员,等.尖前缘一体化高温热管结构设计与分析[J].机械强度,2013 (1): 48 - 52.

[21] 雷智博,曹建光,董丽宁,等.航天器热管理高导热材料应用研究[J].中国材料进展,2018,37(12):1039-1046.

[22] 孙健,刘伟强.疏导式结构在头锥热防护中的应用[J].物理学报,2012,61(17):174401.

[23] Glass D. Ceramic matrix composite (CMC) thermal protection systems (TPS) and hot structures for hypersonic vehicles[C]. Payton: 15th AIAA International Space Planes and Hypersonic Systems and Technologies Conference, 2008.

[24] Bouchez M, Swiergiel N, Pradat F, et al. Challenge in robust design of composite architectured structures[C]. Xiamen: 21st AIAA International Space Planes and Hypersonics Technologies Conference, 2017.

[25] Li X, Wang Z. Exergy analysis of integrated TEG and regenerative cooling system for power generation from the scramjet cooling heat[J]. Aerospace Science and Technology, 2017, 66: 12-19.

[26] Leonardi M, Pizzarelli M, Nasuti F. Analysis of thermal stratification impact on the design of cooling channels for liquid rocket engines[J]. International Journal of Heat and Mass Transfer, 2019, 135: 811-821.

[27] Perakis N, Haidn O J. Inverse heat transfer method applied to capacitively cooled rocket thrust chambers[J]. International Journal of Heat and Mass Transfer, 2019, 131: 150-166.

[28] Yan D, He G, Li W, et al. Thermal analysis of regenerative-cooled pylon in multi-mode rocket based combined cycle engine[J]. Acta Astronautica, 2018, 148: 121-131.

[29] Dong P, Tang H, Chen M, et al. Overall performance design of paralleled heat release and compression system for hypersonic aeroengine[J]. Applied Energy, 2018, 220: 36-46.

[30] Yu X, Wang C, Yu D. Minimization of entropy generation of a closed Brayton cycle based precooling-compression system for advanced hypersonic airbreathing engine[J]. Energy Conversion and Management, 2020, 209: 112548.

[31] Gayner C, Kar K K. Recent advances in thermoelectric materials[J]. Progress in Materials Science, 2016, 83: 330-382.

[32] Li F, Zhai R, Wu Y, et al. Enhanced thermoelectric performance of n-type bismuth-telluride-based alloys via in alloying and hot deformation for mid-temperature power generation[J]. Journal of Materiomics, 2018, 4(3): 208-214.

[33] Nithyanandam K, Mahajan R L. Evaluation of metal foam based thermoelectric generators for automobile waste heat recovery[J]. International Journal of Heat and Mass Transfer, 2018, 122: 877-883.

[34] Riahi A, Ben Haj Ali A, Fadhel A, et al. Performance investigation of a concentrating photovoltaic thermal hybrid solar system combined with thermoelectric generators[J]. Energy Conversion and Management, 2020, 205: 112377.

[35] Lv S, Liu M, He W, et al. Study of thermal insulation materials influence on the performance of thermoelectric generators by creating a significant effective temperature difference[J]. Energy Conversion and Management, 2020, 207: 112516.

[36] Li G N, Zheng Y Q, Guo W W, et al. Mesoscale combustor-powered thermoelectric generator: Experimental optimization and evaluation metrics[J]. Applied Energy, 2020,

272: 115234.

[37] Nader W B. Thermoelectric generator optimization for hybrid electric vehicles[J]. Applied Thermal Engineering, 2020, 167: 114761.

[38] Chen W H, Chiou Y B. Geometry design for maximizing output power of segmented skutterudite thermoelectric generator by evolutionary computation[J]. Applied Energy, 2020, 274: 115296.

第2章 热管理系统设计中的基本概念和方法

2.1 热平衡模型

高超声速飞行器表面涉及三种传热过程,分别为高温气体与飞行器壁面间的对流加热、高温壁面向周围空间的热辐射及经过壁面向内部(热防护子系统)的热传导,进入热防护子系统内部的热量可通过热电转换子系统实现转换利用,或者传至热防护子系统底部,被热输运子系统中的工质带走。图2-1为飞行器表面热平衡示意图,热平衡方程可表示为

$$Q_A = Q_D + Q_C + Q_T \tag{2-1}$$

式中,Q_A为气动加热量;Q_D为辐射耗散热量;Q_C为转换再利用热量;Q_T为输运热量。各项可分别表示为

$$Q_A = \alpha A(T_r - T_w) \tag{2-2}$$

$$Q_D = \varepsilon\sigma A T_w^4 \tag{2-3}$$

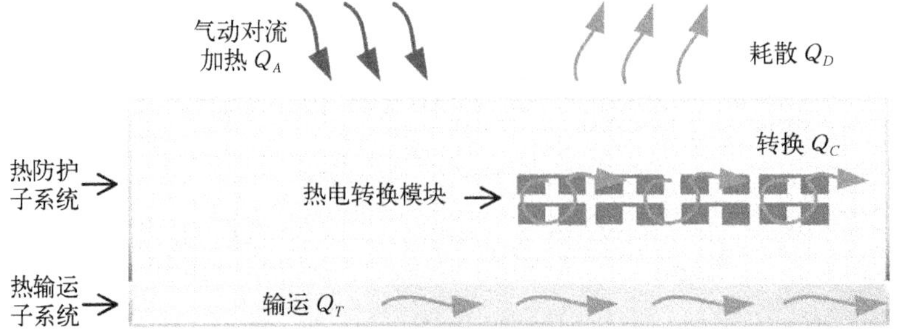

图2-1 飞行器表面热平衡示意图

$$Q_C = EQ_A \tag{2-4}$$

$$Q_T = h_T A(T_b - T_c) \tag{2-5}$$

式中，α 为气动加热对流换热系数；A 为飞行器壁面上的传热面积；T_r为恢复温度；T_w为壁面温度；ε 壁面材料发射率；σ 为 Stefan – Boltzmann 常数[5.67×10^{-8} W/(m^2 · K^4)]；E 为能量转换子系统的热能转换效率；h_T为热输运通道(假设为对流冷却)的对流换热系数；T_b为热防护子系统底面温度；T_c为工质温度。

则高超声速飞行器表面的热平衡方程(2 – 1)可进一步表示为

$$\alpha(T_r - T_w) = \varepsilon\sigma T_w^4 + h_T(T_b - T_c) + \alpha E(T_r - T_w) \tag{2-6}$$

在气动热计算及热管理系统设计中，式(2 – 6)中的 α 和 T_r可根据飞行状态、飞行器构型等确定，T_b通常为给定的被动热防护子系统底部的约束温度，T_c可通过给定管道入口或出口温度确定，而 h_T和 E 通常为未知值，因此，目前大部分研究中，气动热及壁面温度的求解，采用辐射热平衡方程，即忽略 Q_C和 Q_T，则方程(2 – 1)变为

$$\alpha(T_r - T_w) = \varepsilon\sigma T_w^4 \tag{2-7}$$

通过迭代求解，可获得气动热流密度和壁面温度。气动热是热管理系统设计的输入，这种假设，忽略了热输运和热能转换利用子系统的影响，适用于被动热防护为主的系统设计，对于包括主动热输运和热利用方案的热管理系统，显然过于保守。事实上，即便是未采用主动热管理系统的飞行器，舱内仍存在空气对流换热，Q_T也不会是 0。

飞行器的热输运和热能转换构件，通常布置于热防护子系统底部或嵌入热防护子系统中形成多功能结构，完整的传热过程依次为高温气体与壁面间的对流加热、高温壁面向空间的辐射传热、壁面向热防护子系统内部的热传导、热防护子系统内的热能转换、热防护子系统底部的对流换热。整个系统包括对流、辐射、导热及热能转换等多种耦合的过程，涉及气体、固体及液体多相介质，气动加热作为传热过程的第一步，同时受其他传热和热能转换过程的影响，因此，气动热计算中考虑传热全过程的影响，可降低热管理系统的设计冗余、提高设计效能。

2.2　等效热平衡模型

为了在气动热计算和热管理系统设计时，充分考虑 Q_C和 Q_T的影响，本章建

立了高超声速飞行器壁面等效热平衡模型。如图 2－2 所示，图中热输运子系统和热电转换子系统位于壁面之下，即处于热防护系统表面之下。针对有无热电转换子系统两种情况，可分别建立两种热平衡方程。

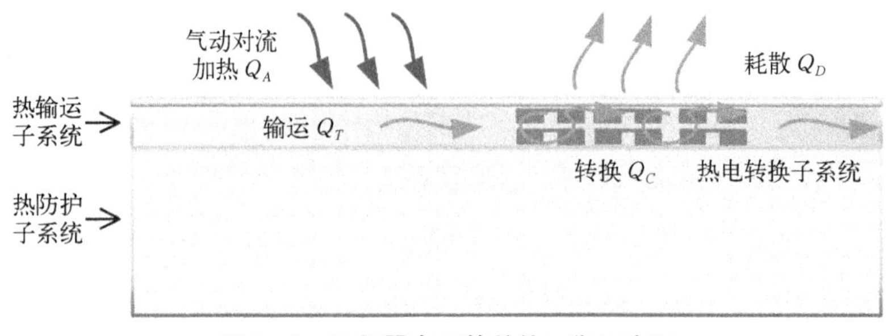

图 2－2　飞行器表面等效热平衡示意图

2.2.1　无热电转换子系统

若热管理系统只有被动热防护子系统和热输运子系统，则等效热平衡方程为

$$\alpha(T_r - T_w) = \varepsilon\sigma T_w^4 + h_{eq}(T_w - T_c) \tag{2-8}$$

式中，h_{eq}为等效传热系数，可作为热管理系统设计的输入参数。通过迭代求解方程(2－8)，可获得气动热流密度和壁面温度。

等效传热系数 h_{eq}与热输运通道对流换热系数 h_T之间满足：

$$h_{eq} = h_T(T_b - T_c)/(T_w - T_c) \tag{2-9}$$

根据能量守恒定律，热输运子系统带走的热量可表示为

$$h_{eq}A(T_w - T_c) = c_p m_f \Delta T_c \tag{2-10}$$

式中，c_p为工质的比定压热容；m_f为工质的质量流量；ΔT_c 为工质流过冷却通道后的温升，式(2－10)可作为热输运子系统的设计依据。

等效热平衡方程(2－8)相比方程(2－6)和方程(2－7)具有三方面的优点：

(1) 在气动热计算时，考虑了热输运的影响，有助于研究气动热和热管理系统间的双向影响规律，而非气动热对热管理系统的单向影响；

(2) 以 h_{eq}为设计参数，实现了被动热防护系统与热输运系统的耦合设计，且设计参数简单；

(3) 方程(2－8)右端第二项与壁面温度有关,即输运子系统带走的热流密度与气动加热水平相关,相较方程(2－6)更符合热输运方案的设计原则,即在高温区域增强热输运强度,而在低温区域减弱热输运强度。

相对的,等效热平衡方程(2－8)还具有两方面的不足:

(1) 方程右端第二项与工质温度有关,但不同部位的工质温度介于入口和出口温度之间,因此保守的做法是给定热输运子系统的出口温度上限,并以此值为工质温度代入方程(2－8)[1];

(2) 无法考虑热电转换子系统的影响。

2.2.2　有热电转换子系统

若热管理系统中包含被动热防护、热输运及热电转换子系统,则等效热平衡方程为

$$\alpha(T_r - T_w) = \varepsilon\sigma T_w^4 + h_{eq}(T_w - T_c) + \alpha E(T_r - T_w) \tag{2-11}$$

大多数情况下,式中的热电转换效率 E 无法作为输入参数,因此本章建立了新的等效热平衡方程:

$$\alpha(T_r - T_w) = \varepsilon\sigma T_w^4 + h_{eq} T_w \tag{2-12}$$

式中,将热输运和热电转换子系统中的热能表示为等效传热系数和壁面温度的乘积,此时,相当于工质初始温度为 0 K。公式(2－12)中,飞行器表面的热能分为辐射耗散项和等效传热项,其中等效传热项用于描述热输运和热能转换子系统带走的热量。

尽管等效平衡方程(2－12)右端第二项的物理意义不够明确,但该等效方程具有两方面的优点:

(1) 实现了被动热防护系统与热输运及热电转换子系统的耦合设计,输运及转换的热流密度与气动加热水平相关,且方程形式简单;

(2) 不需要输入工质温度,避免了保守设计。

根据能量守恒定律,若热管理系统仅包含被动热防护和热电转换子系统,且热电转换子系统为基于热电材料的热电转换结构,假定热电材料对以图 1－9 的结构形式连接,则热电材料两端的温差需要满足如下关系:

$$h_{eq} T_w A = (|S_n \Delta T_n| + |S_p \Delta T_p|)^2 / (4R) \tag{2-13}$$

式中,S_n和 S_p分别为 p 型和 n 型热电材料的塞贝克系数;ΔT_n 和 ΔT_p 分别为 p 型

和 n 型热电材料两端的温差；R 为热电材料及导电片的串联电阻。

若热管理系统还包含热输运子系统，则

$$h_{eq}T_wA = c_p m_f \Delta T_c + (|S_n \Delta T_n| + |S_p \Delta T_p|)^2/(4R) \qquad (2-14)$$

式中，c_p为工质的比定压热容；m_f为工质的质量流量；ΔT_c 为工质的温升，方程(2－13)及方程(2－14)可作为热输运及热电转换子系统的设计依据。

2.3 气动热计算方法

气动热的工程算法均基于普朗特的边界层理论，即流场分为边界层外的无黏流场和边界层内的有黏流场，该理论较好地模拟了飞行器在飞行时表面绕流的情况。在气动热预测过程中，首先求解边界层外的无黏流场，根据流场结果确定边界层外缘参数，在边界层内部黏性主导区采用各种方法进行黏性修正。因此，无黏流场求解是气动力/热预测的前提。

2.3.1 无黏流场计算

无黏流场的求解方法分为工程算法和数值计算方法。

2.3.1.1 无黏流场的工程算法

对于无黏流场，气动参数根据飞行器的构型和速度，基于等熵条件计算获得。如表 2－1 所示为不同构型和速度下的气动参数计算方法。

表 2－1 气动力预测方法[2]

部位	构型	$2 < Ma < 6$		$Ma > 6$	
		迎风面	背风面	迎风面	背风面
头部	圆形	Dahlem－Buck Empirical	Dahlem－Buck Mirror	Modified Newtonian	Prandtl－Meyer Expansion
	平板	Tangent－Wedge	Dahlem－Buck Mirror	Modified Newtonian	Prandtl－Meyer Expansion
机体	圆形	Inclined－Cone	ACM Empirical	Modified Newtonian	Prandtl－Meyer Expansion
	平板	Tangent－Cone	ACM Empirical	Modified Newtonian	Prandtl－Meyer Expansion

（续表）

部　位	构　型	2 < Ma < 6		Ma > 6	
		迎风面	背风面	迎风面	背风面
升力面	边　条	Tangent – Cone	Dahlem – Buck Mirror	Modified Newtonian	Prandtl – Meyer Expansion
	普　通	Tangent – Wedge	Dahlem – Buck Mirror	Modified Newtonian	Prandtl – Meyer Expansion

获得无黏流场的压力分布和压力系数后，可通过等熵关系式、理想气体状态方程、能量守恒方程等［公式(2－15)～公式(2－19)］，获得边界层外缘参数，包括密度、焓值、温度和马赫数等，而上述参数将作为边界层内有黏流场计算的输入：

$$\rho_e = \left(\frac{p_e}{p}\right)^{\frac{1}{\gamma}} \rho \tag{2-15}$$

$$H_e = \frac{\gamma}{\gamma - 1} \frac{p_e}{\rho_e} \tag{2-16}$$

$$T_e = \frac{H_e}{c_p} \tag{2-17}$$

$$Ma_e = \frac{u_e}{a_e} = \sqrt{\frac{2(H_{st} - H_e)}{(\gamma - 1)H_e}} \tag{2-18}$$

$$H_{st} = \left(1 + \frac{\gamma - 1}{2} Ma_\infty^2\right) H_\infty \tag{2-19}$$

式中，ρ 和 ρ_e 分别为激波波后气体密度及边界层外缘气体密度；p 和 p_e 分别为激波波后气体压强及边界层外缘压强；H_e 为边界层外缘焓值；T_e 为边界层外缘温度；Ma_e 为边界层外缘马赫数；u_e 为边界层外缘速度；a_e 为边界层外缘音速；H_{st} 和 H_∞ 为总焓及来流气体焓值；Ma_∞ 为来流马赫数；c_p 为比定压热容。

2.3.1.2　工程算法变熵修正

对于高超声速流动，在来流中会形成一道弓形激波，驻点附近激波与来流垂直，然后逐渐转向自由流马赫角方向；在物面会形成黏性薄层（边界层），随着远离驻点位置，边界层厚度增加。工程算法估算无黏流场时，通常假设边界层外缘的流线穿越弓形激波的正激波部分，边界层外缘的熵与正激波后的熵相等。

等熵假设的缺陷在于没有考虑边界层和熵层之间相互干扰。实际上,随着边界层厚度的增加,越来越多的无黏流量进入边界层,穿越弓形激波的正激波部分的流线被边界层吞没,这种边界层和熵层相互干扰的现象称为熵层吞没或者流线吞没,如图2-3所示[3]。此时,边界层外缘的熵不再是正激波后的熵,而是斜激波后的熵,由流线穿越的当地激波角决定。边界层外缘的熵由正激波后的值变为斜激波后的值,对摩擦阻力和气动加热有重要影响。此外,边界层外缘的熵改变后存在熵梯度,会引起涡,进一步影响摩擦阻力和气动加热。本小节介绍质量流量平衡法[4]对边界层外缘进行熵修正,不考虑由熵梯度引起的涡效应。

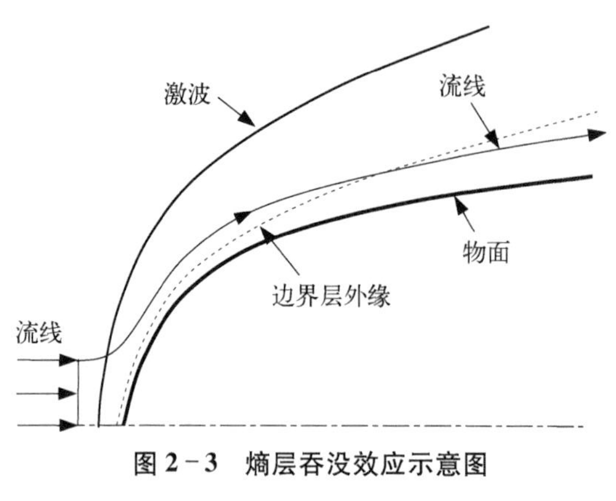

图2-3 熵层吞没效应示意图

穿越激波的质量流量与激波角之间的近似关系可通过积分下列方程获取:

$$\frac{\partial(\sin\Gamma)}{\partial s}=(p_{\text{body}}-p_{\text{shock}})\cdot\frac{h}{\|\boldsymbol{V}\|_{\infty}\boldsymbol{\Psi}_{\text{shock}}} \tag{2-20}$$

$$\boldsymbol{\Psi}_{\text{shock}}=\boldsymbol{\rho}_{\infty}\|\boldsymbol{V}\|_{\infty}\int_{0}^{s}\sin\Gamma h\mathrm{d}s \tag{2-21}$$

式中,Γ 为当地激波角;s 为沿物面流线的长度;p_{body} 为物面压强;p_{shock} 为激波后压强;h 为垂直于物面流线方向的尺度因子;$\|\boldsymbol{V}\|_{\infty}$ 为来流速度大小;$\boldsymbol{\Psi}_{\text{shock}}$ 为穿越激波的质量流量。

为使驻点压强与激波后的压强一致,采用如下关系式修改物面压强:

$$p_{\text{body}}=p_{\infty}+(p_e-p_{\infty})\frac{p_2-p_{\infty}}{p_s-p_{\infty}} \tag{2-22}$$

式中,p_e 为前述无黏流场提供的物面压强;p_s 为驻点压强;p_2 为正激波后压强。

沿流线积分方程(2-20)和方程(2-21)可得到穿越激波的质量流量与激波角之间的关系(积分初值:$\Gamma=0$, $\boldsymbol{\Psi}_{\text{shock}}=0$),如式(2-23)所示:

$$\boldsymbol{\Psi}_{\text{shock}}=f(\Gamma;\beta) \tag{2-23}$$

式中,β 为流线周向角,沿同一条流线为常数。

另一方面，边界层内的质量流量又可通过式(2-24)计算：

$$\Psi_{BL} = \rho_e u_e h \cdot (\delta - \delta^*) \tag{2-24}$$

式中，δ 为边界层厚度；δ^* 为边界层位移厚度。层流边界层厚度和位移厚度分别为

$$\left(\frac{\delta}{\theta}\right)_L = 5.55 + \frac{u_e^2}{2H_e} \tag{2-25}$$

$$\left(\frac{\delta^*}{\theta}\right)_L = \frac{u_e^2}{2H_e} \tag{2-26}$$

式中，下标"L"表示层流边界层；θ 为动量厚度。

湍流边界层厚度 δ 和位移厚度 δ^* 分别为

$$\left(\frac{\delta}{\theta}\right)_T = N + 1 + \left[\left(\frac{N+2}{N}\frac{H_w}{H_{aw}} + 1\right)\left(1 + 1.29(Pr_w)^{0.333}\frac{u_e^2}{2H_e}\right)\right] \tag{2-27}$$

$$\left(\frac{\delta^*}{\theta}\right)_T = -1 + \left(\frac{N+2}{N}\frac{H_w}{H_{aw}} + 1\right)\left(1 + 0.97Pr_w^{1/3}\frac{u_e^2}{2H_e}\right) \tag{2-28}$$

式中，下标"T"表示湍流边界层；下标"aw"表示绝热壁；N 为速度剖面指数；Pr_w 为壁面普朗特数。

由质量流量守恒可知，穿越激波的质量流量和边界层内的质量流量应相等。利用这一点，可对每个节点进行熵修正。熵修正由于考虑了每个节点的激波角，比统一采用正激波后等熵假设更能反映流动真实情况。

用质量流量平衡法进行熵修正的最大困难在于需要计算边界层动量厚度和流线尺度因子，而应用轴对称比拟法（第 2.3.2.2 节）计算摩擦力和气动热时已计算出边界层动量厚度和流线尺度因子。因此，结合轴对称比拟法采用质量流量平衡法进行熵修正，不会增加问题的复杂度和计算量。基于工程算法进行熵修正的具体步骤如下[3]：

(1) 采用工程算法（如修正牛顿法）计算飞行器表面的压强分布；

(2) 根据正激波后的等熵假设计算出飞行器表面无黏流场的其他参数；

(3) 采用式(2-24)计算每个节点的质量流量（需要结合本章第 2.3.2.2 节的轴对称比拟法）；

(4) 沿不同周向角的流线积分方程(2-20)和方程(2-21)得到质量流量与激波角之间的对应关系，即构造式(2-23)的离散插值表；

(5) 根据每个节点的流线周向角和质量流量，由公式(2-23)的离散插值表计算对应的激波角；

(6) 利用斜激波后的等熵关系式重新计算飞行器表面无黏流场中除压强以外的其他变量。

2.3.1.3 无黏流场的数值计算方法

传统的数值方法需要划分网格，比较繁琐，并且计算量较大。本节基于高度自动化笛卡儿网格，利用 CFD 技术求解高超声速飞行器的无黏流场，讨论 Euler 方程的无量纲化处理方法和处理后的优势。

1. 坐标系及飞行器几何定义

采用如图 2-4 所示的右手笛卡儿坐标系。坐标原点 o 定义在飞行器头部顶点，x 轴沿体轴方向，向后为正，z 轴在纵向对称面内，与 x 轴垂直，向上为正，y 轴与 x 轴和 z 轴构成右手直角坐标系。研究中采用三角形非结构网格定义飞行器的表面外形，优势在于：① 能够有效处理复杂外形，需要用户参与较少，便于自动化划分网格；② 与众多基于非结构网格的欧拉求解器兼容；③ 便于利用或集成第三方非结构网格划分工具。国外开发的气动特性近似分析程序都基于非结构网格，比如 CBAERO、UNLACH3 等。

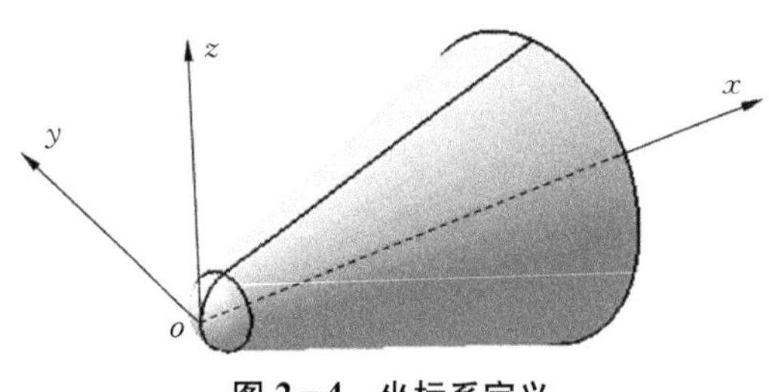

图 2-4 坐标系定义

2. 基于笛卡儿网格的数值解法

基于高度自动化笛卡儿网格的 CFD 技术(CART3D)求解无黏流场，采用守恒形式的 Euler 方程，空间离散采用二阶有限体积法，时间离散采用多步 Runge-Kutta 方法。数值方法可求解从低速到高超声速的无黏流动。

3. 控制方程

守恒形式的 Euler 方程具体形式如下[5]：

$$\frac{\partial}{\partial t}\begin{Bmatrix} \rho \\ \rho u \\ \rho v \\ \rho w \\ \rho\left(e+\frac{1}{2}\|\boldsymbol{V}\|^2\right) \end{Bmatrix}+\frac{\partial}{\partial x}\begin{Bmatrix} \rho u \\ p+\rho u^2 \\ \rho u v \\ \rho u w \\ u\left[\rho\left(e+\frac{1}{2}\|\boldsymbol{V}\|^2+p\right)\right] \end{Bmatrix}$$

$$
+\frac{\partial}{\partial y}\left\{\begin{array}{c}\rho u\\ \rho uv\\ p+\rho v^{2}\\ \rho vw\\ v\left[\rho\left(e+\frac{1}{2}\|\boldsymbol{V}\|^{2}+p\right)\right]\end{array}\right\}+\frac{\partial}{\partial z}\left\{\begin{array}{c}\rho w\\ \rho uw\\ \rho vw\\ p+\rho w^{2}\\ w\left[\rho\left(e+\frac{1}{2}\|\boldsymbol{V}\|^{2}+p\right)\right]\end{array}\right\}=0 \tag{2-29}
$$

式中，t 为时间坐标；x、y、z 为三个空间坐标；u、v、w 为速度分量；速度矢量 $\boldsymbol{V}=[u \quad v \quad w]^{\mathrm{T}}$；$p$ 为气体压强；ρ 为气体密度；e 为单位质量内能。

为了使方程封闭，需要补充内能表达式和状态方程。对于完全气体，其内能表达式和状态方程分别为

$$
e=\frac{p}{\rho(\gamma-1)} \tag{2-30}
$$

$$
p=\rho RT \tag{2-31}
$$

式中，γ 为气体的比热比；R 为气体常数；T 为气体绝对温度。对于非完全气体，内能和状态方程无法以简单解析形式给出，需要利用相应气体模型表或拟合公式。

4. 无量纲化处理

采用远场参数对各变量进行无量纲化处理，方法如下：

$$
\begin{aligned}
&\rho^{*}=\frac{\rho}{\rho_{\infty}} && \rho_{\infty}^{*}=\frac{\rho_{\infty}}{\rho_{\infty}}=1.0\\
&\|\boldsymbol{V}\|^{*}=\frac{\|\boldsymbol{V}\|}{a_{\infty}} && \|\boldsymbol{V}\|_{\infty}^{*}=\frac{\|\boldsymbol{V}\|_{\infty}}{a_{\infty}}=Ma_{\infty}\\
&e_{v}^{*}=\frac{e_{v}}{\rho_{\infty}a_{\infty}^{2}} && e_{v,\infty}^{*}=\frac{e_{v,\infty}}{\rho_{\infty}a_{\infty}^{2}}=\frac{\rho_{\infty}RT_{\infty}/(\gamma-1)}{\rho_{\infty}a_{\infty}^{2}}=\frac{1}{(\gamma-1)\gamma}\\
&p^{*}=\frac{p}{\rho_{\infty}a_{\infty}^{2}} && p_{\infty}^{*}=\frac{p_{\infty}}{\rho_{\infty}\gamma RT_{\infty}}=\frac{1}{\gamma}\\
&T^{*}=\frac{T}{T_{\infty}} && T_{\infty}^{*}=\frac{T_{\infty}}{T_{\infty}}=1
\end{aligned} \tag{2-32}
$$

式中，e_v 为单位体积内能，$e_v=\rho e=\rho c_v T$。经过上述无量纲处理后，马赫数 Ma 和压强系数 C_p 不变，原因如下：

$$C_p^*=\frac{p^*-p_\infty^*}{\frac{1}{2}\rho_\infty^* V_\infty^*}=\frac{\frac{p}{\rho_\infty a_\infty^2}-\frac{p_\infty}{\rho_\infty a_\infty^2}}{\frac{1}{2}\frac{\rho_\infty}{\rho_\infty}\frac{V_\infty^2}{a_\infty^2}}=\frac{p-p_\infty}{\frac{1}{2}\rho_\infty V_\infty}=C_p \tag{2-33}$$

$$Ma^*=\frac{\|\boldsymbol{V}\|^*}{a^*}=\frac{\|\boldsymbol{V}\|/a_\infty}{a/a_\infty}=\frac{\|\boldsymbol{V}\|}{a}=Ma$$

如果对时间和空间坐标也进行无量纲化处理，则控制方程（2－29）和内能表达式（2－30）的形式保持不变，状态方程（2－31）变为

$$p^*=\frac{1}{\gamma}\rho^* T^* \tag{2-34}$$

无量纲化处理一方面降低了问题的病态性，加速了收敛，另一方面降低了计算维度。从式（2－34）可以看出，无量纲化的远场参数 ρ_∞^*、$e_{v,\infty}^*$、p_∞^*、T_∞^* 取值均已知，只有 Ma、攻角 α 及侧滑角 β 未知，因此，无量纲化的 Euler 解只随这 3 个参数变化。在无量纲化之前，远场参数 ρ_∞、$e_{v,\infty}$、p_∞、T_∞、Ma、α、β 均为变量（其中有 5 个独立变量），相应地，Euler 解随 5 个参数变化。可见，无量纲化处理减少了 2 个计算维度。在生成无黏流场数据库时，利用这一特性可以有效减小计算量，比如其他参数相同时，不同高度的无量纲化无黏性流场相同。

5. 笛卡儿网格

传统 CFD 技术的网格划分要耗费很大的工作量，采用笛卡儿网格的优势是能够根据飞行器的表面三角形网格自动生成空间笛卡儿体网格。图 2－5 为球锥体对称面的笛卡儿网格，图 2－6 为求解出的无黏解。其中生成网格耗时 30 s（HP xw9300，CPU AMD 2.59 GHz，单核），求解流场耗时 107 min，总耗时比其他 CFD 方法低一个量级。虽然球锥体的外形比较简单，但其下表面［图 2－6(a)所示］激波与物面非常接近，并且存在二次压缩，本书为精确捕捉激波采用了较多的细网格，导致耗费的机时较长。

2.3.1.4 算例验证

1. 算例 1：球锥体

图 2－7 为采用数值方法（CART3D）计算的球锥体表面无黏解，图 2－8 为采用工程算法得到的无黏解，图 2－9 为工程算法变熵修正得到的变熵激波角和密

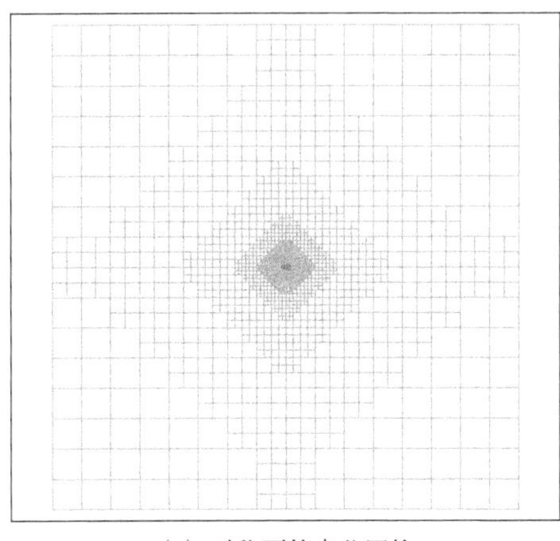

(a) 对称面笛卡儿网格

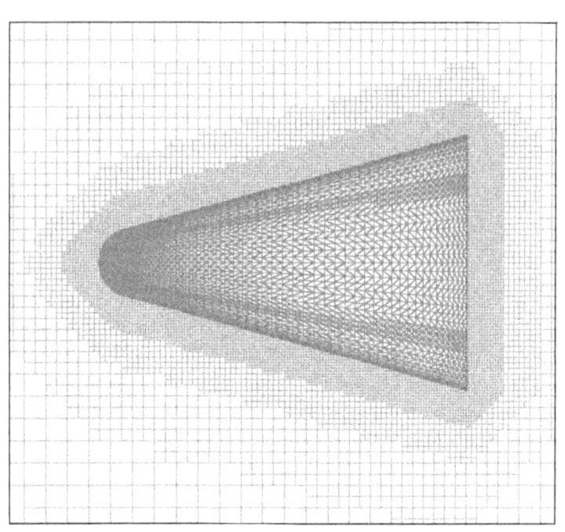

(b) 局部放大图

图 2-5　球锥体笛卡儿网格

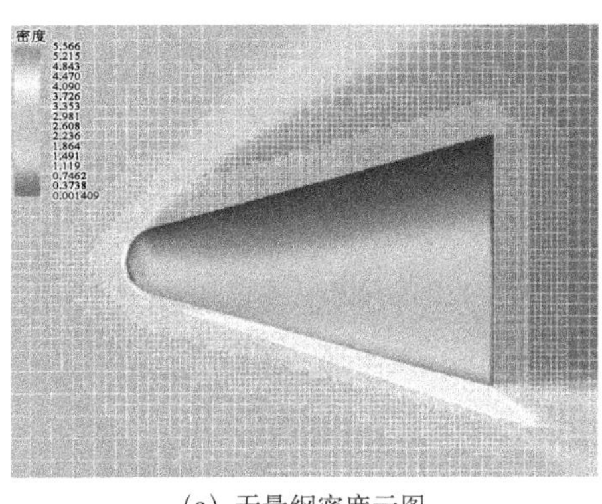

(a) 无量纲密度云图

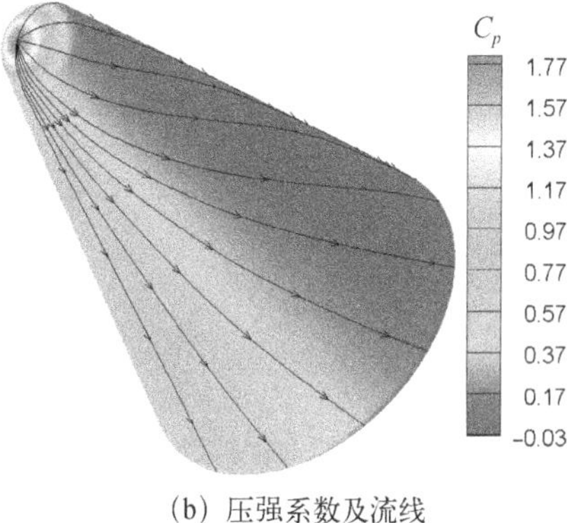

(b) 压强系数及流线

图 2-6　球锥体无黏数值解($Ma=6$、$\alpha=20°$)

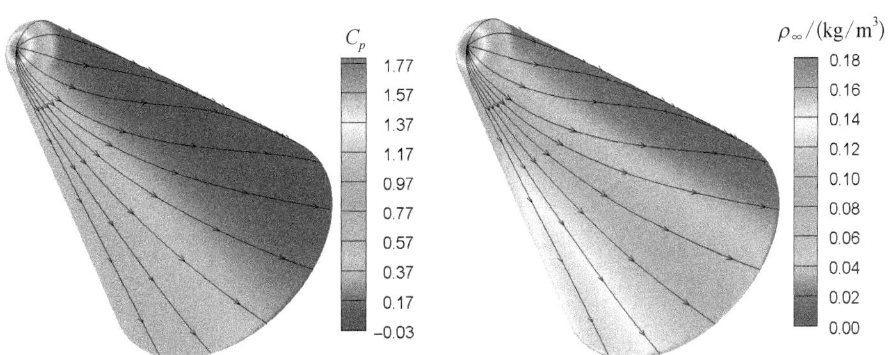

图 2-7　数值方法获得的球锥体表面压强系数和密度云图($Ma=6$、$\alpha=20°$)

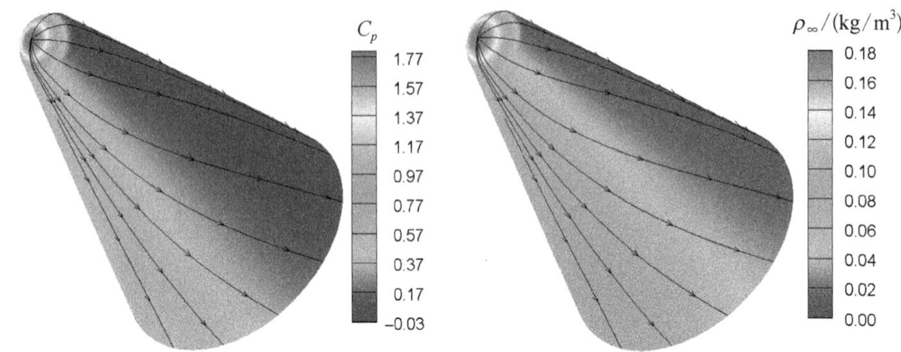

图 2-8　工程算法获得的球锥体表面压强系数和密度云图($Ma=6$、$\alpha=20°$)

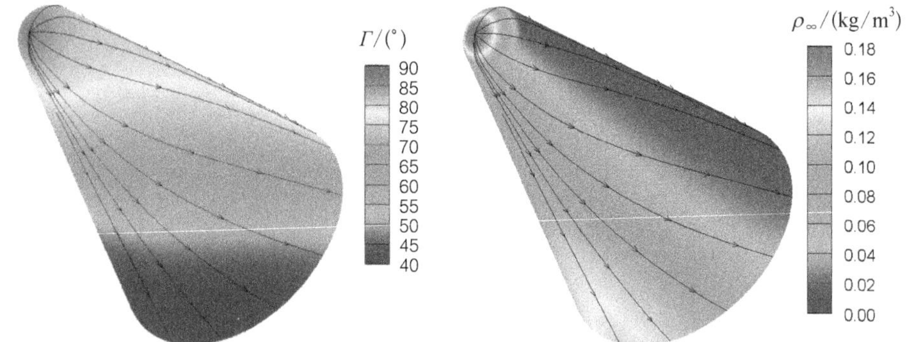

图 2-9　熵修正得到的球锥体表面变熵激波角和密度云图($Ma=6$、$\alpha=20°$)

度云图。对比图 2-7 和图 2-8 可以发现,工程算法计算获得的压强分布与 Euler 数值解比较一致,但迎风面的密度云图差别比较大。对比图 2-7 和图 2-9可以发现,经过熵修正,工程算法计算的密度云图与 Euler 数值解较为接近,其他变量(马赫数、温度、速度等)不独立,可由压强和密度计算出,其精度也相应得到提高。图 2-10 为数值方法和工程算法计算的迎风对称面密度变化曲线(图中横坐标含义与 2.3.1.3 节的定义相同),从图中可以看出熵修正显著提高了工程算法预测无黏流场的精度。在锥体中部,熵修正将密度误差由 39%降低至 24%,在球锥体尾部,熵修正将密度误差由 42%降低至 3.5%。从图 2-8 还可以看出,熵修正之前,工程算法计算的密度在锥体部分为常数,这是因为锥体迎风对称面撞击角不变,基于撞击角的压强系数也不变,在等熵假设下,其他热力学变量均不变。

在计算耗时方面,数值方法生成笛卡儿网格耗时 30 s,计算无黏流场耗时

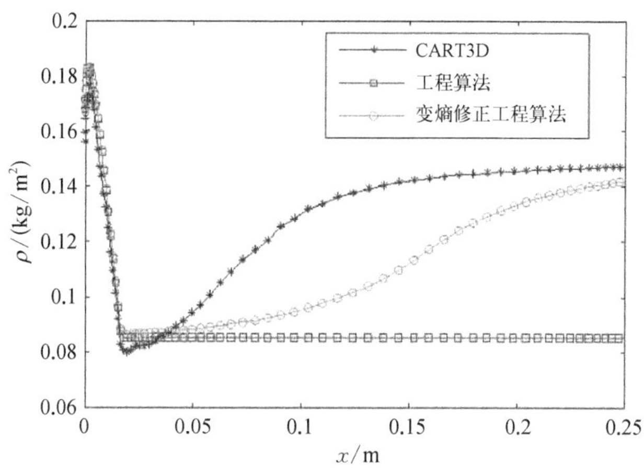

图 2-10　数值方法与工程算法计算的迎风对称面密度

107 min(本算例耗时偏长,参见 2.3.1.3 节的分析,尽管如此,耗时仍然比其他无黏 CFD 技术低一个量级);工程算法耗时不到 0.1 s,工程算法+熵修正耗时不到 0.2 s。

2. 算例 2: 仿 Hermes 空天飞行器

以仿 Hermes 空天飞行器为例,研究熵修正对于有翼外形的修正效果。图 2-11 为采用数值方法计算获得的表面压强系数和密度云图,图 2-12 为采用工程算法计算的结果,图 2-13 给出对工程算法进行熵修正得到的变熵激波角和密度云图。与球锥体类似,工程算法计算获得的压强系数与数值解比较接近,但是密度云图在机翼前缘与下表面处与数值解差异比较大;经过熵修正后,密度云图与数值解比较接近。图 2-14 为两个截面处数值方法和工程方法计算获得的密度曲线(飞行器长度 0.29 m,图中横坐标含义与 2.1 节的定义相同)。以图 2-14(b)中的机翼下表面为例,不进行熵修正,工程方法预测的密度比数

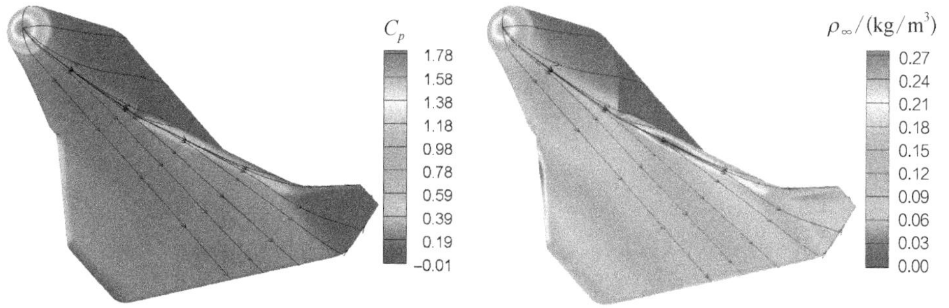

图 2-11　数值方法计算的仿 Hermes 飞行器表面压强系数和密度云图(Ma=8.04、α=18°)

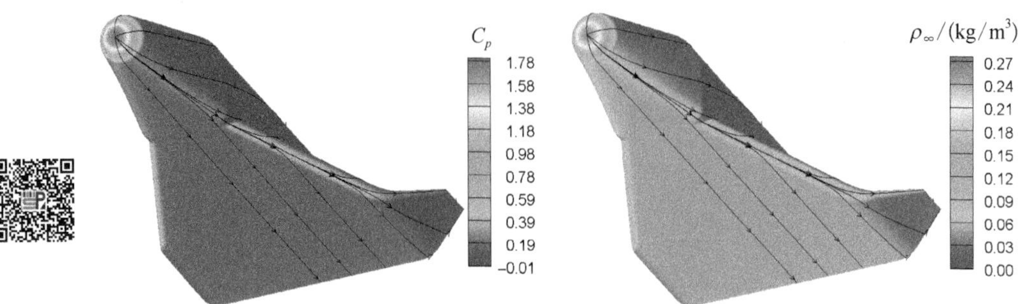

图 2-12 工程算法计算的仿 Hermes 飞行器表面压强系数和密度云图（Ma=8.04、α=18°）

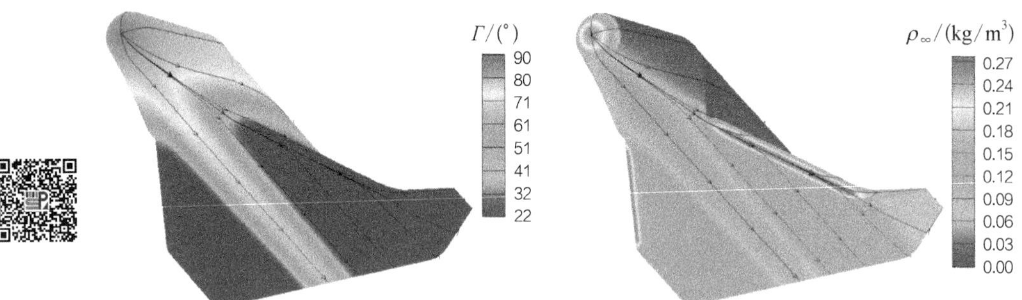

图 2-13 熵修正得到的仿 Hermes 飞行器表面变熵激波角和密度云图（Ma=8.04、α=18°）

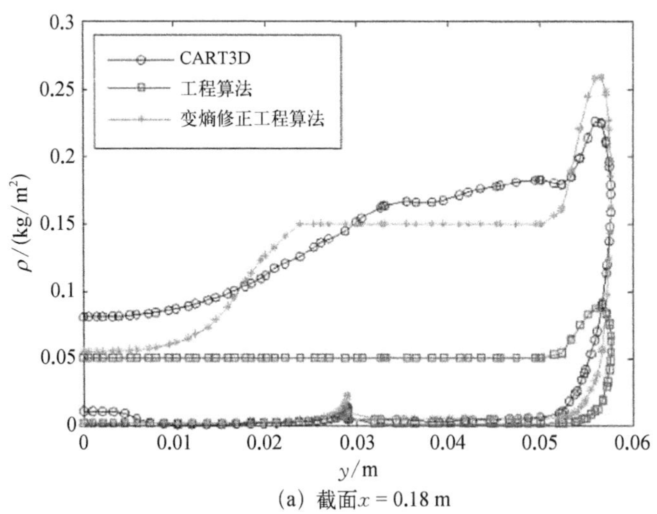

(a) 截面x = 0.18 m

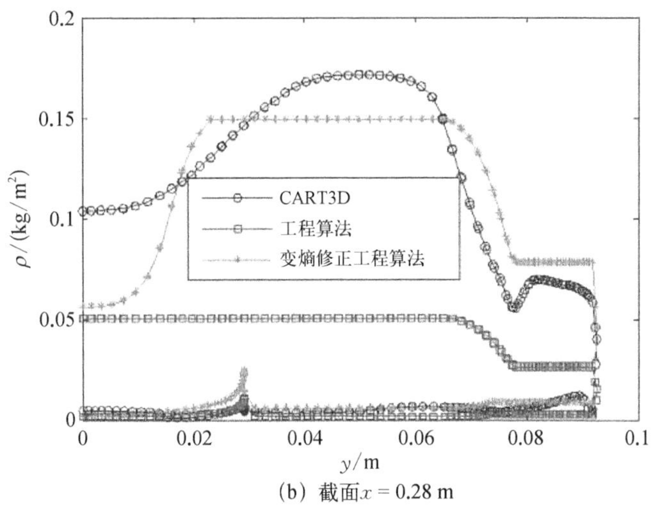

(b) 截面$x = 0.28$ m

图 2-14　横向截面密度曲线对比

值解大约低 60%,经过熵修正,两者最大偏差小于 13%。可见,熵修正显著提高了工程算法的预测精度。从图 2-14 中还可以看出,熵修正之前,工程算法计算获得的密度在飞行器整个下表面为常数,这是因为下表面撞击角不变,则基于撞击角和等熵假设计算的表面流场参数均不变。

从图 2-13 中可以看出,根据质量流量守恒计算出的机翼表面激波角明显低于其他区域,相当于自动识别出机翼。这是因为机翼前缘不断有新的流量进入,并沿流线流到机翼下表面,使得机翼的质量流量大于机身的质量流量。对于机翼,传统的工程算法推荐采用切楔模型,但是这样需要指定机翼的表面网格,不利于程序自动化,并且切楔模型仅限于物面相对于来流的倾角小于激波角。熵修正克服了这些缺点,对于程序的自动化运行和飞行器外形优化研究有重要意义。

在计算耗时方面,数值方法生成笛卡儿网格耗时 46 s,计算无黏流场耗时 105 min;工程算法耗时 0.2 s,工程算法+熵修正耗时 1.2 s。

通过上述两个算例可以看出,基于笛卡儿网格的 CFD 技术网格生成高度自动化,能够在 1~2 h 内求解出无黏流场;将质量流量平衡法与轴对称比拟法结合,对工程算法进行熵修正能够得出与数值解比较接近的无黏流场,耗时 1~2 s。

2.3.2　边界层内有黏流场气动热计算

边界层内气动热计算方法主要分为平板热流理论和轴对称热流理论两大

类。平板热流理论的基本思想是利用不可压缩边界层理论公式来估算可压缩边界层的摩擦和传热，其中热力学特性参数和输送特性参数均按边界层参考焓来计算。平板热流理论一般与面元法结合使用，能够较为准确地给出飞行器迎风面热流分布，国外比较成熟的程序有 CBAERO、SHABP、MINIVE 等。轴对称热流理论一般需要直接或间接地给出物面方程，对流场的描述比平板热流理论更接近于实际情况。平板热流理论计算过程简单，对简单外形能够得到较好的计算结果，但对复杂外形的适应性较差，理论基础较为薄弱。轴对称热流理论由轴对称边界层理论发展而来，对流场的描述更接近飞行器实际情况，在对有攻角情况进行特殊处理之后可用于复杂外形飞行器的气动热计算。对于轴对称热流理论，常见的有攻角处理方法包括等价锥法、轴对称比拟法和实验数据关联法等，其中基于流线跟踪的轴对称比拟法，理论基础坚实，是目前国外应用较为广泛的一种计算三维绕流气动加热的工程算法，较为成熟的程序有 AEROHEAT、LATCH 等，本节采用理论基础更为坚实的轴对称比拟法进行轴对称体有黏流场的计算。

2.3.2.1　平板热流法

根据热平衡方程可知，气动热计算主要在于获得恢复温度 T_r 和换热系数 α。

恢复温度的计算采用下述公式：

$$T_r = T_\infty\left(1 + \frac{\gamma - 1}{2} r Ma_\infty^2\right) \tag{2-35}$$

式中，T_∞ 为来流静温；Ma_∞ 为来流马赫数；γ 为气体的比热比；r 为恢复系数，当 $Re < 5\times10^5$ 时为层流，恢复系数 $r = 0.83$，当 $Re > 5\times10^5$ 时为湍流，恢复系数 $r = 0.88$。

换热系数 α 的求解，需要用到边界层内的气体性能参数，在高超声速条件下，边界层内的温度变化较大，气体的热力学特性和输运特性与温度的关系对边界层的影响不容忽略，边界层内流场为黏性可压缩流，直接求解难度较大，因此工程上常采用参考温度法来获得可压缩修正。

Eckert 参考温度方法[6, 7]是一种广泛采用且有足够精度的工程方法，即用不可压缩边界层理论公式估算可压缩边界层的传热，而气体的热力学及输运特性采用参考温度下的数值。

参考温度 T^* 的计算公式为

$$\begin{aligned} T^* &= T_e + 0.58(T_w - T_e) + 0.19(T_r - T_e) \quad (Ma_e < 5) \\ T^* &= 0.7T_e + 0.58(T_w - T_e) + 0.23(T_r - T_e) \quad (5 < Ma_e < 10) \end{aligned} \tag{2-36}$$

式中，T_e为边界层外缘温度。

获得参考温度后，边界层内的气体热力学和输运参数则可通过公式(2-37)~公式(2-41)确定。

黏性系数可根据式(2-37)计算获得

$$\mu^* = 1.457 \times 10^{-6} \times \frac{T^{*1.5}}{T^* + 110.4} \tag{2-37}$$

式中，μ^*为参考温度下的黏性系数。

压力沿边界层厚度方向保持不变，因此密度满足：

$$\rho^* = \rho_e \frac{T_e}{T^*} \tag{2-38}$$

式中，ρ^*为参考温度下的密度。

雷诺数可根据式(2-39)计算获得

$$Re^* = \frac{\rho^* u_e X^*}{\mu^*} \tag{2-39}$$

式中，Re^*为参考温度下的雷诺数；u_e为边界层外缘速度；X^*为参考长度。

比定压热容与温度的关系为

$$\begin{gathered} c_p = \sum_{i=1}^{5} B_i T^{i-1} \\ B_1 = 9.890\,504 \times 10^2,\ B_2 = -9.595\,590 \times 10^{-3},\ B_3 = 1.041\,469 \times 10^{-4} \\ B_4 = -4.433\,065 \times 10^{-8},\ B_5 = 5.879\,263 \times 10^{-12} \end{gathered} \tag{2-40}$$

普朗特数与温度关系式为

$$\begin{gathered} Pr = \frac{c_p\mu}{k},\ k = \frac{k}{k_0}k_0,\ k_0 = 1.994 \times 10^{-3}\frac{T^{1.5}}{T + 112},\ \frac{k}{k_0} = \sum_{i=0}^{4} A_i T^i \\ A_0 = 1.217\,336,\ A_1 = -1.066\,418\,8 \times 10^{-3},\ A_2 = 1.858\,056\,4 \times 10^{-6} \\ A_3 = -1.145\,407\,8 \times 10^{-9},\ A_4 = 2.393\,333\,9 \times 10^{-13} \end{gathered} \tag{2-41}$$

获得上述气体热力学和输运参数后，可计算获得气动加热换热系数：

$$
\begin{aligned}
&Re \leqslant 5\times 10^5: \alpha = 0.332 Re^{*-1.5} Pr^{*-1.5} \rho^* c_p^* v_e \\
&Re \leqslant 10^7: \alpha = 0.0296 Re^{*-0.2} Pr^{*-1.5} \rho^* c_p^* v_e \\
&Re > 10^7: \alpha = 0.184(\ln Re^*)^{-2.584} Pr^{*-1.5} \rho^* c_p^* v_e
\end{aligned}
\tag{2-42}
$$

在计算获得恢复温度 T_r 和换热系数 α 后，即可通过迭代求解热平衡方程，获得气动加热热流密度和飞行器壁面温度。

2.3.2.2　轴对称比拟法

轴对称比拟法最早由 Cooke 等提出，其基本思想是假设边界层内的流动方向与物面绕流方向一致，且物面上垂直于流线的流动速度相对于流线方向的速度可以略去（即小横向流假设），通过 Manger 转换将三维边界层方程简化为轴对称的边界层方程，方程中流线长度作为轴对称物体子午线的长度，垂直于流线的尺度因子作为轴对称物体的半径。

轴对称比拟的关键在于沿流线尺度因子的确定。传统方法是在柱坐标系下推导尺度因子计算公式，必须先通过坐标转换才能进行表面流线和尺度因子的计算，且各中间量的相互迭代计算过程非常复杂。Hamilton 等提出一种直角坐标系下的轴对称比拟方法，大大简化了计算过程，并且开发了相应的计算程序 UNLATCH2[8] 和 UNLATCH3[9]。本节以文献[9]中直角坐标系下的轴对称比拟法为基础，讨论并修正了其中的物面网格拟合方法、流线跟踪及其初始条件确定方法，建立了一种适用于较复杂外形飞行器的尺度因子计算方法。

1. 几何关系

直角坐标系中，原点到任意一点的向量及其微分为

$$\boldsymbol{R} = x\boldsymbol{i} + y\boldsymbol{j} + z\boldsymbol{k} \tag{2-43}$$

$$\mathrm{d}\boldsymbol{R} = \mathrm{d}x\boldsymbol{i} + \mathrm{d}y\boldsymbol{j} + \mathrm{d}z\boldsymbol{k} \tag{2-44}$$

假设物面方程为

$$F(\boldsymbol{R}) = F(x, y, z) = 0 \tag{2-45}$$

显然物面上坐标 x、y、z 中只有两个是独立的。选取 y、z 为自变量，对式(2-45)两端同时求全微分可得

$$
\begin{aligned}
&\mathrm{d}F = F_x \mathrm{d}x + F_y \mathrm{d}y + F_z \mathrm{d}z = 0 \\
&\mathrm{d}x = -\frac{F_y \mathrm{d}y + F_z \mathrm{d}z}{F_x}
\end{aligned}
\tag{2-46}
$$

因此,坐标原点到物面任一点矢量的微分可表示为

$$\mathrm{d}\boldsymbol{R}_b = \frac{F_y \mathrm{d}y + F_z \mathrm{d}z}{-F_x}\boldsymbol{i} + \mathrm{d}y\boldsymbol{j} + \mathrm{d}z\boldsymbol{k} \tag{2-47}$$

同时,物面的单位外法向向量 $\boldsymbol{e}_n$ 和流线的单位方向向量 $\boldsymbol{e}_s$ 可分别表示为

$$\boldsymbol{e}_n = \frac{\nabla F}{|\nabla F|} = \frac{F_x\boldsymbol{i} + F_y\boldsymbol{j} + F_z\boldsymbol{k}}{(F_x^2 + F_y^2 + F_z^2)^{1/2}} \tag{2-48}$$

$$\boldsymbol{e}_s = \frac{u\boldsymbol{i} + v\boldsymbol{j} + w\boldsymbol{k}}{V} \tag{2-49}$$

因此,相切于物面且垂直于流线的单位向量为

$$\boldsymbol{e}_\perp = \boldsymbol{e}_s \times \boldsymbol{e}_n == \frac{(vF_z - wF_y)\boldsymbol{i} + (wF_x - uF_z)\boldsymbol{j} + (uF_y - vF_x)\boldsymbol{k}}{V|\nabla F|} \tag{2-50}$$

另外,在物面无气流穿透的假设下, $\boldsymbol{e}_s$ 总是垂直于 $\boldsymbol{e}_n$, 即

$$\boldsymbol{e}_s \cdot \boldsymbol{e}_n = \frac{uF_x + vF_y + wF_z}{V|\nabla F|} = 0 \tag{2-51}$$

2. 数据拟合

首先,需要进行物面拟合。文献[9]中推荐使用二次曲面来近似物面,曲面方程为

$$F = b_1x^2 + b_2x + b_3y^2 + b_4y + b_5z^2 + b_6z + b_7 = 0 \tag{2-52}$$

实际求解中,二次拟合虽然能够得到光滑连续的曲面,但是无法应用于存在较大转折角的几何外形,而且由于网格数据精度和数值求解精度的限制,有时会拟合出双曲面、鞍面等法向量剧烈变化的曲面,严重影响尺度因子的计算精度;另一方面,平面拟合则可以完全避免这些问题,且便于进行点/面投影、点/网格单元位置关系判定等几何运算,因此本节使用平面拟合来近似物面方程,即

$$F(x, y, z) = a_1x + a_2y + a_3z + a_4 = 0 \tag{2-53}$$

当单元有节点为原点时 $a_4 = 0$, 否则 $a_4 = 1$。 将单元节点的坐标值 x、y、z 代入式(2-53),可得

$$
\begin{aligned}
a_1x_i + a_2y_i + a_3z_i &= -a_4 \\
a_1x_j + a_2y_j + a_3z_j &= -a_4 \\
a_1x_k + a_2y_k + a_3z_k &= -a_4
\end{aligned}
\tag{2-54}
$$

求解方程组(2-54),可以唯一地确定一组系数 a_1、a_2、a_3、a_4,从而得到物面方程。

其次,需要进行无黏流场拟合。由物面方程可知 x、y、z 并非相互独立,因此参数拟合时仅有两个自变量。以速度分量 u 为例,若假设为二维线性分布,则在 YZ 坐标系下可表示为

$$
u = b_1y + b_2z + b_3 \tag{2-55}
$$

将单元三个节点的坐标及其 u 值代入,可得

$$
\begin{aligned}
b_1y_i + b_2z_i + b_3 &= u_i \\
b_1y_j + b_2z_j + b_3 &= u_j \\
b_1y_k + b_2z_k + b_3 &= u_k
\end{aligned}
\tag{2-56}
$$

求解方程组(2-56),可以唯一地确定一组系数 b_1、b_2、b_3,其他场量均按同样的方式处理,从而可得

$$
\begin{aligned}
v &= c_1y + c_2z + c_3 \\
w &= d_1y + d_2z + d_3 \\
p &= e_1y + e_2z + e_3 \\
h &= f_1y + f_2z + f_3
\end{aligned}
\tag{2-57}
$$

需要指出的是,上述坐标系的选取并不唯一,其与网格单元的几何特征有关,本书根据面积投影最大的原则选择拟合坐标系,以避免求解过程中可能出现的奇异。同时,因为实际流场中物面速度方向总是相切于物面,为保证流线跟踪时流线总是附着于物面,在各单元速度场拟合之前应先将网格节点的速度矢量投影到单元平面内。

3. 尺度因子

采用基于流线的 $\xi\beta$ 坐标系,ξ 方向与流线相切,β 方向相切于物面、垂直于流线。物面上 ξ、β 方向的长度微分分别为 $\mathrm{d}s = h_s\mathrm{d}\xi$、$\mathrm{d}s_\perp = h\mathrm{d}\beta$,其中 h_s、h 分别为这两个方向上的尺度因子,而轴对称比拟法是用 h 来替代轴对称体半径。下面的推导过程中,各场量采用默认的 YZ 坐标系。

物面矢量的微分可以写为

$$\mathrm{d}\boldsymbol{R}_b = h_s \mathrm{d}\xi \boldsymbol{e}_s + h\mathrm{d}\beta \boldsymbol{e}_\perp \tag{2-58}$$

联立式(2-47)、式(2-58)可得

$$h_s \mathrm{d}\xi \boldsymbol{e}_s + h\mathrm{d}\beta \boldsymbol{e}_\perp = \frac{F_y \mathrm{d}y + F_z \mathrm{d}z}{-F_x}\boldsymbol{i} + \mathrm{d}y\boldsymbol{j} + \mathrm{d}z\boldsymbol{k} \tag{2-59}$$

上式两端同时点乘 $\boldsymbol{e}_\perp$，可得

$$h\mathrm{d}\beta = \left(\frac{F_y \boldsymbol{i}\cdot\boldsymbol{e}_\perp}{-F_x} + \boldsymbol{j}\cdot\boldsymbol{e}_\perp\right)\mathrm{d}y + \left(\frac{F_z \boldsymbol{i}\cdot\boldsymbol{e}_\perp}{-F_x} + \boldsymbol{k}\cdot\boldsymbol{e}_\perp\right)\mathrm{d}z \tag{2-60}$$

假设沿流线 y 是 β、z 的函数，即 $y = y(\beta, z)$，从而有

$$\mathrm{d}y = \left(\frac{\partial y}{\partial \beta}\right)_z \mathrm{d}\beta + \left(\frac{\partial y}{\partial z}\right)_\beta \mathrm{d}z \tag{2-61}$$

将式(2-61)代入式(2-60)，则有

$$\begin{aligned} h\mathrm{d}\beta =& \left(\frac{F_y \boldsymbol{i}\cdot\boldsymbol{e}_\perp}{-F_x} + \boldsymbol{j}\cdot\boldsymbol{e}_\perp\right)\left(\frac{\partial y}{\partial \beta}\right)_z \mathrm{d}\beta \\ &+ \left[\left(\frac{F_y \boldsymbol{i}\cdot\boldsymbol{e}_\perp}{-F_x} + \boldsymbol{j}\cdot\boldsymbol{e}_\perp\right)\left(\frac{\partial y}{\partial z}\right)_\beta + \frac{F_z \boldsymbol{i}\cdot\boldsymbol{e}_\perp}{-F_x} + \boldsymbol{k}\cdot\boldsymbol{e}_\perp\right]\mathrm{d}z \end{aligned} \tag{2-62}$$

由于 β、z 是独立变量，从而由对应系数相等可得

$$h = \left(\frac{F_y \boldsymbol{i}\cdot\boldsymbol{e}_\perp}{-F_x} + \boldsymbol{j}\cdot\boldsymbol{e}_\perp\right)\left(\frac{\partial y}{\partial \beta}\right)_z \tag{2-63}$$

将式(2-50)代入式(2-63)可得

$$\begin{aligned} h =& \left(\begin{aligned} &-\frac{F_y \boldsymbol{i}}{F_x}\cdot\frac{(vF_z - wF_y)\boldsymbol{i} + (wF_x - uF_z)\boldsymbol{j} + (uF_y - vF_x)\boldsymbol{k}}{V|\nabla F|} \\ &+\boldsymbol{j}\cdot\frac{(vF_z - wF_y)\boldsymbol{i} + (wF_x - uF_z)\boldsymbol{j} + (uF_y - vF_x)\boldsymbol{k}}{V|\nabla F|} \end{aligned}\right)\left(\frac{\partial y}{\partial \beta}\right)_z \\ =& \left(-\frac{F_y}{F_x}\frac{vF_z - wF_y}{V|\nabla F|} + \frac{wF_x - uF_z}{V|\nabla F|}\right)\left(\frac{\partial y}{\partial \beta}\right)_z \end{aligned} \tag{2-64}$$

将式(2－51)代入式(2－64),可简化得

$$h = \frac{|\nabla F|}{F_x V}\left(w\frac{\partial y}{\partial \beta}\right)_z \tag{2-65}$$

式中,$|\nabla F|$、F_x、V、w 可由物面和流场的数据拟合得到,所以只要确定了 $\left(\frac{\partial y}{\partial \beta}\right)_z$, h 即可确定。

由假设 $y = y(\beta, z)$ 可得

$$\frac{\partial^2 y}{\partial z \partial \beta} = \frac{\partial^2 y}{\partial \beta \partial z} \tag{2-66}$$

因为 β 沿流线为常值,所以式(2－66)的等号左端可写为式(2－67),其中 $\frac{D}{Dz}$ 表示沿流线的导数:

$$\left\{\frac{\partial}{\partial z}\left[\left(\frac{\partial y}{\partial \beta}\right)_z\right]\right\}_\beta = \frac{D}{Dz}\left(\frac{\partial y}{\partial \beta}\right)_z \tag{2-67}$$

式(2－67)的等号右端可写为

$$\left\{\frac{\partial}{\partial \beta}\left[\left(\frac{\partial y}{\partial z}\right)_\beta\right]\right\}_z = \left\{\frac{\partial}{\partial \beta}\left(\frac{Dy}{Dz}\right)\right\}_z = \left\{\frac{\partial}{\partial \beta}\left(\frac{v}{w}\right)\right\}_z = \left\{\frac{\partial}{\partial y}\left(\frac{v}{w}\right)\right\}_z\left(\frac{\partial y}{\partial \beta}\right)_z \tag{2-68}$$

从而式(2－67)可重写为

$$\frac{D}{Dz}\left(\frac{\partial y}{\partial \beta}\right)_z = \left(\frac{\partial y}{\partial \beta}\right)_z\left\{\frac{\partial}{\partial y}\left(\frac{v}{w}\right)\right\}_z \tag{2-69}$$

式中,$\left\{\frac{\partial}{\partial y}\left(\frac{v}{w}\right)\right\}_z$ 可由无黏速度场求得,这样就可以对 $\left(\frac{\partial y}{\partial \beta}\right)_z$ 沿流线进行积分,从而确定流线上各点的 $\left(\frac{\partial y}{\partial \beta}\right)_z$ 值。但有一个问题,在某些点 $\left(\frac{\partial y}{\partial \beta}\right)_z \to \infty$, $w \to 0$, 这显然是应该避免的,但两者的乘积 $w\left(\frac{\partial y}{\partial \beta}\right)_z$ 却是连续的。从而式(2－69)的等号左端可以写为

$$\frac{D}{Dz}\left(\frac{\partial y}{\partial \beta}\right)_z = \frac{D}{Dt}\left(\frac{\partial y}{\partial \beta}\right)_z \frac{Dt}{Dz} = \frac{D}{Dt}\left(\frac{\partial y}{\partial \beta}\right)_z \frac{1}{w} \tag{2-70}$$

这样式(2-69)可以写为

$$\frac{D}{Dt}\left(\frac{\partial y}{\partial \beta}\right)_z = \left\{w\left(\frac{\partial y}{\partial \beta}\right)_z\right\}\left\{\frac{\partial}{\partial y}\left(\frac{v}{w}\right)\right\}_z \tag{2-71}$$

对 $w\left(\frac{\partial y}{\partial \beta}\right)_z$ 沿流线关于 t 求导,可得

$$\begin{aligned}\frac{D}{Dt}\left[w\left(\frac{\partial y}{\partial \beta}\right)_z\right] &= w\frac{D}{Dt}\left(\frac{\partial y}{\partial \beta}\right)_z + \left(\frac{\partial y}{\partial \beta}\right)_z\frac{Dw}{Dt}\\ &= w\frac{D}{Dt}\left(\frac{\partial y}{\partial \beta}\right)_z + \left(\frac{\partial y}{\partial \beta}\right)_z\left[\frac{\partial w}{\partial y}v + \frac{\partial w}{\partial z}w\right]\end{aligned} \tag{2-72}$$

将式(2-71)代入式(2-72),并合并同类项可得

$$\begin{aligned}\frac{D}{Dt}\left[w\left(\frac{\partial y}{\partial \beta}\right)_z\right] &= w\left\{w\left(\frac{\partial y}{\partial \beta}\right)_z\right\}\left\{\frac{\partial}{\partial y}\left(\frac{v}{w}\right)\right\}_z + \left(\frac{\partial y}{\partial \beta}\right)_z\left[\frac{\partial w}{\partial y}v + \frac{\partial w}{\partial z}w\right]\\ &= w\left\{w\left(\frac{\partial y}{\partial \beta}\right)_z\right\}\left\{\frac{1}{w}\frac{\partial v}{\partial y} - \frac{v}{w^2}\frac{\partial w}{\partial y}\right\} + \left(\frac{\partial y}{\partial \beta}\right)_z\left[\frac{\partial w}{\partial y}v + \frac{\partial w}{\partial z}w\right]\\ &= \left\{w\left(\frac{\partial y}{\partial \beta}\right)_z\right\}\left\{\frac{\partial v}{\partial y} - \frac{v}{w}\frac{\partial w}{\partial y} + \frac{\partial w}{\partial y}\frac{v}{w} + \frac{\partial w}{\partial z}\right\}\\ &= \left\{w\left(\frac{\partial y}{\partial \beta}\right)_z\right\}\left\{\frac{\partial v}{\partial y} + \frac{\partial w}{\partial z}\right\}\end{aligned} \tag{2-73}$$

即

$$\frac{D}{Dt}\left[w\left(\frac{\partial y}{\partial \beta}\right)_z\right] = \left\{w\left(\frac{\partial y}{\partial \beta}\right)_z\right\}\left\{\frac{\partial v}{\partial y} + \frac{\partial w}{\partial z}\right\} \tag{2-74}$$

又有

$$\frac{D}{Dt}\left[w\left(\frac{\partial y}{\partial \beta}\right)_z\right] = \frac{D}{Ds}\left[w\left(\frac{\partial y}{\partial \beta}\right)_z\right]\frac{Ds}{Dt} = V\frac{D}{Ds}\left[w\left(\frac{\partial y}{\partial \beta}\right)_z\right] \tag{2-75}$$

从而式(2-74)可以写为

$$\frac{D}{Ds}\left[w\left(\frac{\partial y}{\partial \beta}\right)_z\right] = \frac{1}{V}\left\{w\left(\frac{\partial y}{\partial \beta}\right)_z\right\}\left\{\frac{\partial v}{\partial y} + \frac{\partial w}{\partial z}\right\} \tag{2-76}$$

这样,结合式(2-75)和式(2-76),即可求得流线的尺度因子 h。

上述尺度因子的计算公式是在 YZ 坐标系下推导得到的,而 ZX 坐标系和 XY 坐标系下的推导过程类似,这里直接给出推导结果。

在 ZX 坐标系下,尺度因子的计算公式为

$$h = \frac{|\nabla F|}{VF_y}\left(u\frac{\partial z}{\partial \beta}\right)_x \tag{2-77}$$

$$\frac{D}{Ds}\left[u\left(\frac{\partial z}{\partial \beta}\right)_x\right] = \frac{1}{V}\left\{u\left(\frac{\partial z}{\partial \beta}\right)_x\right\}\left\{\frac{\partial u}{\partial x} + \frac{\partial w}{\partial z}\right\} \tag{2-78}$$

在 XY 坐标系下,尺度因子的计算公式为

$$h = -\frac{|\nabla F|}{VF_z}\left(u\frac{\partial y}{\partial \beta}\right)_x \tag{2-79}$$

$$\frac{D}{Ds}\left[u\left(\frac{\partial y}{\partial \beta}\right)_x\right] = \frac{1}{V}\left(u\frac{\partial y}{\partial \beta}\right)_x\left\{\frac{\partial u}{\partial x} + \frac{\partial v}{\partial y}\right\} \tag{2-80}$$

4. 流线跟踪及其初始条件

物面流线可通过积分简单流线方程得到:

$$\frac{Dx}{D\xi} = u,\ \frac{Dy}{D\xi} = v,\ \frac{Dz}{D\xi} = w \tag{2-81}$$

与文献[9]中以流线长度为自变量不同,本书以 ξ 为自变量,其优点在于驻点区积分终止条件的判定: 驻点附近的速度接近于零,故当前后两点的距离接近于零时即可判断到达驻点;而以流线长度作为积分变量,由于积分步长的原因很难将流线引导至驻点,容易造成驻点附近流线反复折返的现象。

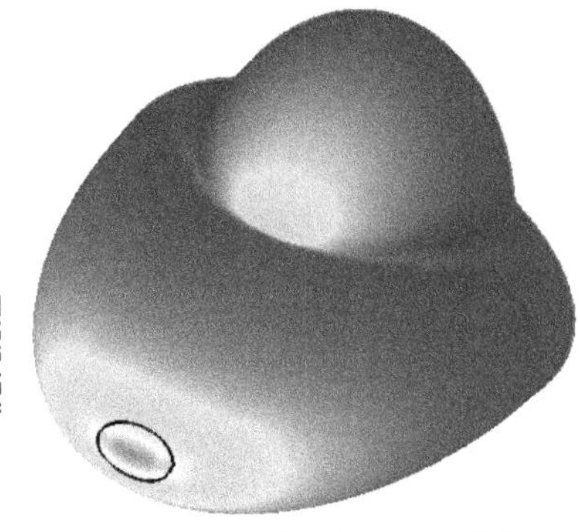

图 2-15 驻点区 Epsilon 曲线

驻点的奇异性导致流线积分计算无法从驻点开始,故选择包含驻点且与流线垂直的 Epsilon 曲线作为流线积分的起始位置,如图 2-15 所示。Epsilon 曲线由微分方程组(2-82)积分得到,积分从距驻点给定距离的网格节点开始,积分过程中实时计算 Epsilon 曲线绕来流方向旋转的角度,当该角度达到 360°时积分中止。曲线上各点的尺度因子 h 根据定义式 $ds_{\perp} = hd\beta$ 计算。相比于文献[9]

中的二维 Epsilon 曲线方程，本书推导的三维曲线方程适用性更广，能用于攻角和侧滑角同时存在的非对称流场的计算。

$$\frac{\mathrm{d}x}{\mathrm{d}s_{\perp}} = \boldsymbol{e}_{\perp} \cdot \boldsymbol{i} = \frac{vF_z - wF_y}{V|\nabla F|}$$
$$\frac{\mathrm{d}y}{\mathrm{d}s_{\perp}} = \boldsymbol{e}_{\perp} \cdot \boldsymbol{j} = \frac{wF_x - uF_z}{V|\nabla F|} \quad (2-82)$$
$$\frac{\mathrm{d}z}{\mathrm{d}s_{\perp}} = \boldsymbol{e}_{\perp} \cdot \boldsymbol{k} = \frac{uF_y - vF_x}{V|\nabla F|}$$

由于网格的任意性，流线积分时需要考虑如图 2－16～图 2－19 所示的四种可能的情形，以便流线积分能够顺利地进行下去。如图 2－16 所示，经过 A 点的流线完全落在伴随网格单元内，此时直接使用积分流线方程（2－81）即可。伴随网格单元根据 A 点速度矢量在其相邻网格上投影的位置关系确定。如图 2－17 所示，当根据速度矢量投影无法确定流线的伴随网格单元时，可认为经过 A 点的流线与网格单元边重合，此时仍可使用流线方程（2－81）计算流线，但在每个积分步之后都需将点坐标投影至相应的网格单元边上，以避免计算机的舍入误差造成判断失效。如图 2－18 所示，流线的前半部分属于正常形式，后半部分与网格单元边重合，此时应组合使用流线形式 1 和流线形式 2 中的方法。如

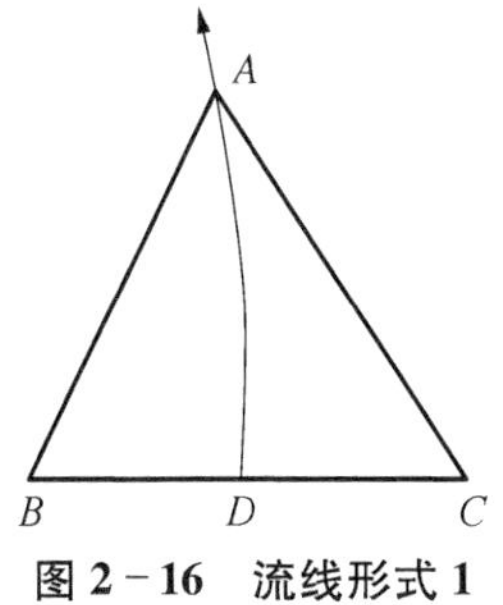

图 2－16　流线形式 1

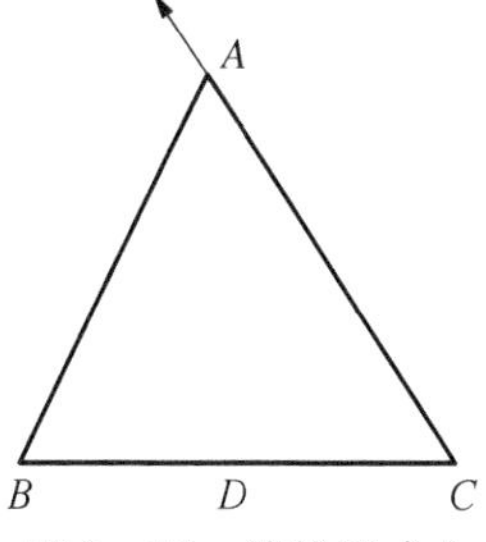

图 2－17　流线形式 2

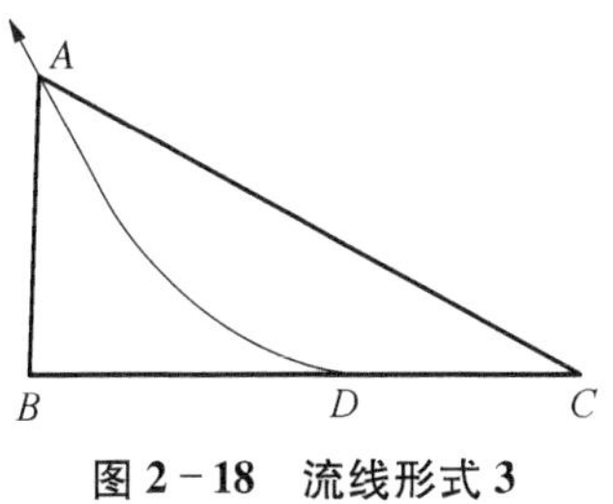

图 2－18　流线形式 3

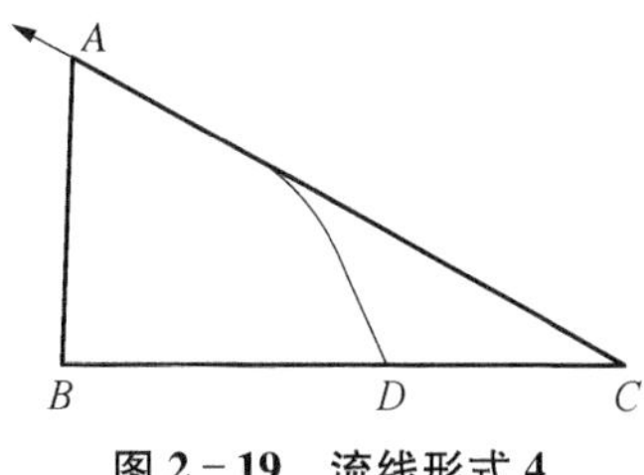

图 2－19　流线形式 4

图 2－19 所示，流线前半部分与网格单元边重合，后半部分属于正常形式，与流线形式 3 类似，此时应组合使用流线形式 1 和流线形式 2 中的方法。

图 2－16~图 2－19 给出了流线积分时可能出现的四种情形，在编程实现时每积分一步均要判断前后两点与伴随网格单元的位置关系，并根据判断结果选择相应的流线跟踪形式，图 2－20 为 15°钝锥在 20°攻角时的流线簇分布。

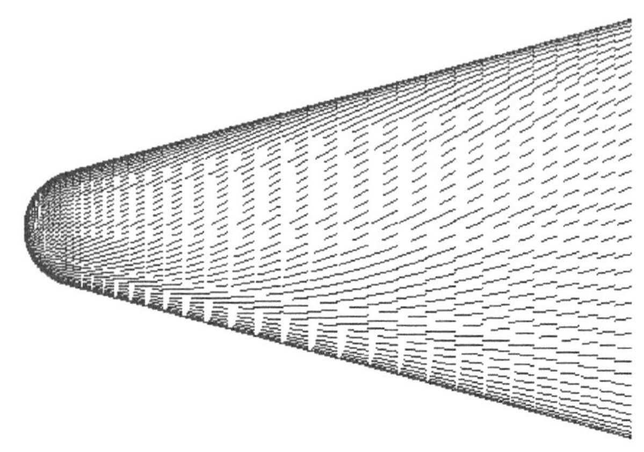

图 2－20　15°钝锥全模型流线簇

5. 气动热流密度计算

驻点的热流密度计算见 2.3.3 节。

瞬态表面热流按 Zoby 等推导的轴对称边界层积分公式计算[10]，层流表面热流密度：

$$q_{W,\,L}=\frac{0.22}{Re_{\theta,\,e}}\left(\frac{\rho^{*}\mu^{*}}{\rho_{e}\mu_{e}}\right)\rho_{e}u_{e}(H_{aw}-H_{w})\frac{1}{Pr_{w}^{-0.6}}\tag{2-83}$$

式中，$Re_{\theta,\,e}$ 为边界层动量厚度雷诺数，带“ * ”表示无突起物的情况，层流动量厚度 θ_L 为

$$\theta_{L}=\frac{0.664\left(\int_{0}^{s}\rho^{*}\mu^{*}u_{e}h^{2}\mathrm{d}s\right)^{\frac{1}{2}}}{\rho_{e}u_{e}h}\tag{2-84}$$

湍流热流密度计算公式为

$$q=\frac{c_{1}}{Re_{\theta,\,e}^{-m}}\left(\frac{\rho^{*}}{\rho_{e}}\right)\left(\frac{\mu^{*}}{\mu_{e}}\right)^{m}\rho_{e}\mu_{e}(H_{aw}-H_{w})\frac{1}{Pr_{w}^{-0.4}}\tag{2-85}$$

湍流动量厚度 θ_T 为

$$\theta_T = \left(c_2 \int_0^s \rho^* (\mu^*)^m u_e h^{c_3} \mathrm{d}s\right)^{c_4} \Big/ \rho_e u_e h \tag{2-86}$$

式中,相关参数取值如下:

$$\begin{aligned} &m = 2/(N+1), \quad c_1 = (1/c_5)^{2N/(N+1)} \{N/[(N+1)\cdot(N+2)]\}^m \\ &c_2 = (1+m)c_1, \quad c_3 = 1+m \\ &c_4 = 1/c_3, \qquad c_5 = 2.243\,3 + 0.93N \end{aligned} \tag{2-87}$$

式中,N 为以动量厚度度量的雷诺数的函数,取值参见文献[11]。

气流经过凸起点时会发生激波/边界层干扰,激波的压缩作用使边界层变薄,因此应重新考虑边界层沿流线发展的累积效应,即应修正动量厚度计算式中的积分项。参考分离干扰区的热压比拟法[12],可假设动量厚度积分项与压强之间存在反比关系:

$$\theta_{Up} = \theta_{Up}^*(p^*/p)^n \tag{2-88}$$

式中,θ_{Up} 表示动量厚度中的积分项;n 为常数,根据计算结果与实验数据的对比确定。选取双椭球构形的二次激波中心点作为分析点,根据实验数据分别修正了两个不同马赫数下的计算结果,得出马赫数为 8.04 和 10.2 下的修正系数分别为 1.78 和 1.61,可知 n 取值范围可为 1.6~1.8。

对于驻点区域,如图 2-21 所示,先从计算节点沿流线积分至 Epsilon 曲线,根据计算得到交点的尺度因子,再从交点跟踪流线至驻点并根据式(2-65)、式(2-76)计算流线上各点的尺度因子,最后从驻点沿顺向流线积分式(2-84)和式(2-86)得到计算点的动量厚度(驻点动量厚度为 0),从而得到该点的表面热流。

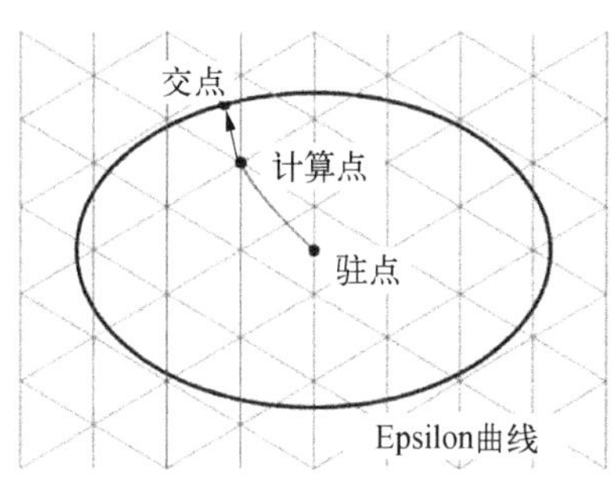

图 2-21　驻点区推进方法

此处,本方法保证了尺度因子与物面和流线之间的固有几何关系,没有采用文献[9]Epsilon 曲线内尺度因子与流线长度之间的线性关系假设,因为该假设在驻点区物面各向曲率变化较大时不再成立,会导致错误的驻点区热流分布,

图 2－22 为双椭球驻点区热流计算结果的对比[(a)为本节方法,(b)为文献方法]。

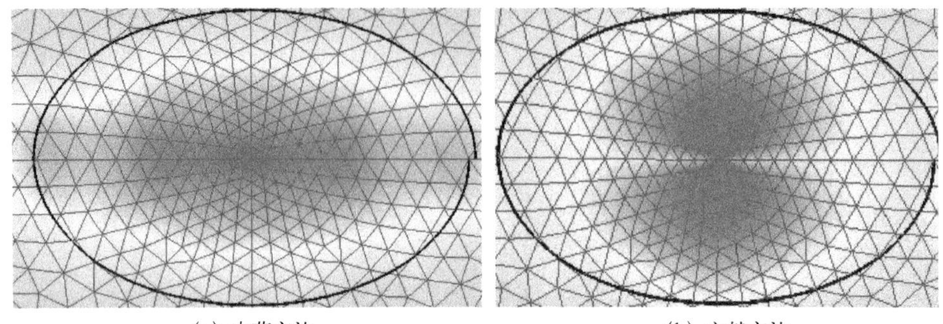

(a) 本节方法　　(b) 文献方法

图 2－22　驻点区热流密度计算方法对比

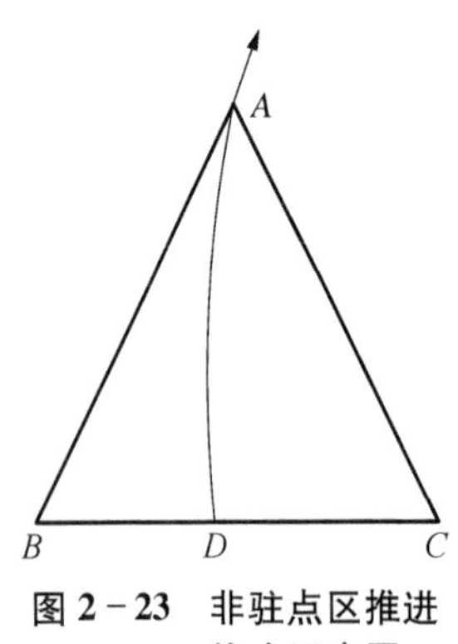

图 2－23　非驻点区推进格式示意图

对于非驻点区域,如图 2－23 所示,采用循环推进方式进行计算,推进格式为:已知 B、C 点的动量厚度,要确定 A 点的动量厚度,首先从 A 点跟踪流线至 D 点,D 点的尺度因子和动量厚度值由 B、C 点插值得到,然后顺流线 DA 进行尺度因子计算和动量厚度积分,从而得到 A 点的尺度因子、动量厚度和气动加热率;沿顺向流线积分过程如果出现逆压梯度,使用上述方法进行动量厚度修正。在非驻点区内使用此方法不断推进计算,直至所有网格节点计算完毕。

6. 气动热计算步骤及算例验证

根据上文分析,使用 C++编程语言开发了轴对称比拟气动热计算程序 NATCH(NWPU Approximate Three－Dimensional Convective Heating),计算步骤如图 2－24 所示[13]。

(1) 读取无黏解及网格数据:无黏解数据包括密度、速度、静压、静焓和静温等,网格数据包括节点坐标及网格至节点的映射关系,由于无黏解通常以网格节点的附加属性参数给出,因此两者可同时读入。

(2) 网格数据处理:补充节点至网格的映射关系,确定各网格单元的相邻单元及节点;根据面积投影最大原则,确定各单元内尺度因子积分的坐标系;根据边长确定各单元内流线积分和 Epsilon 积分的步长,一般可取为最小边长的十分之一。

(3) 物面拟合和无黏流场拟合。

(4) Epsilon 曲线积分：首先选择压强最大点作为假想驻点，然后根据设定的 Epsilon 曲线大小，在驻点附近的网格节点中查找 Epsilon 曲线积分的起始点，查找成功后从该点逆向跟踪流线至驻点，然后用数值方法积分 Epsilon 曲线方程，每个积分步后均需计算当前点-驻点连线、起始点-驻点连线之间的夹角，当夹角超过 360°时积分停止，同时按公式 $ds_{\perp} = h d\beta$ 计算各点的尺度因子。

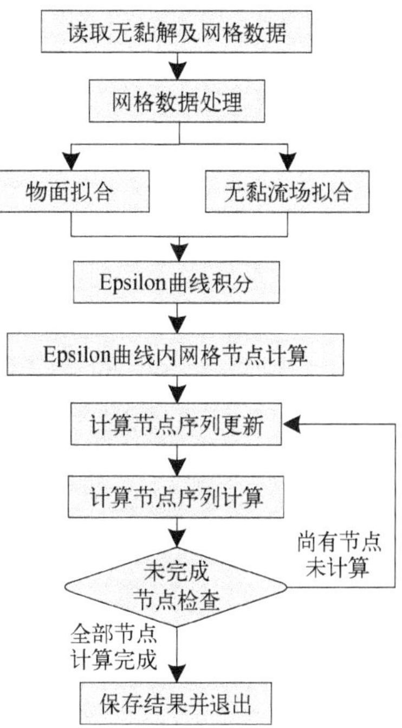

图 2-24　NATCH 程序计算步骤

(5) Epsilon 曲线内网格节点计算：计算驻点区热流密度，直至曲线内所有节点计算完成，并将节点计算完成标识映射至各网格，以便第(6)步中的计算节点序列更新。

(6) 计算节点序列更新：某单元三个节点内已经有两个计算完成，则此单元的第三个节点可加入计算节点序列，但需要指出的是这并不意味着该节点计算必然成功，成功与否与该单元内的流线形状有关。

(7) 计算节点序列计算：计算非驻点区热流密度，直至当前序列所有节点计算完成，并将节点计算完成标识映射至各网格。

(8) 未完成节点检查：当网格节点中尚有节点未计算时，重复步骤(6)和(7)；当所有节点计算完成时，退出计算并保存结果。

本节基于双椭球和空天飞机进行轴对称比拟预测方法的验证。本节算例采用非结构网格，使用 CART3D 求解边界层外的无黏流场，为边界层内工程算法提供外缘参数，外缘参数包括物面各单元节点的速度分量(u、v、w)、静压 p 和静焓 h。

双椭球构形由水平椭球和垂直椭球组合而成，其曲面方程分别为式(2-85)和式(2-86)，式中长度单位为 mm。计算马赫数为 8.04，总压 7.8 MPa，总温 892 K，单位雷诺数 $1.13\times10^{7}\ \mathrm{m}^{-1}$，攻角 0°，壁温 300 K。

$$\left(\frac{x}{157.9}\right)^2 + \left(\frac{y}{39.47}\right)^2 + \left(\frac{z}{65.79}\right)^2 = 1 \qquad (2-89)$$

$$\left(\frac{x}{92.11}\right)^2 + \left(\frac{y}{65.79}\right)^2 + \left(\frac{z}{46.05}\right)^2 = 1 \qquad (2-90)$$

CART3D 求解无黏流场耗时约 40 min,本书程序计算耗时约 10 s,总计耗时约 41 min。图 2-25 为表面热流密度(单位为 W/m^2)的分布云图,图 2-26(a)和(b)分别为上、下表面中心线的计算结果与风洞数据[14]的对比。由图 2-26 可知,上、下表面中心线的热流密度计算结果与风洞数据基本一致,在上表面二次激波点处,也能较好地反映激波/边界层干扰引起的热流密度增加。

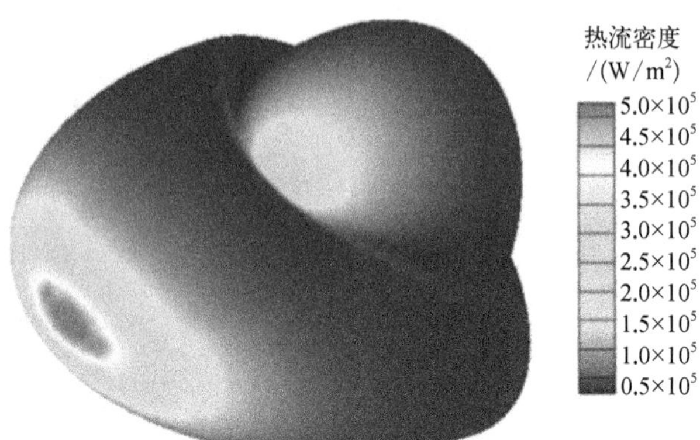

图 2-25 双椭球表面热流分布云图

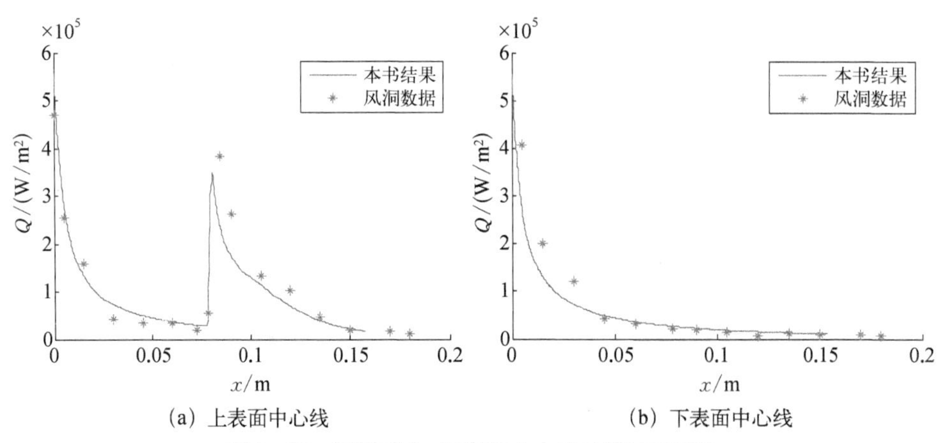

(a) 上表面中心线 (b) 下表面中心线

图 2-26 双椭球上、下表面中心线计算结果对比

空天飞机模型全长 290 mm,宽、高均为 58 mm,翼展 184.8 mm,头部半径 15 mm、锥角 20°。计算马赫数为 8.04,总压 7.8 MPa,总温 892 K,单位雷诺数 $1.13\times10^7\ m^{-1}$,攻角 10°,壁温取 300 K。CART3D 求解无黏流场耗时约 90 min,本书程序计算耗时约 40 s,总计耗时约 91 min。图 2-27 为表面热流的分布云图,图 2-28(a)和(b)分别为上、下表面中心线的计算结果与风洞数据[14]对比。从图 2-28 中可以看出,本书方法与实验结果吻合良好,具有一定的准确性。

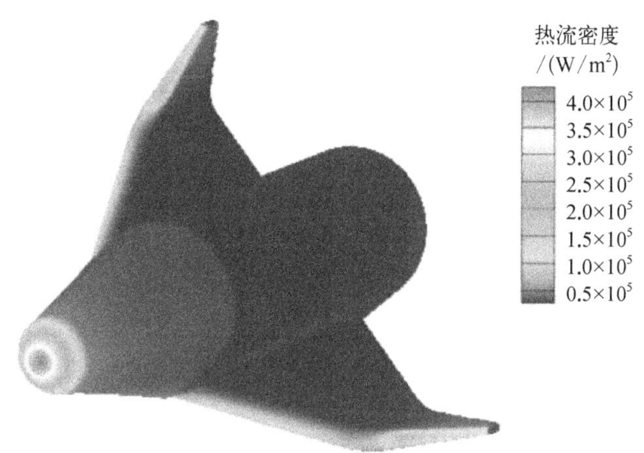

图 2-27　空天飞机表面热流分布云图

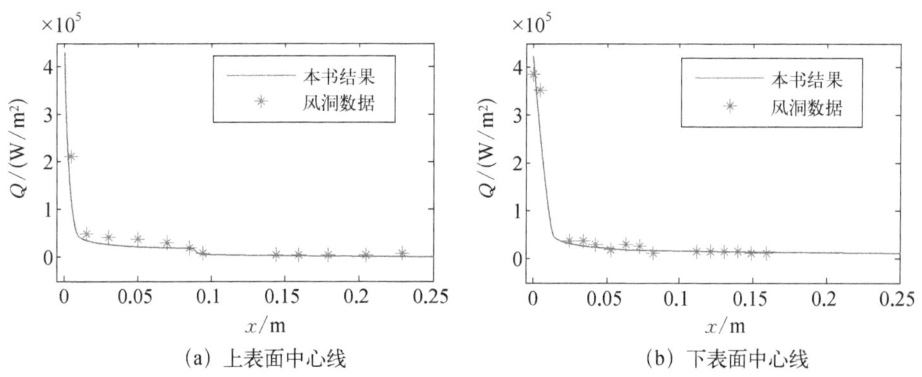

图 2-28　空天飞机上、下表面中心线计算结果与实验数据对比

2.3.3　驻点热流密度计算

对于驻点位置，其热流密度可采用 Kemp - Riddell、Detra - Kemp - Riddell、Fay - Riddell 及简化后的 van Driest 公式[6]进行计算。

其中，Fay - Riddell 公式考虑了气体离解效应：

$$q_s = 0.94(\rho_w\mu_w)^{0.1}(\rho_s\mu_s)^{0.4}(H_s - H_w)\sqrt{\left(\frac{\mathrm{d}u_e}{\mathrm{d}x}\right)_s} \tag{2-91}$$

式中，下标 s 代表驻点；下标 w 表示壁面；下标 e 表示边界层外缘；x 为坐标；ρ、μ、u 和 H 分别为密度、黏性系数、速度和焓值。

鉴于壁面参数很难获得，van Driest 对 Fay - Riddell 公式进行了简化，获得式(2-92)：

$$q_s = 0.94\sqrt{\rho_s\mu_s}\,(H_s - H_w)\sqrt{\left(\frac{\mathrm{d}u_e}{\mathrm{d}x}\right)_s} \tag{2-92}$$

2.3.4　气动热计算流程

如上所述,高超声速飞行器气动热计算流程总结如图 2-29 所示,分为驻点

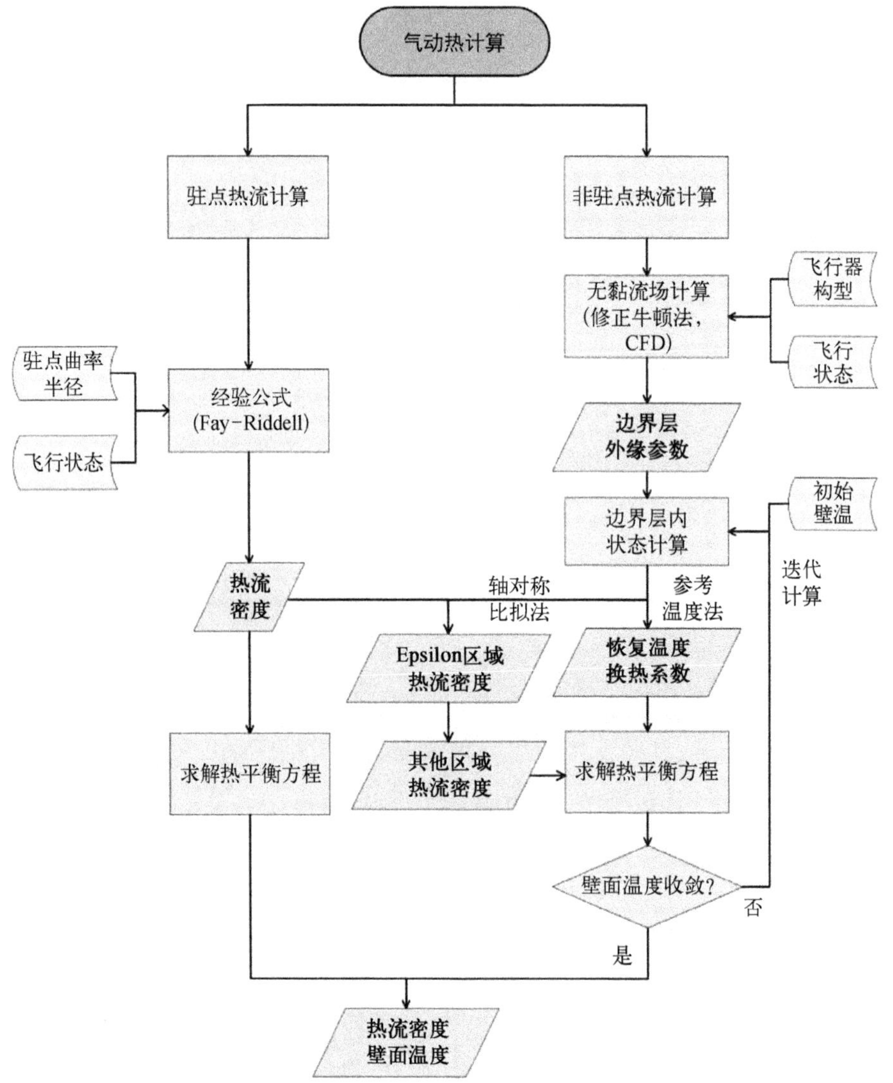

图 2-29　高超声速飞行器气动热计算流程

热流密度和非驻点热流密度计算两条路径。驻点热流密度计算需要输入驻点曲率半径和飞行状态(弹道),基于经验公式计算获得热流密度,然后求解热平衡方程获得温度。非驻点热流密度的计算,首先,根据飞行器构型和飞行状态(弹道),利用工程算法或者数值算法进行边界层外无黏流场的计算,获得边界层外缘参数;然后,基于参考温度法,获得边界层内气体的热力学和输运参数,并计算获得恢复温度和壁面气动换热系数或者基于轴对称比拟法,先后计算获得 Epsilon 曲线区域和其他区域的热流密度;最后,迭代求解热平衡方程,获得热流密度和壁面温度。

2.4　热管理系统设计方法

本书设计的热管理系统包括被动热防护、热输运及热能再利用三个子系统。如 2.2 节所述,热管理系统包含的子系统不同,采用的热平衡方程不同,进而热管理系统的设计流程不同。当热管理系统仅包含被动热防护系统时,热防护系统底部带走的热量可以忽略不计,可以采用辐射热平衡模型进行系统设计;当热管理系统包含热输运和热能再利用子系统时,除了辐射耗散的热量,热输运和热利用子系统带走的热量不能忽视,因此需要采用等效热平衡模型进行系统设计。本节将分别介绍基于辐射热平衡和等效热平衡模型的热管理系统初步设计流程。

2.4.1　基于辐射热平衡模型的热防护系统设计流程

在辐射平衡条件下,热管理系统仅包括被动热防护系统,其设计流程如图 2-30 所示,共分为三步:首先,根据飞行器的构型和弹道,进行气动热计算,获得热载(气动热流对时间的积分)和壁温;然后,根据壁温及热防护概念的许用温度,确定热防护概念的分布;其次以气动热流密度为边界条件,进行热防护概念的结构传热分析;最后,以热防护系统冷端温度为约束条件,以质量最轻为优化目标,进行热防护概念的结构优化,获得被动热防护系统的规模(尺寸、质量),建立被动热防护系统。

2.4.2　基于等效热平衡模型的热管理系统设计流程

此时热管理系统包括被动热防护子系统,热输运子系统及热电转换子系统,

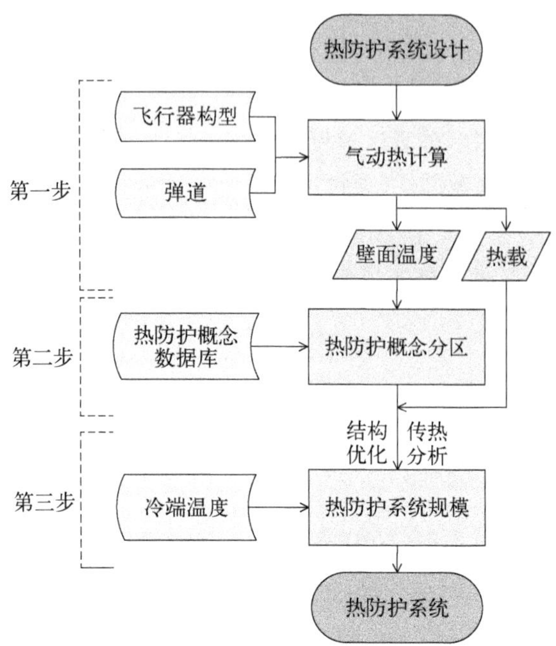

图 2－30　被动热防护系统设计流程

热管理系统及各子系统耦合设计的流程如图 2－31 所示，分为四步：首先根据飞行器的构型、弹道、等效冷却参数及工质温度，进行气动热计算，获得热载（气动热流对时间的积分）、壁温及输运/转换系统带走的热量；然后根据壁温及热防护概念许用温度，确定热防护系统的分布；其次以气动热和输运系统带走的热量为边界条件，进行被动热防护结构的传热分析和结构优化，获得被动热防护系统的规模（尺寸、质量），同时，基于输运和再利用热量、热输运子系统（工质物性等）和热电转换子系统的特性（热电转换效率等），确定输运和再利用子系统的容量；最后，进行迭代设计，直至热管理系统满足总体设计要求。

2.4.3　小结

热管理系统设计过程中，涉及气动热计算，被动热防护子系统、热输运子系统和热电转换三个子系统的设计。气动热计算方法主要包括如前所述的无黏流场的工程和数值计算方法、基于平板理论和轴对称理论的有黏流场计算方法、驻点热流密度计算模型等；被动热防护系统设计方法主要包括，热防护概念分区、传热分析、结构优化及新型热防护概念性能分析等方法，将在第 3 章详细介绍；热输运系统设计则包括，热输运方案设计、管道对流换热分析、流固耦合分析等，

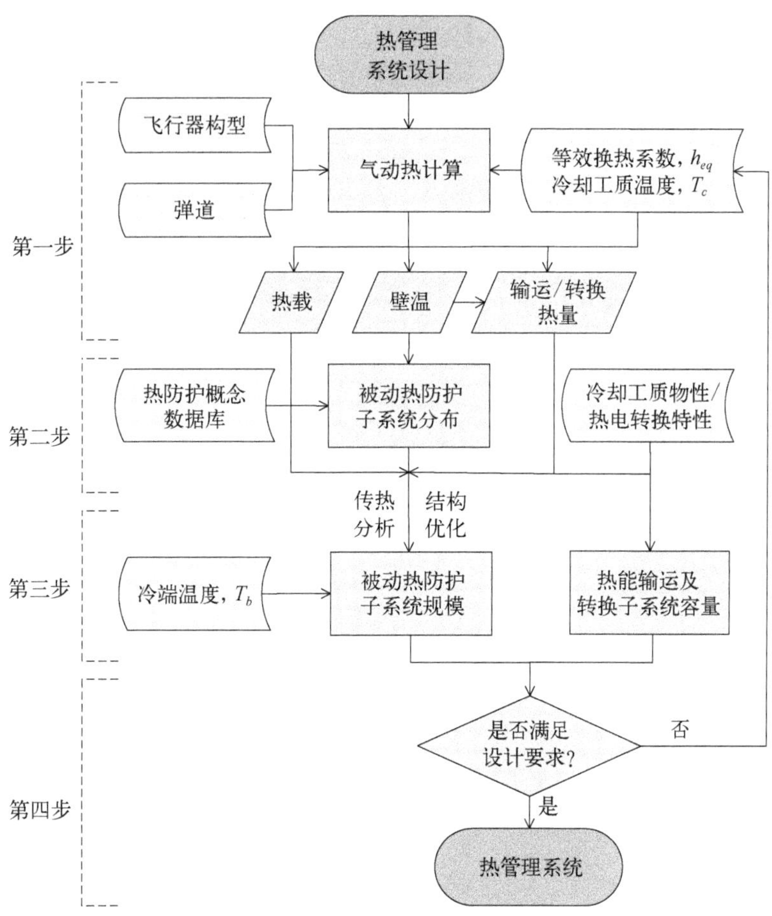

图 2－31　热管理系统设计流程

将在后续章节详细介绍；热电转换子系统则包括再生冷却网络设计、热电转换结构开发、热电结构力热电性能分析及成本评估等，将在后续章节详细介绍。

参考文献

[1] Gou J J, Chang Y, Yan Z W, et al. The design of thermal management system for hypersonic launch vehicles based on active cooling networks[J]. Applied Thermal Engineering, 2019, 159: 113938.

[2] Moore M, Williams J. Aerodynamic prediction rationale for analyses of hypersonic configurations[C]. Reno: 27th Aerospace Sciences Meeting, 1989.

[3] 赵吉松.高超声速飞行器气动力/热预测与轨迹优化研究[D].西安：西北工业大学,2012.

[4] Dejarnette F R, Hamiltion H H. Aerodynamic heating on 3-D bodies includingthe effects of

entropy-layer swallowing[J]. Journal of Spacecraft and Rockets, 1975, 12(1): 5-12.

[5] Quick start guide to Cart3d[Z]. Desktop Aeronautics Inc. 2011.

[6] Anderson J D. Fundamentals of aerodynamics[M]. New York: McGraw-Hill, 2005.

[7] Eckert E R G. Engineering relations for friction and heat transfer to surfaces in high velocity flow[J]. Journal of the Aeronautical Sciences, 1955, 22(8): 585-587.

[8] Hamilton H, Weilmuenster J, Dejarnette F. Improved approximate method for computing convective heating on hypersonic vehicles using unstructured grids[C]. San Francisco: 9th AIAA/ASME Joint Thermophysics and Heat Transfer Conference, 2006.

[9] Hamilton H, Weilmuenster J, Dejarnette F. Approximate method for computing laminar and turbulent convective heating on hypersonic vehicles using unstructured grids[C]. San Antonio: 41st AIAA Thermophysics Conference, 2009.

[10] Zoby E V, Moss J N, Sutton K. Approximate convective-heating equations for hypersonic flows[J]. Journal of Spacecraft and Rockets, 1981, 18(1): 64-70.

[11] Dejarnette F, Hamilton H, Weilmuenster K. New method for computing convective heating in stagnation region of hypersonic vehicles[C]. Reno: 46th AIAA Aerospace Sciences Meeting and Exhibit, 2008.

[12] Neumann R D, Hayes J R. Prediction techniques for three-dimensional shock-wave/turbulent boundary-layer interactions[J]. AIAA Journal, 1977, 15(10): 1469-1473.

[13] 薛鹏飞.高超声速飞行器热防护系统设计方法研究[D].西安: 西北工业大学,2011.

[14] 李素循.典型外形高超声速流动特性[M].北京: 国防工业出版社,2007.

第3章 被动热防护系统设计

3.1 前言

高超声速飞行器对热防护系统的要求很高，其飞行状态会短时间内从亚声速达到超声速再达到高超声速，对于较钝的鼻锥，温度会达到 1 600 K 以上[1]，而对于尖锐前缘，驻点温度在高速时将达到 2 200 K 以上[2]。此外，超燃冲压发动机进气口和燃烧室通道等部位，最高温度也将超过 2 000 K[3]，且由于激波干扰的影响，唇口的气动热环境甚至比前缘还要恶劣[4]。这些问题导致高超声速飞行器所遭遇的热环境具有复杂的空间、时间分布特征，不仅飞行器不同部位的热环境差异很大，在整个飞行过程中各部位的壁温与气动热流也会发生显著的变化，这给热防护系统设计带来了很大的挑战。

新一代高超声速飞行器对结构轻质化、结构效率、结构可靠性和完整性的要求不断提高，有氧环境、高动压、高超声速气动热/力耦合等因素对飞行器结构/热防护技术带来了严峻的挑战。飞行器对结构质量十分敏感，因此热防护系统的轻量化需求促进防热概念的不断发展，从钝型体宇宙飞船采用的低密度烧蚀型热防护方案[5]到航天飞机采用的可重复热防护系统[6]，防热概念的更新一定程度上推动了航天事业的进步。NASA 在航天飞机工程中，开发了一系列热防护概念，包括刚性防热瓦、柔性隔热毡及金属热防护概念等[7,8]。对于飞行器而言，表面不同部位气动加热情况存在较大差异，一般可根据飞行器表面加热情况（热载荷和壁面温度）选择相应的热防护系统概念类型，因此在同一飞行器上，会使用多种热防护方案，以达到最佳的防热效果和最低的系统质量。

本章将介绍典型的热防护材料、结构及概念，以及高超声速飞行器被动热防护系统的设计方法，并针对典型高超声速飞行器，分别在辐射热平衡和等效热平衡条件下进行热防护系统设计。

3.2 热防护结构及典型热防护概念

3.2.1 热防护材料及结构

热防护材料可以分为三类,耐高温材料、隔热材料和其他材料。耐高温材料通常为超高温陶瓷、C/SiC 等陶瓷基复合材料、C/C 等碳基复合材料、难熔金属等金属基材料;隔热材料主要为导热系数极低的气凝胶复合材料、纤维多孔材料等;其他材料包括相变复合材料等控温材料、可烧蚀材料等。

常见的被动热防护结构包括隔热结构、热沉结构以及辐射结构,隔热结构通过在飞行器结构外层增加隔热材料层阻止热量进入结构内部,热沉结构主要依靠飞行器结构材料自身的热沉吸收气动热,以期实现热防护效果,而辐射散热结构则主要利用防热结构表面的高发射率,将气动热以热辐射的形式耗散在机体之外。

热沉结构是利用结构本身的吸热储热能力,将辐射耗散后的剩余热量直接吸收,如图 3-1 所示。热沉结构的防热能力主要取决于材料的热容及质量,若长时间在较高热流条件下使用,结构温度可能快速上升,甚至超过耐热极限,或者质量规模过大,因此一般用于气动加热情况较弱的部位,如飞行器的背风面。

辐射结构主要通过热辐射的形式耗散气动热,如图 3-2 所示,一般通过在耐高温材料表面涂覆高辐射率的涂层,提高其辐射散热能力。根据 Stefan-Boltzmann 定律[9],物体表面单位面积在单位时间内发出的辐射热流密度为

$$q = \varepsilon \sigma T^4 \tag{3-1}$$

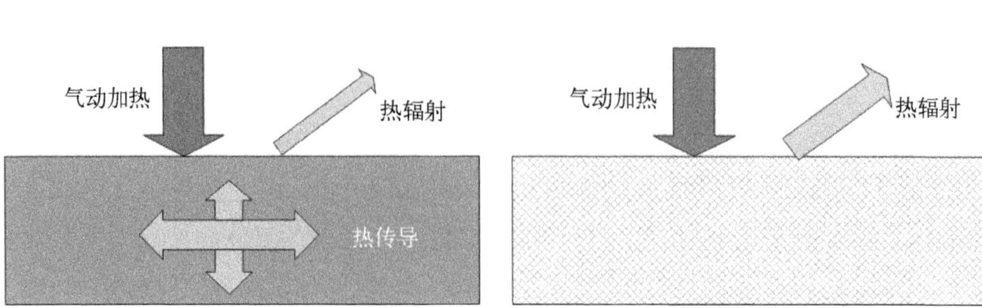

图 3-1 热沉结构示意图　　图 3-2 辐射散热结构示意图

式中，ε 为物体表面发射率；σ 为 Stefan－Boltzmann 常数；T 为物体表面温度。

由式(3－1)可以发现，随着物面温度的上升，防热结构的辐射散热能力随之增强，直至辐射出去的热量和气动加热量平衡。在极其严苛的情况下，辐射平衡温度有可能超过材料的耐温极限，导致结构发生破坏。

典型隔热结构如图 3－3 所示，上表面为辐射层，底部为结构层，中间为隔热层。隔热层降低了气动热向下传递的能力，因此，大部分气动热通过结构表面的热辐射进行耗散。通常，隔热层采用导热系数和密度都很低的材料，可以提升隔热效率，并降低结构质量。

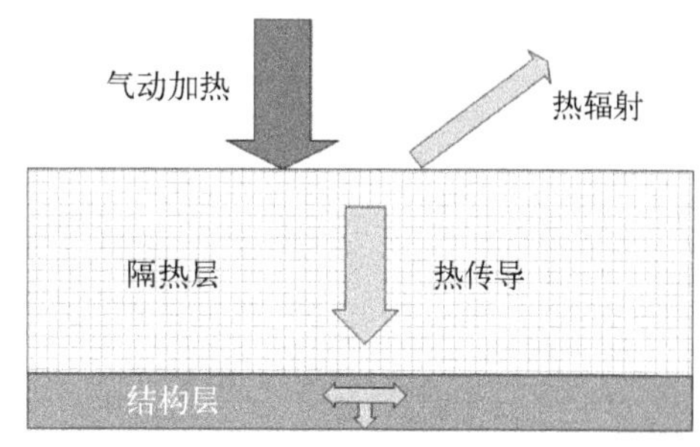

图 3－3　隔热结构示意图

值得指出的是，热沉结构、辐射结构和隔热结构只是从防热功能的角度对热防护结构进行的分类，实际的飞行器热防护概念往往兼具热沉、辐射和隔热功能。

3.2.2　典型热防护概念

NASA 在航天飞机及随后的 Hyper－X 等高超工程中开发了一系列热防护概念，主要分为刚性陶瓷瓦、柔性陶瓷毡及金属热防护概念。表 3－1 所示为热防护概念及其许用温度[6]，表中，先进柔性可重复使用隔热毡(AFRSI)和钛蜂窝防热瓦(TI－HC)的极限温度均为 922 K，而在隔热层厚度较小，即总热载较低时，前者的平均质量更小；超级合金蜂窝防热瓦(SA－HC)和第二代超级合金蜂窝防热瓦(SA－HC2)，两者的极限温度均为 1 366 K，但后者为改进后的第二代概念。热防护概念的基本构型均由耐高温层、隔热层及结构连接层组成，各个概念的许用温度主要取决于各层材料。航天飞机鼻锥最高温度为 1 923 K，而现有高超声速飞行器由于其尖锐和狭长的气动构型，关键部位的温度将超过 2 000 K，可见，传统的热防护概念无法满足热防护需求。因此，笔者针对高超声速飞行器前缘部位，设计了一种超高温陶瓷热防护概念(UHTC)，由 AETB－8 表面增加一层超高温陶瓷材料形成，超高温陶瓷材料可以耐受 2 200～2 500 K 的高温，因此可以用于前缘部位防热[10]。

本书基于上述概念，建立了被动热防护概念数据库，包括热防护概念的许用温度，及各层材料的使用温度、密度、导热系数、比热容等物理属性。

表 3-1 热防护概念数据库

名　称	防热方案名称	类　型	许用温度/K
AFRSI	先进柔性可重复使用隔热毡	柔性陶瓷毡	922
TI-HC	钛蜂窝防热瓦	金属防热概念	922
SA-HC	超级合金蜂窝防热瓦	金属防热概念	1 366
SA-HC2	第二代超级合金蜂窝防热瓦	金属防热概念	1 366
TABI	可裁剪先进隔热毡	柔性陶瓷毡	1 478
LI-900	石英纤维防热瓦	刚性陶瓷瓦	1 533
AETB-8	氧化铝增强防热瓦-8	刚性陶瓷瓦	1 644
AETB-12	氧化铝增强防热瓦-12	刚性陶瓷瓦	1 644
UHTC	超高温陶瓷	刚性陶瓷瓦	2 500

3.3 热防护系统设计方法

高超声速飞行器飞行过程中,机身头锥(弹头)、控制面、机翼(弹翼)前缘、尾翼前缘、密封面以及大面积热防护系统面板都具有较高温度。热防护系统方案的选择也会因飞行器加热环境、力学环境、飞行轨迹、使用次数、质量和成本限制的不同而各有所异。热防护概念的分布和规模(尺寸、质量)基本上取决于飞行器表面热流、壁面温度的大小和持续时间三个因素。由于飞行器的工作环境的特殊性,使得热防护系统除了要满足质量小和安全性以外还要满足以下的要求。

(1) 工作温度匹配:热防护概念外表面的最高温度,必须小于此类热防护概念的许用温度;热防护结构内部的温度,必须小于各层材料的许用温度。

(2) 冷端温度约束:热防护系统的主要目的是保护航天器的机身结构保持在可承受的温度范围内,因此,热防护设计时,需要将热防护系统的冷端温度作为输入约束。

在热防护系统设计过程中,首先需要根据飞行器不同部位的气动加热壁面温度,确定适用的热防护概念,然后以隔热层厚度作为设计变量,以各层材料使用温度及热防护概念冷端温度为约束,确定热防护概念的尺寸和质量。

3.3.1 热防护系统分区方法

针对飞行器表面所有的网格,从热防护系统数据库中选择许用温度大于壁面平衡温度的热防护概念作为备选方案,同时获得此网格处的飞行器部件,分析此种热防护系统方案能否适用于此部位。为了避免过于保守,在选择热防护系统方案时,设置温度容差,选择的热防护系统概念许用温度与壁面平衡温度的差值要在此温度容差内,热防护系统分区即热防护概念选型的基本原则是,飞行器的各个表面网格应该满足:

$$T_{\mathrm{w}} < T_{\mathrm{TPS}} < T_{\mathrm{w}} + T_{\mathrm{tol}} \tag{3-2}$$

式中,T_{w}为此网格在全弹道上的最大壁面温度;T_{TPS}为飞行器热防护系统概念的许用温度;T_{tol}为温度容差。在辐射平衡条件下,T_{w}对应较为保守的结果,以此温度作为热防护系统选型的依据能够满足使用需求。

选型完成后,结合飞行器不同部件(机身、机翼等)、不同内部结构(储箱、控制系统等)、不同防热需求,对选择相同热防护系统方案的网格进行合并,形成热防护系统分区。由于每个分区的选型不唯一,将会形成多套热防护系统方案。

在选型和分区完成之后,选择各个分区内壁面温度最大的网格作为此分区的设计点,获得此点的气动热时间历程数据。最后以此设计点的气动热数据作为边界条件,对选定的热防护系统进行传热分析,同时以隔热层厚度作为设计变量进行优化计算,并最终获得飞行器被动热防护系统。

3.3.2　热防护系统传热分析模型

1. 控制方程

热防护概念内部仅为热传导,因此控制方程为导热微分方程:

$$\lambda_{xx}\frac{\partial^2 T}{\partial x^2} + \lambda_{yy}\frac{\partial^2 T}{\partial y^2} + \lambda_{zz}\frac{\partial^2 T}{\partial z^2} + (\lambda_{xy} + \lambda_{yx})\frac{\partial^2 T}{\partial x \partial y} + (\lambda_{xz} + \lambda_{zx})\frac{\partial^2 T}{\partial x \partial z} + (\lambda_{yz} + \lambda_{zy})\frac{\partial^2 T}{\partial y \partial z} = \rho c\frac{\partial T}{\partial t} \tag{3-3}$$

式中,x、y 和 z 为坐标;t 为时间;c 为材料比热容;λ_{xx}、λ_{yy}、λ_{zz}…为结构内部不同位置的各向异性导热系数,对于各向同性的材料,$\lambda_{xx} = \lambda_{yy} = \lambda_{zz}$, $\lambda_{xy} = \lambda_{yx} = \cdots = 0$。

对于热防护概念,横向尺寸远大于厚度方向的尺寸,因此,可假定为沿厚度方向的一维传热过程,通过求解一维传热方程,获得厚度方向上的温度分布,以此判断是否满足热防护需求,若不满足,则增加隔热层厚度,进行迭代求解,直至满足热防护需求。

一维导热微分方程如下：

$$\lambda_{xx} \frac{\partial^2 T}{\partial x^2} = \rho c \frac{\partial T}{\partial t} \tag{3-4}$$

本章将详细介绍利用有限差分法进行一维传热分析的模型和方法。

2. 控制方程离散化

热防护结构均由多层材料构成，可沿厚度方向选择需要分析的节点，相邻两节点的中垂线为界面线，相邻界面线间的区域即为当前节点所代表的控制体积。按照先节点位置、后界面位置的方法，可以将计算区域进行离散，得到多个子区域组成的空间区域。此外，由于热防护系统具有多层结构，且各层厚度、性能互不相同，则在各层内部细致划分网格，而网格单元尺寸由结构特点、温度分布特征以及计算规模权衡选取。另外，区域离散还须满足两个条件：① 热防护系统内外边界面上必须有节点；② 两种材料或两层材料的交界面必须在控制单元界面上。在区域离散的基础上，离散控制方程可以得到相应的有限差分方程。一维有限差分离散模型如图 3－4 所示[11]，计算区域从外边界到内边界，离散为 $0\cdots N$，共 $N+1$ 个控制体积，每个控制体积的温度分别由 $T_0\cdots T_N$ 表示。

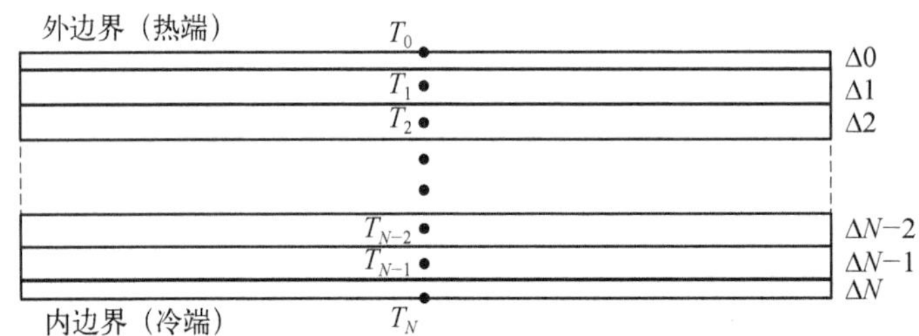

图 3－4　一维有限差分模型

控制体 $i(0 < i < N)$ 的热平衡方程为

$$\int_t^{t+\Delta t}\int_{x_i-\frac{\Delta i}{2}}^{x_i+\frac{\Delta i}{2}} \rho c \frac{\partial T}{\partial t} \mathrm{d}x\mathrm{d}t = \int_t^{t+\Delta t}\int_{x_i-\frac{\Delta i}{2}}^{x_i+\frac{\Delta i}{2}} \frac{\partial}{\partial x}\left(\lambda \frac{\partial T}{\partial x}\right) \mathrm{d}x\mathrm{d}t \tag{3-5}$$

式中，x_i 为节点位置；Δi 为控制体 i 的厚度。

公式(3－5)的差分形式为

$$\int_{x_i-\frac{\Delta i}{2}}^{x_i+\frac{\Delta i}{2}} \rho c(T^{t+\Delta t} - T^t)\mathrm{d}x = \int_t^{t+\Delta t}\left[\left(\lambda \frac{\partial T}{\partial x}\right)_{x_i+\frac{\Delta i}{2}} - \left(\lambda \frac{\partial T}{\partial x}\right)_{x_i-\frac{\Delta i}{2}}\right]\mathrm{d}t \tag{3-6}$$

考虑热防护系统的层状结构特征，假设控制体内，T、ρ、c 关于 x 阶梯式变

化，故同一控制体内 T、ρ、c 均取相应计算节点的值，则公式(3－6)左端项有

$$\int_{x_i-\frac{\Delta i}{2}}^{x_i+\frac{\Delta i}{2}} \rho c(T^{t+\Delta t}-T^{t})\mathrm{d}x=(\rho c)_i(T_i^{t+\Delta t}-T_i^{t})\Delta i \tag{3-7}$$

温度梯度对时间作隐式阶跃变化，即 t 到 $t+\Delta t$ 时刻的变化用 $t+\Delta t$ 时刻的数值表征，则公式(3－6)右端项有

$$\int_{t}^{t+\Delta t}\left[\left(\lambda\frac{\partial T}{\partial x}\right)_{x_i+\frac{\Delta i}{2}}-\left(\lambda\frac{\partial T}{\partial x}\right)_{x_i-\frac{\Delta i}{2}}\right]\mathrm{d}t=\left[\left(\lambda\frac{\partial T}{\partial x}\right)_{x_i+\frac{\Delta i}{2}}^{t+\Delta t}-\left(\lambda\frac{\partial T}{\partial x}\right)_{x_i-\frac{\Delta i}{2}}^{t+\Delta t}\right]\Delta t \tag{3-8}$$

在界面处导热系数不连续时，界面当量导热系数通过两种介质导热系数的调和平均获得，从而有

$$\left(\lambda\frac{\partial T}{\partial x}\right)_{x_i+\frac{\Delta i}{2}}^{t+\Delta t}=W_i^{-1}(T_i^{t+\Delta t}-T_{i+1}^{t+\Delta t}),\quad i=0,1,2,\cdots,N-1 \tag{3-9}$$

式中，W_i 表示热阻系数，为当量导热系数的倒数，其取值为

$$W_i=\frac{\Delta i}{(2-\delta)\lambda_i}+\frac{\Delta(i+1)}{2\lambda_{i+1}} \tag{3-10}$$

式中，当节点 i 在边界上时 $\delta=1$，其余情况取0。最终得到一维平板传热分析模型的数值离散方程：

$$(\rho c)_i(T_i^{t+\Delta t}-T_i^{t})\Delta i=[W_{i-1}^{-1}(T_{i-1}^{t+\Delta t}-T_i^{t+\Delta t})-W_i^{-1}(T_i^{t+\Delta t}-T_{i+1}^{t+\Delta t})]\Delta t \tag{3-11}$$

重新整理可得

$$-W_{i-1}^{-1}T_{i-1}^{t+\Delta t}+\left[(\rho c)_i\frac{\Delta i}{\Delta t}+W_{i-1}^{-1}+W_i^{-1}\right]T_i^{t+\Delta t}-W_i^{-1}T_i^{t+\Delta t}=(\rho c)_i\frac{\Delta i}{\Delta t}T_i^{t} \tag{3-12}$$

3. 边界条件

对于外边界，根据热平衡方程(2－8)及式(2－12)，则第一个控制体的能量平衡方程可写为

$$\alpha(T_r-T_0^{t+\Delta t})-\varepsilon\sigma(T_0^{t})^4=(\rho c)_0\Delta_0\frac{\mathrm{d}T_0}{\mathrm{d}t}+\left(\lambda\frac{\partial T}{\partial x}\right)_{\Delta i}^{t+\Delta t} \tag{3-13}$$

从而得到外边界上的离散方程：

$$\alpha(T_r - T_0^{t+\Delta t}) - \varepsilon\sigma(T_0^t)^4 = (\rho c)_0 \frac{\Delta_0}{\Delta t}(T_0^{t+\Delta t} - T_0^t) + W_0^{-1}(T_0^{t+\Delta t} - T_1^{t+\Delta t}) \tag{3-14}$$

整理后得到：

$$\left[(\rho c)_0 \frac{\Delta_0}{\Delta t} + W_0^{-1} + \alpha\right] T_0^{t+\Delta t} - W_0^{-1} T_1^{t+\Delta t} = (\rho c)_0 \frac{\Delta_0}{\Delta t} T_0^t + \alpha T_r - \varepsilon\sigma(T_0^t)^4 \tag{3-15}$$

对于内边界，边界条件为输运工质带走的热流密度，如果以对流换热即第三类边界条件表示，则内边界控制体上能量平衡方程可写为

$$(\rho c)_N \Delta_N \frac{\mathrm{d}T_N}{\mathrm{d}t} + h_T(T_N^t - T_c) = \left(\lambda \frac{\partial T}{\partial x}\right)_{x_N - \Delta_N}^{t+\Delta t} \tag{3-16}$$

式中，h_T为输运系统的换热系数，可通过 h_{eq}及内边界温度约束计算获得，见公式(2-9)。内边界离散方程可写为

$$(\rho c)_N \Delta_N \frac{T_N^{t+\Delta t} - T_N^t}{\Delta t} + h_T(T_N^t - T_c) = W_{N-1}^{-1}(T_{N-1}^{t+\Delta t} - T_N^{t+\Delta t}) \tag{3-17}$$

整理后得到：

$$\left[(\rho c)_N \frac{\Delta_N}{\Delta t} + W_{N-1}^{-1}\right] T_N^{t+\Delta t} - W_{N-1}^{-1} T_{N-1}^{t+\Delta t} = (\rho c)_N \frac{\Delta_N}{\Delta t} T_N^t + h_T(T_c - T_N^t) \tag{3-18}$$

综上所述，热防护概念的一维瞬态传热有限差分方程可描述为

$$\begin{bmatrix} b_0 & -c_0 & & & & \\ -a_1 & b_1 & -c_1 & & & \\ & -a_2 & b_2 & -c_2 & & \\ & & \ddots & \ddots & \ddots & \\ & & & -a_{N-1} & b_{N-1} & -c_{N-1} \\ & & & & -a_N & b_N \end{bmatrix} \begin{bmatrix} T_0 \\ T_1 \\ T_2 \\ \vdots \\ T_{N-1} \\ T_N \end{bmatrix}^{t+\Delta t} = \begin{bmatrix} d_0 \\ d_1 \\ d_2 \\ \vdots \\ d_{N-1} \\ d_N \end{bmatrix} \tag{3-19}$$

式中，各参数形式：

$$a_i = W_{i-1}^{-1},\ i = 1, 2, 3, \cdots, N;\quad c_i = W_i^{-1},\ i = 0, 1, 2, \cdots, N-1;$$

$$b_i = \begin{cases} (\rho c)_i \dfrac{\Delta i}{\Delta t} + W_i^{-1} + \alpha, & i = 0 \\ (\rho c)_i \dfrac{\Delta i}{\Delta t} + W_i^{-1} + W_{i-1}^{-1}, & i = 1, 2, \cdots, N-1 \\ (\rho c)_i \dfrac{\Delta i}{\Delta t} + W_{i-1}^{-1}, & i = N \end{cases}$$

$$d_i = \begin{cases} \rho_i c_i \dfrac{\Delta i}{\Delta t} T_i^t + \alpha T_r - \varepsilon\sigma (T_i^t)^4, & i = 0 \\ \rho_i c_i \dfrac{\Delta i}{\Delta t} T_i^t, & i = 1, 2, \cdots, N-1 \\ \rho_i c_i \dfrac{\Delta i}{\Delta t} T_i^t + h_T (T_c - T_i^t), & i = N \end{cases} \tag{3-20}$$

3.3.3　结构优化模型

热防护系统概念的结构优化以质量最小为目标函数，以冷端温度及各层材料的许用温度为约束，此优化问题的数学描述为

$$\begin{aligned} \min \quad & \mathrm{Weight}(x) = \sum_{i=0}^{n} \rho_i \Delta i \\ \text{s.t.} \quad & T_i < T_{io},\ i = 0, 1, 2, \cdots, N-1 \\ & T_N < T_b \end{aligned} \tag{3-21}$$

式中，T_{io}为 i 处材料的许用温度。经过优化，得到满足约束条件的最轻热防护系统方案，以此设计点方案作为所在分区的方案，通过对所有设计点进行分析得到整个飞行器的热防护系统设计结果。

3.4　高超声速飞行器被动热防护系统设计

3.4.1　飞行器及弹道

图 3－5(a)和(b)分别为本研究涉及的高超声速飞行器及其弹道。飞行器

长约 30 m,翼展约 15 m,机身宽度约 5 m,飞行器结构主要由钛合金、铝合金及复合材料组成[10, 12, 13]。图 3－5(b)中,左侧纵坐标轴为飞行高度,右侧纵坐标轴为马赫数,横坐标轴为飞行时间,黑色实线和红色虚线分别表示飞行高度和马赫数;由图中可知,飞行速度在 450 s 内从 0*Ma* 增加至 8*Ma*,飞行器在 500~600 s 区间爬升至 60 km,完成任务,然后返回原场;如图中蓝色曲线所示,该弹道分为爬升和返回两个阶段,横向飞行距离为 0~6 600 km。

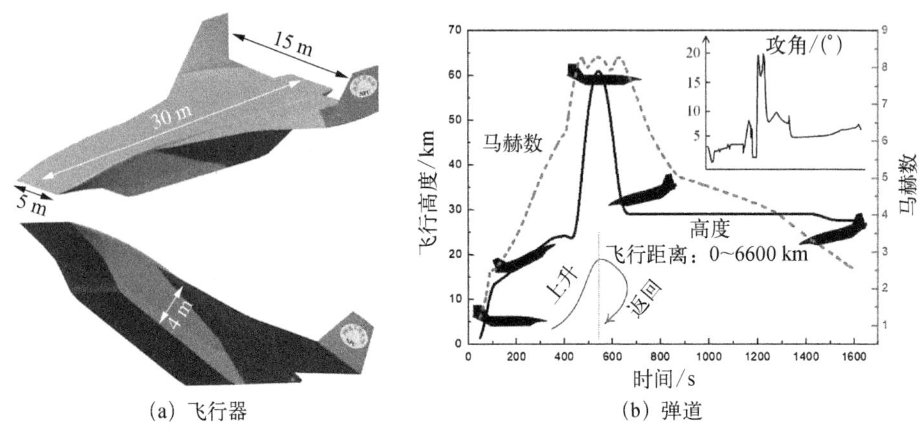

(a) 飞行器　　(b) 弹道

图 3－5　飞行器及弹道

本章针对图 3－5 所示的飞行器及弹道,分别在辐射热平衡条件及等效热平衡条件下进行被动热防护系统设计。

3.4.2　气动热

本章气动热计算及热防护系统设计分为辐射热平衡条件(等效传热系数等于 0)及等效热平衡两种条件,其中等效热平衡条件采用无能量转换子系统的情况,计算中工质温度取 280 K。图 3－6(a)、(b)、(c)和(d)分别为等效传热系数为 0 W/(m^2·K)、10 W/(m^2·K)、20 W/(m^2·K)和 30 W/(m^2·K)情况下,计算获得的壁面最高平衡温度。从图中可以看出,飞行器壁面高温区域出现在前缘位置附近,迎风面温度高于背风面温度。如图 3－6 所示,飞行器为了获得好的进气性能,进气道压缩面分为 C_I(长度为 3 m),C_{II}(长度为 2 m)和 C_{III}(长度 2.9 m)三级, 分别由图中的三条线段表示。对于压缩面区域,温度首先从前缘附近开始降低,一级和二级压缩面之间出现低温区域,随后温度开始升高。这是因为第二级和第三级压缩面的斜率大于第一级压缩面,因此,面临更加严峻的气动加热。另外，比较图 3－6(a)、(b)、(c)和(d)可以看出，随着等效传热系数的增加，高温区域的面积逐渐减小，这将会影响热防护系统的分区及规模。

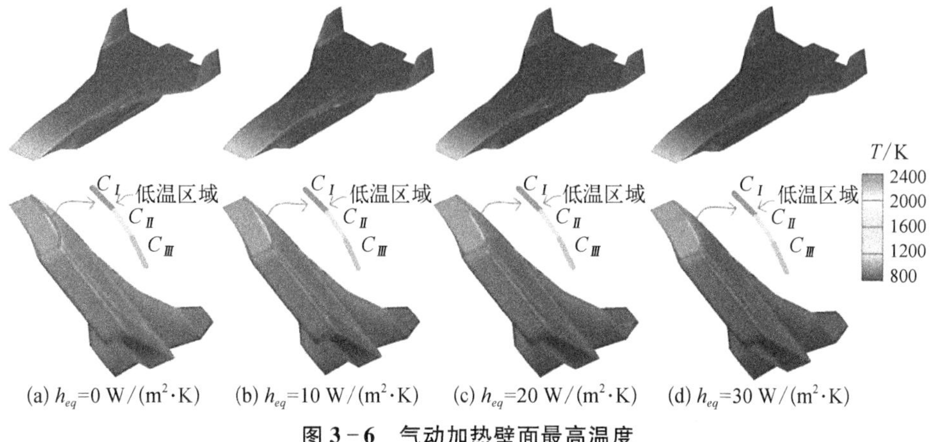

图 3－6　气动加热壁面最高温度

图 3－7 为飞行器表面中轴线上的最高平衡温度，中轴线如图 3－7(b)中红线所示，总共提取线上 65 个特征点的温度数据(图中有些特征点没有标注，"1"为前缘驻点)，其中背风面中轴线上(特征点"1""34"至"65")的温度见图 3－7(a)，

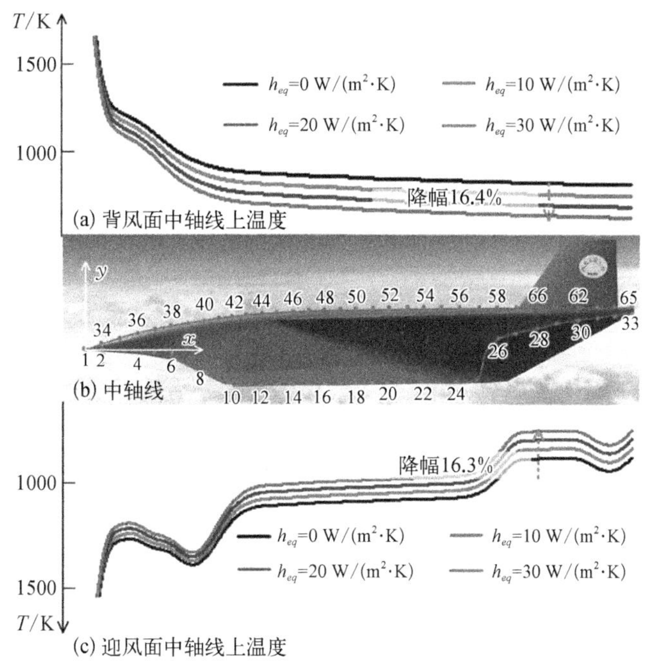

图 3－7　飞行器表面中轴线温度

而迎风面中轴线上(特征点“1”至“33”)的温度见图 3－7(c)。图 3－7 中显示的最高温度标尺为 1 500 K,但实际上,驻点温度约为 2 500 K;黑色、红色、蓝色和绿色线条,分别代表等效传热系数为 0 W/(m^2·K)、10 W/(m^2·K)、20 W/(m^2·K)和 30 W/(m^2·K)情况下的结果。另外,点“2”和“34”分别为迎风面和背风面上,x 坐标为 1 m 的特征点(横坐标原点为前缘驻点),这两个特征点上的热流密度和温度随弹道时间的变化,将在后续讨论中进行介绍。如图 3－7(a)所示,背风面上的温度从机身前缘处向尾部逐渐降低,从特征点“43”(x = 10 m)开始,降低趋势较缓;随着等效传热系数的增加,温度降低,当等效传热系数增加至 30 W/(m^2·K)时,最大温度降幅为 16.4%。图 3－7(c)中,纵坐标向下温度从低到高,如图中所示,迎风面上最大温度出现在前缘位置,温度沿 x 坐标方向呈现“峰-谷”变化趋势。如上所述,低温区域出现在 C_I 和 C_{II} 间的界面处(特征点“4”附近),图 3－7(c)中的第一个“峰-谷”同样出现在特征点“4”附近,另外,当等效传热系数增加至 30 W/(m^2·K)时,最大温度降幅为 16.3%。

图 3－8 为特征点“2”(迎风面)和“34”(背风面)温度随弹道时间的变化曲线,特征点的位置标注于图中的飞行器前体上。黑色实线、虚线、点线及点划线分别为特征点“2”在等效传热系数为 0 W/(m^2·K)、10 W/(m^2·K)、20 W/(m^2·K)及 30 W/(m^2·K)情况下的温度,而红色的线则为特征点“34”的温度。图 3－8 中的曲线显示:在大部分时间,迎风面上的特征点“2”温度高于背风面特征点“34”;特征点“2”的最高温度为 1 302 K,出现在 625 s(高度为 35 km,速度为

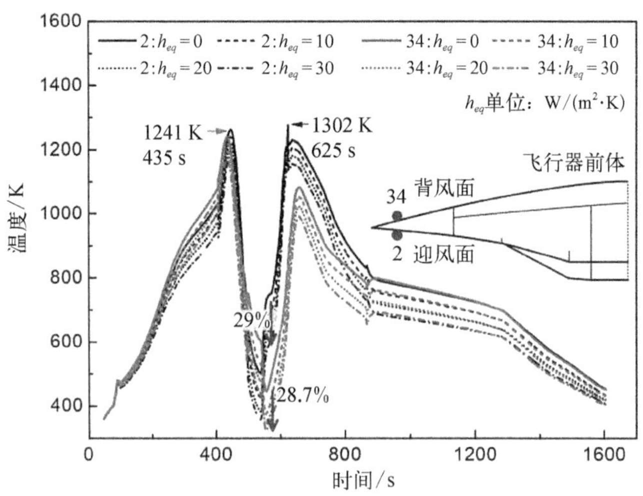

图 3－8　特征点壁温随弹道时间变化趋势

8.3*Ma*)，特征点“34”的最高温度为 1 241 K，出现在 435 s(高度为 25 km，速度为 7.5*Ma*)；当等效传热系数增加至 30 W/(m^2 · K)时，特征点“2”和特征点“34”非稳态温度的最大降幅分别为 29%和 28.7%。

图 3-9 为特征点“2”和“34”热流密度随弹道时间的变化曲线，图中黑色的实线、虚线、点线及点划线分别为特征点“2”在等效传热系数为 0 W/(m^2 · K)、10 W/(m^2 · K)、20 W/(m^2 · K)及 30 W/(m^2 · K)情况下的热流密度，而红色的线则为特征点“34”的热流密度。如图 3-9 所示，特征点“2”和“34”最大热流密度分别为 136.6 kW/m^2和 125 kW/m^2，类似图 3-8 中所示，最大值分别出现在 625 s 和 435 s。随后，热流密度急剧下降，在约 650 s 时达到另一个峰值，此时，飞行高度约 30 km，飞行速度约 8 *Ma*。另外，从图 3-9 可知，随着等效传热系数的增加气动加热热流密度也增加，这是因为等效传热系数的增加降低了壁面温度，根据热平衡方程可知，气动热流密度会相应增加。

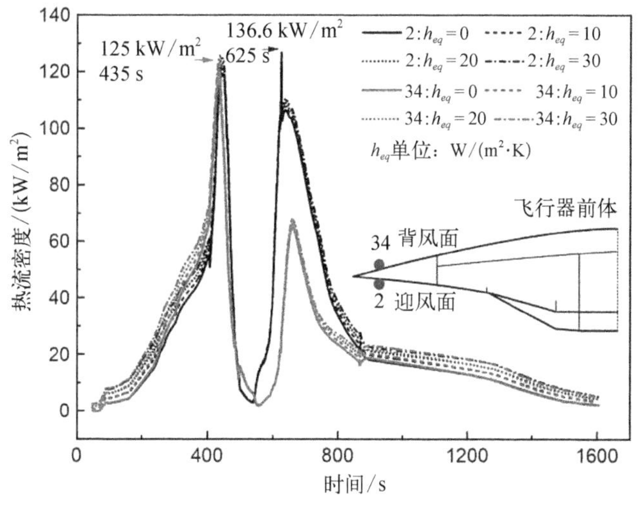

图 3-9　特征点热流密度随弹道时间变化趋势

总之，随着等效传热系数的增加，气动加热壁面温度逐渐降低，而气动热流密度则逐渐增加，最终的被动热防护子系统设计取决于壁温、热载、热输运及再利用系统带走的热量。

3.4.3　被动热防护子系统

根据飞行器的构型和热环境，将飞行器表面分为 27 个区域，每个区域具有相同的被动热防护系统(概念及规模)，且为该区域内最保守的结果。如

图 3－10 所示，L_F 和 L_C 分别表示机身前缘及唇口；L_{W-L} 和 L_{W-W} 则分别为翼前缘的背风面和迎风面；L_{T-I} 和 L_{T-O} 分别为尾翼前缘的内外表面；$F_{I-L}\cdots F_{V-L}$ 为机身背风面，而 $F_{I-S}\cdots F_{V-S}$ 则为机身侧面的 5 个部分；C_I、C_{II} 和 C_{III} 为三个压缩面；P_{I-S} 和 P_{II-S} 表示推进系统的两个侧面，而 P_{I-W} 和 P_{II-W} 为推进系统的两个迎风面；W_L 和 W_W 分别为翼的背风面和迎风面；T_I 和 T_O 分别为尾翼的内外表面。飞行器表面各分区及其描述见表 3－2，另外，图 3－10 中的红色区域为推进系统的面，本章只针对压缩面进行热防护系统设计。

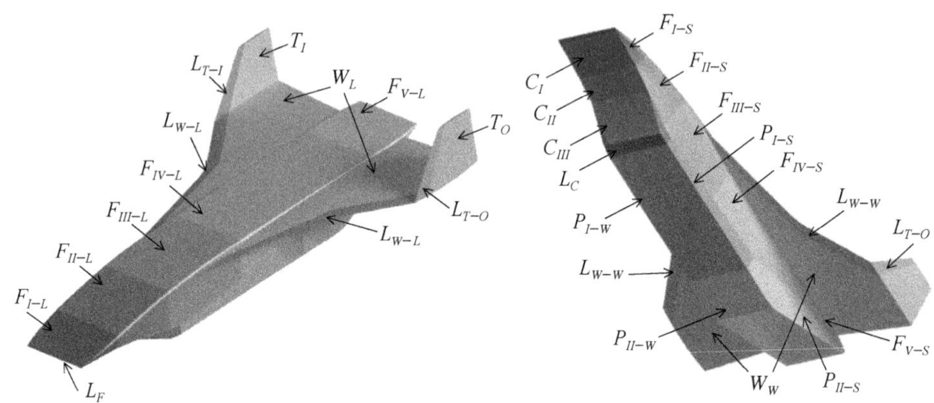

图 3－10　飞行器表面分区

表 3－2　飞行器表面分区

符　号	飞行器表面区域	符　号	飞行器表面区域
L_F, L_C	机身前缘及唇口前缘	C_I, C_{II}, C_{III}	压缩面 *I*、*II* 及 *III*
L_{W-L}, L_{W-W}	翼背风面及迎风面前缘	P_{I-S}, P_{II-S}	推进系统侧面 *I* 及 *II*
L_{T-I}, L_{T-O}	尾翼前缘的内表面及外表面	P_{I-W}, P_{II-W}	推进系统迎风面 *I* 及 *II*
F_{I-L}, …, F_{V-L}	机身背风面 *I*, …, *V*	W_L, W_W	翼背风面及迎风面
F_{I-S}, …, F_{V-S}	机身侧面 *I*, …, *V*	T_I, T_O	尾翼的内、外表面

本章考虑等效传热系数为 0 W/(m^2·K)、0.1 W/(m^2·K)、1 W/(m^2·K)、2 W/(m^2·K)、5 W/(m^2·K)、10 W/(m^2·K)、20 W/(m^2·K) 及 30 W/(m^2·K)情况下的被动热防护子系统。图 3－11(a)、(b)、(c)和(d)分别为等效传热系数为 0~2 W/(m^2·K)、5 W/(m^2·K)、10 W/(m^2·K) 及 20~30 W/(m^2·K)情况下的热防护概念分布，其中等效传热系数在 0~2 W/(m^2·K)，以及 20~30 W/(m^2·K)时，飞行器的热防护系统分布相同。图 3－11 中，不同的

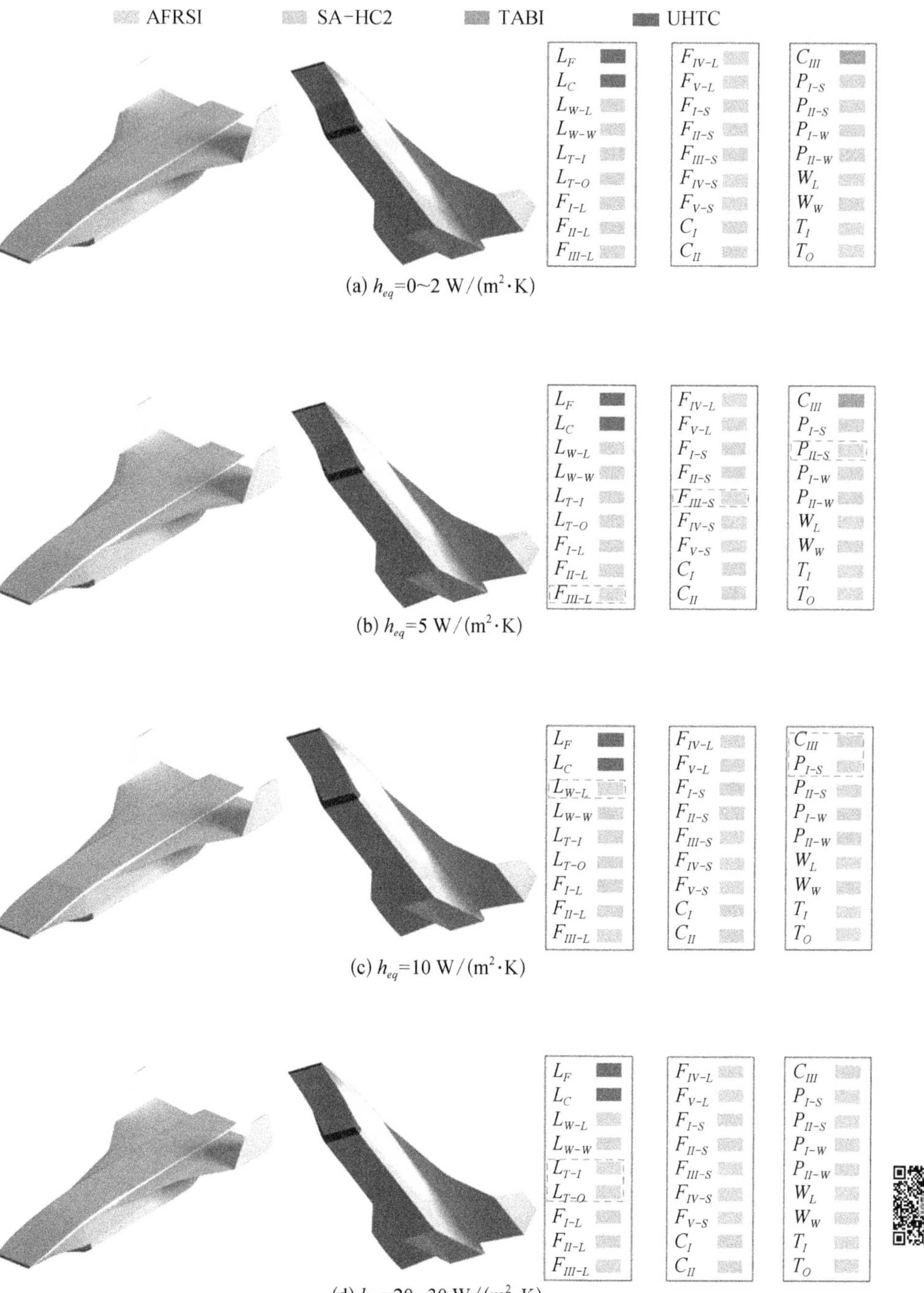

图 3-11　飞行器表面热防护概念分布

表 3-3 被动热防护子系统质量

h_{eq}/[W/(m^2·K)]	0			0.1			1			2			5		10	20~30
T_b/K	330	367	440	330	367	440	330	367	440	330	367	440	330	367/440	330/367/440	330/367/440
L_F/kg	184	181	181	183	181	181	182	181	181	182	181	181	185	181	181	181
L_C/kg	465	459	459	464	458	458	461	457	457	460	457	457	467	457	457	458
L_{W-L}/kg	137	103	103	107	103	103	105	103	103	103	103	103	103	103	34	35
L_{W-W}/kg	138	104	104	108	104	104	106	104	104	104	103	103	104	103	104	104
L_{T-I}/kg	45	34	34	35	34	34	34	33	33	34	33	33	34	33	33	11
L_{T-O}/kg	47	35	35	37	35	35	36	35	35	35	35	35	35	35	35	12
F_{I-L}/kg	108	82	82	85	82	82	84	82	82	82	82	82	82	81	82	82
F_{II-L}/kg	174	131	131	137	131	131	134	131	131	131	131	131	131	131	131	131
F_{III-L}/kg	241	182	182	189	182	182	186	181	181	181	181	181	61	61	61	61
F_{IV-L}/kg	250	203	110	230	183	110	163	136	110	163	136	110	110	110	110	110
F_{V-L}/kg	94	76	41	86	69	41	61	51	41	61	51	41	41	41	41	41
F_{I-S}/kg	33	25	25	26	25	25	26	25	25	25	25	25	25	25	25	25
F_{II-S}/kg	143	108	108	113	108	108	111	108	108	108	108	108	108	108	108	108
F_{III-S}/kg	286	215	215	224	215	215	220	215	215	215	215	215	72	72	72	72
F_{IV-S}/kg	194	158	85	179	142	85	126	106	85	127	106	85	85	85	85	86

（续表）

h_{eq}/[W/(m^2·K)]	0			0.1			1			2			5		10	20~30
F_{V-S}/kg	25	21	11	23	19	11	16	14	11	17	14	11	11	11	11	11
C_I/kg	99	75	75	78	74	74	76	74	74	74	74	74	75	74	74	74
C_{II}/kg	67	50	50	52	50	50	51	50	50	50	50	50	50	50	50	50
C_{III}/kg	118	81	32	81	74	31	51	47	32	47	39	32	37	32	94	94
P_{I-S}/kg	147	111	111	115	110	110	113	110	110	110	110	110	111	110	37	37
P_{II-S}/kg	221	167	167	174	167	167	170	166	166	167	166	166	56	56	56	56
P_{I-W}/kg	382	288	288	300	288	288	294	287	287	288	287	287	288	287	287	287
P_{II-W}/kg	122	92	92	95	92	92	94	92	92	92	91	91	92	91	91	91
W_L/kg	423	343	186	389	310	186	275	230	186	276	230	186	186	186	186	186
W_W/kg	763	575	575	599	575	575	588	574	574	575	573	573	575	573	574	574
T_I/kg	99	81	44	91	73	44	65	54	44	65	54	44	44	44	44	44
T_O/kg	103	84	45	95	76	45	67	56	45	67	56	45	45	45	45	45
Total/kg	5 108	4 064	3 571	4 295	3 960	3 567	3 895	3 702	3 562	3 839	3 691	3 559	3 213	3 185	3 108	3 066

注：背景 AFRSI　SA－HC2　TABI　UHTC。

颜色表示不同的热防护概念：绿色为 AFRSI，蓝色为 SA－HC2，橙色为 TABI，而红色为 UHTC，总共涉及 4 个热防护概念。值得说明的是，本章介绍的热防护概念总共有 9 个（表 3－1），其中 TI－HC、AETB－8 及 SA－HC 的许用温度分别与 AFRSI、AETB－12 及 SA－HC2 相同，因此本章采用质量相对更小的 AFRSI、AETB－8 以及更先进的 SA－HC2 建立热防护概念数据库；另外，设计结果表明，LI－900 和 AETB－8 的区域面积非常小，且主要出现在前缘区域，因此这些区域采用更加保守的 UHTC。比较图 3－11（a）、（b）、（c）和（d）可知，如红色虚线所示，随着等效传热系数的增加，飞行器可以采用更低许用温度的热防护概念。

表 3－3 为飞行器各个区域的被动热防护系统质量，本书针对冷端温度约束为 330 K、367 K 和 440 K 的情况分别进行了计算和设计，表 3－3 中背景颜色表示不同热防护系统概念。等效传热系数为 0 W/(m^2·K)、0.1 W/(m^2·K)、1 W/(m^2·K)、2 W/(m^2·K)、5 W/(m^2·K)、10 W/(m^2·K)、20 W/(m^2·K) 和 30 W/(m^2·K) 的情况下，针对冷端温度约束分别为 330 K、367 K 和 440 K 的情况，最终的被动热防护子系统质量分别为 5 108 kg、4 064 kg 和 3 571 kg，4 295 kg、3 960 kg 和 3 567 kg，3 895 kg、3 702 kg 和 3 562 kg，3 839 kg、3 691 kg 和 3 559 kg，3 213 kg、3 185 kg 和 3 185 kg，3 108 kg、3 108 kg 和 3 108 kg，3 066 kg、3 066 kg 和 3 066 kg，3 066 kg、3 066kg 和 3 066 kg。一方面，随着冷端温度的增加，热防护系统的质量分别降低了 30.1%、16.9%、8.5%、7.3%、0.9%、0% 和 0%，可见，升高冷端的约束温度对于降低被动热防护子系统的质量非常有效，且在等效传热系数较低时效率更高。另一方面，随着等效传热系数的增加，针对冷端温度为 330 K 和 440 K 的情况，被动热防护子系统的质量分别降低了 40.0% 和 14.1%。可见，热输运及再利用系统可以降低热防护系统质量，且在冷端约束温度较低时更加有效。

总之，基于等效热平衡条件的被动热防护子系统设计方法，可有效降低设计冗余；另外，被动热防护子系统质量随着冷端约束温度和等效传热系数的增加而降低，但是冷端约束温度通常取决于飞行器舱内环境和结构材料，设计空间较小，因此表征热输运及再利用系统的等效传热系数是有效且有应用潜力的被动热防护子系统设计参数。

3.5 小结

本章介绍了典型的高超声速飞行器热防护材料、结构及概念，提出了基于等效热平衡模型的被动热防护子系统设计方法，并针对典型高超声速飞行器，在辐射热平衡和等效热平衡条件下进行了被动热防护子系统设计，研究结果表明：基于等效热平衡条件的被动热防护子系统设计方法，可有效降低设计冗余；被动热防护子系统的质量随着冷端约束温度的增加而降低；随着等效传热系数的增加，被动热防护系统质量降低，降低趋势逐渐放缓；飞行器冷端约束温度通常取决于舱内环境和结构材料，设计空间较小，因此表征热输运及再利用系统的等效传热系数是有效且有潜力的被动热防护系统设计参数。

参考文献

[1] 姜志杰，张擘毅，何浩，等.高超声速飞行器鼻锥的热环境和结构热分析研究[J].导弹与航天运载技术，2009，4：14－17.

[2] Marley C D, Driscolly J F. Modeling an active and passive thermal protection system for a hypersonic vehicle[C]. Grapevine: 55th AIAA Aerospace Sciences Meeting, 2017.

[3] Curran E T, Murthy S N B. Scramjet propulsion[M]. Reston: American Institute of Aeronautics and Astronautics, 2001.

[4] 潘沙，田正雨，冯定华，等.超燃冲压发动机唇口气动热计算研究与分析[J].航空动力学报，2009，24(9)：2096－2100.

[5] 吴国庭.神舟号飞船防热结构的研制及技术突破[C].三亚：中国宇航学会飞行器总体专业委员会学术研讨会，2004.

[6] Myers D E, Martin J, Blosser M L. Parametric weight comparison of advanced metallic, ceramic tile, and ceramic blanket thermal protection systems[R]. Hampton: NASA Langley Technical Report Server, 2000.

[7] Behrens B, Muller M. Technologies for thermal protection systems applied on re-usable launcher[J]. Acta Astronautica, 2004, 55(3－9): 529－536.

[8] Glass D, Dirling R, Croop H, et al. Materials development for hypersonic flight vehicles[C]. Canberra: 14th AIAA/AHI Space Planes and Hypersonic Systems and Technologies Conference, 2006.

[9] 杨世铭，陶文铨.传热学[M].4 版.北京：高等教育出版社，2006.

[10] Gou J J, Chang Y, Yan Z W, et al. The design of thermal management system for hypersonic launch vehicles based on active cooling networks[J]. Applied Thermal Engineering, 2019, 159: 113938.

[11] 胡嘉欣.可重复使用 RBCC 运载器主要部位热防护方案研究[D].西安：西北工业大学，2019.

[12] Gong C L, Chen B, Gu L X. Comparison study of RBCC powered suborbital reusable launch vehicle concepts[C]. Glasgow: 20th AIAA International Space Planes and Hypersonic Systems and Technologies Conference, 2015.

[13] Gong C L, Gou J J, Hu J X, et al. A novel TE-material based thermal protection structure and its performance evaluation for hypersonic flight vehicles[J]. Aerospace Science and Technology, 2018, 77: 458－470.

第 4 章

波纹夹芯型防热/承载一体化多功能结构设计及评估方法

4.1 前言

传统热防护系统如陶瓷瓦、陶瓷毡等,为了保证足够的刚度传递气动载荷,维持气动外形,往往需要具有较高的密度,而高密度材料通常具有较高的导热系数,因此传统热防护系统往往需要较大的厚度才能达到防热目的。在此背景下,NASA 开发了一种新型的防热/承载一体化热防护系统(integrated thermal protection system, ITPS),ITPS 具有良好的防隔热效果,同时也可以较好地传递气动力载荷,结构效率更高;典型的 ITPS 以梯形波纹板作为主要结构框架,在波纹芯层的空隙中填充隔热材料,具有易于制造和维护的优点[1,2]。

ITPS 的设计需要同时考虑防隔热性能与承载能力,因此设计及分析过程较为复杂。高超声速飞行器基于 ITPS 的热防护系统设计分为初步设计和方案设计两个阶段,在初步设计阶段,需要根据飞行器的几何构型及弹道参数,对 ITPS 概念的分布区域、各区域内 ITPS 结构的材料及尺寸参数等进行设计;在方案设计阶段,需要针对飞行器进行 ITPS 的快速设计,因此需要改进 ITPS 概念性能分析方法及设计方法,以满足结构快速设计的需求。

ITPS 结构的性能分析通常涉及热传导计算、结构静力学计算以及结构屈曲失稳计算,可通过解析和数值两种方法求解。解析方法求解速度快,但无法精确描述高超声速飞行器面临的复杂力/热环境及非线性问题,例如,高超声速飞行器飞行过程中,ITPS 承受着气动压力、对流换热、辐射换热等多种形式的载荷,力/热环境复杂;另外,由于 ITPS 内部厚度方向上温度梯度较大,隔热材料以及承力材料的物理属性随温度发生较大变化,因此材料的非线性问题较为严重[3]。

相较于解析方法,数值方法可以较好地解决非线性问题,也可以处理复杂边界条件。在结构热传导、静力学以及屈曲问题方面,常用的数值模拟方法为有限元方法,但是对于防热/承载一体化的复杂 ITPS 结构,有限元模型的网格数量较大,计算成本较高[4],因此,需要结合数值和解析方法的优势,提出一套新的 ITPS 计算方法,以期快速求解热传导、结构刚度、强度以及稳定性问题,并可以较好地处理非线性问题。

本章以高超声速飞行器 ITPS 为对象,深入研究 ITPS 的热传导模型、结构静力学模型和屈曲模型,提出一套快速、准确的优化设计方法;开展热环境对 ITPS 结构动特性及动力学响应的影响规律研究;针对航天飞机和高超声速运载器,开展基于 ITPS 的热防护系统设计,以期在保证计算精度的前提下,实现热防护系统的快速设计。本章研究对于航空航天系统的 ITPS 研制和应用具有重要意义。

4.2　防热/承载一体化热防护系统设计

高超声速飞行器的 ITPS 具有防热和承载一体化功能,因此 ITPS 设计是飞行器热防护系统与结构学科的结合,另外 ITPS 设计与几何学科、弹道学科、气动学科、气动热学科以及质量特性等学科相关。图 4-1 为 ITPS 设计的输入输出关系,如图中所示,ITPS 设计的输入为气动热数据、气动力数据、材料数据库及安装约束条件,其中气动力和气动热通过飞行器几何外形学科和弹道学科计算获得;ITPS 设计的输出为分布方案、结构尺寸以及结构质量信息,用于结构学科和质量特性学科的分析和设计。

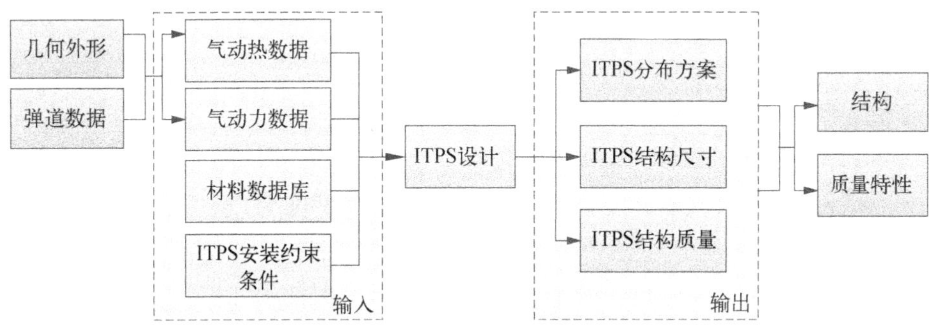

图 4-1　ITPS 设计的输入输出关系图

基于 ITPS 设计的输入输出关系，本章提出相应的 ITPS 设计流程如图 4－2 所示。首先，基于飞行器几何外形与弹道数据，计算获得飞行器表面的气动热及气动力数据，根据气动热数据确定 ITPS 区域分布，并结合材料库选择 ITPS 的承力结构及防隔热材料；其次，针对各 ITPS 适用区域选取设计点，基于弹道数据和设计点处的气动热数据确定 ITPS 的极限设计状态；最后，在极限设计状态下，基于气动力/热数据、ITPS 面板的安装约束以及选定的材料方案进行优化设计，最终获得优化后的 ITPS 结构尺寸及质量。

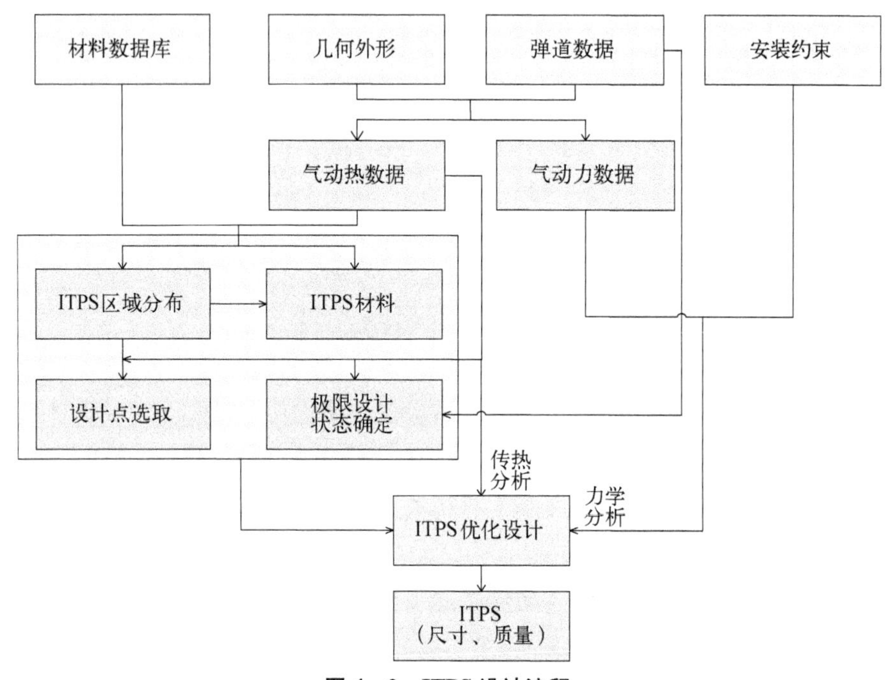

图 4－2　ITPS 设计流程

综上所述，ITPS 设计主要包括区域分布确定、材料选取、设计点选取、极限设计状态确定及结构优化设计等过程，本节将分别介绍各步骤及方法。

4.2.1　ITPS 区域分布及材料选取

ITPS 的结构优化设计之前，需要获得飞行器表面的 ITPS 方案分布。首先，根据飞行器几何外形与弹道数据计算得到飞行器外表面的气动热数据，包括热流密度及温度分布；其次，ITPS 面板安装在飞行器内部桁架结构上，如图 4－3 所示，因此可将飞行器外表面按其内部桁架结构进行分区；最后，基于材料库中承力材料的最高许用温度与该区域的气动热最高壁面温度，确定该区域是否适合 ITPS 方案（最高许用温度应大于壁面温度）。确定了飞行器上 ITPS 方案的适用区域后，针对每一区域，选取合适的承力结构材料，选取原则为：在壁温小于材料许用温度的前提下，选取比强度最大、热膨胀系数较小的材料，构造 ITPS 的承力结构。

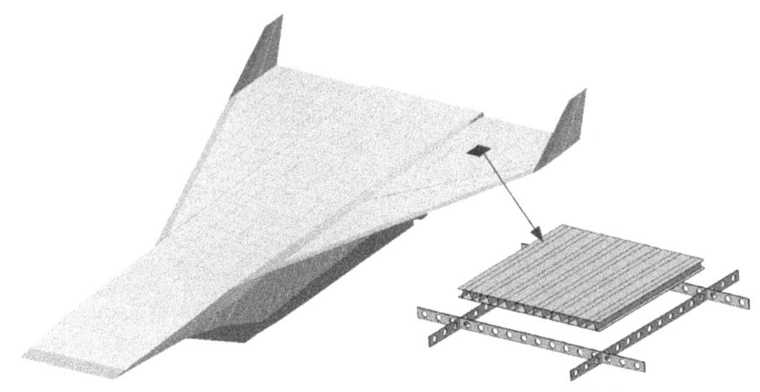

图 4－3　飞行器及 ITPS 面板分块方式[2]

4.2.2　设计点及极限设计状态确定

确定飞行器表面 ITPS 面板大小及承力结构材料后，选择每块 ITPS 面板外表面热流密度最大的位置作为该块 ITPS 面板的设计点。以设计点处的热流密度为边界条件，进行 ITPS 结构传热过程分析及 ITPS 结构尺寸优化设计。

高超声速飞行器飞行过程中，ITPS 外表面受到的气动热及气动力随弹道时间不断变化，导致结构的温度分布、变形、应力分布以及屈曲特征值也将随时间不断变化。因此，需要确定 ITPS 结构面临的气动力/热极限状态。本章涉及的 ITPS 极限设计状态包括：ITPS 上面板温度最高时刻；ITPS 下面板温度最高的时刻；ITPS 上、下面板温度差最大的时刻；弹道上飞行攻角最大的时刻；弹道上飞行高度最高的时刻；弹道上飞行马赫数最大的时刻；弹道上飞行器轴向过载与法向过载最大的时刻；飞行器动力系统切换工作模态的时刻。

4.2.3　ITPS 优化设计模型及方法

在获得 ITPS 适用区域，确定 ITPS 使用材料以及极限设计状态后，可以利用各区域设计点处的热流密度以及极限设计状态时刻的气动力，进行 ITPS 结构的传热及力学分析，并开展结构优化设计。

1. 设计变量

如图 4-4 所示为典型的波纹夹芯型 ITPS,图中右下角为波纹夹芯单胞。本章采用 8 个变量来描述其几何结构[5]：ITPS 下面板厚度,h_1;ITPS 芯层高度,h_2;ITPS 上面板厚度,h_3;ITPS 波纹腹板厚度,t_w;ITPS 波纹腹板倾角,θ;ITPS 面板沿 y 方向的长度,a;ITPS 面板沿 x 方向的长度,b;ITPS 沿 y 方向的波纹单胞个数,$n = a/(2p)$。在上述 8 个变量中,沿 y 方向的波纹单胞个数 n 为离散变量,其余 7 个变量 h_1、h_2、h_3、t_w、θ、a 和 b 均为连续变量。由于 ITPS 通常安装在飞行器的桁架结构上,当桁架结构尺寸固定时,ITPS 面板长度 a 和 b 也应该确定,将不作为优化问题中的设计变量,因此,波纹夹芯型 ITPS 几何结构的设计变量个数为 6 个。

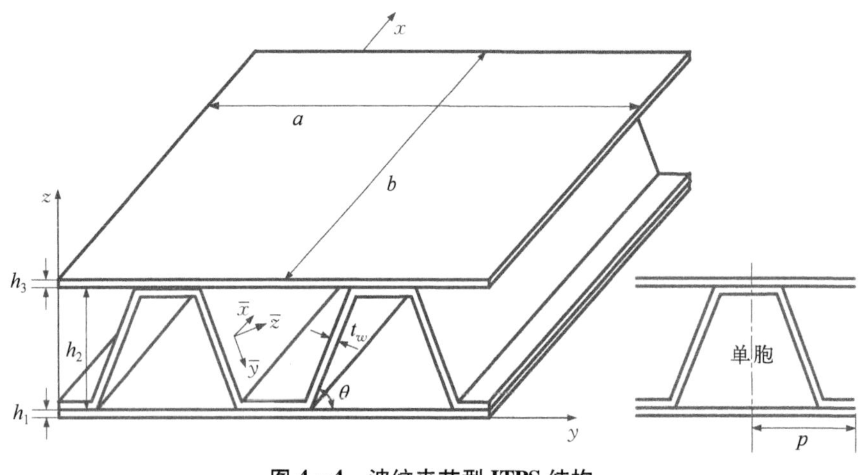

图 4-4 波纹夹芯型 ITPS 结构

2. 目标函数

ITPS 优化设计的目标函数为单位面积质量(即面密度)最小, ITPS 结构的面密度 ρ_{area} 为

$$\rho_{\text{area}} = \rho^{(1)} h_1 + \rho^{(3)} h_3 + \rho_s h_2 + \rho_w \frac{t_w}{p}\left[p + \frac{(1 - \cos\theta)}{\sin\theta} h_2\right] \tag{4-1}$$

式中,$\rho^{(1)}$ 和 $\rho^{(3)}$ 分别为 ITPS 下面板和上面板材料的密度;ρ_w 和 ρ_s 分别为波纹腹板与隔热填充材料的密度。

3. 设计约束

ITPS 面板设计约束包括温度、变形、应力以及稳定性四个方面[5]：

（1）ITPS 下面板的最高温度应低于飞行器内部结构材料的许用温度，以保证内部结构的安全；

（2）ITPS 上面板的最大变形应小于变形许用值，以保持飞行器的气动外形；

（3）ITPS 结构内部应力应小于所用材料弹性极限，以实现热防护系统的可重复使用；

（4）在气动力以及温度场共同作用下，ITPS 结构的最小屈曲特征值应大于许用值，以此作为是否发生屈曲的判断标准。

综上所述，波纹夹芯型 ITPS 结构优化问题的数学描述如下：

$$
\begin{aligned}
\min \quad & \rho_{\text{area}} = f(x) \\
\text{s.t.} \quad & g_1(x) = T_{\max}(x) - [T] < 0 \\
& g_2(x) = D_{\max}(x) - [D] < 0 \\
& g_3(x) = S_{\max}(x) - [S] < 0 \\
& g_4(x) = [B] - B_{\min}(x) < 0
\end{aligned}
\tag{4-2}
$$

式中，$f(x)$ 为目标函数；$g(x)$ 为约束条件；$T_{\max}$ 和 $[T]$ 分别为 ITPS 下面板最高温度和飞行器内部承力材料的许用温度；$D_{\max}$ 和 $[D]$ 分别为 ITPS 上面板最大变形位移和变形许用值；$S_{\max}$ 和 $[S]$ 分别为 ITPS 结构内部最大应力值以及材料的极限强度；$B_{\min}$ 和 $[B]$ 分别为 ITPS 结构在气动力/热载荷共同作用下的最小屈曲特征值以及屈曲许用值。

4. 优化设计流程

ITPS 结构设计流程如图 4－5(a)所示，首先需要确定离散变量的变化范围，然后针对不同的离散变量，开展连续变量的优化，最后比较不同离散变量对应的优化结果，选取目标函数最小的设计参数为最终的 ITPS 方案。连续变量的优化设计流程[图 4－5(a)中蓝色部分]如图 4－5(b)所示，分为 5 个步骤：① 针对连续变量赋予初值，以设计点处的热流密度为边界条件，求解导热微分方程，获得每一时刻 ITPS 内部的温度场分布；② 提取极限设计状态下设计点处的温度场分布，以及相应时刻 ITPS 上面板的最大气动压力；③ 以各个极限状态的最大气动压力为上面板力学边界条件，结合该时刻的温度场分布，计算获得 ITPS 上面板的位移分布、上、下面板以及波纹腹板的应力分布、ITPS 整体结构的屈曲特征值；④ 比较各个极限设计状态下的结果，确定上面板的最大变形位移和最大应力、下面板的最高温度和最大应力、波纹腹板的最大应力以及整体结构的最小屈曲特征值，并作为优化问题的极限设计约束；⑤ 最后，采用序列二次规划方法（SQP），针对不同单胞个数 n，开展其他连续设计变量的优化，并比较不同单胞个数对应的优化结果，选取目标函数最小的设计方案，作为该区域 ITPS 的最终尺寸。

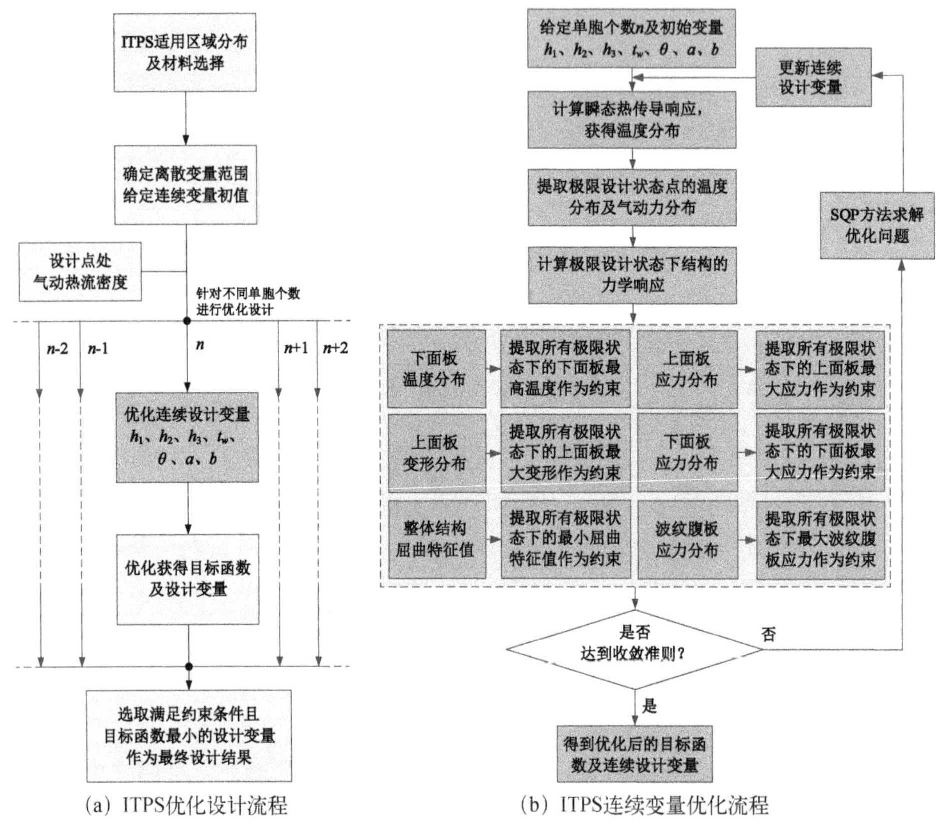

(a) ITPS优化设计流程　　(b) ITPS连续变量优化流程

图 4-5　波纹夹芯 ITPS 结构尺寸优化设计流程

4.3　防热/承载一体化结构热力响应问题分析

ITPS 结构优化设计中，需要计算 ITPS 内部的热传导过程、ITPS 面板的结构变形和应力分布，以及 ITPS 整体结构的屈曲特征值。通常可以采用有限元数值方法计算，但将花费大量时间，事实上，图 4-4 中连续设计变量的每一个优化循环为 20~30 min。为此，可通过建立响应面[5]，进而构造设计变量与优化问题的目标函数及约束条件之间的关系,该方法可大幅度提升优化速度,但响应面的建立较为复杂,且响应面如果不够准确,设计结果将会产生较大误差。

另一方面,可通过降低ITPS计算模型的复杂度,提升优化设计速度。美国佛罗里达大学的Martinez等基于均匀化理论提出了波纹夹芯型ITPS结构的等效建模方法[6]:首先将ITPS面板等效为单层平板结构,利用解析方法求解等效平板结构的变形,然后针对波纹夹芯单胞,建立有限元模型计算力/热耦合作用下的应力分布。该方法降低了ITPS结构变形和应力计算时间,缩短了ITPS的设计周期。本章将参考Martinez的思想,针对ITPS热传导、结构变形、应力分布以及屈曲特征值的计算模型进行研究,以期降低ITPS优化设计时间。

4.3.1　热传导问题

如图4-6所示,由于波纹夹芯型ITPS的上、下面板及波纹腹板为匀质薄壁结构,因此,通过体积比例法将ITPS芯层均匀化为一种均质材料以降低计算量。此时,ITPS面板等效为包括上面板、中间层及下面板的三明治结构,忽略横向导热,则ITPS的热传导问题可以类似3.3.2节中一维传热问题的计算方法进行求解。

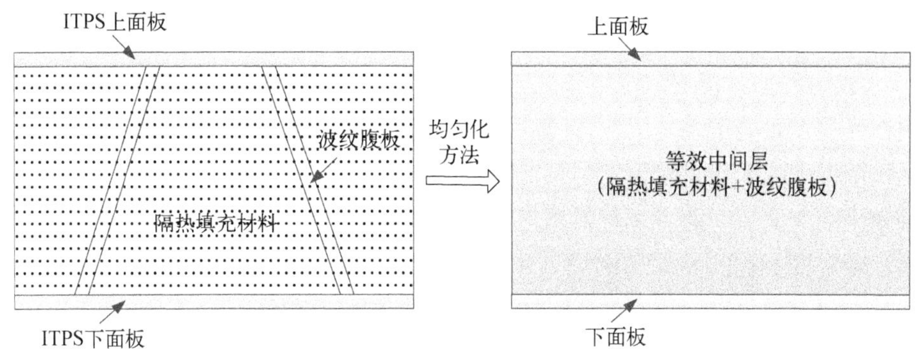

图4-6　ITPS等效传热模型示意图

ITPS的上、下面板通常采用金属材料或复合材料,芯层填充材料常采用絮状或纤维状隔热材料,上、下面板与芯层隔热材料之间的接触面存在接触热阻。本章在ITPS的热传导计算中,考虑了面板与隔热材料之间接触热阻对传热过程的影响。

ITPS的芯层填充材料通常为导热系数极低的轻质多孔材料,面板厚度方向的温度梯度较大;而ITPS各种材料的热物理属性随温度变化,等效芯层材料的导热属性在厚度方向上分布不均匀。因此，在 ITPS 一维等效传热模型的计算过程中，还需要考虑材料热物理属性随温度的变化[4]。

ITPS 求解中，上表面的边界条件为热流密度与辐射耗散，上表面材料的辐射发射率直接影响计算结果，因此，本章在 ITPS 的热传导计算中不仅涉及了材料属性与温度的非线性问题，还考虑了 ITPS 表面的热辐射非线性问题。

目前一维瞬态热传导计算方法可以分为三类：数值计算方法、解析计算方法和半解析计算方法。其中数值方法计算精确，可以处理复杂边界条件及非线性问题，适用性较强，但成本较高；解析方法具有计算精确、简便的特点，可以清晰地表达传热问题的物理本质，便于分析各参数对计算结果的影响机制，但是不能有效解决辐射及材料的非线性问题；半解析计算方法介于数值和解析计算方法之间，通过线性化处理，解决了辐射和材料的非线性问题，也可以像解析计算方法一样，清晰地描述传热问题的本质。

4.3.2 结构静力学问题

针对面积较大且几何构型较为复杂的结构，如波纹夹芯型 ITPS 的静力学响应，通常可采用三维有限元方法进行计算，但计算成本较高。因此，可以采用均匀化方法等效处理 ITPS 的周期性分布结构，将 ITPS 等效为均质薄板，采用解析方法计算等效模型。

如前所述，ITPS 沿厚度方向存在较大的温度梯度，而 ITPS 承力材料的力学属性受温度影响很大。因此，计算力/热耦合作用下的 ITPS 静力学响应时，材料属性随温度的变化将对计算结果产生很大影响[7]。目前，均匀化模型中已有的等效刚度方法还不能考虑材料属性随温度的变化，因此提出一种可以处理材料属性随温度变化的波纹芯层均匀化方法非常重要。此外，ITPS 在高温下工作，因此与常温承力结构不同，ITPS 波纹芯层的热膨胀系数同样需要等效处理。

利用等效后的 ITPS 结构刚度，Martinez 等将 ITPS 等效为单层板结构，采用等效单层理论进行求解[6]，等效单层方法通常基于经典层合板理论和一阶剪切变形理论进行建模，横向应变在各层中沿厚度方向满足连续条件，各层间的应力不连续，因此，无法准确描述三明治板的弯曲行为；另外，等效单层板模型变量较少，无法详细描述 ITPS 上、下面板及波纹腹板的应变分布。ITPS 还可以等效为三明治层合板结构[7]（图 4－7），只需要将波纹板芯层进行均匀化处理，该结构每一层内，可用相应的变量描述 ITPS 上、下面板及芯层的位移场。波纹夹芯型 ITPS 的上、下面板相对芯层较薄，因此可采用一阶函数对厚度方向的位移场建模,而 ITPS 的芯层厚度较厚,需要采用高阶位移场进行建模。此外,ITPS 的芯层利用波纹腹板抵抗横向变形,因此需要考虑芯层横向正应变的影响。

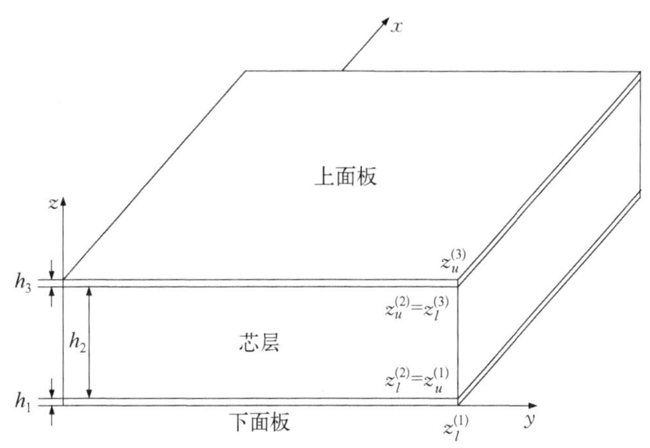

图 4－7　等效三明治板结构尺寸图

等效模型可以较为准确地预测整体结构的变形及 ITPS 上、下面板的中面应力分布,但是该方法无法准确计算面板外表面的应力分布。这是因为 ITPS 的上、下面板及波纹腹板均为薄壁结构,容易发生弯曲变形,由曲率引起的应力通常要远大于面板的中面应力,等效模型很难准确得到面板的曲率分布信息。因此计算获得 ITPS 上、下面板及波纹腹板的曲率分布,成为预测应力分布的关键。ITPS 上面板的曲率由 ITPS 的整体曲率与气动压力引起的局部曲率组成,其中整体曲率可由等效模型计算获得,上面板的局部曲率可以采用梁变形理论计算获得,波纹腹板的曲率主要包括 ITPS 面板弯曲变形引起的曲率和剪切变形引起的曲率。而下面板的局部曲率,在现有研究中极为有限。因此,本章在等效三明治板模型的基础上,利用上述局部曲率的形成机制,提出了一套准确求解 ITPS 应力分布的方法。

4.3.3　屈曲问题

ITPS 结构在气动力/热作用下的最小屈曲特征值是结构优化设计的重要指标,与静力学问题类似,采用三维有限元方法计算屈曲特征值计算成本高,解析方法虽然快速、简便,但是适用范围较窄,无法求解热环境下 ITPS 结构的屈曲问题。

Martinez 的研究表明,波纹夹芯型 ITPS 沿 x 方向的单胞长度 b(图 4－4)对屈曲特征值影响很大，而单胞个数 n 对 ITPS 结构的屈曲特征值影响十分小[8]。基于上述结论及波纹夹芯型 ITPS 结构周期性分布的特点，本章提出了一种适用范围广泛且能够快速求解 ITPS 屈曲问题的计算方法：首先采用一维瞬态热传导计算方法，计算获得 ITPS 内部的温度分布，此时，每个波纹单胞内沿 y 方向(图 4－4)的温度场分布均相同；然后，选取极限设计状态时刻每块 ITPS 面板上的最大气动压力，均匀施加在 ITPS 的上面板，则每个波纹单胞的上面板受到的 y 方向气动压力均相同；最后建立长度为 $2p$ 的波纹单胞模型，施加相应的位移边界条件，进行屈曲特征值的求解。

4.3.4　动特性及动力学响应问题

随着飞行器设计理论和方法的不断发展，传统的以静强度为主的静态设计已经不能满足飞行器的结构设计需求，结构设计方法逐渐由静态设计向动态设计转变。结构动态设计的任务是在总体及相应技术要求下，设计出经济合理的结构系统，以满足动态环境下结构振动固有特性、结构动态响应特性及耦合振动性能的要求。

在高超声速飞行器飞行过程中，ITPS 结构将受到严酷的气动力/热/噪声等复杂载荷的影响，因此，必须考虑热环境对 ITPS 结构动特性响应的影响。深入了解温度场对 ITPS 结构动特性响应的影响规律，可以为 ITPS 结构的热颤振分析、热噪声环境动力学响应计算以及抗热噪声疲劳设计提供基础。热环境对承力结构的影响主要体现在：温度对承力材料刚度性能的影响；结构内部热应力对结构刚度矩阵的影响。另外，ITPS 沿厚度方向的温度梯度较大，易发生热屈曲现象，改变结构的几何形状，导致刚度矩阵发生较大变化，一般的小变形假设无法准确描述，需要引入几何大变形假设。

ITPS 结构的热力耦合动力学响应涉及传热和结构动力学两种计算模型，且均存在热力耦合项，传热计算模型的耦合项为结构变形引起的附加项，结构动力学计算模型的耦合项为热应变引起的附加项[9]。处理热力耦合结构动力学问题的方法有两种，解耦方法和小温度变化假设法。解耦方法是将温度场与应力场分开，不考虑两场之间的相互耦合关系，或只考虑两场之间的单向耦合作用(一般为温度场对应力场的作用)。对于一般的线弹性假设来说，由于温度变化不明显和体积变形率小，采用解耦方法研究热力耦合动力学问题也可以得到较为精确的结果，能够满足工程需求。但是，当外界环境变化剧烈时，ITPS 结构变形对结构热传导的影响增大，ITPS 结构变形速度将增大，此时解耦方法会产生较大误差。采用小温度变化假设法可以求解结构变形较大情况下的热力耦合结构动力学问题,即将耦合项内的温度假设为常数,简化了耦合计算,但是由于高速飞行器气动热环境变化剧烈,因此小温度变化假设法计算获得的结果与实际情况有较大差距[9]。同时,ITPS 在大的气动力/热作用下,结构产生大的几何变形,受结构应变变化率的影响,传热方程中的热力耦合项也会受到几何大变形的影响,因此,也需要引入几何大变形假设。为此,本章在几何大变形假设下,提出一种考虑热力紧耦合关系的结构动力学计算方法。

4.3.5　小结

本节针对波纹夹芯防热/承载一体化热防护概念优化设计中涉及的热传导、结构静力学、结构屈曲、动特性及动力学响应计算问题,进行了详细分析,并提出了相应的分析思路和基本方法。

4.4　波纹夹芯型一体化结构热传导分析方法

本节针对已有传热数值计算方法和解析方法的优缺点进行总结,提出了一种求解瞬态热传导问题的半解析方法,该方法结合了分离变量法与正交展开技术,考虑了 ITPS 上、下面板与芯层间的热阻问题,可以处理 ITPS 外表面承受对流换热及强制热流等边界条件: 首先,对时间变量进行离散,并改进文献[10]中的辐射边界条件线性化方法;采用线性方程描述 ITPS 内部沿厚度方向的温度分布及隔热材料的热扩散率分布,利用 Bessel 方程求解传热方程的空间变量函数,解决材料传热属性与温度之间非线性问题。本节针对线性方程描述的新形式传热方程,推导并证明了空间变量函数之间的正交关系,最后通过将本研究方法计算结果与有限元结果进行对比,验证了本研究方法的正确性。

4.4.1　正交分解法求解瞬态热传导方程

建立 ITPS 的一维瞬态热传导模型,需要将 ITPS 面板等效为如图 4－8 所示的三明治结构。等效三明治模型

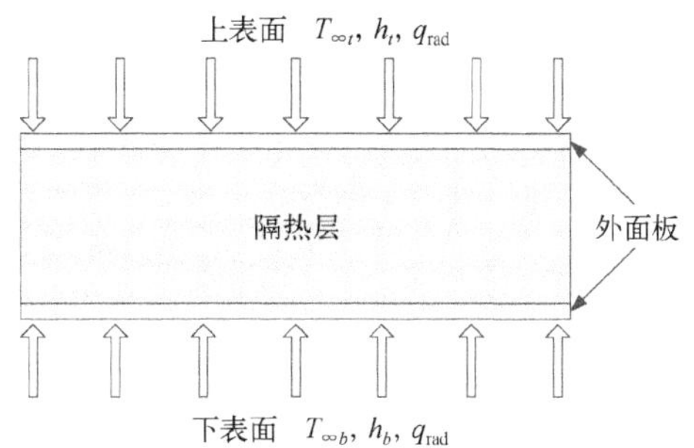

图 4－8　ITPS 结构受热示意图

包含上、下两个面板及隔热层,上、下面板多采用刚度、强度较大的材料制造(如金属、高强度复合材料等),隔热层由导热系数较低的隔热材料填充。为满足热防护面板的防隔热需求,隔热芯层需要足够的厚度以保证飞行器内部承力结构的工作温度不超过其极限温度,所以 ITPS 结构的上、下面板相对于隔热层通常很薄。假设各层中材料的比热容、导热系数以及热扩散率不随时间及温度变化,在无内热源的情况下,各层中的一维热传导方程可以表示为

$$\alpha_i \frac{\partial^2 T_i(x,\ t)}{\partial x^2} = \frac{\partial T_i(x,\ t)}{\partial t}, \quad x_i \leqslant x \leqslant x_{i+1} \tag{4-3}$$

式中,$i = 1、2、3$;α_i 为第 i 层材料的热扩散率;T_i为第 i 层内的温度分布;x 为空间变量;t 为时间变量,$t \in [0,\ \Delta t]$。

ITPS 结构外表面边界条件通常为热传导,对流换热及热辐射,分别如公式(4-4)、公式(4-5)及公式(4-6)所示:

$$q_{\text{cond}} = -\lambda \frac{\partial T_w}{\partial x} \tag{4-4}$$

$$q_{\text{conv}} = h(T_w - T_\infty) \tag{4-5}$$

$$q_{\text{rad}} = \sigma\varepsilon(T_w^4 - T_\infty^4) \tag{4-6}$$

式中,λ 为材料的导热系数;h 为结构外壁面的对流换热系数;σ 为 Stefan-Boltzmann 常数;ε 为材料表面发射率(壁面黑度);T_w为热防护结构的外壁面温度;T_∞ 在自然对流条件下为环境温度,在强迫对流条件下为边界层绝热壁温度。

4.4.1.1 辐射边界条件线性化

因为辐射边界条件的高度非线性特点,无法采用解析方法直接求解,因此需要进行线性化处理。本文参考 Miller 等[10]的研究方法并进行改进,提出一种适用于全域温度范围的辐射边界条件线性化方法。该方法首先将辐射边界条件(4-6)变形为如下形式:

$$q_{\text{rad}} = \sigma\varepsilon T_\infty^4 \left[\left(\frac{T_w}{T_\infty}\right)^4 - 1\right] \tag{4-7}$$

同时假设 $S = 1 - T_w/T_\infty$,于是式(4-7)可改写为

$$q_{\text{rad}} = \sigma\varepsilon T_\infty^4 [(S-1)^4 - 1] \tag{4-8}$$

式中，$(S-1)^4-1$ 可以展开为 $4S\left(\frac{1}{4}S^3-S^2+\frac{3}{2}S-1\right)$。根据 Miller 等[10]的研究，当壁面温度 T_w 满足 $0.75<T_w/T_\infty<1.25$ 的条件时，展开式中的一阶项 $-4S$ 对展开式的影响超过 95%。因此辐射边界条件方程可以近似为如下形式：

$$q_{\mathrm{rad}} \approx \sigma\varepsilon T_\infty^4(-4S) = 4\sigma\varepsilon T_\infty^3 T_w - 4\sigma\varepsilon T_\infty^4 \tag{4-9}$$

该线性化方法必须满足 $0.75<T_w/T_\infty<1.25$ 的条件限制了其应用范围，为此本章针对 Miller 等提出的线性化方法进行了改进。首先，将 ITPS 下、上外壁面在时间域 $[0,\ \Delta t]$ 内的边界条件描述为

$$\pm\lambda\frac{\partial T_w}{\partial x} + h(T_w - T_\infty) + \sigma\varepsilon(T_w^4 - T_\infty^4) = 0 \tag{4-10}$$

方程(4-10)的左端项同时加减 $\sigma\varepsilon(rT_\infty)^4$ 项，得到：

$$\pm\lambda\frac{\partial T_w}{\partial x} + h(T_w - T_\infty) + \sigma\varepsilon T_w^4 - \sigma\varepsilon(rT_\infty)^4 + \sigma\varepsilon(rT_\infty)^4 - \sigma\varepsilon T_\infty^4 = 0 \tag{4-11}$$

式中，r 为修正因子，该修正因子由 $T_w/(r\overline{T}_\infty)\in(0.75,\ 1]$ 条件进行限定，其中 $\overline{T}_\infty=0.5[T_\infty(t=0)+T_\infty(t=\Delta t)]$。将式(4-9)代入式(4-11)，可得方程：

$$\pm\lambda\frac{\partial T_w}{\partial x} + h(T_w - T_\infty) + 4\sigma\varepsilon(rT_\infty)^3 T_w - 4\sigma\varepsilon(rT_\infty)^4 + \sigma\varepsilon(rT_\infty)^4 - \sigma\varepsilon T_\infty^4 = 0 \tag{4-12}$$

通过代数运算后，外壁面的边界条件方程(4-12)简化为

$$\pm\lambda\frac{\partial T_w}{\partial x} + HT_w = H'T_\infty \tag{4-13}$$

式中，$H=h+4\sigma\varepsilon(r\overline{T}_\infty)^3$；$H'=h+\sigma\varepsilon\overline{T}_\infty^3+3\sigma\varepsilon r^4\overline{T}_\infty^3$。

4.4.1.2　考虑辐射边界条件的热传导方程推导

假设 ITPS 结构上、下面板外壁面均受到对流与辐射换热的影响。采用 4.4.1.1 节给出的辐射边界条件线性化方法，在外壁面处的边界条件可变为对流、辐射以及导热边界条件的线性累加。图 4-9 为波纹夹芯结构截面尺寸，在各层交界面 x_2 及 x_3 处，应满足温度和热流连续条件，隔热层与上、下面板交界面处当量导热系数为相关材料导热系数的调和平均。于是 ITPS 面板热传导问题的完整边界

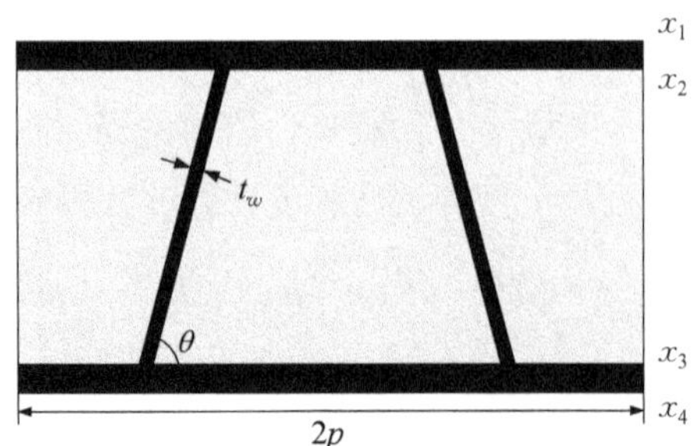

图 4-9 ITPS 截面尺寸示意图

条件可以描述为

$$-\lambda_1 \frac{\partial T_1(x_1, t)}{\partial x} + H_t T_1(x_1, t) = H'_t T_{\infty t}(t) \tag{4-14}$$

$$T_1(x_2, t) + R_t \lambda_1 \frac{\partial T_1(x_2, t)}{\partial x} = T_2(x_2, t), \ \lambda_1 \frac{\partial T_1(x_2, t)}{\partial x} = \lambda_2 \frac{\partial T_2(x_2, t)}{\partial x} \tag{4-15}$$

$$T_2(x_3, t) + R_b \lambda_2 \frac{\partial T_2(x_3, t)}{\partial x} = T_3(x_3, t), \ \lambda_2 \frac{\partial T_2(x_3, t)}{\partial x} = \lambda_3 \frac{\partial T_3(x_3, t)}{\partial x} \tag{4-16}$$

$$\lambda_3 \frac{\partial T_3(x_4, t)}{\partial x} + H_b T_3(x_4, t) = H'_b T_{\infty b}(t) \tag{4-17}$$

式中，R_t和 R_b分别为热防护隔热层与上、下面板间的热阻系数（界面当量导热系数的倒数）；$H_j = h_j + 4\sigma\varepsilon(r_j T_{\infty j})^3$，$H'_j = h_j + \sigma\varepsilon T^3_{\infty j} + 3\sigma\varepsilon r^4_j T^3_{\infty j}$，其中$j = t$、$b$。同时定义各层的初始温度场为 $F(x) = T(x, 0)$。

1. 边界条件均匀化

考虑对流和辐射边界条件的热传导方程式(4-10)和式(4-13)是非齐次方程，为此，引入一个全新变量 $\theta_i(x, t)$ 使热传导方程转化为齐次方程。在引入新变量 $\theta_i(x, t)$ 后，热防护结构上、下外壁面处的边界条件被消除。变量 $\theta_i(x, t)$ 表示为

$$\theta_i(x, t) = T_i(x, t) - q_i(x, t), \quad x_i \leqslant x \leqslant x_{i+1} \tag{4-18}$$

式中，各层内的变量 $q_i(x, t)$ 分别定义为

$$q_1(x,\ t) = \frac{(x_2 - x)^2 H'_t T_{\infty t}(t)}{(x_2 - x_1)(H_t x_2 - H_t x_1 + 2\lambda_1)} \tag{4-19}$$

$$q_2(x,\ t) = 0 \tag{4-20}$$

$$q_3(x,\ t) = \frac{(x - x_3)^2 H'_b T_{\infty b}(t)}{(x_4 - x_3)(H_b x_4 - H_b x_3 + 2\lambda_3)} \tag{4-21}$$

将式(4－18)代入热传导方程(4－3)、边界条件式(4－14)～式(4－17)以及初始温度场 $F(x)$，上述方程可改写为

$$\alpha_i \frac{\partial^2 \theta_i(x,\ t)}{\partial x^2} + \alpha_i \frac{\partial^2 q_i(x,\ t)}{\partial x^2} = \frac{\partial \theta_i(x,\ t)}{\partial t} + \frac{\partial q_i(x,\ t)}{\partial t} \tag{4-22}$$

$$-\lambda_1 \frac{\partial \theta_1(x_1,\ t)}{\partial x} + H_t \theta_1(x_1,\ t) = 0 \tag{4-23}$$

$$\theta_1(x_2,\ t) + R_t \lambda_1 \frac{\partial \theta_1(x_2,\ t)}{\partial x} = \theta_2(x_2,\ t),\ \lambda_1 \frac{\partial \theta_1(x_2,\ t)}{\partial x} = \lambda_2 \frac{\partial \theta_2(x_2,\ t)}{\partial x} \tag{4-24}$$

$$\theta_2(x_3,\ t) + R_b \lambda_{mb} \frac{\partial \theta_2(x_3,\ t)}{\partial x} = \theta_3(x_3,\ t),\ \lambda_2 \frac{\partial \theta_2(x_3,\ t)}{\partial x} = \lambda_3 \frac{\partial \theta_3(x_3,\ t)}{\partial x} \tag{4-25}$$

$$\kappa_3 \frac{\partial \theta_3(x_4,\ t)}{\partial x} + H_b \theta_3(x_4,\ t) = 0 \tag{4-26}$$

$$\theta_i(x,\ 0) = F_i(x) - q_i(x,\ 0) = f_i(x) \tag{4-27}$$

2. 空间变量方程求解

采用分离变量法求解方程(4－22)，热防护结构各层内的变量 $\theta_i(x,\ t)$ 可表示为

$$\theta_i(x,\ t) = \sum_{s=1}^{\infty} X_{i,\ s}(x)\Gamma_s(t),\quad x_i \leqslant x \leqslant x_{i+1} \tag{4-28}$$

式中，$X_{i,\ s}$ 为空间变量函数；Γ_s 为时间变量函数。

根据 Miller 等[10]的研究，温度变量 $T(x,\ t)$ 具有与 $\theta_i(x,\ t)$ 相同的形式，即 $T(x,\ t) = X(x)\Gamma(t)$，将其代入方程(4－3)得到：

$$\alpha \frac{\nabla^2 X(x)}{X(x)} = \frac{\dot{\Gamma}(t)}{\Gamma(t)} = -\beta^2 \tag{4-29}$$

式中，β 称为分离常数。由式(4－29)可见，求解热传导方程(4－3)转化为求解特征值问题，热防护结构内第 i 层的热传导方程变为只包含空间变量的微分方程：

$$\alpha_i \nabla^2 X_{i,s}(x) + \beta_s^2 X_{i,s}(x) = 0, \quad x_i \leqslant x \leqslant x_{i+1} \tag{4-30}$$

式中，β_s 为方程特征值。利用 Helmholtz 公式求解上述空间变量函数，其通解由三角函数构成，热防护结构内第 i 层空间变量函数的通解可表示为

$$X_{i,s}(x) = C_{i,s}\cos(\lambda_{i,s}x) + D_{i,s}\sin(\kappa_{i,s}x), \quad x_i \leqslant x \leqslant x_{i+1} \tag{4-31}$$

式中，$\kappa_{i,s} = \beta_s / \sqrt{\alpha_i}$；$C_{i,s}$和 $D_{i,s}$为依赖于特征值 β_s 的常量。

为了得到空间变量函数 $X_{i,s}(x)$，需要获得 $C_{i,s}$、$D_{i,s}$以及 β_s 的值，可通过相应的特征方程以求解得到特征值 β_s，进而求解获得 $C_{i,s}$ 和 $D_{i,s}$ 的值，详细的特征方程及求解过程见文献[11]。

3. 时间变量方程求解

本节介绍时间变量函数 $\Gamma_s(t)$ 的求解过程。为求解 $\Gamma_s(t)$ 的值，需要获得 $q_i(x, t)$ 和 $f_i(x)$ 的表达式。Antonopoulos 等[12]采用傅里叶级数表示 $q_i(x, t)$ 和 $f_i(x)$，同时包含空间和时间变量，其表达式如下：

$$\frac{\partial q_i(x, t)}{\partial t} = \sum_{s=1}^{\infty} V_s^*(t) X_{i,s}(x) \tag{4-32}$$

$$\alpha_i \frac{\partial^2 q_i(x, t)}{\partial x^2} = \sum_{s=1}^{\infty} I_s^*(t) X_{i,s}(x) \tag{4-33}$$

$$f_i(x) = \sum_{s=1}^{\infty} f_s^* X_{i,s}(x) \tag{4-34}$$

式中，V_s^*、I_s^* 和 f_s^* 为傅里叶常数，可以通过正交展开技术得到。

空间变量函数 $X_{i,s}(x)$ 具有如下正交性质[13]：

$$\sum_{i=1}^{3} \frac{\lambda_i}{\alpha_i} \int_{x_i}^{x_{i+1}} X_{i,s1}(x) X_{i,s2}(x)\,\mathrm{d}x = \begin{cases} 0, & s1 \neq s2 \\ N_{s1}, & s1 = s2 \end{cases} \tag{4-35}$$

式中，

$$N_{s1} = \sum_{i=3}^{3} \frac{\lambda_i}{\alpha_i} \int_{x_i}^{x_{i+1}} X_{i,s1}^2(x)\,\mathrm{d}x \tag{4-36}$$

于是可以得到傅里叶常数 V_s^*、I_s^* 和 f_s^*：

$$V_s^*(t) = \frac{1}{N_s}\left[\int_{x_1}^{x_2} \frac{\lambda_1}{\alpha_1} \frac{\partial q_1(x,t)}{\partial t} X_{1,s}(x)\,\mathrm{d}x + \int_{x_3}^{x_4} \frac{\lambda_3}{\alpha_3} \frac{\partial q_3(x,t)}{\partial t} X_{3,s}(x)\,\mathrm{d}x\right] \tag{4-37}$$

$$I_s^*(t) = \frac{1}{N_s}\left[\int_{x_1}^{x_2} \lambda_1 \frac{\partial^2 q_1(x,t)}{\partial x^2} X_{1,s}(x)\,\mathrm{d}x + \int_{x_3}^{x_4} \lambda_3 \frac{\partial^2 q_3(x,t)}{\partial x^2} X_{3,s}(x)\,\mathrm{d}x\right] \tag{4-38}$$

$$f_s^* = \frac{1}{N_s}\left[\sum_{i=1}^{3} \frac{\lambda_i}{\alpha_i} \int_{x_i}^{x_{i+1}} f_i(x) X_{i,s}(x)\,\mathrm{d}x\right] \tag{4-39}$$

将上述傅里叶常数的表达式代入热传导方程，得到：

$$\sum_{s=1}^{\infty}\left[\alpha_i \Gamma_s(t) \frac{\partial^2 X_{i,s}(x)}{\partial x^2} + I_s^*(t) X_{i,s}(x)\right] = \sum_{s=1}^{\infty}\left[\frac{\partial \Gamma_s(t)}{\partial t} X_{i,s}(x) + V_s^*(t) X_{i,s}(x)\right] \tag{4-40}$$

由式(4-29)可以得到关系式 $\alpha_i \nabla^2 X_{i,s}(x) = -\beta_s^2 X_{i,s}(x)$。将该关系式代入式(4-40)中消去每项中的空间变量函数 $X_{i,s}(x)$，于是式(4-40)可简化为

$$\frac{\partial \Gamma_s(t)}{\partial t} + \Gamma_s(t)\beta_s^2 = I_s^*(t) - V_s^*(t) \tag{4-41}$$

为求解微分方程式(4-41)，需要时间变量函数的初始值 $\Gamma_s(0)$。根据式(4-27)和式(4-28)，可得关系式如下：

$$\theta_i(x,0) = \sum_{s=1}^{\infty} X_{i,s}(x)\Gamma_s(0) = f_i(x) = \sum_{s=1}^{\infty} X_{i,s}(x) f_s^* \tag{4-42}$$

由式(4-42)可知，时间变量函数的初始值 $\Gamma_s(0) = f_s^*$。于是微分方程(4-41)的解可表示为

$$\Gamma_s(t) = e^{-\beta_s^2 t}\left\{\int_0^t e^{\beta_s^2 t'}\left[I_s^*(t') - V_s^*(t')\right]\mathrm{d}t' + f_s^*\right\} \tag{4-43}$$

将空间变量函数式(4-31)与时间变量函数式(4-43)代入式(4-28)中，

可得 $\theta_i(x, t)$ 的表达式：

$$\theta_i(x, t) = \sum_{s=1}^{\infty} X_{i,s}(x) e^{-\beta_s^2 t} \left\{ \int_0^t e^{\beta_s^2 t'} [I_s^*(t') - V_s^*(t')] \mathrm{d}t' + f_s^* \right\} \quad (4-44)$$

4.4.1.3 考虑辐射边界条件的热传导计算流程

如前所述，如果辐射边界条件在时间域$[0, \Delta t]$内满足 $T_w/(r\bar{T}_\infty) \in (0.75, 1]$ 条件，则在该时间域内一定存在某一固定修正因子 r 使辐射边界条件线性化。但是，当热传导过程进行到下一个时间域时，上一个时间域内的修正因子 r 不一定能满足 $T_w/(r\bar{T}_\infty) \in (0.75, 1]$ 条件，则需要获得一个新的修正因子 r 使辐射边界条件可以在新的时间域内被线性化。为此，本节提出一种数值方法来解决上述问题，该方法将整个热传导过程分解为一系列时间步，在每一个时间步内假设时间从零开始，即 $t_q \in [0, \Delta t_q]$，其中 $q \in \mathbf{N}^+$，在每一个时间步内计算温度分布 $T_q(x, t_q)$。每个时间域范围 Δt_q 的选取原则是每一个时间步内环境温度的变化范围不超过整个热传导过程中最高环境温度的 1%。该数值方法具体的实现方法可以分为如下 5 个步骤：

(1) 首先给定当前时间步范围 Δt_q 的初值，如果该初值满足 $|T_\infty(t_q=0) - T_\infty(t_q=\Delta t_q)| > 0.01\max(T_\infty)$ 条件，则减小该时间步范围 Δt_q，使其满足条件 $|T_\infty(t_q=0) - T_\infty(t_q=\Delta t_q)| \leqslant 0.01\max(T_\infty)$；

(2) 第 q 个时间步的温度初始条件可以通过上一个 $q-1$ 时间步的终止温度得到，即 $F_q(x) = T_q(x, 0) = T_{q-1}(x, \Delta t_{q-1})$；

(3) 当 $|\bar{T}_\infty(t_q) - T_q(t_q=0)| > 0.1T_q(t_q=0)$ 时，假设第 q 个时间步的修正因子 $r = T_q(t_q=0)/0.9\bar{T}_\infty(t_q)$，当 $|\bar{T}_\infty(t_q) - T_q(t_q=0)| \leqslant 0.1T_q(t_q=0)$ 时，则假设 $r=1$；

(4) 结合初始温度场分布及边界条件，求解获得第 q 个时间步的温度分布 $T_q(x, t_q)$；

(5) 重复步骤(1)~(4)，求解第 $q+1$ 个时间步的温度分布 $T_{q+1}(x, t_{q+1})$。

4.4.2 考虑材料非线性的瞬态热传导计算方法

热传导计算过程中，当材料热物性随温度变化时，瞬态传热问题则变为非线性问题，因此需要将非线性问题进行线性化处理。根据 ITPS 结构的特点，在线性化处理之前，计算模型应满足如下假设条件：① ITPS 结构的各层厚度相比于面板的长度和宽度很小，且各层中的材料均匀分布、传热问题为一维导热问题；

② 由于 ITPS 上、下面板的厚度很薄,所以面板内材料的热扩散率以及热传导率沿厚度方向均匀分布;③ ITPS 结构中各层的材料热物性参数均随温度变化而变化;④ ITPS 面板外壁面处的对流换热系数以及隔热层与上、下面板之间交界面处的热阻系数(当量导热系数的倒数)在时间域 $[0, \Delta t]$ 内为常量。

4.4.2.1　材料热物性参数线性化方法

首先,确定隔热芯层中的初始温度分布,即 $F(x) = T(x, 0)$,并采用一系列线性方程描述初始温度分布 $F(x)$,将隔热芯层沿厚度方向分为多层结构(图 4-10)。假设有 $n-2$ 个线性方程来描述隔热层沿厚度方向的初始温度分布,隔热层可以被分为 $n-2$ 层,则整个热防护结构变为了具有 n 层的多层结构(图 4-11)。在隔热层中,第 i 层的初始温度分布 $F_i(x)$ 用线性方程近似表示为

$$F_i(x) \approx F_i'(x) = c_i x + d_i \tag{4-45}$$

式中,c_i 和 d_i 为第 i 层线性方程的常数。

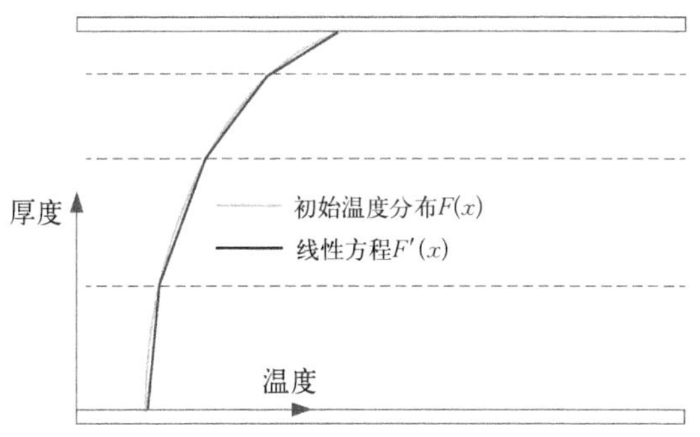

图 4-10　初始温度场分布的近似方法示意图

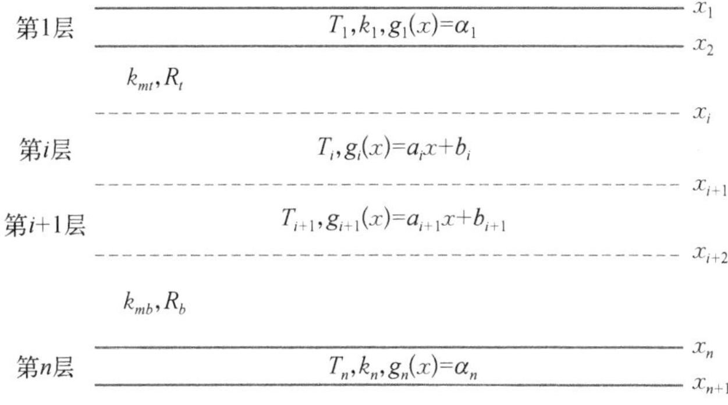

图 4-11　ITPS 分层示意图

为了用线性方程拟合初始温度分布，需要知道各个线性方程的描述范围，也就是确定各层间交界面的位置。隔热层内任意交界面位置 x_i（图 4－11）用如下原则确定：

$$\min_{x_2<x_i<x_n}\left[\sum_{i=2}^{n-1}\int_{x_i}^{x_{i+1}}F_i(x)\,\mathrm{d}x-\sum_{i=2}^{n-1}\int_{x_i}^{x_{i+1}}F_i'(x)\,\mathrm{d}x\right] \tag{4-46}$$

用线性方程描述初始温度分布后，即可近似描述各层中材料的热物性参数分布。假定时间域的范围 Δt 很小，在热防护结构的上、下面板中，假设材料的热扩散率 α_1、α_n 以及导热系数 λ_1、λ_n 在时间域 $[0,\ \Delta t]$ 内保持不变，则可近似表示为

$$\alpha_1\approx\frac{\alpha_{wt}[F_1(x_1)]+\alpha_{wt}[F_1(x_2)]}{2},\quad \alpha_n\approx\frac{\alpha_{wb}[F_n(x_n)]+\alpha_{wb}[F_n(x_{n+1})]}{2} \tag{4-47}$$

$$\lambda_1\approx\frac{\lambda_{wt}[F_1(x_1)]+\lambda_{wt}[F_1(x_2)]}{2},\quad \lambda_n\approx\frac{\lambda_{wb}[F_n(x_n)]+\lambda_{wb}[F_n(x_{n+1})]}{2} \tag{4-48}$$

式中，α_{wt}、α_{wb} 分别为上、下面板所用材料的热扩散率；λ_{wt}、λ_{wb} 分别为上、下面板所用材料的导热系数。

在时间域的初始时刻（$t=0$），同样可由 $n-2$ 个线性方程描述 ITPS 芯层内隔热材料沿厚度方向的热扩散率分布。假设热扩散率分布在时间域内不发生变化，采用线性方程拟合隔热材料热扩散率与温度之间的函数关系：在第 i 层的初始温度范围 $\left[\min_{x_{i-1}\leqslant x\leqslant x_i}[F_i(x)],\ \max_{x_{i-1}\leqslant x\leqslant x_i}[F_i(x)]\right]$ 内，用线性方程对隔热材料的热扩散率进行拟合，则第 i 层内材料热扩散率与温度的关系可表示为

$$\alpha_{m,\,i}(T)=u_iT+v_i \tag{4-49}$$

式中，u_i 和 v_i 是热扩散率在第 i 层初始温度范围内的拟合系数。

在时间域 $[0,\ \Delta t]$ 内，第 i 层沿厚度方向的热扩散率分布可以近似表达为

$$\alpha_{m,\,i}[T_i(x,\ t)]\approx\alpha_{m,\,i}[F_i(x)]=u_iF_i(x)+v_i \tag{4-50}$$

将式（4－45）代入式（4－50），第 i 层内沿厚度方向的热扩散率分布将变为一个只包含空间变量 x 的线性函数 $g(x)$，该线性函数可表示为

$$g_i(x)=u_iF_i'(x)+v_i=u_i(c_ix+d_i)+v_i=a_ix+b_i \tag{4-51}$$

式中，a_i 和 b_i 为常数。

此外，热防护结构隔热层材料的导热系数分布可近似表示为

$$\lambda_m[T(x, t)] \approx \lambda_m[F(x)] \tag{4-52}$$

式中，λ_m 为隔热材料的导热系数。

4.4.2.2　考虑材料非线性的热传导方程推导

对于非线性瞬态热传导问题，在没有热源的情况下，各层中的一维热传导方程可以描述为

$$\alpha_i[T_i(x, t)]\frac{\partial^2 T_i(x, t)}{\partial x^2} = \frac{\partial T_i(x, t)}{\partial t} \tag{4-53}$$

式中，$i = 1, 2, \cdots, n$，$t \in [0, \Delta t]$。上述热传导方程(4-53)可改写为

$$g_i(x)\frac{\partial^2 T_i(x, t)}{\partial x^2} = \frac{\partial T_i(x, t)}{\partial t} \tag{4-54}$$

ITPS 结构隔热层内的各层交界面 x_i 处需要满足温度和热流的连续边界条件，同时，在隔热层与 ITPS 结构上、下面板交界面 x_2 和 x_n 处需要考虑界面当量导热系数的影响。采用 4.4.1 节所述的辐射边界条件线性化方法，ITPS 结构热传导问题的完整边界条件可以表示为

$$-\lambda_1\frac{\partial T_1(x_1, t)}{\partial x} + H_t T_1(x_1, t) = H_t' T_{\infty t}(t) \tag{4-55}$$

$$T_1(x_2, t) + R_t\lambda_1\frac{\partial T_1(x_2, t)}{\partial x} = T_2(x_2, t),\ \lambda_1\frac{\partial T_1(x_2, t)}{\partial x} = \lambda_{mt}\frac{\partial T_2(x_2, t)}{\partial x} \tag{4-56}$$

$$T_i(x_{i+1}, t) = T_{i+1}(x_{i+1}, t),\ \frac{\partial T_i(x_{i+1}, t)}{\partial x} = \frac{\partial T_{i+1}(x_{i+1}, t)}{\partial x} \tag{4-57}$$

$$T_{n-1}(x_n, t) + R_b\lambda_{mb}\frac{\partial T_{n-1}(x_n, t)}{\partial x} = T_n(x_n, t),\ \lambda_{mb}\frac{\partial T_{n-1}(x_n, t)}{\partial x} = \lambda_n\frac{\partial T_n(x_n, t)}{\partial x} \tag{4-58}$$

$$\lambda_n\frac{\partial T_n(x_{n+1}, t)}{\partial x} + H_b T_n(x_{n+1}, t) = H_b' T_{\infty b}(t) \tag{4-59}$$

式中，λ_{mt} 和 λ_{mb} 分别为隔热层材料在 x_2 和 x_n 位置处的导热系数。利用式(4-52)，可以表示为

$$\lambda_{mt}=\lambda_m[F(x_2)],\ \lambda_{mb}=\lambda_m[F(x_n)] \tag{4-60}$$

式(4-55)和式(4-59)中，$H_j=h_j+4\sigma\varepsilon(r_jT_{\infty j})^3$，$H_j'=h_j+\sigma\varepsilon T_{\infty j}^3+3\sigma\varepsilon r_j^4T_{\infty j}^3$，其中 $j=t$、b。另外，任一层内的初始温度为指定的温度分布 $F_i(x)$。

1. 边界条件均匀化方法

参考4.4.1.2节的边界条件均匀化方法，引入变量 $\theta_i(x,t)$ 使瞬态热传导方程(4-54)转化为齐次方程，各层对应方程中变量 $q_i(x,t)$ 定义为

$$q_1(x,t)=\frac{(x_2-x)^2H_t'T_{\infty t}(t)}{(x_2-x_1)(H_tx_2-H_tx_1+2\lambda_1)} \tag{4-61}$$

$$q_i(x,t)=0,\quad i=2,3,\cdots,n-1 \tag{4-62}$$

$$q_n(x,t)=\frac{(x-x_n)^2H_b'T_{\infty b}(t)}{(x_{n+1}-x_n)(H_bx_{n+1}-H_bx_n+2\lambda_n)} \tag{4-63}$$

将式(4-28)代入热传导方程(4-54)、边界条件(4-55)~边界条件(4-59)以及初始温度分布 $F_i(x)$后，上述方程分别改写为

$$g_i(x)\frac{\partial^2\theta_i(x,t)}{\partial x^2}+g_i(x)\frac{\partial^2 q_i(x,t)}{\partial x^2}=\frac{\partial\theta_i(x,t)}{\partial t}+\frac{\partial q_i(x,t)}{\partial t} \tag{4-64}$$

$$-\lambda_1\frac{\partial\theta_1(x_1,t)}{\partial x}+H_t\theta_1(x_1,t)=0 \tag{4-65}$$

$$\theta_1(x_2,t)+R_t\lambda_1\frac{\partial\theta_1(x_2,t)}{\partial x}=\theta_2(x_2,t),\ \lambda_1\frac{\partial\theta_1(x_2,t)}{\partial x}=\lambda_{mt}\frac{\partial\theta_2(x_2,t)}{\partial x} \tag{4-66}$$

$$\theta_i(x_{i+1},t)=\theta_{i+1}(x_{i+1},t),\frac{\partial\theta_i(x_{i+1},t)}{\partial x}=\frac{\partial\theta_{i+1}(x_{i+1},t)}{\partial x} \tag{4-67}$$

$$\theta_{n-1}(x_n,t)+R_b\lambda_{mb}\frac{\partial\theta_{n-1}(x_n,t)}{\partial x}=\theta_n(x_n,t),\ \lambda_{mb}\frac{\partial\theta_{n-1}(x_n,t)}{\partial x}=\lambda_n\frac{\partial\theta_n(x_n,t)}{\partial x} \tag{4-68}$$

$$\lambda_n \frac{\partial \theta_n(x_{n+1},\ t)}{\partial x} + H_b \theta_n(x_{n+1},\ t) = 0 \tag{4-69}$$

$$\theta_i(x,\ 0) = F_i(x) - q_i(x,\ 0) = f_i(x) \tag{4-70}$$

2. 空间变量方程求解

依照 4.4.1.2 节描述的分离变量方法，将 $T(x,\ t) = X(x)\Gamma(t)$ 代入式(4 - 54)中，可得

$$g(x)\frac{\nabla^2 X(x)}{X(x)} = \frac{\dot{\Gamma}(t)}{\Gamma(t)} = -\beta^2 \tag{4-71}$$

由于 ITPS 结构上、下面板内的热扩散率分布 $g_1(x)$ 与 $g_n(x)$ 为常值，而在热防护结构隔热层的任一分层中，热扩散率分布 $g_i(x)$ 由只包含空间变量的线性函数描述：

$$g_1(x) = \alpha_1,\ g_i(x) = a_i x + b_i,\ g_n(x) = \alpha_n,\quad i = 2,\ 3,\ \cdots,\ n-1 \tag{4-72}$$

利用式(4 - 71)和式(4 - 72)，可以得到一组只包含空间变量的微分方程(4 - 73)~方程(4 - 75)，使求解关系式(4 - 54)转化为求解特征值问题：

$$\alpha_1 \nabla^2 X_{1,\ s}(x) + \beta_s^2 X_{1,\ s}(x) = 0,\quad x_1 \leqslant x \leqslant x_2 \tag{4-73}$$

$$(a_i x + b_i)\nabla^2 X_{i,\ s}(x) + \beta_s^2 X_{i,\ s}(x) = 0,\quad x_i \leqslant x \leqslant x_{i+1} \tag{4-74}$$

$$\alpha_n \nabla^2 X_{n,\ s}(x) + \beta_s^2 X_{n,\ s}(x) = 0,\quad x_n \leqslant x \leqslant x_{n+1} \tag{4-75}$$

利用 Helmholtz 公式，针对 ITPS 结构上、下面板求解上述空间变量函数(4 - 73)和函数(4 - 75)，由三角函数构成的通解为

$$X_{1,\ s}(x) = C_{1,\ s}\cos(\kappa_{1,\ s}x) + D_{1,\ s}\sin(\kappa_{1,\ s}x),\quad x_1 \leqslant x \leqslant x_2 \tag{4-76}$$

$$X_{n,\ s}(x) = C_{n,\ s}\cos(\kappa_{n,\ s}x) + D_{n,\ s}\sin(\kappa_{n,\ s}x),\quad x_n \leqslant x \leqslant x_{n+1} \tag{4-77}$$

式中，$\kappa_{i,\ s} = \beta_s / \sqrt{\alpha_i}$。而 ITPS 隔热层内分层的空间变量函数(4 - 74)的通解则由 Bessel 函数组成，其通解形式为

$$X_{i,\ s}(x) = \sqrt{a_i x + b_i}\left[C_{i,\ s}J_1\left(2\frac{\sqrt{a_i x + b_i}}{|a_i|}\beta_s\right) + D_{i,\ s}Y_1\left(2\frac{\sqrt{a_i x + b_i}}{|a_i|}\beta_s\right)\right] \tag{4-78}$$

式中，$C_{i,s}$ 和 $D_{i,s}$ 为常数且依赖于 β_s，$s=1, 2, 3, \cdots, \infty$；$J_1$ 为第一类 Bessel 方程的一阶函数；Y_1 为第二类 Bessel 方程的一阶函数。为简化表达过程，假设 $\gamma_{i,j}=\sqrt{a_j x_i + b_j}$ 及 $p_{i,j}=2\gamma_{i,j}/|a_j|$。

与 4.4.1.2 节相同，通过求解一系列特征方程得到一系列的特征值 β_s，并可以得到相应的 $C_{i,s}$ 和 $D_{i,s}$ 的值。

3. 正交性条件证明

材料的热扩散率不可能为零，即 $\alpha_1 \neq 0$、$a_i x + b_i \neq 0$、$\alpha_n \neq 0$，因此，对于不同的 $X_{i,s1}$ 和 $X_{i,s2}$，微分方程(4-73)~方程(4-75)可改写为如下形式：

$$\frac{\mathrm{d}^2 X_{1,s1}(x)}{\mathrm{d}x^2} + \frac{\beta_{s1}^2}{\alpha_1} X_{1,s1}(x) = 0, \quad x_1 \leqslant x \leqslant x_2 \tag{4-79}$$

$$\frac{\mathrm{d}^2 X_{1,s2}(x)}{\mathrm{d}x^2} + \frac{\beta_{s2}^2}{\alpha_1} X_{1,s2}(x) = 0, \quad x_1 \leqslant x \leqslant x_2 \tag{4-80}$$

$$\frac{\mathrm{d}^2 X_{i,s1}(x)}{\mathrm{d}x^2} + \frac{\beta_{s1}^2}{a_i x + b_i} X_{i,s1}(x) = 0, \quad x_i \leqslant x \leqslant x_{i+1} \tag{4-81}$$

$$\frac{\mathrm{d}^2 X_{i,s2}(x)}{\mathrm{d}x^2} + \frac{\beta_{s2}^2}{a_i x + b_i} X_{i,s2}(x) = 0, \quad x_i \leqslant x \leqslant x_{i+1} \tag{4-82}$$

$$\frac{\mathrm{d}^2 X_{n,s1}(x)}{\mathrm{d}x^2} + \frac{\beta_{s1}^2}{\alpha_n} X_{n,s1}(x) = 0, \quad x_n \leqslant x \leqslant x_{n+1} \tag{4-83}$$

$$\frac{\mathrm{d}^2 X_{n,s2}(x)}{\mathrm{d}x^2} + \frac{\beta_{s2}^2}{\alpha_n} X_{n,s2}(x) = 0, \quad x_n \leqslant x \leqslant x_{n+1} \tag{4-84}$$

式(4-79)、式(4-81)和式(4-83)乘以 $X_{i,s2}$，式(4-80)、式(4-82)和式(4-84)乘以 $X_{i,s1}$，两者相减得到如下形式：

$$\left[X_{1,s2}(x)\frac{\mathrm{d}^2 X_{1,s1}(x)}{\mathrm{d}x^2} - X_{1,s1}(x)\frac{\mathrm{d}^2 X_{1,s2}(x)}{\mathrm{d}x^2}\right] + \frac{(\beta_{s1}^2 - \beta_{s2}^2)}{\alpha_1} X_{1,s1}(x) X_{1,s2}(x) = 0 \tag{4-85}$$

$$\left[X_{i,s2}(x)\frac{\mathrm{d}^2 X_{i,s1}(x)}{\mathrm{d}x^2} - X_{i,s1}(x)\frac{\mathrm{d}^2 X_{i,s2}(x)}{\mathrm{d}x^2}\right] + \frac{(\beta_{s1}^2 - \beta_{s2}^2)}{a_i x + b_i} X_{i,s1}(x) X_{i,s2}(x) = 0 \tag{4-86}$$

$$\left[X_{n,s2}(x)\frac{\mathrm{d}^2X_{n,s1}(x)}{\mathrm{d}x^2}-X_{n,s1}(x)\frac{\mathrm{d}^2X_{n,s2}(x)}{\mathrm{d}x^2}\right]$$

$$+\frac{(\beta_{s1}^2-\beta_{s2}^2)}{\alpha_n}X_{n,s1}(x)X_{n,s2}(x)=0 \tag{4-87}$$

分别对式(4-85)、式(4-86)和式(4-87)进行积分 $\int_{x_i}^{x_{i+1}}\mathrm{d}x$，得到：

$$\int_{x_1}^{x_2}\left[X_{1,s2}(x)\frac{\mathrm{d}^2X_{1,s1}(x)}{\mathrm{d}x^2}-X_{1,s1}(x)\frac{\mathrm{d}^2X_{1,s2}(x)}{\mathrm{d}x^2}\right]\mathrm{d}x$$

$$+\int_{x_1}^{x_2}\frac{(\beta_{s1}^2-\beta_{s2}^2)}{\alpha_1}X_{1,s1}(x)X_{1,s2}(x)\mathrm{d}x=0 \tag{4-88}$$

$$\int_{x_i}^{x_{i+1}}\left[X_{i,s2}(x)\frac{\mathrm{d}^2X_{i,s1}(x)}{\mathrm{d}x^2}-X_{i,s1}(x)\frac{\mathrm{d}^2X_{i,s2}(x)}{\mathrm{d}x^2}\right]\mathrm{d}x$$

$$+\int_{x_i}^{x_{i+1}}\frac{(\beta_{s1}^2-\beta_{s2}^2)}{a_ix+b_i}X_{i,s1}(x)X_{i,s2}(x)\mathrm{d}x=0 \tag{4-89}$$

$$\int_{x_n}^{x_{n+1}}\left[X_{n,s2}(x)\frac{\mathrm{d}^2X_{n,s1}(x)}{\mathrm{d}x^2}-X_{n,s1}(x)\frac{\mathrm{d}^2X_{n,s2}(x)}{\mathrm{d}x^2}\right]\mathrm{d}x$$

$$+\int_{x_n}^{x_{n+1}}\frac{(\beta_{s1}^2-\beta_{s2}^2)}{\alpha_n}X_{n,s1}(x)X_{n,s2}(x)\mathrm{d}x=0 \tag{4-90}$$

对式(4-88)、式(4-89)和式(4-90)的第一项进行分布积分处理可以得到：

$$\int_{x_i}^{x_{i+1}}X_{i,s2}(x)\frac{\mathrm{d}^2X_{i,s1}(x)}{\mathrm{d}x^2}\mathrm{d}x=\left[X_{i,s2}(x)\frac{\mathrm{d}X_{i,s1}(x)}{\mathrm{d}x}-X_{i,s1}(x)\frac{\mathrm{d}X_{i,s2}(x)}{\mathrm{d}x}\right]\Bigg|_{x_i}^{x_{i+1}}$$

$$+\int_{x_i}^{x_{i+1}}\left[X_{i,s1}(x)\frac{\mathrm{d}^2X_{i,s2}(x)}{\mathrm{d}x^2}\right]\mathrm{d}x \tag{4-91}$$

将式(4-91)代入式(4-88)~式(4-90)，得到如下形式：

$$\left[X_{1,s2}(x)\frac{\mathrm{d}X_{1,s1}(x)}{\mathrm{d}x}-X_{1,s1}(x)\frac{\mathrm{d}X_{1,s2}(x)}{\mathrm{d}x}\right]\Bigg|_{x_1}^{x_2}$$

$$+\int_{x_1}^{x_2}\frac{(\beta_{s1}^2-\beta_{s2}^2)}{\alpha_1}X_{1,s1}(x)X_{1,s2}(x)\mathrm{d}x=0 \tag{4-92}$$

$$\left[X_{i,s2}(x)\frac{\mathrm{d}X_{i,s1}(x)}{\mathrm{d}x}-X_{i,s1}(x)\frac{\mathrm{d}X_{i,s2}(x)}{\mathrm{d}x}\right]\Bigg|_{x_i}^{x_{i+1}}$$

$$+\int_{x_i}^{x_{i+1}}\frac{(\beta_{s1}^2-\beta_{s2}^2)}{a_ix+b_i}X_{i,s1}(x)X_{i,s2}(x)\mathrm{d}x=0 \tag{4-93}$$

$$\left[X_{n,s2}(x)\frac{\mathrm{d}X_{n,s1}(x)}{\mathrm{d}x}-X_{n,s1}(x)\frac{\mathrm{d}X_{n,s2}(x)}{\mathrm{d}x}\right]\Bigg|_{x_n}^{x_{n+1}}$$

$$+\int_{x_n}^{x_{n+1}}\frac{(\beta_{s1}^2-\beta_{s2}^2)}{\alpha_n}X_{n,s1}(x)X_{n,s2}(x)\mathrm{d}x=0 \tag{4-94}$$

式(4-92)乘以 $\lambda_1\lambda_{mt}$，式(4-93)乘以 $\lambda_{mb}\lambda_{mt}$，式(4-94)乘以 $\lambda_{mt}\lambda_n$，并将处理后的各层公式相加得到：

$$\lambda_1\lambda_{mb}\left[X_{1,s2}(x)\frac{\mathrm{d}X_{1,s1}(x)}{\mathrm{d}x}-X_{1,s1}(x)\frac{\mathrm{d}X_{1,s2}(x)}{\mathrm{d}x}\right]\Bigg|_{x_1}^{x_2}$$

$$+\sum_{i=2}^{n-1}\lambda_{mb}\lambda_{mt}\left[X_{i,s2}(x)\frac{\mathrm{d}X_{i,s1}(x)}{\mathrm{d}x}-X_{i,s1}(x)\frac{\mathrm{d}^2X_{i,s2}(x)}{\mathrm{d}x^2}\right]\Bigg|_{x_i}^{x_{i+1}}$$

$$+\lambda_{mt}\lambda_n\left[X_{n,s2}(x)\frac{\mathrm{d}X_{n,s1}(x)}{\mathrm{d}x}-X_{n,s1}(x)\frac{\mathrm{d}X_{n,s2}(x)}{\mathrm{d}x}\right]\Bigg|_{x_n}^{x_{n+1}}$$

$$+\int_{x_1}^{x_2}\lambda_1\lambda_{mb}\frac{(\beta_{s1}^2-\beta_{s2}^2)}{\alpha_1}X_{1,s1}(x)X_{1,s2}(x)\mathrm{d}x$$

$$+\sum_{i=2}^{n-1}\int_{x_i}^{x_{i+1}}\lambda_{mb}\lambda_{mt}\frac{(\beta_{s1}^2-\beta_{s2}^2)}{a_ix+b_i}X_{i,s1}(x)X_{i,s2}(x)\mathrm{d}x$$

$$+\int_{x_n}^{x_{n+1}}\lambda_{mt}\lambda_n\frac{(\beta_{s1}^2-\beta_{s2}^2)}{\alpha_n}X_{n,s1}(x)X_{n,s2}(x)\mathrm{d}x=0 \tag{4-95}$$

利用热防护各层交界面处的边界条件(4-66)~边界条件(4-68)，可将式(4-95)中的前三项简化为如下形式：

$$
\begin{aligned}
&\lambda_1\lambda_{mb}\left[X_{1,s2}(x)\frac{\mathrm{d}X_{1,s1}(x)}{\mathrm{d}x}-X_{1,s1}(x)\frac{\mathrm{d}X_{1,s2}(x)}{\mathrm{d}x}\right]\Bigg|_{x_1}^{x_2}\\
&+\sum_{i=2}^{n-1}\lambda_{mb}\lambda_{mt}\left[X_{i,s2}(x)\frac{\mathrm{d}X_{i,s1}(x)}{\mathrm{d}x}-X_{i,s1}(x)\frac{\mathrm{d}^2X_{i,s2}(x)}{\mathrm{d}x^2}\right]\Bigg|_{x_i}^{x_{i+1}}\\
&+\lambda_{mt}\lambda_n\left[X_{n,s2}(x)\frac{\mathrm{d}X_{n,s1}(x)}{\mathrm{d}x}-X_{n,s1}(x)\frac{\mathrm{d}X_{n,s2}(x)}{\mathrm{d}x}\right]\Bigg|_{x_n}^{x_{n+1}}\\
=&\lambda_{mt}\lambda_n\left[X_{n,s2}(x)\frac{\mathrm{d}X_{n,s1}(x)}{\mathrm{d}x}-X_{n,s1}(x)\frac{\mathrm{d}X_{n,s2}(x)}{\mathrm{d}x}\right]_{x_{n+1}}\\
&-\lambda_1\lambda_{mb}\left[X_{1,s2}(x)\frac{\mathrm{d}X_{1,s1}(x)}{\mathrm{d}x}-X_{1,s1}(x)\frac{\mathrm{d}X_{1,s2}(x)}{\mathrm{d}x}\right]_{x_1}
\end{aligned}
\tag{4-96}
$$

根据热防护结构外壁面 x_1 和 x_{n+1} 处的边界条件方程(4 - 65)和方程(4 - 69),可得如下形式:

$$X_{1,s2}(x_1)\frac{\mathrm{d}X_{1,s1}(x_1)}{\mathrm{d}x}=\frac{H_t}{\lambda_1}X_{1,s2}(x_1)X_{1,s1}(x_1)\tag{4-97}$$

$$X_{1,s1}(x_1)\frac{\mathrm{d}X_{1,s2}(x_1)}{\mathrm{d}x}=\frac{H_t}{\lambda_1}X_{1,s1}(x_1)X_{1,s2}(x_1)\tag{4-98}$$

$$X_{n,s2}(x_{n+1})\frac{\mathrm{d}X_{n,s1}(x_{n+1})}{\mathrm{d}x}=-\frac{H_b}{\lambda_n}X_{n,s2}(x_{n+1})X_{n,s1}(x_{n+1})\tag{4-99}$$

$$X_{n,s1}(x_{n+1})\frac{\mathrm{d}X_{n,s2}(x_{n+1})}{\mathrm{d}x}=-\frac{H_b}{\lambda_n}X_{n,s1}(x_{n+1})X_{n,s2}(x_{n+1})\tag{4-100}$$

将上述方程(4 - 97) ~ 方程(4 - 100)代入式(4 - 96)后可得,式(4 - 96)等于 0,因此式(4 - 95)可改写为

$$
\begin{aligned}
&\left[\int_{x_1}^{x_2}\lambda_1\lambda_{mb}\frac{1}{\alpha_1}X_{1,s1}(x)X_{1,s2}(x)\,\mathrm{d}x+\sum_{i=2}^{n-1}\int_{x_i}^{x_{i+1}}\lambda_{mb}\lambda_{mt}\frac{1}{a_ix+b_i}X_{i,s1}(x)X_{i,s2}(x)\,\mathrm{d}x\right.\\
&\left.+\int_{x_n}^{x_{n+1}}\lambda_{mt}\lambda_n\frac{1}{\alpha_n}X_{n,s1}(x)X_{n,s2}(x)\,\mathrm{d}x\right](\beta_{s1}^2-\beta_{s2}^2)=0
\end{aligned}
\tag{4-101}
$$

由式(4 - 101)可知,空间变量函数 $X_{i,s}(x)$ 满足一个新的正交关系,该正交关系式如下所示:

$$\lambda_1\lambda_{mb}\int_{x_1}^{x_2}\frac{1}{\alpha_1}X_{1,s1}(x)X_{1,s2}(x)\mathrm{d}x+\sum_{i=2}^{n-1}\lambda_{mb}\lambda_{mt}\int_{x_i}^{x_{i+1}}\frac{1}{a_ix+b_i}X_{i,s1}(x)X_{i,s2}(x)\mathrm{d}x$$

$$+\lambda_{mt}\lambda_n\int_{x_n}^{x_{n+1}}\frac{1}{\alpha_n}X_{n,s1}(x)X_{n,s2}(x)\mathrm{d}x=\begin{cases}0, & s1\neq s2\\ N_{s1}, & s1=s2\end{cases}\tag{4-102}$$

式中，

$$N_{s1}=\lambda_1\lambda_{mb}\int_{x_1}^{x_2}\frac{1}{\alpha_1}X_{1,s1}^2(x)\mathrm{d}x+\sum_{i=2}^{n-1}\lambda_{mb}\lambda_{mt}\int_{x_i}^{x_{i+1}}\frac{1}{a_ix+b_i}X_{i,s1}^2(x)\mathrm{d}x$$

$$+\lambda_{mt}\lambda_n\int_{x_n}^{x_{n+1}}\frac{1}{\alpha_n}X_{n,s1}^2(x)\mathrm{d}x\tag{4-103}$$

4. 时间变量方程求解

参考 3.1.2.3 节求解时间变量函数的方法，本节中的傅里叶常数 V_s^*、I_s^* 和 f_s^* 分别表示为

$$V_s^*(t)=\frac{1}{N_s}\left[\lambda_1\lambda_{mb}\int_{x_1}^{x_2}\frac{1}{\alpha_1}\frac{\partial q_1(x,t)}{\partial t}X_{1,s}(x)\mathrm{d}x\right.$$

$$\left.+\lambda_{mt}\lambda_n\int_{x_n}^{x_{n+1}}\frac{1}{\alpha_n}\frac{\partial q_n(x,t)}{\partial t}X_{n,s}(x)\mathrm{d}x\right]\tag{4-104}$$

$$I_s^*(t)=\frac{1}{N_s}\left[\lambda_1\lambda_{mb}\int_{x_1}^{x_2}\frac{\partial^2 q_1(x,t)}{\partial x^2}X_{1,s}(x)\mathrm{d}x+\lambda_{mt}\lambda_n\int_{x_n}^{x_{n+1}}\frac{\partial^2 q_n(x,t)}{\partial x^2}X_{n,s}(x)\mathrm{d}x\right]\tag{4-105}$$

$$f_s^*=\frac{1}{N_s}\left[\lambda_1\lambda_{mb}\int_{x_1}^{x_2}\frac{1}{\alpha_1}f_1(x)X_{1,s}(x)\mathrm{d}x+\sum_{i=2}^{n-1}\lambda_{mb}\lambda_{mt}\int_{x_i}^{x_{i+1}}\frac{1}{a_ix+b_i}f_i(x)X_{i,s}(x)\mathrm{d}x\right.$$

$$\left.+\lambda_{mt}\lambda_n\int_{x_n}^{x_{n+1}}\frac{1}{\alpha_n}f_n(x)X_{n,s}(x)\mathrm{d}x\right]\tag{4-106}$$

最终得到变量 $\theta_i(x, t)$ 的形式与式(4-44)相同。

4.4.2.3 考虑材料非线性的热传导计算流程

考虑材料非线性瞬态热传导问题的计算流程与 4.4.1.3 节相似，采用数值方法解决辐射边界条件和材料非线性的时变问题，具体步骤如下：

(1) 给定当前时间步范围 Δt_q 的初始值，如果该初始值满足 $|T_\infty(t_q=0)-T_\infty(t_q=\Delta t_q)|>0.01\cdot\max(T_\infty)$ 条件，则减小该时间步的范围 Δt_q，使其满足条

件 $|T_\infty(t_q=0)-T_\infty(t_q=\Delta t_q)|\leqslant 0.01\cdot\max(T_\infty)$；

(2) 第 q 个时间步的温度初始条件可以通过上一个 $q-1$ 时间步的终止时刻温度分布得到，即 $F_q(x)=T_q(x,0)=T_{q-1}(x,\Delta t_{q-1})$；

(3) 利用步骤(2)中得到的初始温度分布 $F_q(x)$，并结合 4.4.2.1 节提出的层间交界面位置确定原则，得到第 q 个时间步内隔热层中每个交界面的位置 x_i；

(4) 利用步骤(3)得到的层间交界面位置 x_i，结合式(4-51)可以得到式(4-72)中的系数 a_i、b_i；结合式(4-47)和式(4-48)，可得到式(4-72)中的热扩散率 α_1 和 α_n 以及导热系数 λ_1、λ_n、λ_{mt} 和 λ_{mb}；

(5) 当 $|\overline{T}_\infty(t_q)-T_q(t_q=0)|>0.1T_q(t_q=0)$ 时，假设第 q 个时间步的修正因子 $r=T_q(t_q=0)/0.9\overline{T}_\infty(t_q)$，当 $|\overline{T}_\infty(t_q)-T_q(t_q=0)|\leqslant 0.1T_q(t_q=0)$ 时，则假设 $r=1$；

(6) 结合初始温度场分布及边界条件，求解第 q 个时间步的温度分布 $T_q(x,t_q)$；

(7) 重复步骤(1)~(6)，求解第 $q+1$ 个时间步的温度分布 $T_{q+1}(x,t_{q+1})$。

4.4.3　波纹夹芯型 ITPS 热物性参数等效模型

为使隔热层中的材料均匀化，需要将波纹腹板及隔热填充物的材料属性进行等效处理。本文参考 Gogu 等[14]的研究，对隔热层的密度、比热容、导热系数及热扩散率进行均匀化：

$$\rho_e=\frac{\rho_w V_w+\rho_s V_s}{V}=\frac{\rho_w t_w+\rho_s(p\sin\theta-t_w)}{p\sin\theta}\tag{4-107}$$

$$c_e=\frac{c_w\rho_w V_w+c_s\rho_s V_s}{\rho V}=\frac{\rho_w c_w t_w+\rho_s c_s(p\sin\theta-t_w)}{\rho_w t_w+\rho_s(p\sin\theta-t_w)}\tag{4-108}$$

$$\lambda_e=\frac{\lambda_w A_w+\lambda_s A_s}{A}=\frac{\lambda_w t_w+\lambda_s(p\sin\theta-t_w)}{p\sin\theta}\tag{4-109}$$

$$\alpha_e=\frac{\lambda_e}{\rho_e c_e}\tag{4-110}$$

式中，ρ_e 为隔热层的等效密度；c_e为等效比热容；λ_e 为等效导热系数；α_e 为等效热扩散率；ρ_w 和ρ_s 分别为波纹腹板与隔热填充材料的密度；c_w和 c_s分别为波纹腹板与隔热填充材料的比热容；λ_w 和 λ_s 分别为波纹腹板与隔热填充材料的导热系数；t_w为波纹腹板厚度；θ为波纹腹板的倾角；p为波纹夹芯结构单胞长度的一半；A和V分别为结构截面面积和结构体积。

利用式(4-107)~式(4-110)可分别获得波纹夹芯ITPS隔热层的等效密度、比热容、导热系数及热扩散率。

4.4.4 算例验证

本小节利用五个算例，将本节提出的一维半解析方法与有限元方法进行对比，以验证本方法的正确性和适用性。所有算例中，ITPS结构的上、下面板及波纹腹板所用材料均选用TC4合金，隔热层填充物为Saffil纤维隔热材料。TC4及Saffil纤维材料的热物性与温度关系见表4-1及表4-2。五个算例分别为五类问题：不考虑材料非线性及辐射边界条件，环境温度不变的瞬态热传导过程；不考虑材料非线性，考虑辐射边界条件，环境温度不变的瞬态热传导过程；不考虑辐射边界条件，考虑材料非线性，环境温度不变的瞬态热传导过程；考虑辐射边界条件及材料非线性，环境温度不变的瞬态热传导过程；考虑辐射边界条件及材料非线性，环境温度变化的瞬态热传导过程。

表4-1 TC4热物性参数

温度/K	比热容/[J/(kg·K)]	导热系数/[W/(m·K)]	热扩散系数/(m^2/s)
400	573.32	8.01	3.15×10^{-6}
500	587.21	9.32	3.58×10^{-6}
600	613.34	10.84	3.98×10^{-6}
700	651.01	12.26	4.24×10^{-6}
800	704.09	13.74	4.40×10^{-6}
900	760.60	14.86	4.41×10^{-6}

表4-2 Saffil热物性参数

温度/K	比热容/[J/(kg·K)]	导热系数/[W/(m·K)]	热扩散系数/(m^2/s)
400	963.67	2.87×10^{-2}	5.96×10^{-7}
500	1 058.55	3.99×10^{-2}	7.53×10^{-7}
600	1 154.55	5.49×10^{-2}	9.51×10^{-7}
700	1 221.23	7.66×10^{-2}	1.26×10^{-6}
800	1 259.57	1.03×10^{-1}	1.64×10^{-6}
900	1 296.84	1.17×10^{-1}	1.80×10^{-6}

4.4.4.1　不考虑材料非线性及辐射边界条件，环境温度不变

本小节采用的 ITPS 结构尺寸(图 4－9)为：$x_1 = 0.001$ m，$x_3 = 0.041$ m，$x_4 = 0.043$ m，$p = 0.04$ m，$t_w = 0.001$ m，$\theta = 75°$。热防护结构上表面处施加强制对流边界条件，对流换热系数为 $h_t = 80$ W/(m^2·K)，下表面施加自然对流边界条件，对流换热系数为 $h_b = 2$ W/(m^2·K)，热防护结构上表面的环境温度为 900 K，下表面的环境温度为 400 K。热防护结构的初始温度为 400 K，沿厚度方向均匀分布。此外，隔热层与热防护结构上、下面板间的热阻系数为 $R_t = R_b = 1 \times 10^{-2}$ m^2·K/W。采用本章方法计算时，选取前 30 阶的特征值 β_s，有限元传热模型采用 Nastran 计算，模型共有 860 个八节点平面单元，并采用热分析求解序列 SOL159 对其进行求解。

图 4－12 为半解析方法(本书方法)与有限元方法的温度随时间变化曲线，实线、虚线和点划线为半解析方法计算结果，附着在线上的点为有限元结果，三条曲线分别表征热防护结构上表面($x = 0$ mm)、热防护结构中面($x = 21$ mm)、热防护结构下表面($x = 43$ mm)上的结果。图 4－13 为时间 $t = 10$ s、50 s、200 s 和 1 000 s 时刻的温度分布。根据对比结果可知，采用本节提出的半解析瞬态热传导方法计算得到的结果与有限元结果吻合较好。

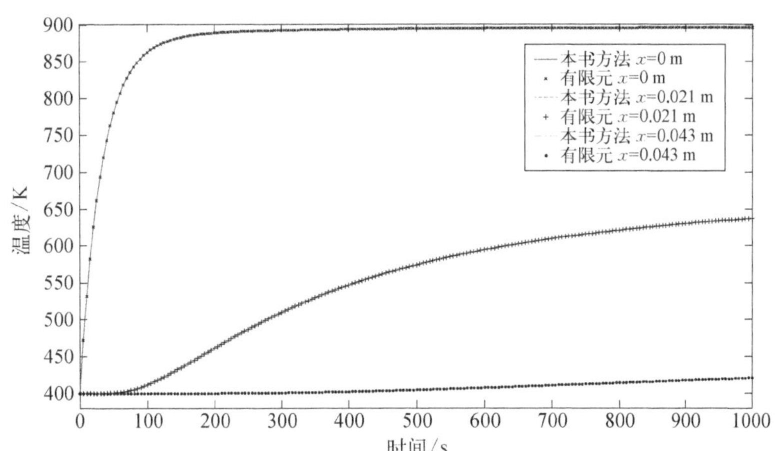

图 4－12　不考虑材料非线性及辐射边界条件下热防护上表面、中面和下表面的温度变化

4.4.4.2　不考虑材料非线性，考虑辐射边界条件，环境温度不变

本小节考虑了辐射边界条件的影响，TC4 合金外壁面的发射率假定为 0.8。选用四种时间步长 2 s、5 s、10 s 和 25 s 来处理辐射边界条件。

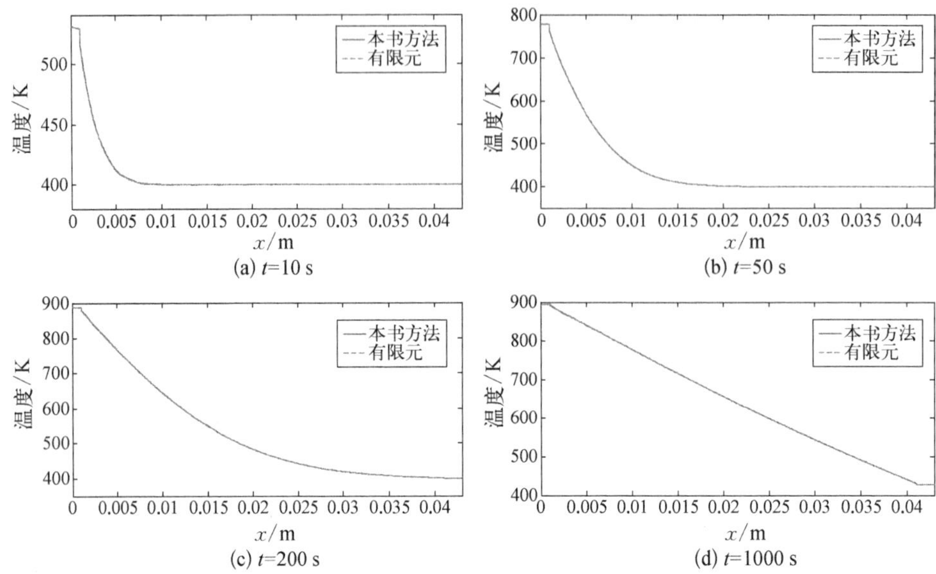

(a) t=10 s　(b) t=50 s
(c) t=200 s　(d) t=1000 s

图 4-13　不考虑材料非线性及辐射边界条件下,在 t=10 s、50 s、200 s 及 1 000 s 时的温度分布

图 4-14~图 4-16 分别为热防护结构上表面(x=0 mm)、中面(x=21 mm)及下表面(x=43 mm)温度随时间变化曲线。图 4-17 为 t=10 s、50 s、200 s 和 1 000 s时刻的温度分布。图 4-17 中,时间步长为 2 s、5 s 和 10 s 时得到的温度差别很小,但是当时间步长为 25 s 时,由于时间步长过大,不能准确描述环境温度的变化,导致在热传导过程初期,ITPS 结构上表面的温度计算误差较大。事

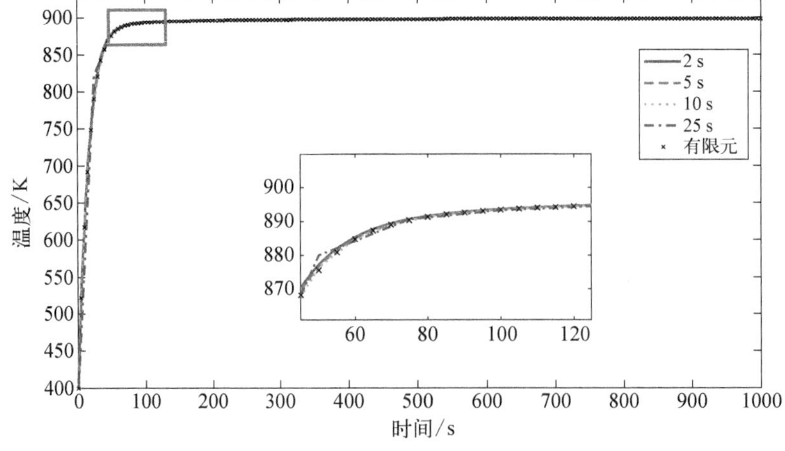

图 4-14　考虑辐射边界条件、不考虑材料非线性下热防护上表面温度变化

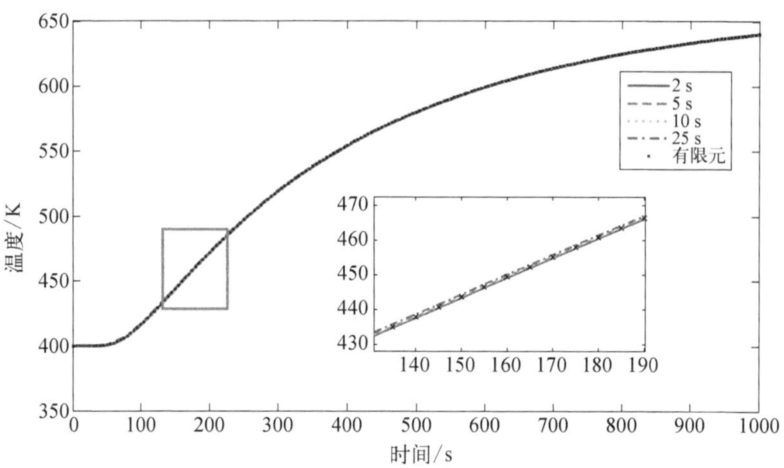

图 4－15　考虑辐射边界条件、不考虑材料非线性下热防护中面温度变化

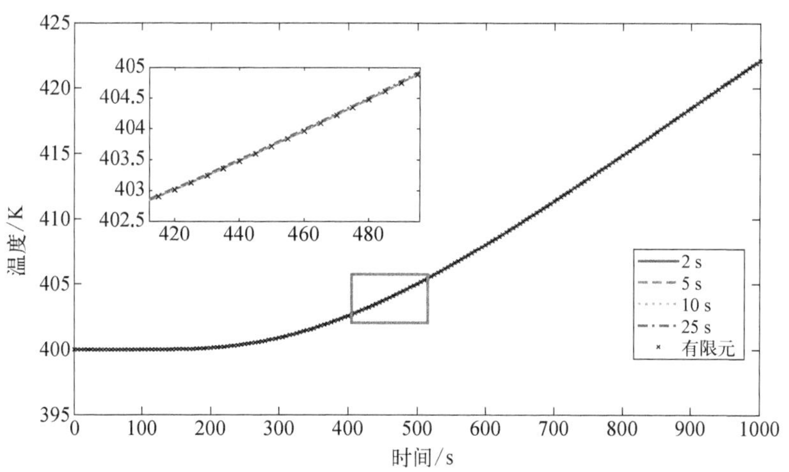

图 4－16　考虑辐射边界条件、不考虑材料非线性下热防护下表面温度变化

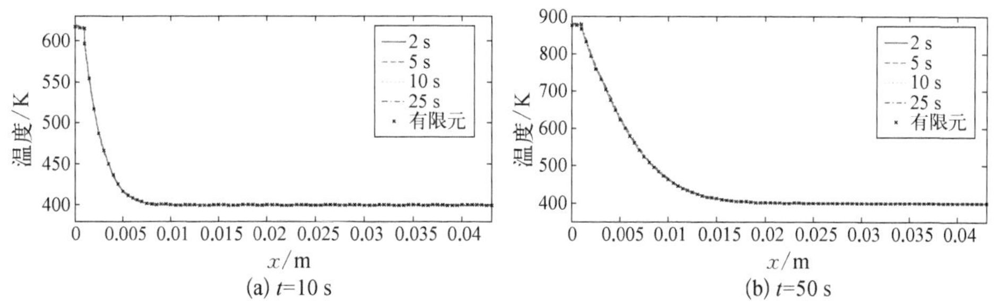

(a) t=10 s　　(b) t=50 s

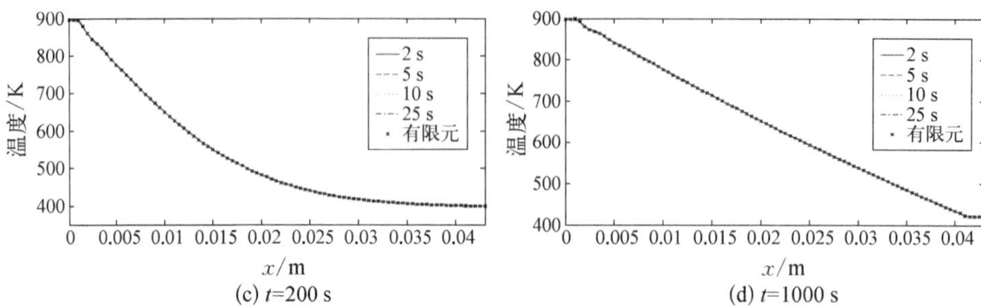

图 4-17　考虑辐射边界条件、不考虑材料非线性下，$t=10$ s、50 s、200 s 及 1 000 s 时刻温度分布

实上，选取的时间步长应小于或等于整个热传导时间的 1%。由图 4-14～图 4-17 可以看出，本节提出的半解析方法与有限元方法计算结果吻合很好。

4.4.4.3　不考虑辐射边界条件，考虑材料非线性，环境温度不变

本节所采用的计算模型与 4.4.4.1 节相同，但考虑了材料非线性对瞬态热传导的影响。选用时间步长为 2 s，计算前 30 阶的特征值 β_s。分别针对热防护结构为 4 层与 6 层的模型进行了计算，有限元模型及节点、单元数与上例相同。

图 4-18～图 4-20 为 4 层传热模型和 6 层传热模型在不同位置($x=0$ mm、$x=21$ mm、$x=43$ mm)处的温度变化。图 4-21 为 4 层传热模型和 6 层传热模型在 $t=10$ s、50 s、200 s 和 1 000 s 时刻的温度分布。由图 4-21 可以看出，由 6 层传热模型计算得到的温度要大于 4 层传热模型得到的温度，但偏差很小；6 层传

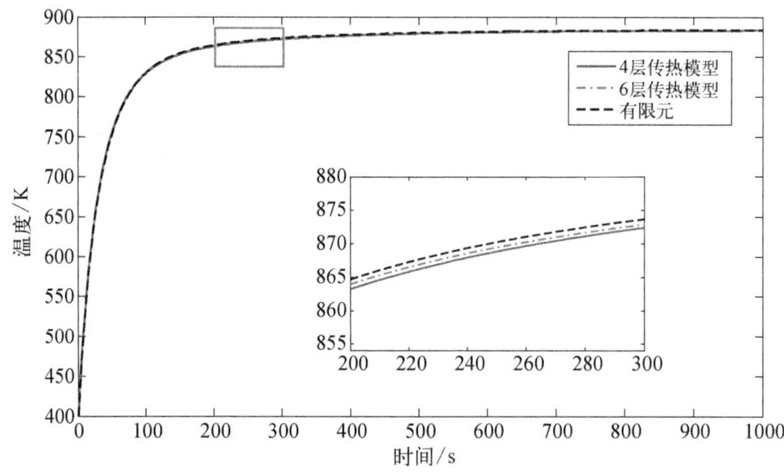

图 4-18　考虑材料非线性、不考虑辐射边界条件下热防护上表面温度变化

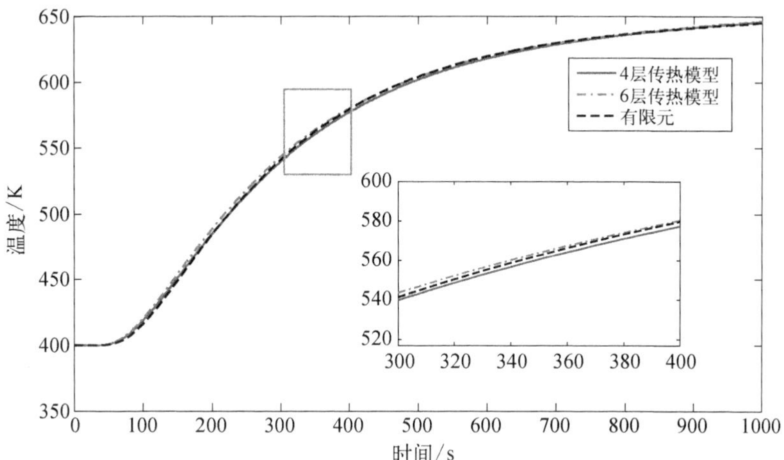

图 4-19　考虑材料非线性、不考虑辐射边界条件下热防护中面温度变化

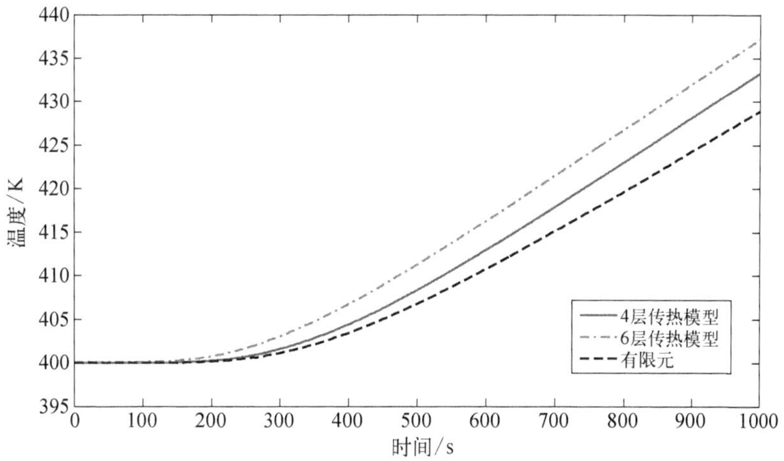

图 4-20　考虑材料非线性、不考虑辐射边界条件下热防护下表面温度变化

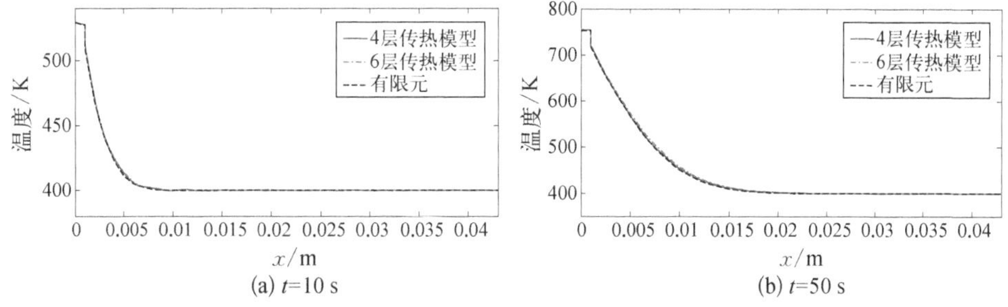

(a) t=10 s　　(b) t=50 s

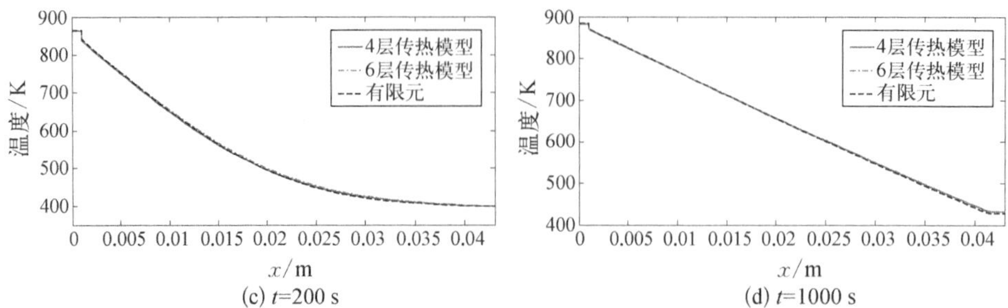

(c) t=200 s　　(d) t=1000 s

图 4-21　考虑材料非线性、不考虑辐射边界条件下 t=10 s、50 s、200 s 及 1 000 s 时温度分布

热模型与有限元计算结果的最大误差发生在 1 000 s 时刻的热防护结构下表面处，误差仅为 1.85%。如图 4-18～图 4-21 所示，本节的半解析方法与有限元方法得到的结果十分吻合。

4.4.4.4　考虑辐射边界条件及材料非线性，环境温度不变

本节考虑了材料非线性以及辐射边界条件的影响，其中 TC4 合金的外壁面发射率假定为 0.8。采用 6 层传热模型分别对时间步长为 2 s、5 s、10 s 及 25 s 的情况进行了计算。图 4-22～图 4-24 为不同时间步长在三个不同位置（x = 0 mm、x = 21 mm、x = 43 mm）的温度随时间变化曲线。图 4-25 为不同时间步长在时间 t = 10 s、50 s、200 s 和 1 000 s 处的温度分布曲线。

如图 4-22 所示，选用时间步长为 2 s、5 s 和 10 s 计算得到的温度变化结果之间差别很小。但是，当时间步长为 25 s 时，在热传导过程初期，ITPS 上表面的温度变化与其他三种时间步长相差较大。如图 4-22～图 4-25 所示，本书方法

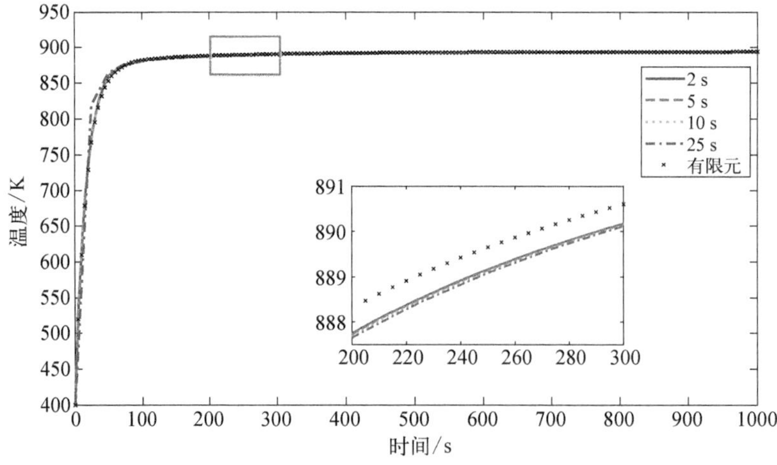

图 4-22　材料非线性、辐射边界条件及环境温度不变时热防护上表面温度变化

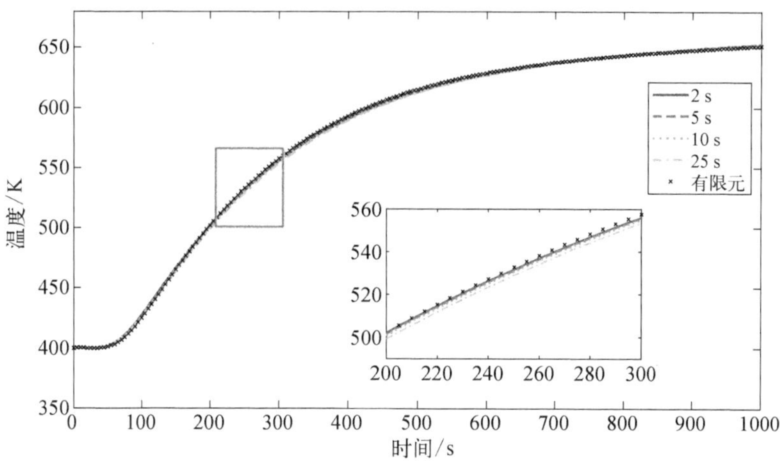

图 4－23　材料非线性、辐射边界条件及环境温度不变时热防护中面温度变化

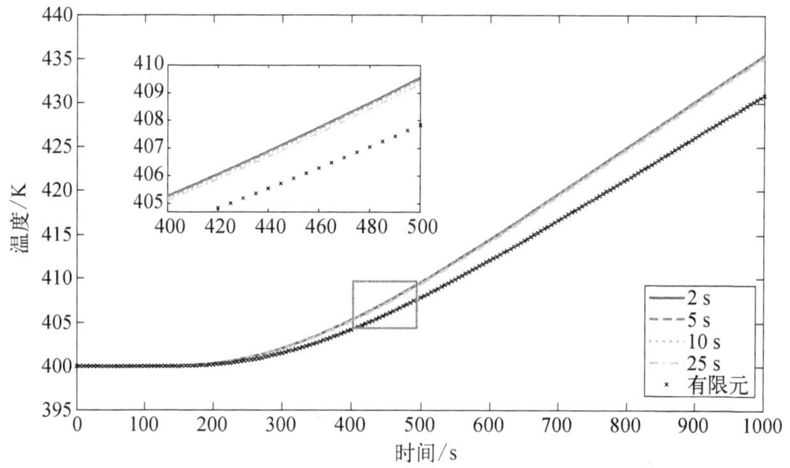

图 4－24　材料非线性、辐射边界条件及环境温度不变时热防护下表面的温度变化

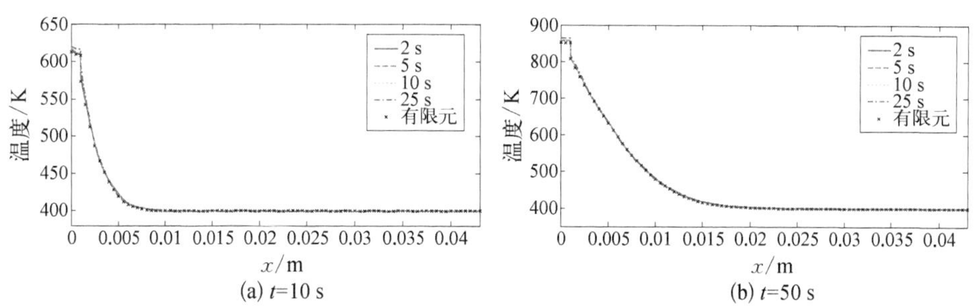

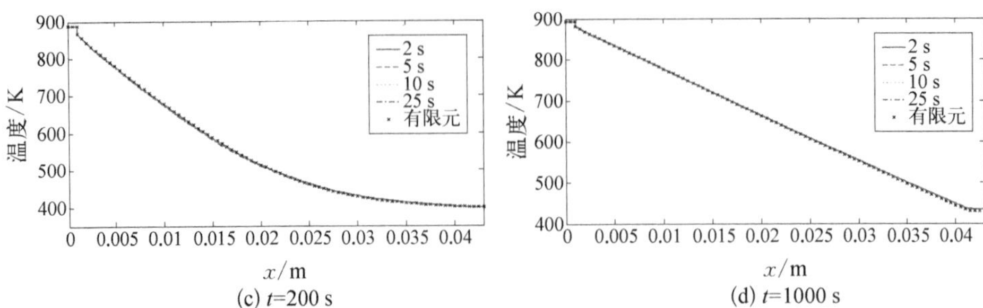

(c) t=200 s

(d) t=1000 s

图 4-25　材料非线性、辐射边界条件及环境温度不变时 t=10 s、50 s、200 s 及 1 000 s 时刻温度分布

计算得到的结果与有限元结果十分吻合，采用时间步长为 2 s 计算得到的结果与有限元结果最大误差仅为 1.01%。

4.4.4.5　*考虑辐射边界条件及材料非线性，环境温度变化*

本节对环境温度随时间变化的瞬态热传导问题进行验证，在热防护的上表面施加随时间变化的环境温度，由四阶的时间变量方程描述[10]：

$$T_{\infty t} = -(8.731\times10^{-10})t^4 + (2.344\times10^{-6})t^3 - (2.297\times10^{-3})t^2 + 1.127t + 596.754 \tag{4-111}$$

热防护结构下表面施加一个不变的环境温度 400 K。图 4-26 为三个不同位置(x=0 mm、x=21 mm、x=43 mm)处的温度随时间变化曲线。图 4-27 为 t=10 s、50 s、200 s 和 1 000 s 时刻的温度分布。对比结果显示，本节半解析方法的计算结果与有限元结果相差很小。

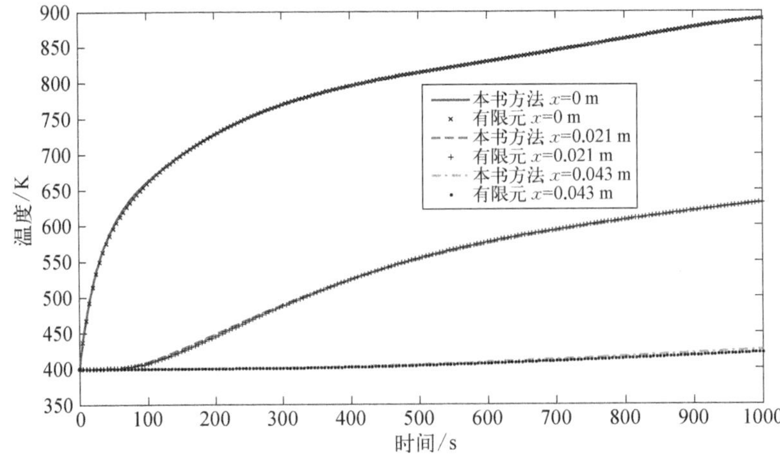

图 4-26　环境温度变化时热防护上表面、中面及下表面温度变化

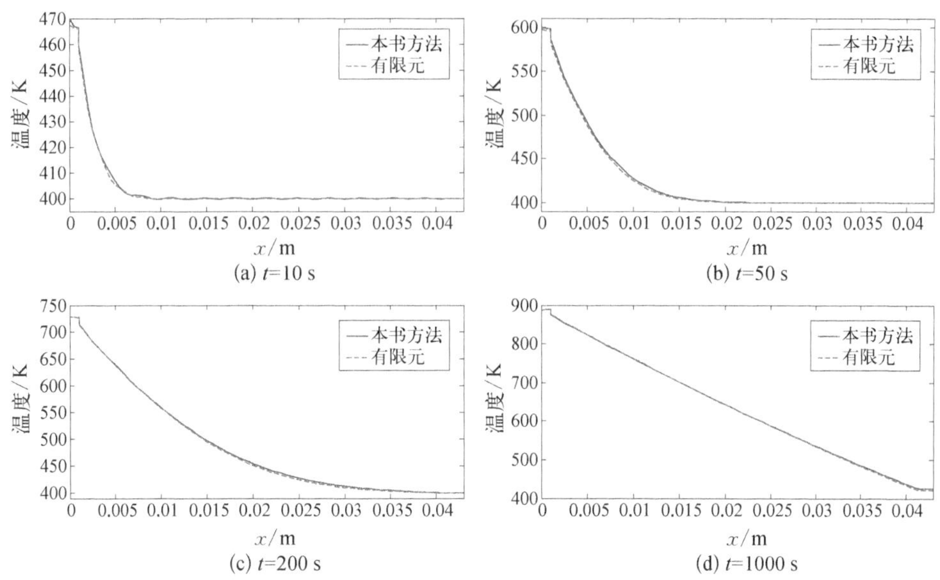

图 4－27　环境温度变化 $t=10$ s、50 s、200 s 及 1 000 s 时温度分布

4.4.5　小结

本节提出了一套求解波纹夹芯型 ITPS 结构的一维瞬态热传导问题的半解析计算方法，该方法不仅可以解决对流换热及辐射换热等边界条件，还可以解决隔热材料热物性随温度变化的非线性问题。主要包括以下几个方面：基于分离变量法与正交展开技术对热传导方程进行求解；推导了一种改进的辐射边界条件线性化方法，扩展了现有的线性化方法的适用范围；为了解决材料非线性问题，用一组只包含空间变量的线性方程描述沿厚度方向的温度及隔热材料热扩散率分布，并采用一套数值计算方法对边界条件的时变问题进行求解；推导并证明了空间变量函数之间的正交关系；用五个算例对半解析方法与有限元方法进行了对比，两者的计算结果吻合较好，验证了该半解析方法的准确性。计算结果表明，本节的半解析方法在时间步长小于总体加热时间的 1%时，可以获得较为精确的计算结果。

4.5　波纹夹芯型 ITPS 结构静力学计算方法

本节提出一套求解矩形波纹夹芯型 ITPS 结构静力学响应的有限元计算模

型，该模型可以求解在气动力/热作用下的 ITPS 静力学响应。首先，基于能量理论提出一种改进的刚度均匀化解析方法，对 ITPS 的波纹芯层进行均匀化处理；然后，利用多层理论建立有限元计算模型，该模型采用四节点等参单元，每个单元的节点包含 16 个自由度；最后，通过与有限元结果进行对比，验证了本方法的正确性。

4.5.1 波纹夹芯结构均匀化方法

如前所述，ITPS 结构可通过均匀化方法等效为三明治板结构，本节对矩形波纹夹芯结构的均匀化方法进行研究。图 4－4 为典型的矩形波纹夹芯板结构，尺寸参数如下：ITPS 下面板厚度，h_1；ITPS 芯层高度，h_2；ITPS 上面板厚度，h_3；ITPS 波纹腹板厚度，t_w；ITPS 波纹腹板倾角，θ；ITPS 面板沿 y 方向的长度，a；ITPS 面板沿 x 方向的长度，b；ITPS 沿 y 方向的波纹单胞长度的一半，p。图 4－7 为等效三明治模型的尺寸参数，包括各层上、下表面处的位置 $z_l^{(1)}$、$z_u^{(1)}$、$z_l^{(2)}$、$z_u^{(2)}$、$z_l^{(3)}$、$z_u^{(3)}$。

针对材料属性与温度不相关及相关两种情况，进行了矩形波纹夹芯结构的等效方法研究，分别针对波纹芯层沿 x、y、z 方向的等效弹性模量 $E_x^{(2)}$、$E_y^{(2)}$、$E_z^{(2)}$，等效横向剪切模量 $G_{yz}^{(2)}$、$G_{xz}^{(2)}$，等效面内剪切模量 $G_{xy}^{(2)}$，等效泊松比 $\mu^{(2)}$ 以及等效热膨胀系数 $\alpha^{(2)}$ 的等效方法进行研究。

4.5.1.1 ITPS 温度分布退化方法

研究波纹夹芯结构的均匀化方法之前，首先对其温度场进行简化。假设 ITPS 结构下面板、波纹芯层及上面板的温度场分布分别为 $\Delta T^{(1)}(x, y, z)$、$\Delta T^{(2)}(x, y, z)$ 和 $\Delta T^{(3)}(x, y, z)$。如图 4－4 所示，ITPS 结构上、下面板的厚度相对于芯层的厚度很薄，因此假设 ITPS 上、下面板的温度场沿厚度方向为均匀分布，可以消去上、下面板温度场 $\Delta T^{(1)}(x, y, z)$ 和 $\Delta T^{(3)}(x, y, z)$ 中的变量 z，于是热防护下面板和上面板处的温度场分布退化为

$$\Delta T^{(1)} = \Delta T^{(1)}(x, y), \ \Delta T^{(3)} = \Delta T^{(3)}(x, y) \tag{4-112}$$

将波纹单胞中的温度场 $\Delta T^{(2)}(x, y, z)$ 分为两个部分：区域 1 和区域 2（图 4－28）。对于区域 1，假设波纹夹芯结构的水平部分 AB 和 CD 的温度场沿 y 方向均匀分布，这是因为这两部分沿 y 方向的长度远小于沿 x 方向的长度，并且沿 y 方向的温度梯度很小。于是，AB 和 CD 中的温度场分布分别退化为 $\Delta T^{(2)}(x, y = y_B, z = z_l^{(2)})$ 和 $\Delta T^{(2)}(x, y = y_C, z = z_u^{(2)})$，其中，$y_B$ 和 y_C 分别为 B 点和 C 点沿

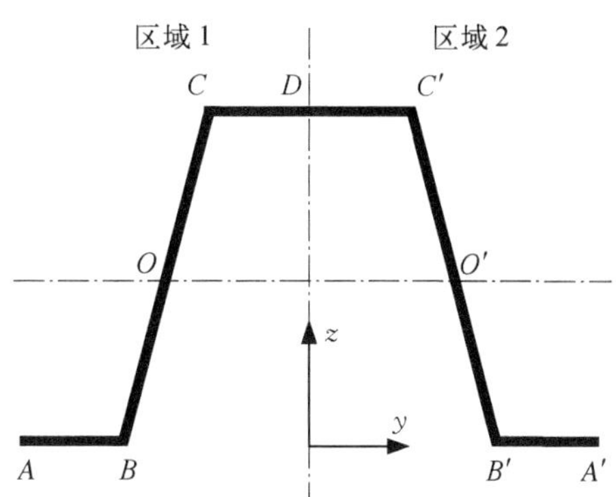

图 4-28　矩形波纹夹芯结构胞元

y 方向的位置。根据矩形波纹芯层结构的几何特点,波纹腹板部分 BC 的温度场分布 $\Delta T^{(2)}(x, y, z)$ 中的变量 y 可以替换为 $y_B + (z - z_l^{(2)})/\tan\theta$。

对于区域 2,波纹夹芯结构的水平部分 $A'B'$ 和 $C'D$ 中的温度场分布分别为 $\Delta T^{(2)}(x, y = y_{B'}, z = z_l^{(2)})$ 和 $\Delta T^{(2)}(x, y = y_{C'}, z = z_u^{(2)})$,其中,$y_{B'}$ 和 $y_{C'}$ 分别为 B' 点和 C' 点沿 y 方向的位置。波纹芯层腹板部分 $B'C'$ 的温度场分布 $\Delta T^{(2)}(x, y, z)$ 中的变量 y 可以替换为 $y_{B'} + (z - z_l^{(2)})/\tan\theta$。利用上述温度场退化方法,波纹芯层温度场 $\Delta T^{(2)}(x, y, z)$ 中的变量 y 可以消去,变为只包含变量 x 和 z 的函数:

$$\Delta T^{(2)}(x, y, z) = \Delta T_r^{(2)}(x, z) \tag{4-113}$$

4.5.1.2　沿 x 方向的等效弹性模量

不考虑材料属性与温度的相关性时,波纹夹芯结构沿 x 方向的等效弹性模量 $E_x^{(2)}$ 可以简单地通过实际波纹夹芯结构的截面面积 A_{ws} 与等效结构截面面积 A_s 的比值获得,其中截面面积 A_{ws} 和 A_s 分别表示为

$$A_{ws} = t_w\left(\frac{d_f}{\sin\theta} + \frac{p}{2} - \frac{d_f}{\tan\theta}\right) \tag{4-114}$$

$$A_s = pd_f \tag{4-115}$$

式中,$d_f = 0.5h_2$。结合波纹夹芯结构所用材料沿局部坐标系 $\bar{x}$ 方向(图 4-4)的弹性模量 $E_{\bar{x}}$,可以得到等效弹性模量 $E_x^{(2)}$:

$$E_x^{(2)} = \frac{A_{wx}}{A_c}E_{\bar{x}} = \frac{t_w}{pd_f}\left(\frac{d_f}{\sin\theta} + \frac{p}{2} - \frac{d_f}{\tan\theta}\right)E_{\bar{x}} \tag{4-116}$$

当考虑材料属性与温度的相关性时,需要用积分方法获得波纹夹芯结构的等效弹性模量,因此式(4-116)可改写为

$$E_x^{(2)} = \frac{t_w}{pd_f}\left(\int_0^{d_f} E_{\bar{x}}^1 \frac{dz'}{\sin\theta} + \int_{\frac{d_f}{\tan\theta}}^{\frac{p}{2}} E_{\bar{x}}^2 dy'\right) \tag{4-117}$$

式中,$E_{\bar{x}}^1$ 是波纹夹芯结构 OC 部分(图 4-28)所用材料沿局部坐标系 $\bar{x}$ 与温度

相关的弹性模量。基于退化温度场方程(4-113)，$E_{\bar{x}}^1$ 可以表示为

$$E_{\bar{x}}^1 = E_{\bar{x}}[\Delta T_r^{(2)}(x, z)] \tag{4-118}$$

式中，当 $(z_l^{(2)} + z_u^{(2)})/2 \leqslant z \leqslant z_u^{(2)}$ 时，$z = (z_l^{(2)} + z_u^{(2)})/2 + z'$；当 $z_l^{(2)} \leqslant z < (z_l^{(2)} + z_u^{(2)})/2$ 时，$z = (z_l^{(2)} + z_u^{(2)})/2 - z'$。

基于温度场分布(4-113)，波纹夹芯结构 CD 部分(图 4-28)所用材料沿局部坐标系 $\bar{x}$ 与温度相关的弹性模量 $E_{\bar{x}}^2$ 可以表示为

$$E_{\bar{x}}^2 = E_{\bar{x}}[\Delta T_r^{(2)}(x, z = z_u^{(2)})], \quad \frac{z_l^{(2)} + z_u^{(2)}}{2} \leqslant z \leqslant z_u^{(2)} \tag{4-119}$$

$$E_{\bar{x}}^2 = E_{\bar{x}}[\Delta T_r^{(2)}(x, z = z_l^{(2)})], \quad z_l^{(2)} \leqslant z < \frac{z_l^{(2)} + z_u^{(2)}}{2} \tag{4-120}$$

4.5.1.3 沿 y 方向的等效弹性模量

不考虑材料属性与温度的相关性时，将波纹单胞结构从中线分为四等份[15](图 4-28)，沿 y 方向的等效弹性模量 $E_y^{(2)}$ 可用基于能量方法的 Castigliano 第二定理求得，在计算等效弹性模量 $E_y^{(2)}$ 时，同样需考虑剪切应力。

在图 4-28 上选取四分之一波纹单胞结构，如图 4-29 所示，在坐标系 $y'Oz'$ 的原点 O 施加固支边界条件，在结构的 D 点处分别施加水平作用力 H、垂直作用力 V 及弯矩 M_0。则在该结构 OC 部分上任一点处的弯矩及内力分别为

$$M_1 = H(d_f - z') + V\left(\frac{p}{2} - \frac{z'}{\tan\theta}\right) - M_0 \tag{4-121}$$

$$N_1 = H\cos\theta - V\sin\theta \tag{4-122}$$

$$T_1 = H\sin\theta + V\cos\theta \tag{4-123}$$

式中，$0 \leqslant z' \leqslant d_f$。结构 CD 部分(图 4-28)上任一点处的弯矩及内力分别为

$$M_2 = V\left(\frac{p}{2} - y'\right) - M_0 \tag{4-124}$$

$$N_2 = H \tag{4-125}$$

$$T_2 = V \tag{4-126}$$

式中，$d_f/\tan\theta \leqslant y' \leqslant p/2$。利用 Castigliano 第二定理，可得到在水平作用力 H、

垂直作用力 V 及弯矩 M_0 作用下 D 点处的水平位移、垂直位移及弯曲转角分别为

$$\delta_H = \int_0^{d_f}\left(\frac{M_1}{E_{\bar{y}}I_w}\frac{\partial M_1}{\partial H} + \frac{N_1}{E_{\bar{y}}A_w}\frac{\partial N_1}{\partial H} + \frac{T_1}{G_{\bar{y}\bar{z}}\kappa A_w}\frac{\partial T_1}{\partial H}\right)\frac{\mathrm{d}z'}{\sin\theta} + \int_{\frac{d_f}{\tan\theta}}^{\frac{p}{2}}\left(\frac{M_2}{E_{\bar{y}}I_w}\frac{\partial M_2}{\partial H} + \frac{N_2}{E_{\bar{y}}A_w}\frac{\partial N_2}{\partial H} + \frac{T_2}{G_{\bar{y}\bar{z}}\kappa A_w}\frac{\partial T_2}{\partial H}\right)\mathrm{d}y' \tag{4-127}$$

$$\delta_V = \int_0^{d_f}\left(\frac{M_1}{E_{\bar{y}}I_w}\frac{\partial M_1}{\partial V} + \frac{N_1}{E_{\bar{y}}A_w}\frac{\partial N_1}{\partial V} + \frac{T_1}{G_{\bar{y}\bar{z}}\kappa A_w}\frac{\partial T_1}{\partial V}\right)\frac{\mathrm{d}z'}{\sin\theta} + \int_{\frac{d_f}{\tan\theta}}^{\frac{p}{2}}\left(\frac{M_2}{E_{\bar{y}}I_w}\frac{\partial M_2}{\partial V} + \frac{N_2}{E_{\bar{y}}A_w}\frac{\partial N_2}{\partial V} + \frac{T_2}{G_{\bar{y}\bar{z}}\kappa A_w}\frac{\partial T_2}{\partial V}\right)\mathrm{d}y' \tag{4-128}$$

$$\delta_{M_0} = \int_0^{d_f}\left(\frac{M_1}{E_{\bar{y}}I_w}\frac{\partial M_1}{\partial M_0} + \frac{N_1}{E_{\bar{y}}A_w}\frac{\partial N_1}{\partial M_0} + \frac{T_1}{G_{\bar{y}\bar{z}}\kappa A_w}\frac{\partial T_1}{\partial M_0}\right)\frac{\mathrm{d}z'}{\sin\theta} + \int_{\frac{d_f}{\tan\theta}}^{\frac{p}{2}}\left(\frac{M_2}{E_{\bar{y}}I_w}\frac{\partial M_2}{\partial M_0} + \frac{N_2}{E_{\bar{y}}A_w}\frac{\partial N_2}{\partial M_0} + \frac{T_2}{G_{\bar{y}\bar{z}}\kappa A_w}\frac{\partial T_2}{\partial M_0}\right)\mathrm{d}y' \tag{4-129}$$

式中，$I_w = bt_w^3/12$；$A_w = bt_w$；κ 为剪切修正因子，由于波纹腹板的截面形状为矩形，所以假设 $\kappa = 5/6$；$E_{\bar{y}}$ 和 $G_{\bar{y}\bar{z}}$ 分别为波纹夹芯结构所用材料沿局部坐标系 $\bar{y}$ 方向（图 4－4）的弹性模量以及局部坐标系 $\bar{y}\bar{z}$ 平面的横向剪切模量。当波纹夹芯结构采用各向同性材料时，$E_{\bar{y}} = E_w$，$G_{\bar{y}\bar{z}} = E_w/(1+\mu_w)/2$，其中，$E_w$ 和 μ_w 分别为各向同性材料的弹性模量和泊松比。将式（4－121）～式（4－126）代入式（4－127）～式（4－129）中，可得

$$\begin{bmatrix}\delta_H \\ \delta_V \\ \delta_{M_0}\end{bmatrix} = \frac{1}{E_w t_w b}\boldsymbol{C}\begin{bmatrix}H \\ V \\ M_0\end{bmatrix} = \frac{1}{E_w t_w b}\begin{bmatrix}C_{11} & C_{12} & C_{13} \\ C_{12} & C_{22} & C_{23} \\ C_{13} & C_{23} & C_{33}\end{bmatrix}\begin{bmatrix}H \\ V \\ M_0\end{bmatrix} \tag{4-130}$$

式（4－130）中矩阵 $\boldsymbol{C}$ 中的系数分别表示为

$$C_{11} = \frac{d_f}{(\cos^2\theta - 1)\kappa t_w^2}[-4\sin\theta\kappa d_f^2 - \sin\theta\cos^2\theta\kappa t_w^2 - 2\sin\theta(1+\mu_w)t_w^2 + 2\sin\theta\cos^2\theta(1+\mu_w)t_w^2] \tag{4-131}$$

$$C_{12}=\frac{d_f}{(\cos^2\theta-1)\kappa t_w^2}[-3\sin\theta\kappa pd_f-2\cos\theta(1+\mu_w)t_w^2$$

$$+2\cos\theta\kappa d_f^2+2\cos^3\theta(1+\mu_w)t_w^2+\cos\theta\kappa t_w^2-\cos^3\theta\kappa t_w^2]\tag{4-132}$$

$$C_{13}=\frac{6\sin\theta d_f^2}{(\cos^2\theta-1)t_w^2}\tag{4-133}$$

$$C_{22}=\frac{d_f}{\cos\theta\tan^3\theta\kappa t_w^2}[4\kappa d_f^2-6\tan\theta\kappa pd_f+3\tan^2\theta\kappa p^2$$

$$+\tan^4\theta\cos^2\theta\kappa t_w^2+2\tan^2\theta\cos^2\theta(1+\mu_w)t_w^2]\tag{4-134}$$

$$C_{23}=\frac{d_f}{\cos\theta\tan^3\theta\kappa t_w^2}[6\tan\theta\kappa d_f-6\tan^2\theta\kappa p]\tag{4-135}$$

$$C_{33}=-\frac{12\sin\theta d_f}{t_w^2(\cos^2\theta-1)}\tag{4-136}$$

为了准确复现拉伸试验条件，在结构 D 点处只施加水平作用力 H 和弯矩 M_0，不施加垂直作用力 V。于是，式(4－130)将变为如下形式：

$$\begin{bmatrix}\delta_H\\\delta_{M_0}\end{bmatrix}=\frac{1}{E_wA_w}\begin{bmatrix}C_{11}&C_{13}\\C_{13}&C_{33}\end{bmatrix}\begin{bmatrix}H\\M_0\end{bmatrix}\tag{4-137}$$

另外，假设结构 D 点处不允许存在转动，施加边界条件 $\delta_{M_0}=0$。根据上述边界条件可以得到水平位移 δ_H：

$$\delta_H=\frac{1}{E_wA_w}\left(C_{11}-\frac{C_{13}^2}{C_{33}}\right)H\tag{4-138}$$

于是，可得到沿 y 方向的弹性模量 $E_y^{(2)}$：

$$E_y^{(2)}=\frac{\sigma_y}{\varepsilon_y}=\frac{H/d_fb}{\delta_H/p}=\frac{t_wp}{d_f(C_{11}-C_{13}^2/C_{33})}E_w\tag{4-139}$$

当考虑材料属性与温度的相关性时，计算 y 方向等效弹性模量 $E_y^{(2)}$ 的过程与上述相同。假设波纹夹芯结构沿 x 方向的宽度为一个很小的值 $\mathrm{d}b$，则其温度场沿 x 方向的分布为均匀分布。利用 Castigliano 第二定理，在水平作用力 H、垂直作用力 V 及弯矩 M_0 作用下，D 点处的水平位移、垂直位移及弯曲转角可改

写为

$$\delta_H = \int_0^{d_f}\left(\frac{M_1}{E_{\bar{y}}^1 \mathrm{d}I_w}\frac{\partial M_1}{\partial H} + \frac{N_1}{E_{\bar{y}}^1 \mathrm{d}A_w}\frac{\partial N_1}{\partial H} + \frac{T_1}{G_{\bar{y}\bar{z}}^1 \kappa \mathrm{d}A_w}\frac{\partial T_1}{\partial H}\right)\frac{\mathrm{d}z'}{\sin\theta} + \int_{\frac{d_f}{\tan\theta}}^{\frac{p}{2}}\left(\frac{M_2}{E_{\bar{y}}^2 \mathrm{d}I_w}\frac{\partial M_2}{\partial H} + \frac{N_2}{E_{\bar{y}}^2 \mathrm{d}A_w}\frac{\partial N_2}{\partial H} + \frac{T_2}{G_{\bar{y}\bar{z}}^2 \kappa \mathrm{d}A_w}\frac{\partial T_2}{\partial H}\right)\mathrm{d}y' \quad (4-140)$$

$$\delta_V = \int_0^{d_f}\left(\frac{M_1}{E_{\bar{y}}^1 \mathrm{d}I_w}\frac{\partial M_1}{\partial V} + \frac{N_1}{E_{\bar{y}}^1 \mathrm{d}A_w}\frac{\partial N_1}{\partial V} + \frac{T_1}{G_{\bar{y}\bar{z}}^1 \kappa \mathrm{d}A_w}\frac{\partial T_1}{\partial V}\right)\frac{\mathrm{d}z'}{\sin\theta} + \int_{\frac{d_f}{\tan\theta}}^{\frac{p}{2}}\left(\frac{M_2}{E_{\bar{y}}^2 \mathrm{d}I_w}\frac{\partial M_2}{\partial V} + \frac{N_2}{E_{\bar{y}}^2 \mathrm{d}A_w}\frac{\partial N_2}{\partial V} + \frac{T_2}{G_{\bar{y}\bar{z}}^2 \kappa \mathrm{d}A_w}\frac{\partial T_2}{\partial V}\right)\mathrm{d}y' \quad (4-141)$$

$$\delta_{M_0} = \int_0^{d_f}\left(\frac{M_1}{E_{\bar{y}}^1 \mathrm{d}I_w}\frac{\partial M_1}{\partial M_0} + \frac{N_1}{E_{\bar{y}}^1 \mathrm{d}A_w}\frac{\partial N_1}{\partial M_0} + \frac{T_1}{G_{\bar{y}\bar{z}}^1 \kappa \mathrm{d}A_w}\frac{\partial T_1}{\partial M_0}\right)\frac{\mathrm{d}z'}{\sin\theta} + \int_{\frac{d_f}{\tan\theta}}^{\frac{p}{2}}\left(\frac{M_2}{E_{\bar{y}}^2 \mathrm{d}I_w}\frac{\partial M_2}{\partial M_0} + \frac{N_2}{E_{\bar{y}}^2 \mathrm{d}A_w}\frac{\partial N_2}{\partial M_0} + \frac{T_2}{G_{\bar{y}\bar{z}}^2 \kappa \mathrm{d}A_w}\frac{\partial T_2}{\partial M_0}\right)\mathrm{d}y' \quad (4-142)$$

式中，$\mathrm{d}I_w = t_w^3\mathrm{d}b/12$；$\mathrm{d}A_w = t_w\mathrm{d}b$。$E_{\bar{y}}^1$ 和 $E_{\bar{y}}^2$ 分别为波纹夹芯结构 OC 和 CD 部分（图 4－28）所用材料沿局部坐标系 $\bar{y}$ 与温度相关的弹性模量，$G_{\bar{y}\bar{z}}^1$ 和 $G_{\bar{y}\bar{z}}^2$ 分别为波纹夹芯结构 OC 和 CD 部分（图 4－28）所用材料沿局部坐标系 $\bar{y}\bar{z}$ 与温度相关的横向剪切模量。将式（4－121）～式（4－126）代入式（4－140）～式（4－142）中，可得

$$\begin{bmatrix}\delta_H\\ \delta_V\\ \delta_{M_0}\end{bmatrix} = \frac{1}{\mathrm{d}b}\boldsymbol{C}^{(nl)}\begin{bmatrix}H\\ V\\ M_0\end{bmatrix} = \frac{1}{\mathrm{d}b}\begin{bmatrix}C_{11}^{(nl)} & C_{12}^{(nl)} & C_{13}^{(nl)}\\ C_{12}^{(nl)} & C_{22}^{(nl)} & C_{23}^{(nl)}\\ C_{13}^{(nl)} & C_{23}^{(nl)} & C_{33}^{(nl)}\end{bmatrix}\begin{bmatrix}H\\ V\\ M_0\end{bmatrix} \quad (4-143)$$

式中，矩阵 $\boldsymbol{C}^{(nl)}$ 中的系数分别为

$$C_{11}^{(nl)} = \int_0^{d_f}\left[\frac{12\,(d_f - z')^2}{E_{\bar{y}}^1 t_w^3} + \frac{\cos^2\theta}{E_{\bar{y}}^1 t_w} + \frac{\sin^2\theta}{G_{\bar{y}\bar{z}}^1 \kappa t_w}\right]\frac{\mathrm{d}z'}{\sin\theta} + \int_{\frac{d_f}{\tan\theta}}^{\frac{p}{2}}\left(\frac{1}{E_{\bar{y}}^2 t_w}\right)\mathrm{d}y' \quad (4-144)$$

$$C_{12}^{(nl)} = \int_0^{d_f}\left[\frac{12(d_f - z')}{E_{\bar{y}}^1 t_w^3}\left(\frac{p}{2} - \frac{z'}{\tan\theta}\right) - \frac{\cos\theta\sin\theta}{E_{\bar{y}}^1 t_w} + \frac{\cos\theta\sin\theta}{G_{\bar{y}\bar{z}}^1 \kappa t_w}\right]\frac{\mathrm{d}z'}{\sin\theta} \quad (4-145)$$

$$C_{13}^{(nl)} = -\int_0^{d_f} \frac{12(d_f - z')}{E_{\bar{y}}^1 t_w^3} \frac{\mathrm{d}z'}{\sin\theta} \tag{4-146}$$

$$\begin{aligned} C_{22}^{(nl)} &= \int_0^{d_f} \left[\frac{12}{E_{\bar{y}}^1 t_w^3} \left(\frac{p}{2} - \frac{z'}{\tan\theta} \right)^2 + \frac{\sin^2\theta}{E_{\bar{y}}^1 t_w} + \frac{\cos^2\theta}{G_{\bar{y}\bar{z}}^1 \kappa t_w} \right] \frac{\mathrm{d}z'}{\sin\theta} \\ &+ \int_{\frac{d_f}{\tan\theta}}^{\frac{p}{2}} \left[\frac{12}{E_{\bar{y}}^2 t_w^3} \left(\frac{p}{2} - y' \right)^2 + \frac{1}{G_{\bar{y}\bar{z}}^2 \kappa t_w} \right] \mathrm{d}y' \end{aligned} \tag{4-147}$$

$$C_{23}^{(nl)} = -\int_0^{d_f} \left[\frac{12}{E_{\bar{y}}^1 t_w^3} \left(\frac{p}{2} - \frac{z'}{\tan\theta} \right) \right] \frac{\mathrm{d}z'}{\sin\theta} - \int_{\frac{d_f}{\tan\theta}}^{\frac{p}{2}} \left[\frac{12}{E_{\bar{y}}^2 t_w^3} \left(\frac{p}{2} - y' \right) \right] \mathrm{d}y' \tag{4-148}$$

$$C_{33}^{(nl)} = \int_0^{d_f} \frac{12}{E_{\bar{y}}^1 t_w^3} \frac{\mathrm{d}z'}{\sin\theta} + \int_{\frac{d_f}{\tan\theta}}^{\frac{p}{2}} \frac{12}{E_{\bar{y}}^2 t_w^3} \mathrm{d}y' \tag{4-149}$$

参考上述求解步骤，沿 y 方向的弹性模量 $E_y^{(2)}$ 为

$$E_y^{(2)} = \frac{p}{d_f[C_{11}^{(nl)} - (C_{13}^{(nl)})^2 / C_{33}^{(nl)}]} \tag{4-150}$$

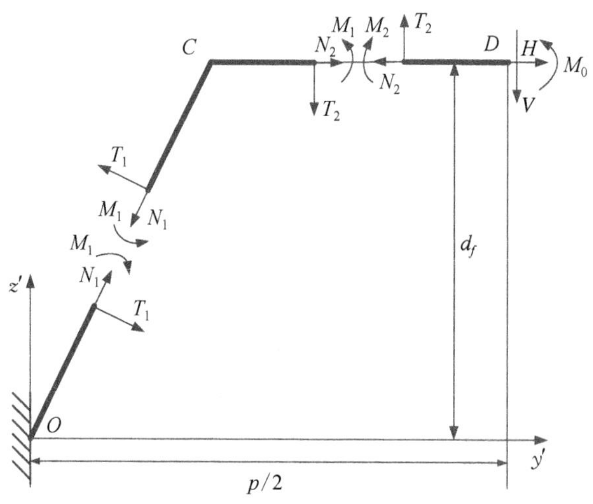

图 4-29 四分之一波纹夹芯结构单胞及内力示意图

4.5.1.4 沿 z 方向的等效弹性模量

不考虑材料属性与温度的相关性时，参考文献[16]的研究成果可求得沿 z 方向的等效弹性模量 $E_z^{(2)}$，文献[16]认为波纹夹芯结构的 OC 部分（图 4-28）

对沿 z 方向的等效弹性模量贡献很大，而 CD 部分贡献相对很小，可以忽略。因此，在坐标系 $y'Oz'$ 的原点 O 处施加固支边界条件，在结构的 C 点处分别施加水平作用力 H、垂直作用力 V 及弯矩 M_0。在波纹腹板结构 OC 部分（图 4－30）上任一点处的弯矩及内力分别为

$$M_z = H(d_f - z') + V\left(\frac{d_f}{\tan\theta} - \frac{z'}{\tan\theta}\right) - M_0 \tag{4-151}$$

$$N_z = H\cos\theta - V\sin\theta \tag{4-152}$$

$$T_z = H\sin\theta + V\cos\theta \tag{4-153}$$

式中，$0 \leqslant z' \leqslant d_f$。利用 Castigliano 第二定理，可以得到水平作用力 H、垂直作用力 V 及弯矩 M_0 作用下 C 点处的水平位移、垂直位移以及弯曲转角分别为

$$\delta_H^z = \int_0^{d_f}\left(\frac{M_z}{E_{\bar{y}}I_w}\frac{\partial M_z}{\partial H} + \frac{N_z}{E_{\bar{y}}A_w}\frac{\partial N_z}{\partial H} + \frac{T_z}{G_{\bar{y}\bar{z}}\kappa A_w}\frac{\partial T_z}{\partial H}\right)\frac{\mathrm{d}z'}{\sin\theta} \tag{4-154}$$

$$\delta_V^z = \int_0^{d_f}\left(\frac{M_z}{E_{\bar{y}}I_w}\frac{\partial M_z}{\partial V} + \frac{N_z}{E_{\bar{y}}A_w}\frac{\partial N_z}{\partial V} + \frac{T_z}{G_{\bar{y}\bar{z}}\kappa A_w}\frac{\partial T_z}{\partial V}\right)\frac{\mathrm{d}z'}{\sin\theta} \tag{4-155}$$

$$\delta_{M_0}^z = \int_0^{d_f}\left(\frac{M_z}{E_{\bar{y}}I_w}\frac{\partial M_z}{\partial M_0} + \frac{N_z}{E_{\bar{y}}A_w}\frac{\partial N_z}{\partial M_0} + \frac{T_z}{G_{\bar{y}\bar{z}}\kappa A_w}\frac{\partial T_z}{\partial M_0}\right)\frac{\mathrm{d}z'}{\sin\theta} \tag{4-156}$$

当波纹夹芯结构材料为各向同性时，$E_{\bar{y}} = E_w$，$G_{\bar{y}\bar{z}} = E_w/2(1 + \mu_w)$，将式（4－151）~式（4－153）代入式（4－155）~式（4－156）中，可得

$$\begin{bmatrix}\delta_H^z\\ \delta_V^z\\ \delta_{M_0}^z\end{bmatrix} = \frac{1}{E_w t_w b}\boldsymbol{C}^z\begin{bmatrix}H\\ V\\ M_0\end{bmatrix} = \frac{1}{E_w t_w b}\begin{bmatrix}C_{11}^z & C_{12}^z & C_{13}^z\\ C_{12}^z & C_{22}^z & C_{23}^z\\ C_{13}^z & C_{23}^z & C_{33}^z\end{bmatrix}\begin{bmatrix}H\\ V\\ M_0\end{bmatrix} \tag{4-157}$$

式中，矩阵 $\boldsymbol{C}^z$ 中的系数分别表示为

$$\begin{aligned}C_{11}^z = \frac{d_f}{(\cos^2\theta - 1)\kappa t_w^2}[&-4\sin\theta\kappa d_f^2 - \cos^2\theta\sin\theta\kappa t_w^2\\ &-2\sin\theta(1 + \mu_w)t_w^2 + 2\cos^2\theta\sin\theta(1 + \mu_w)t_w^2]\end{aligned} \tag{4-158}$$

$$C_{12}^{z}=\frac{d_f}{(\cos^2\theta-1)\kappa t_w^2}[-\cos^3\theta\kappa t_w^2-4\cos\theta\kappa d_f^2$$
$$+\cos\theta\kappa t_w^2-2\cos\theta(1+\mu_w)t_w^2+2\cos^3\theta(1+\mu_w)t_w^2]\quad(4-159)$$

$$C_{13}^{z}=\frac{6\sin\theta d_f^2}{(\cos^2\theta-1)t_w^2}\quad(4-160)$$

$$C_{22}^{z}=\frac{d_f}{\sin^3\theta\kappa t_w^2}[\kappa t_w^2+4\cos^2\theta\kappa d_f^2-2\cos^4\theta(1+\mu_w)t_w^2$$
$$+2\cos^2\theta(1+\mu_w)t_w^2-2\cos^2\theta\kappa t_w^2+\cos^4\theta\kappa t_w^2]\quad(4-161)$$

$$C_{23}^{z}=-\frac{6\cos\theta d_f^2}{\sin^2\theta t_w^2}\quad(4-162)$$

$$C_{33}^{z}=-\frac{12\sin\theta d_f}{(\cos^2\theta-1)t_w^2}\quad(4-163)$$

为复现平压试验条件，波纹夹芯结构 C 点处不允许存在水平位移及转动，为此施加边界条件 $\delta_H=0$ 和 $\delta_{M_0}=0$。由此条件及式(4-157)可得到垂直位移 δ_V：

$$\delta_V=\frac{1}{E_w t_w b}\frac{\det(\boldsymbol{C}^z)}{\det(\boldsymbol{C}_r^z)}V\quad(4-164)$$

式中，$\boldsymbol{C}_r^z=\begin{bmatrix}C_{11}^z & C_{13}^z\\ C_{13}^z & C_{33}^z\end{bmatrix}$。

于是，沿 z 方向的等效弹性模量 $E_z^{(2)}$ 可表示为

$$E_z^{(2)}=\frac{\sigma_z}{\varepsilon_z}=\frac{V/pb}{\delta_V/d_f}=\frac{t_w d_f\det(\boldsymbol{C}_r^z)}{p\det(\boldsymbol{C}^z)}E_w\quad(4-165)$$

考虑材料属性与温度的相关性时，计算沿 z 方向的等效弹性模量 $E_z^{(2)}$ 过程与上述相同。利用 Castigliano 第二定理，在水平作用力 H、垂直作用力 V 及弯矩 M_0 作用下，C 点处(图 4-30)的水平位移、垂直位移以及弯曲转角可改写为

$$\delta_H^z=\int_0^{d_f}\left(\frac{M_z}{E_{\bar{y}}^1\mathrm{d}I_w}\frac{\partial M_z}{\partial H}+\frac{N_z}{E_{\bar{y}}^1\mathrm{d}A_w}\frac{\partial N_z}{\partial H}+\frac{T_z}{G_{\bar{y}\bar{z}}^1\kappa\mathrm{d}A_w}\frac{\partial T_z}{\partial H}\right)\frac{\mathrm{d}z'}{\sin\theta}\quad(4-166)$$

$$\delta_V^z=\int_0^{d_f}\left(\frac{M_z}{E_{\bar{y}}^1\mathrm{d}I_w}\frac{\partial M_z}{\partial V}+\frac{N_z}{E_{\bar{y}}^1\mathrm{d}A_w}\frac{\partial N_z}{\partial V}+\frac{T_z}{G_{\bar{y}\bar{z}}^1\kappa\mathrm{d}A_w}\frac{\partial T_z}{\partial V}\right)\frac{\mathrm{d}z'}{\sin\theta}\quad(4-167)$$

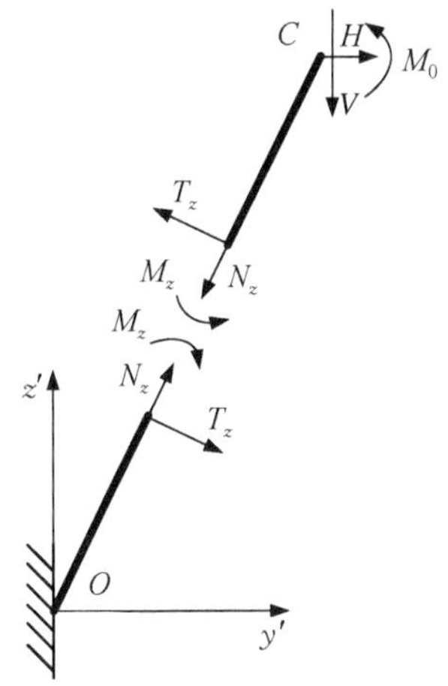

图 4-30　波纹腹板结构及内力示意图

$$\delta_{M_0}^z = \int_0^{d_f} \left(\frac{M_z}{E_{\bar{y}}^1 \mathrm{d}I_w} \frac{\partial M_z}{\partial M_0} + \frac{N_z}{E_{\bar{y}}^1 \mathrm{d}A_w} \frac{\partial N_z}{\partial M_0} + \frac{T_z}{G_{\bar{y}\bar{z}}^1 \kappa \mathrm{d}A_w} \frac{\partial T_z}{\partial M_0} \right) \frac{\mathrm{d}z'}{\sin\theta} \quad (4-168)$$

通过将式(4-151)~式(4-153)代入式(4-166)~式(4-168)后,得到系统方程:

$$\begin{bmatrix} \delta_H^z \\ \delta_V^z \\ \delta_{M_0}^z \end{bmatrix} = \frac{1}{\mathrm{d}b} \boldsymbol{C}^{z(nl)} \begin{bmatrix} H \\ V \\ M_0 \end{bmatrix} = \frac{1}{\mathrm{d}b} \begin{bmatrix} C_{11}^{z(nl)} & C_{12}^{z(nl)} & C_{13}^{z(nl)} \\ C_{12}^{z(nl)} & C_{22}^{z(nl)} & C_{23}^{z(nl)} \\ C_{13}^{z(nl)} & C_{23}^{z(nl)} & C_{33}^{z(nl)} \end{bmatrix} \begin{bmatrix} H \\ V \\ M_0 \end{bmatrix} \quad (4-169)$$

式中,矩阵 $\boldsymbol{C}^{z(nl)}$ 的系数可以表示为

$$C_{11}^{z(nl)} = \int_0^{d_f} \left[\frac{12\,(d_f - z')^2}{E_{\bar{y}}^1 t_w^3} + \frac{\cos^2\theta}{E_{\bar{y}}^1 t_w} + \frac{\sin^2\theta}{G_{\bar{y}\bar{z}}^1 \kappa t_w} \right] \frac{\mathrm{d}z'}{\sin\theta} \quad (4-170)$$

$$C_{12}^{z(nl)} = \int_0^{d_f} \left[\frac{12(d_f - z')}{E_{\bar{y}}^1 t_w^3} \left(\frac{d_f}{\tan\theta} - \frac{z'}{\tan\theta} \right) - \frac{\cos\theta \sin\theta}{E_{\bar{y}}^1 t_w} + \frac{\cos\theta \sin\theta}{G_{\bar{y}\bar{z}}^1 \kappa t_w} \right] \frac{\mathrm{d}z'}{\sin\theta} \quad (4-171)$$

$$C_{13}^{z(nl)} = -\int_0^{d_f} \frac{12(d_f - z')}{E_{\bar{y}}^1 t_w^3} \frac{\mathrm{d}z'}{\sin\theta} \quad (4-172)$$

$$C_{22}^{z(nl)} = \int_0^{d_f} \left[\frac{12}{E_{\bar{y}}^1 t_w^3} \left(\frac{d_f}{\tan\theta} - \frac{z'}{\tan\theta} \right)^2 + \frac{\sin^2\theta}{E_{\bar{y}}^1 t_w} + \frac{\cos^2\theta}{G_{\bar{y}\bar{z}}^1 \kappa t_w} \right] \frac{\mathrm{d}z'}{\sin\theta} \quad (4-173)$$

$$C_{23}^{z(nl)} = -\int_0^{d_f}\left[\frac{12}{E_{\bar{y}}^1 t_w^3}\left(\frac{d_f}{\tan\theta} - \frac{z'}{\tan\theta}\right)\right]\frac{\mathrm{d}z'}{\sin\theta} \tag{4-174}$$

$$C_{33}^{z(nl)} = \int_0^{d_f}\frac{12}{E_{\bar{y}}^1 t_w^3}\frac{\mathrm{d}z'}{\sin\theta} \tag{4-175}$$

参考上述求解步骤,可得沿 z 方向的弹性模量 $E_z^{(2)}$:

$$E_z^{(2)} = \frac{d_f\det(\boldsymbol{C}_r^{z(nl)})}{p\det(\boldsymbol{C}^{z(nl)})} \tag{4-176}$$

式中,$\boldsymbol{C}_r^{z(nl)} = \begin{bmatrix} C_{11}^{z(nl)} & C_{13}^{z(nl)} \\ C_{13}^{z(nl)} & C_{33}^{z(nl)} \end{bmatrix}$。

4.5.1.5 等效剪切模量

根据类似的方法,不考虑材料属性与温度的相关性时,等效剪切模量 $G_{yz}^{(2)}$、$G_{xz}^{(2)}$ 及 $G_{xy}^{(2)}$,分别为

$$G_{yz}^{(2)} = \frac{\tau_{yz}}{\gamma_{yz}} = \frac{H/pb}{\delta_H/d_f} = \frac{t_w d_f\det(\boldsymbol{C}_r)}{p\det(\boldsymbol{C})}E_w$$
$$\boldsymbol{C}_r = \begin{bmatrix} C_{22} & C_{23} \\ C_{23} & C_{33} \end{bmatrix} \tag{4-177}$$

$$G_{xz}^{(2)} = \frac{t_w d_f}{2(1+\mu_w)p\left(\dfrac{d_f}{\sin\theta} + \dfrac{p}{2} - \dfrac{d_f}{\tan\theta}\right)}E_w \tag{4-178}$$

$$G_{xy}^{(2)} = \frac{t_w}{2(1+\mu_w)pd_f}\left(\frac{d_f}{\sin\theta} + \frac{p}{2} - \frac{d_f}{\tan\theta}\right)E_w \tag{4-179}$$

考虑材料属性与温度相关性时,等效剪切模量 $G_{yz}^{(2)}$、$G_{xz}^{(2)}$ 及 $G_{xy}^{(2)}$ 可表示为

$$G_{yz}^{(2)} = \frac{d_f\det(\boldsymbol{C}_r^{(nl)})}{p\det(\boldsymbol{C}^{(nl)})},\ \boldsymbol{C}_r^{(nl)} = \begin{bmatrix} C_{22}^{(nl)} & C_{23}^{(nl)} \\ C_{23}^{(nl)} & C_{33}^{(nl)} \end{bmatrix} \tag{4-180}$$

$$G_{xz}^{(2)} = \frac{t_w d_f}{p\left(\displaystyle\int_0^{d_f}\frac{1}{G_{\bar{x}\bar{y}}^1}\frac{\mathrm{d}z'}{\sin\theta} + \int_{\frac{d_f}{\tan\theta}}^{\frac{p}{2}}\frac{1}{G_{\bar{x}\bar{y}}^2}\mathrm{d}y'\right)} \tag{4-181}$$

$$G_{xy}^{(2)} = \frac{t_w}{pd_f}\left(\int_0^{d_f} G_{\bar{x}\bar{y}}^1 \frac{\mathrm{d}z'}{\sin\theta} + \int_{\frac{d_f}{\tan\theta}}^{\frac{p}{2}} G_{\bar{x}\bar{y}}^2 \mathrm{d}y'\right) \tag{4-182}$$

式中，$G_{\bar{x}\bar{y}}^1$ 和 $G_{\bar{x}\bar{y}}^2$ 分别为波纹夹芯结构 OC 和 CD 部分(图 4－28)所用材料沿局部坐标系 $\bar{x}\bar{y}$ 与温度相关的面内剪切模量。

4.5.1.6　等效泊松比

不考虑材料属性与温度的相关性时，参考文献[17]的研究，波纹夹芯结构的等效泊松比 $\mu_{xy}^{(2)}$ 和 $\mu_{yz}^{(2)}$ 分别为

$$\mu_{xy}^{(2)} = \mu_{\bar{x}\bar{y}},\ \mu_{yz}^{(2)} = 0 \tag{4-183}$$

式中，$\mu_{\bar{x}\bar{y}}$ 为波纹腹板所用材料在局部坐标系 $\bar{x}\bar{y}$ 下的泊松比。

等效泊松比 $\mu_{xz}^{(2)}$ 可由如下过程推导获得。

由于材料的泊松效应，当波纹腹板沿局部坐标系 $\bar{x}$ 方向产生应变 $\Delta\varepsilon_{\bar{x}}$ 时，沿 $\bar{y}$ 方向将产生应变 $\Delta\varepsilon_{\bar{y}}$：

$$\Delta\varepsilon_{\bar{y}} = \mu_{\bar{x}\bar{y}}\Delta\varepsilon_{\bar{x}} \tag{4-184}$$

在等效模型中，沿 z 方向的应变 $\Delta\varepsilon_z$ 与 $\Delta\varepsilon_{\bar{y}}$ 具有如下关系：

$$\Delta\varepsilon_z = \frac{\Delta z}{h_2} = \frac{\Delta\bar{y}\sin\theta}{l\sin\theta} = \frac{\Delta\bar{y}}{l} = \Delta\varepsilon_{\bar{y}} \tag{4-185}$$

式中，l 为波纹腹板的长度。于是，等效泊松比 $\mu_{xz}^{(2)}$ 可表示为

$$\mu_{xz}^{(2)} = \frac{\Delta\varepsilon_z}{\Delta\varepsilon_{\bar{x}}} = \mu_{\bar{x}\bar{y}} \tag{4-186}$$

4.5.1.7　等效热膨胀系数

不考虑材料属性与温度相关性时，图 4－28 中波纹夹芯半单胞结构的等效热膨胀系数 $\boldsymbol{\alpha}_T^{(2)}$ 由三部分组成：AB 段、BC 段和 CD 段，等效热膨胀系数 $\boldsymbol{\alpha}_{Tb}^{(2)}$、$\boldsymbol{\alpha}_{T0}^{(2)}$ 和 $\boldsymbol{\alpha}_{Tt}^{(2)}$ 可分别表示为

$$\boldsymbol{\alpha}_{Tb}^{(2)} = \boldsymbol{\alpha}_{Tt}^{(2)} = \begin{bmatrix} 0 & \left(\dfrac{1}{2} - \dfrac{h_2}{2p\tan\theta}\right)\alpha_{T\bar{y}}^w & 0 & 0 & 0 & 0 \end{bmatrix}^{\mathrm{T}} \tag{4-187}$$

当图 4－28 中区域 1 作为等效的半单胞对象时：

$$\boldsymbol{\alpha}_{T0}^{(2)} = \begin{bmatrix} \alpha_{T\bar{x}}^w & \dfrac{h_2}{p\tan\theta}\alpha_{T\bar{y}}^w & \alpha_{T\bar{y}}^w & 0 & \cot\theta\,\alpha_{T\bar{y}}^w & 0 \end{bmatrix}^{\mathrm{T}} \tag{4-188}$$

当区域 2 作为等效的半单胞对象时：

$$\boldsymbol{\alpha}_{T0}^{(2)} = \begin{bmatrix} \alpha_{T\bar{x}}^{w} & \dfrac{h_2}{p\tan\theta}\alpha_{T\bar{y}}^{w} & \alpha_{T\bar{y}}^{w} & 0 & \cot(\pi-\theta)\alpha_{T\bar{y}}^{w} & 0 \end{bmatrix}^{\mathrm{T}} \quad (4-189)$$

式中，$\alpha_{T\bar{x}}^{w}$ 和 $\alpha_{T\bar{y}}^{w}$ 分别为波纹腹板所用材料沿局部坐标系 $\bar{x}$ 和 $\bar{y}$ 方向的热膨胀系数(图 4－4)。结合温度场(4－113)，波纹半单胞结构的等效热应变向量 $\boldsymbol{\varepsilon}_0^{(2)}$ 可表示为

$$\boldsymbol{\varepsilon}_0^{(2)} = \boldsymbol{\alpha}_T^{(2)}\Delta T^{(2)}(x,\ y,\ z) = \boldsymbol{\alpha}_{T0}^{(2)}\Delta T_0^{(2)}(x,\ z) + \boldsymbol{\alpha}_{Tb}^{(2)}\Delta T_b^{(2)}(x) + \boldsymbol{\alpha}_{Tt}^{(2)}\Delta T_t^{(2)}(x) \quad (4-190)$$

对于 ITPS 的上、下面板来说，其等效热膨胀系数 $\boldsymbol{\alpha}_T^{(1)}$ 和 $\boldsymbol{\alpha}_T^{(3)}$ 分别为

$$\boldsymbol{\alpha}_T^{(1)} = [\alpha_{T\bar{x}}^{(1)} \quad \alpha_{T\bar{y}}^{(1)} \quad 0 \quad 0 \quad 0]^{\mathrm{T}},\ \boldsymbol{\alpha}_T^{(3)} = [\alpha_{T\bar{x}}^{(3)} \quad \alpha_{T\bar{y}}^{(3)} \quad 0 \quad 0 \quad 0]^{\mathrm{T}} \quad (4-191)$$

式中，$\alpha_{T\bar{x}}^{(k)}$ 和 $\alpha_{T\bar{y}}^{(k)}$ 分别为 ITPS 上、下面板所用材料在局部坐标系中(图 4－4)沿 $\bar{x}$ 和 $\bar{y}$ 方向的热膨胀系数。

当考虑结构材料属性与温度的相关性时，波纹半单胞结构的等效热膨胀系数 $\boldsymbol{\alpha}_T^{(2)}$ 同样可由三个不同的部分组成：AB 段、BC 段和 CD 段。结合波纹夹芯结构中的温度场，AB 段、BC 段和 CD 段的等效热膨胀系数 $\boldsymbol{\alpha}_{Tb}^{(2)}$、$\boldsymbol{\alpha}_{T0}^{(2)}$ 和 $\boldsymbol{\alpha}_{Tt}^{(2)}$ 可以分别表示为

$$\boldsymbol{\alpha}_{Tb}^{(2)} = \begin{bmatrix} 0 & \left(\dfrac{1}{2} - \dfrac{h_2}{2p\tan\theta}\right)\alpha_{\bar{y}}(\Delta T_r^{(2)}(x,\ z = z_l^{(2)})) & 0 & 0 & 0 & 0 \end{bmatrix}^{\mathrm{T}} \quad (4-192)$$

$$\boldsymbol{\alpha}_{Tt}^{(2)} = \begin{bmatrix} 0 & \left(\dfrac{1}{2} - \dfrac{h_2}{2p\tan\theta}\right)\alpha_{\bar{y}}(\Delta T_r^{(2)}(x,\ z = z_u^{(2)})) & 0 & 0 & 0 & 0 \end{bmatrix}^{\mathrm{T}} \quad (4-193)$$

当区域 1 被选为半胞元对象时：

$$\begin{aligned}\boldsymbol{\alpha}_{T0}^{(2)} = \Big[&\alpha_{\bar{x}}(\Delta T_r^{(2)}(x,\ z)) \quad \frac{h_2}{p\tan\theta}\alpha_{\bar{y}}(\Delta T_r^{(2)}(x,\ z)) \\ &\alpha_{\bar{y}}(\Delta T_r^{(2)}(x,\ z)) \quad 0 \quad \cot\theta\alpha_{\bar{y}}(\Delta T_r^{(2)}(x,\ z)),\ 0\Big]^{\mathrm{T}}\end{aligned} \quad (4-194)$$

当区域 2 被选为半胞元对象时：

$$\boldsymbol{\alpha}_{T0}^{(2)} = \Big[\alpha_{\bar{x}}(\Delta T_r^{(2)}(x, z)) \quad \frac{h_2}{p\tan\theta}\alpha_{\bar{y}}(\Delta T_r^{(2)}(x, z))$$

$$\alpha_{\bar{y}}(\Delta T_r^{(2)}(x, z)) \quad 0 \quad \cot(\pi - \theta)\alpha_{\bar{y}}(\Delta T_r^{(2)}(x, z)) \quad 0\Big]^{\mathrm{T}} \quad (4-195)$$

结合温度场(4－113)，波纹半胞元结构的等效热应变向量 $\boldsymbol{\varepsilon}_0^{(2)}$ 可以表示为

$$\boldsymbol{\varepsilon}_0^{(2)} = \boldsymbol{\alpha}_T^{(2)}\Delta T^{(2)}(x, y, z) = \boldsymbol{\alpha}_{T0}^{(2)}\Delta T_r^{(2)}(x, z) + \boldsymbol{\alpha}_{Tl}^{(2)}\Delta T_r^{(2)}(x, z = z_l^{(2)}) + \boldsymbol{\alpha}_{Tu}^{(2)}\Delta T_r^{(2)}(x, z = z_u^{(2)}) \quad (4-196)$$

结合温度场(4－112)，ITPS 结构下、上面板的等效热膨胀系数向量 $\boldsymbol{\alpha}_T^{(1)}$ 和 $\boldsymbol{\alpha}_T^{(3)}$ 分别表示为

$$\boldsymbol{\alpha}_T^{(1)} = [\alpha_x^{(1)}(\Delta T^{(1)}(x, y)) \quad \alpha_y^{(1)}(\Delta T^{(1)}(x, y)) \quad 0 \quad 0 \quad 0]^{\mathrm{T}} \quad (4-197)$$

$$\boldsymbol{\alpha}_T^{(3)} = [\alpha_x^{(3)}(\Delta T^{(3)}(x, y)) \quad \alpha_y^{(3)}(\Delta T^{(3)}(x, y)) \quad 0 \quad 0 \quad 0]^{\mathrm{T}} \quad (4-198)$$

4.5.2　基于多层理论的有限元模型

波纹夹芯型 ITPS 结构经均匀化之后可以等效为三明治板结构。本节参考 Pandey 等[18]的研究，针对等效三明治板结构提出一种新型的满足 C^0 连续条件的有限元计算模型。该有限元模型假设三明治板芯层内的位移场沿厚度方向为高阶分布，而上、下面板的位移场沿厚度方向为一阶分布。采用 Pandey 等[18]提出的高阶位移场多层理论描述三明治板各层的位移场，该多层理论假设，三明治板芯层内沿厚度方向的面内位移场分布包含线性、二次以及三次拟合函数，其中线性的面内位移场拟合函数保证了各层间位移场的连续性条件。为了考虑厚板中横向正应变的影响，三明治板芯层沿厚度方向的面外位移场分布同样需要包含线性、二次以及三次拟合函数。根据上述描述，三明治板芯层中的位移场可描述为如下形式：

$$u^{(2)}(x, y, \zeta_{(2)}) = U^{(2)}(x, y)\Psi_1^{(2)}(\zeta_{(2)}) + U^{(3)}(x, y)\Psi_2^{(2)}(\zeta_{(2)}) + \alpha_x^{(2)}(x, y)\Psi_3^{(2)}(\zeta_{(2)}) + \lambda_x^{(2)}(x, y)\Psi_4^{(2)}(\zeta_{(2)})$$

$$v^{(2)}(x, y, \zeta_{(2)}) = V^{(2)}(x, y)\Psi_1^{(2)}(\zeta_{(2)}) + V^{(3)}(x, y)\Psi_2^{(2)}(\zeta_{(2)})$$

$$
\begin{aligned}
&\quad + \alpha_y^{(2)}(x,\ y)\Psi_3^{(2)}(\zeta_{(2)}) + \lambda_y^{(2)}(x,\ y)\Psi_4^{(2)}(\zeta_{(2)})\\
w^{(2)}(x,\ y,\ \zeta_{(2)}) &= W^{(1)}(x,\ y)\Psi_1^{(2)}(\zeta_{(2)}) + W^{(3)}(x,\ y)\Psi_2^{(2)}(\zeta_{(2)})\\
&\quad + \alpha_z^{(2)}(x,\ y)\Psi_3^{(2)}(\zeta_{(2)}) + \lambda_z^{(2)}(x,\ y)\Psi_4^{(2)}(\zeta_{(2)})
\end{aligned} \tag{4-199}
$$

式中，$U^{(k)}$、$V^{(k)}$ 和 $U^{(k+1)}$、$V^{(k+1)}$ 分别为三明治板第 k 层($k=1,\ 2,\ 3$)下、上表面的面内位移，而 $W^{(1)}$、$W^{(3)}$ 分别为三明治板下、上面板的面外位移。上述参数代表了线性位移场，可以有效地描述各层的拉伸和弯曲变形。参数 $\Psi_1^{(k)}$、$\Psi_2^{(k)}$ 为第 k 层沿厚度方向的线性插值函数，$\Psi_3^{(k)}$、$\Psi_4^{(k)}$ 分别为第 k 层沿厚度方向的二次和三次插值函数，可以表示为

$$
\begin{aligned}
&\Psi_1^{(k)} = (1-\zeta_{(k)})/2,\ \Psi_2^{(k)} = (1+\zeta_{(k)})/2,\\
&\Psi_3^{(k)} = \frac{h_k}{2}(\zeta_{(k)}^2 - 1),\ \Psi_4^{(k)} = \frac{h_k}{2}\zeta_{(k)}(\zeta_{(k)}^2 - 1)
\end{aligned} \tag{4-200}
$$

式中，$\zeta_{(k)}$ 为第 k 层沿厚度方向的局部坐标系，其可以表示为

$$
\zeta_{(k)} = \frac{2}{h_k}z - \frac{z_l^{(k)} + z_u^{(k)}}{h_k} \tag{4-201}
$$

式中，h_k 为三明治板第 k 层的厚度；$z_l^{(k)}$ 和 $z_u^{(k)}$ 分别为三明治板第 k 层下、上表面沿 z 方向的位置(图 4-7)。

三明治板上、下面板的厚度相对于芯层较薄，因此假设其沿厚度方向的面内位移场为一阶分布，该假设足以满足各层间的位移连续条件，另外假设上、下面板中沿厚度方向的横向位移为均匀分布。根据上述假设，三明治板上、下面板内的面内位移用线性面内位移场 $U^{(k)}$、$V^{(k)}$ 和 $U^{(k+1)}$、$V^{(k+1)}$ 描述，而面外位移场不再考虑横向正应变的影响，只采用 $W^{(1)}$ 和 $W^{(3)}$ 进行描述。于是，三明治板上、下面板中的位移场分别表示为

$$
\begin{aligned}
u^{(1)}(x,\ y,\ \zeta_{(1)}) &= U^{(1)}(x,\ y)\Psi_1^{(1)}(\zeta_{(1)}) + U^{(2)}(x,\ y)\Psi_2^{(1)}(\zeta_{(1)})\\
v^{(1)}(x,\ y,\ \zeta_{(1)}) &= V^{(1)}(x,\ y)\Psi_1^{(1)}(\zeta_{(1)}) + V^{(2)}(x,\ y)\Psi_2^{(1)}(\zeta_{(1)})\\
w^{(1)}(x,\ y,\ \zeta_{(1)}) &= W^{(1)}(x,\ y)
\end{aligned} \tag{4-202}
$$

$$
\begin{aligned}
u^{(3)}(x,\ y,\ \zeta_{(3)}) &= U^{(3)}(x,\ y)\Psi_1^{(3)}(\zeta_{(3)}) + U^{(4)}(x,\ y)\Psi_2^{(3)}(\zeta_{(3)})\\
v^{(3)}(x,\ y,\ \zeta_{(3)}) &= V^{(3)}(x,\ y)\Psi_1^{(3)}(\zeta_{(3)}) + V^{(4)}(x,\ y)\Psi_2^{(3)}(\zeta_{(3)})\\
w^{(3)}(x,\ y,\ \zeta_{(3)}) &= W^{(3)}(x,\ y)
\end{aligned} \tag{4-203}
$$

4.5.2.1　应变-位移关系

根据位移场方程式，可以得到相应的应变与位移关系。

等效三明治板芯层中的应变-位移关系式为

$$
\begin{aligned}
\varepsilon_{xx}^{(2)} &= U_{,x}^{(2)}\Psi_1^{(2)} + U_{,x}^{(3)}\Psi_2^{(2)} + \alpha_{x,x}^{(2)}\Psi_3^{(2)} + \lambda_{x,x}^{(2)}\Psi_4^{(2)} \\
\varepsilon_{yy}^{(2)} &= V_{,y}^{(2)}\Psi_1^{(2)} + V_{,y}^{(3)}\Psi_2^{(2)} + \alpha_{y,y}^{(2)}\Psi_3^{(2)} + \lambda_{y,y}^{(2)}\Psi_4^{(2)} \\
\varepsilon_{zz}^{(2)} &= \frac{W^{(3)} - W^{(1)}}{h_2} + 2\zeta_{(2)}\alpha_z^{(2)} + (3\zeta_{(2)}^2 - 1)\lambda_z^{(2)} \\
\gamma_{yz}^{(2)} &= W_{,y}^{(1)}\Psi_1^{(2)} + W_{,y}^{(3)}\Psi_2^{(2)} + \alpha_{z,y}^{(2)}\Psi_3^{(2)} + \lambda_{z,y}^{(2)}\Psi_4^{(2)} \\
&\quad + \frac{V^{(3)} - V^{(2)}}{h_2} + 2\zeta_{(2)}\alpha_y^{(2)} + (3\zeta_{(2)}^2 - 1)\lambda_y^{(2)} \\
\gamma_{xz}^{(2)} &= W_{,x}^{(1)}\Psi_1^{(2)} + W_{,x}^{(3)}\Psi_2^{(2)} + \alpha_{z,x}^{(2)}\Psi_3^{(2)} + \lambda_{z,x}^{(2)}\Psi_4^{(2)} \\
&\quad + \frac{U^{(3)} - U^{(2)}}{h_2} + 2\zeta_{(2)}\alpha_x^{(2)} + (3\zeta_{(2)}^2 - 1)\lambda_x^{(2)} \\
\gamma_{xy}^{(2)} &= U_{,y}^{(2)}\Psi_1^{(2)} + U_{,y}^{(3)}\Psi_2^{(2)} + \alpha_{x,y}^{(2)}\Psi_3^{(2)} + \lambda_{x,y}^{(2)}\Psi_4^{(2)} \\
&\quad + V_{,x}^{(2)}\Psi_1^{(2)} + V_{,x}^{(3)}\Psi_2^{(2)} + \alpha_{y,x}^{(2)}\Psi_3^{(2)} + \lambda_{y,x}^{(2)}\Psi_4^{(2)}
\end{aligned}
\tag{4-204}
$$

等效三明治板下面板中的应变-位移关系式为

$$
\begin{aligned}
\varepsilon_{xx}^{(1)} &= U_{,x}^{(1)}\Psi_1^{(1)} + U_{,x}^{(2)}\Psi_2^{(1)} \\
\varepsilon_{yy}^{(1)} &= V_{,y}^{(1)}\Psi_1^{(1)} + V_{,y}^{(2)}\Psi_2^{(1)} \\
\gamma_{yz}^{(1)} &= W_{,y}^{(1)} + \frac{V^{(2)} - V^{(1)}}{h_1} \\
\gamma_{xz}^{(1)} &= W_{,x}^{(1)} + \frac{U^{(2)} - U^{(1)}}{h_1} \\
\gamma_{xy}^{(1)} &= U_{,y}^{(1)}\Psi_1^{(1)} + U_{,y}^{(2)}\Psi_2^{(1)} + V_{,x}^{(1)}\Psi_1^{(1)} + V_{,x}^{(2)}\Psi_2^{(1)}
\end{aligned}
\tag{4-205}
$$

等效三明治板上面板中的应变-位移关系式：

$$
\begin{aligned}
\varepsilon_{xx}^{(3)} &= U_{,x}^{(3)}\Psi_1^{(3)} + U_{,x}^{(4)}\Psi_2^{(3)} \\
\varepsilon_{yy}^{(3)} &= V_{,y}^{(3)}\Psi_1^{(3)} + V_{,y}^{(4)}\Psi_2^{(3)} \\
\gamma_{yz}^{(3)} &= W_{,y}^{(3)} + \frac{V^{(4)} - V^{(3)}}{h_3}
\end{aligned}
$$

$$\gamma_{xz}^{(3)} = W_{,x}^{(3)} + \frac{U^{(4)} - U^{(3)}}{h_3}$$

$$\gamma_{xy}^{(3)} = U_{,y}^{(3)}\Psi_1^{(3)} + U_{,y}^{(4)}\Psi_2^{(3)} + V_{,x}^{(3)}\Psi_1^{(3)} + V_{,x}^{(4)}\Psi_2^{(3)} \tag{4-206}$$

4.5.2.2 应力-应变关系

假设等效三明治板中任一层内的应力-应变关系都满足线弹性关系，则等效三明治板在热环境下的本构方程为

$$\boldsymbol{\sigma}^{(k)} = \boldsymbol{Q}^{(k)}(\boldsymbol{\varepsilon}^{(k)} - \boldsymbol{\varepsilon}_0^{(k)}) \tag{4-207}$$

式中，$\boldsymbol{Q}^{(k)}$ 为等效三明治板第 k 层的材料弹性矩阵；$\boldsymbol{\sigma}^{(k)}$、$\boldsymbol{\varepsilon}^{(k)}$ 和 $\boldsymbol{\varepsilon}_0^{(k)}$ 分别为第 k 层的应力向量、应变向量以及热应变向量。

等效三明治板芯层的材料弹性矩阵 $\boldsymbol{Q}^{(2)}$ 可以写为对称矩阵形式：

$$\boldsymbol{Q}^{(2)} = \begin{bmatrix} Q_{11}^{(2)} & Q_{12}^{(2)} & Q_{13}^{(2)} & 0 & 0 & 0 \\ Q_{12}^{(2)} & Q_{22}^{(2)} & Q_{23}^{(2)} & 0 & 0 & 0 \\ Q_{13}^{(2)} & Q_{23}^{(2)} & Q_{33}^{(2)} & 0 & 0 & 0 \\ 0 & 0 & 0 & Q_{44}^{(2)} & 0 & 0 \\ 0 & 0 & 0 & 0 & Q_{55}^{(2)} & 0 \\ 0 & 0 & 0 & 0 & 0 & Q_{66}^{(2)} \end{bmatrix}$$

$$Q_{11}^{(2)} = \frac{1 - \mu_{yz}^{(2)}\mu_{zy}^{(2)}}{E_y^{(2)}E_z^{(2)}\Delta^{(2)}},\ Q_{12}^{(2)} = \frac{\mu_{yx}^{(2)} + \mu_{zx}^{(2)}\mu_{yz}^{(2)}}{E_y^{(2)}E_z^{(2)}\Delta^{(2)}},\ Q_{22}^{(2)} = \frac{1 - \mu_{xz}^{(2)}\mu_{zx}^{(2)}}{E_x^{(2)}E_z^{(2)}\Delta^{(2)}}$$

$$Q_{23}^{(2)} = \frac{\mu_{zy}^{(2)} + \mu_{xy}^{(2)}\mu_{zx}^{(2)}}{E_x^{(2)}E_z^{(2)}\Delta^{(2)}},\ Q_{33}^{(2)} = \frac{1 - \mu_{xy}^{(2)}\mu_{yx}^{(2)}}{E_x^{(2)}E_y^{(2)}\Delta^{(2)}}$$

$$Q_{13}^{(2)} = \frac{\mu_{xz}^{(2)} + \mu_{xy}^{(2)}\mu_{yz}^{(2)}}{E_x^{(2)}E_y^{(2)}\Delta^{(2)}},\ Q_{44}^{(2)} = G_{yz}^{(2)},\ Q_{55}^{(2)} = G_{xz}^{(2)},\ Q_{66}^{(2)} = G_{xy}^{(2)}$$

$$\Delta^{(2)} = \frac{1}{E_x^{(2)}E_y^{(2)}E_z^{(2)}}\begin{vmatrix} 1 & -\mu_{yx}^{(2)} & -\mu_{zx}^{(2)} \\ -\mu_{xy}^{(2)} & 1 & -\mu_{zy}^{(2)} \\ -\mu_{xz}^{(2)} & -\mu_{yz}^{(2)} & 1 \end{vmatrix}$$

$$\mu_{yx}^{(2)} = \frac{E_y^{(2)}}{E_x^{(2)}}\mu_{xy}^{(2)},\ \mu_{zx}^{(2)} = \frac{E_z^{(2)}}{E_x^{(2)}}\mu_{xz}^{(2)},\ \mu_{zy}^{(2)} = \frac{E_z^{(2)}}{E_y^{(2)}}\mu_{yz}^{(2)} \tag{4-208}$$

等效三明治板芯层的应力向量 $\boldsymbol{\sigma}^{(2)}$、应变向量 $\boldsymbol{\varepsilon}^{(2)}$ 以及热应变向量 $\boldsymbol{\varepsilon}_0^{(2)}$ 可以分别表示为

$$\boldsymbol{\sigma}^{(2)} = [\sigma_{xx}^{(2)} \quad \sigma_{yy}^{(2)} \quad \sigma_{zz}^{(2)} \quad \sigma_{yz}^{(2)} \quad \sigma_{xz}^{(2)} \quad \sigma_{xy}^{(2)}]^{\mathrm{T}} \tag{4-209}$$

$$\boldsymbol{\varepsilon}^{(2)} = [\varepsilon_{xx}^{(2)} \quad \varepsilon_{yy}^{(2)} \quad \varepsilon_{zz}^{(2)} \quad \gamma_{yz}^{(2)} \quad \gamma_{xz}^{(2)} \quad \gamma_{xy}^{(2)}]^{\mathrm{T}} \tag{4-210}$$

$$\boldsymbol{\varepsilon}_0^{(2)} = [\varepsilon_{0xx}^{(2)} \quad \varepsilon_{0yy}^{(2)} \quad \varepsilon_{0zz}^{(2)} \quad \gamma_{0yz}^{(2)} \quad \gamma_{0xz}^{(2)} \quad \gamma_{0xy}^{(2)}]^{\mathrm{T}} \tag{4-211}$$

等效三明治板上、下面板的材料弹性矩阵 $\boldsymbol{Q}^{(k)}(k=1,\ 3)$ 与芯层的刚度矩阵不同,为 5 × 5 的矩阵,可以表示为

$$\boldsymbol{Q}^{(k)} = \begin{bmatrix} \tilde{Q}_{11}^{(k)} & \tilde{Q}_{12}^{(k)} & 0 & 0 & 0 \\ \tilde{Q}_{12}^{(k)} & \tilde{Q}_{22}^{(k)} & 0 & 0 & 0 \\ 0 & 0 & Q_{44}^{(k)} & 0 & 0 \\ 0 & 0 & 0 & Q_{55}^{(k)} & 0 \\ 0 & 0 & 0 & 0 & Q_{66}^{(k)} \end{bmatrix} \tag{4-212}$$

$$\tilde{Q}_{ij}^{(k)} = Q_{ij}^{(k)} - \frac{Q_{i3}^{(k)} Q_{j3}^{(k)}}{Q_{33}^{(k)}}, \quad i,\ j = 1,\ 2,\ 3$$

等效三明治板上、下面板的应力向量 $\boldsymbol{\sigma}^{(k)}$、应变向量 $\boldsymbol{\varepsilon}^{(k)}$ 以及热应变向量 $\boldsymbol{\varepsilon}_0^{(k)}$ 可以分别表示为

$$\boldsymbol{\sigma}^{(k)} = [\sigma_{xx}^{(k)} \quad \sigma_{yy}^{(k)} \quad \sigma_{yz}^{(k)} \quad \sigma_{xz}^{(k)} \quad \sigma_{xy}^{(k)}]^{\mathrm{T}} \tag{4-213}$$

$$\boldsymbol{\varepsilon}^{(k)} = [\varepsilon_{xx}^{(k)} \quad \varepsilon_{yy}^{(k)} \quad \gamma_{yz}^{(k)} \quad \gamma_{xz}^{(k)} \quad \gamma_{xy}^{(k)}]^{\mathrm{T}} \tag{4-214}$$

$$\boldsymbol{\varepsilon}_0^{(k)} = [\varepsilon_{0xx}^{(k)} \quad \varepsilon_{0yy}^{(k)} \quad \gamma_{0yz}^{(k)} \quad \gamma_{0xz}^{(k)} \quad \gamma_{0xy}^{(k)}]^{\mathrm{T}} \tag{4-215}$$

4.5.2.3　有限元方程

根据上文推导的位移场模型,提出一种具有四节点等参单元且满足 C^0 连续条件的有限元模型。该有限元等参单元中的每个节点包含 16 个自由度:

$$[U^{(1)} \quad U^{(2)} \quad U^{(3)} \quad U^{(4)} \quad V^{(1)} \quad V^{(2)} \quad V^{(3)} \quad V^{(4)} \quad W^{(1)} \quad W^{(3)}$$
$$\alpha_x^{(2)} \quad \alpha_y^{(2)} \quad \alpha_z^{(2)} \quad \lambda_x^{(2)} \quad \lambda_y^{(2)} \quad \lambda_z^{(2)}]^{\mathrm{T}}$$

利用 Hamilton 原理,可以得到结构静力学的能量方程:

$$
\begin{aligned}
&\int_{t1}^{t2} \delta[(-U+W)]\mathrm{d}t = 0 \\
&U_e = \sum_{k=1}^{3} \frac{1}{2}\int_{V_{(k)}} [\boldsymbol{\varepsilon}^{(k)} - \boldsymbol{\varepsilon}_0^{(k)}]^{\mathrm{T}} \cdot \boldsymbol{\sigma}^{(k)} \mathrm{d}V \\
&W_p = \sum_{k=1}^{3} \int_{V_{(k)}} [\boldsymbol{u}^{(k)}]^{\mathrm{T}} \cdot \boldsymbol{p}^{(k)} \mathrm{d}V \\
&\boldsymbol{u}_j^{(k)} = [u_j^{(k)} \quad v_j^{(k)} \quad w_j^{(k)}]^{\mathrm{T}}
\end{aligned}
\tag{4-216}
$$

式中，应变能 U_e 为应力和应变的乘积；W_p 为由外载荷引起的功；$\boldsymbol{u}^{(k)}$ 为第 k 层的位移；$\boldsymbol{p}^{(k)}$ 为施加在第 k 层上的外力。

结合方程(4-199)、方程(4-202)和方程(4-203)，$\boldsymbol{u}_j^{(k)}$ 可以表示为

$$
\begin{aligned}
&\boldsymbol{u}_j^{(k)} = \boldsymbol{S}^{(k)}\boldsymbol{d}_j \\
&\boldsymbol{d}_j = [u_j^{(1)} \quad u_j^{(2)} \quad u_j^{(3)} \quad u_j^{(4)} \quad v_j^{(1)} \quad v_j^{(2)} \quad v_j^{(3)} \quad v_j^{(4)} \\
&\qquad w_j^{(1)} \quad w_j^{(3)} \quad \alpha_{j,x}^{(2)} \quad \alpha_{j,y}^{(2)} \quad \alpha_{j,z}^{(2)} \quad \lambda_{j,x}^{(2)} \quad \lambda_{j,y}^{(2)} \quad \lambda_{j,z}^{(2)}]^{\mathrm{T}}
\end{aligned}
\tag{4-217}
$$

式中，$\boldsymbol{S}^{(k)}$ 为任一单元的形状函数；$\boldsymbol{d}_j$ 为单元 j 的位移变量。

四节点等参单元任一单元中的位移变量可以近似为如下形式：

$$
\begin{aligned}
&\boldsymbol{d}_j = \sum_{i=1}^{4} N_i \boldsymbol{d}_j^{i(e)} = \boldsymbol{N}\boldsymbol{d}_j^{(e)} \\
&N_i = \frac{1}{4}(1+\xi_i\xi)(1+\eta_i\eta), \quad i = 1, 2, 3, 4
\end{aligned}
\tag{4-218}
$$

式中，N_i 为满足 C^0 连续条件的形状函数；ξ 和 η 为节点局部坐标；$\boldsymbol{d}_j^{(e)}$ 为单元 j 中的节点位移向量。则 $\boldsymbol{u}_j^{(k)}$ 可以写为

$$
\boldsymbol{u}_j^{(k)} = [\boldsymbol{S}_1^{(k)} \quad \boldsymbol{S}_2^{(k)} \quad \boldsymbol{S}_3^{(k)} \quad \boldsymbol{S}_4^{(k)}]\boldsymbol{d}_j^{(e)} \tag{4-219}
$$

式中，等效三明治板不同分层中的 $\boldsymbol{S}_i^{(k)}$ 可以表示为如下形式：

$$
S_j^{(2)} = \begin{bmatrix}
0 & \Psi_1^{(2)}N_i & \Psi_2^{(2)}N_i & 0 & 0 & 0 & 0 & 0 & 0 & 0 & \Psi_3^{(2)}N_i & 0 & 0 & \Psi_4^{(2)}N_i & 0 & 0 \\
0 & 0 & 0 & 0 & 0 & \Psi_1^{(2)}N_i & \Psi_2^{(2)}N_i & 0 & 0 & 0 & 0 & \Psi_3^{(2)}N_i & 0 & 0 & \Psi_4^{(2)}N_i & 0 \\
0 & 0 & 0 & 0 & 0 & 0 & 0 & 0 & \Psi_1^{(2)}N_i & \Psi_2^{(2)}N_i & 0 & 0 & \Psi_3^{(2)}N_i & 0 & 0 & \Psi_4^{(2)}N_i
\end{bmatrix}
$$

$$
S_i^{(1)} = \begin{bmatrix}
\Psi_1^{(1)}N_i & \Psi_2^{(1)}N_i & 0 & 0 & 0 & 0 & 0 & 0 & 0 & 0 & 0 & 0 & 0 & 0 & 0 & 0 \\
0 & 0 & 0 & 0 & \Psi_1^{(1)}N_i & \Psi_2^{(1)}N_i & 0 & 0 & 0 & 0 & 0 & 0 & 0 & 0 & 0 & 0 \\
0 & 0 & 0 & 0 & 0 & 0 & 0 & 0 & N_i & 0 & 0 & 0 & 0 & 0 & 0 & 0
\end{bmatrix}
$$

$$
\boldsymbol{S}_i^{(3)} = \begin{bmatrix}
0 & 0 & \Psi_1^{(3)}N_i & \Psi_2^{(3)}N_i & 0 & 0 & 0 & 0 & 0 & 0 & 0 & 0 & 0 & 0 & 0 & 0 \\
0 & 0 & 0 & 0 & 0 & 0 & \Psi_1^{(3)}N_i & \Psi_2^{(3)}N_i & 0 & 0 & 0 & 0 & 0 & 0 & 0 & 0 \\
0 & 0 & 0 & 0 & 0 & 0 & 0 & 0 & 0 & N_i & 0 & 0 & 0 & 0 & 0 & 0
\end{bmatrix}
$$

将式(4－218)代入式(4－204)~式(4－206)中,应变向量 $\boldsymbol{\varepsilon}_j^{(k)}$ 可以表示为

$$
\boldsymbol{\varepsilon}_j^{(k)} = [\boldsymbol{B}_1^{(k)} \quad \boldsymbol{B}_2^{(k)} \quad \boldsymbol{B}_3^{(k)} \quad \boldsymbol{B}_4^{(k)}]\boldsymbol{d}_j^{(e)} \tag{4-220}
$$

式中,等效三明治板不同层中的位移转换矩阵 $\boldsymbol{B}_i^{(k)}$ 可表示为如下形式:

$$
\boldsymbol{B}^{(2)} = N_i \cdot \begin{bmatrix}
0 & \frac{\partial}{\partial x}\Psi_1^{(2)} & \frac{\partial}{\partial x}\Psi_2^{(2)} & 0 & 0 & 0 & 0 & 0 & 0 & 0 & \frac{\partial}{\partial x}\Psi_3^{(2)} & 0 & 0 & \frac{\partial}{\partial x}\Psi_4^{(2)} & 0 & 0 \\
0 & 0 & 0 & 0 & 0 & \frac{\partial}{\partial y}\Psi_1^{(2)} & \frac{\partial}{\partial y}\Psi_2^{(2)} & 0 & 0 & 0 & 0 & \frac{\partial}{\partial y}\Psi_3^{(2)} & 0 & 0 & \frac{\partial}{\partial y}\Psi_4^{(2)} & 0 \\
0 & 0 & 0 & 0 & 0 & 0 & 0 & 0 & -\frac{1}{h_2} & \frac{1}{h_2} & 0 & 0 & 2\zeta_{(2)} & 0 & 0 & 3\zeta_{(2)}^2 - 1 \\
0 & 0 & 0 & 0 & 0 & -\frac{1}{h_2} & \frac{1}{h_2} & 0 & \frac{\partial}{\partial y}\Psi_1^{(2)} & \frac{\partial}{\partial y}\Psi_2^{(2)} & 0 & 2\zeta_{(2)} & \frac{\partial}{\partial y}\Psi_3^{(2)} & 0 & 3\zeta_{(2)}^2 - 1 & \frac{\partial}{\partial y}\Psi_4^{(2)} \\
0 & -\frac{1}{h_2} & \frac{1}{h_2} & 0 & 0 & 0 & 0 & 0 & \frac{\partial}{\partial x}\Psi_1^{(2)} & \frac{\partial}{\partial x}\Psi_2^{(2)} & 2\zeta_{(2)} & 0 & \frac{\partial}{\partial x}\Psi_3^{(2)} & 3\zeta_{(2)}^2 - 1 & 0 & \frac{\partial}{\partial x}\Psi_4^{(2)} \\
0 & \frac{\partial}{\partial y}\Psi_1^{(2)} & \frac{\partial}{\partial y}\Psi_2^{(2)} & 0 & 0 & \frac{\partial}{\partial x}\Psi_1^{(2)} & \frac{\partial}{\partial x}\Psi_2^{(2)} & 0 & 0 & 0 & \frac{\partial}{\partial y}\Psi_3^{(2)} & \frac{\partial}{\partial x}\Psi_3^{(2)} & 0 & \frac{\partial}{\partial y}\Psi_4^{(2)} & \frac{\partial}{\partial x}\Psi_4^{(2)} & 0
\end{bmatrix}
$$

$$
\boldsymbol{B}^{(1)} = N_i \cdot \begin{bmatrix}
\frac{\partial}{\partial x}\Psi_1^{(1)} & \frac{\partial}{\partial x}\Psi_2^{(1)} & 0 & 0 & 0 & 0 & 0 & 0 & 0 & 0 & 0 & 0 & 0 & 0 & 0 & 0 \\
0 & 0 & 0 & 0 & \frac{\partial}{\partial y}\Psi_1^{(1)} & \frac{\partial}{\partial y}\Psi_2^{(1)} & 0 & 0 & 0 & 0 & 0 & 0 & 0 & 0 & 0 & 0 \\
0 & 0 & 0 & 0 & -\frac{1}{h_1} & \frac{1}{h_1} & 0 & 0 & \frac{\partial}{\partial y} & 0 & 0 & 0 & 0 & 0 & 0 & 0 \\
-\frac{1}{h_1} & \frac{1}{h_1} & 0 & 0 & 0 & 0 & 0 & 0 & \frac{\partial}{\partial x} & 0 & 0 & 0 & 0 & 0 & 0 & 0 \\
\frac{\partial}{\partial y}\Psi_1^{(1)} & \frac{\partial}{\partial y}\Psi_2^{(1)} & 0 & 0 & \frac{\partial}{\partial x}\Psi_1^{(1)} & \frac{\partial}{\partial x}\Psi_2^{(1)} & 0 & 0 & 0 & 0 & 0 & 0 & 0 & 0 & 0 & 0
\end{bmatrix}
$$

$$
\boldsymbol{B}^{(3)} = N_i \cdot \begin{bmatrix}
0 & 0 & \frac{\partial}{\partial x}\Psi_1^{(3)} & \frac{\partial}{\partial x}\Psi_2^{(3)} & 0 & 0 & 0 & 0 & 0 & 0 & 0 & 0 & 0 & 0 & 0 & 0 \\
0 & 0 & 0 & 0 & 0 & 0 & \frac{\partial}{\partial y}\Psi_1^{(3)} & \frac{\partial}{\partial y}\Psi_2^{(3)} & 0 & 0 & 0 & 0 & 0 & 0 & 0 & 0 \\
0 & 0 & 0 & 0 & 0 & 0 & -\frac{1}{h_3} & \frac{1}{h_3} & 0 & \frac{\partial}{\partial y} & 0 & 0 & 0 & 0 & 0 & 0 \\
0 & 0 & -\frac{1}{h_3} & \frac{1}{h_3} & 0 & 0 & 0 & 0 & 0 & \frac{\partial}{\partial x} & 0 & 0 & 0 & 0 & 0 & 0 \\
0 & 0 & \frac{\partial}{\partial y}\Psi_1^{(3)} & \frac{\partial}{\partial y}\Psi_2^{(3)} & 0 & 0 & \frac{\partial}{\partial x}\Psi_1^{(3)} & \frac{\partial}{\partial x}\Psi_2^{(3)} & 0 & 0 & 0 & 0 & 0 & 0 & 0 & 0
\end{bmatrix}
$$

利用虚功原理,结合式(4-214)及式(4-220),有限元模型内任一单元的静力学基本方程为

$$
\begin{aligned}
&\boldsymbol{K}_j\boldsymbol{d}_j^{(e)} = \boldsymbol{f}_{qj} + \boldsymbol{f}_{Tj} \\
&\boldsymbol{K}_j = \sum_{k=1}^{3}\int_{V_{(k)}} [\boldsymbol{B}_1^{(k)} \quad \boldsymbol{B}_2^{(k)} \quad \boldsymbol{B}_3^{(k)} \quad \boldsymbol{B}_4^{(k)}]^{\mathrm{T}}\boldsymbol{Q}_j^{(k)}[\boldsymbol{B}_1^{(k)} \quad \boldsymbol{B}_2^{(k)} \quad \boldsymbol{B}_3^{(k)} \quad \boldsymbol{B}_4^{(k)}]\mathrm{d}V \\
&\boldsymbol{f}_{qj} = \sum_{k=1}^{3}\int_{V_{(k)}} [\boldsymbol{S}_1^{(k)} \quad \boldsymbol{S}_2^{(k)} \quad \boldsymbol{S}_3^{(k)} \quad \boldsymbol{S}_4^{(k)}]^{\mathrm{T}}\boldsymbol{p}_j^{(k)}\mathrm{d}V \\
&\boldsymbol{f}_{Tj} = \sum_{k=1}^{3}\int_{V_{(k)}} [\boldsymbol{B}_1^{(k)} \quad \boldsymbol{B}_2^{(k)} \quad \boldsymbol{B}_3^{(k)} \quad \boldsymbol{B}_4^{(k)}]^{\mathrm{T}}\boldsymbol{Q}_j^{(k)}\boldsymbol{\varepsilon}_{0j}^{(k)}\mathrm{d}V \\
&\quad\;\; = \sum_{k=1}^{3}\int_{V_{(k)}} [\boldsymbol{B}_1^{(k)} \quad \boldsymbol{B}_2^{(k)} \quad \boldsymbol{B}_3^{(k)} \quad \boldsymbol{B}_4^{(k)}]^{\mathrm{T}}\boldsymbol{Q}_j^{(k)}\boldsymbol{\alpha}_{Tj}^{(k)}\Delta T_j^{(k)}\mathrm{d}V \\
&\boldsymbol{p}_j^{(k)} = [p_{jx}^{(k)} \quad p_{jy}^{(k)} \quad p_{jz}^{(k)}]^{\mathrm{T}}
\end{aligned}
\tag{4-221}
$$

式中,$\boldsymbol{K}_j$ 表示为单元 j 的刚度矩阵;$\boldsymbol{f}_{qj}$ 为外力载荷向量;$\boldsymbol{f}_{Tj}$ 为热载荷向量;$p_{jx}^{(k)}$、$p_{jy}^{(k)}$ 和 $p_{jz}^{(k)}$ 分别为等效三明治板第 k 层内单元 j 受到的沿 x、y 和 z 方向外力;向量 $\boldsymbol{\alpha}_{Tj}^{(k)}$ 为等效三明治板第 k 层内单元 j 的热膨胀系数;$\Delta T_j^{(k)}$ 为指定温度场。

采用上述有限元模型可以求解波纹夹芯型 ITPS 结构的静力学响应。该高阶有限元方法满足 C^0 连续条件,对刚度矩阵的面内项和面外项均采用 3 × 3 积分点的 Gauss - Legendre 完全积分方案,而对剪切项则采用 2 × 2 积分点的 Gauss - Legendre 减缩积分方案;由于等效三明治板芯层的横向位移中存在三次拟合函数,所以不存在沙漏现象;对于等效三明治板上、下面板刚度矩阵中的完全积分方案和减缩积分方案则分别采用 3 × 3 和 1 × 1 的 Gauss - Legendre 积分方案;此外,由于等效三明治板的上、下面板位移场是基于一阶剪切变形理论的,因此需要引入剪切修正系数 $\kappa = 5/6$。为了描述波纹单胞中的温度场分布,在每个半波纹单胞结构上,需要沿 y 方向上至少布置一个单元。

4.5.3 算例验证

本小节三种情况的算例: ITPS 结构只承受外力载荷作用、ITPS 只承受热载荷作用且材料属性与温度无关、ITPS 同时承受外力和热载荷作用且材料属性与温度相关。

4.5.3.1 只承受外力载荷作用

波纹夹芯型三明治板结构的几何尺寸和材料参数与文献[19]相同,该波纹夹芯结构下面板尺寸为 1.5 m × 1.2 m,四边均为简支,上面板厚度和下面板厚度

均为 0.003 m，三明治板芯层厚度为 0.04 m，波纹夹芯结构的胞元长度 $2p$ 为 0.05 m。波纹夹芯板的上、下面板及波纹腹板材料弹性模量为 210 GPa，泊松比为 0.3。波纹夹芯板的上面板均匀施加 0.2 MPa 的压强。分别采用网格数量为 20 × 16、40 × 32 以及 60 × 48 的模型，进行网格敏感性分析。

由图 4-31 可以看出，本节方法计算得到的位移与文献[19]十分吻合，图中还可以观察到，采用 40 × 32 的网格数量便可以得到收敛的位移计算结果，板内的最大位移为 4.066×10^{-3} m，采用三维有限元方法得到的板内最大位移为 4.072×10^{-3} m，而文献计算得到的板内最大位移为 3.931×10^{-3} m，本节方法与三维有限元结果之间的误差仅为 0.15%。

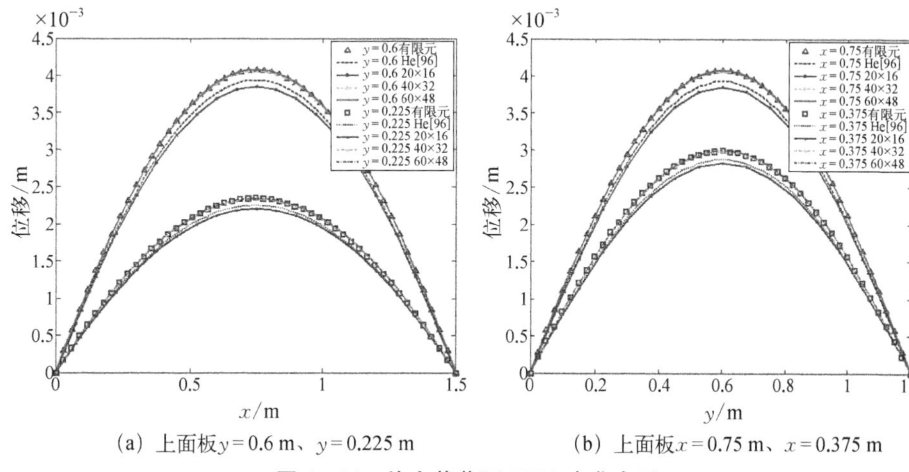

(a) 上面板 $y = 0.6$ m、$y = 0.225$ m　　(b) 上面板 $x = 0.75$ m、$x = 0.375$ m

图 4-31　外力载荷下 ITPS 弯曲变形

4.5.3.2　只承受热载荷作用且材料属性与温度无关

波纹夹芯型 ITPS 结构几何尺寸为：$p = 0.05$ m，$h_2 = 0.08$ m，$h_3 = 0.002$ m，$h_1 = 0.003$ m，$t_w = 0.002$ m，$\theta = 80°$。整个热防护面板的尺寸大小为 1 m × 1 m，其上、下面板及波纹腹板结构均由 TC4 钛合金制造。为避免热防护结构在热环境下产生的热应力过大，假设 ITPS 下面板的四边均施加简支约束，温度场沿面板厚度方向呈线性分布。ITPS 下面板承受均匀分布的温度场 $\Delta T_1 = 50$℃，上面板承受均匀分布的温度场 $\Delta T_3 = 400$℃，在热防护芯层内的温度分布满足线性温度场函数 $\Delta T_2 = 400(z - z_l^{(2)})/h_2 + 50[1 - (z - z_l^{(2)})/h_2]$℃。作为验证，基于商业软件 Nastran 建立了三维有限元模型，采用四节点壳单元，模型节点数为 55 282，单元数为 57 200。本小节分别建立了网格数量为 20 × 20、40 × 40 以及 80 × 80 的模型，以分析网格收敛性。

图 4－32 为线性温度场环境下的 ITPS 变形，图中可以看出，网格为 40 × 40 的模型计算便可以满足收敛性要求。如图 4－32 所示，本节方法获得的位移与三维有限元方法结果非常吻合，当采用 40 × 40 网格数量计算时，本书方法得到的 ITPS 上面板最大位移为 5.471×10^{-3} m，而三维有限元方法最大位移为 5.487×10^{-3} m，误差仅为 0.29%；本节方法计算获得的下面板最大位移为 5.304×10^{-3} m，三维有限元方法为 5.326×10^{-3} m，误差为 0.41%。在热防护面板的边缘处，本节方法与三维有限元方法还是存在较大的差距（图 4－32），这是因为本方法没有考虑热防护上、下面板的局部变形。

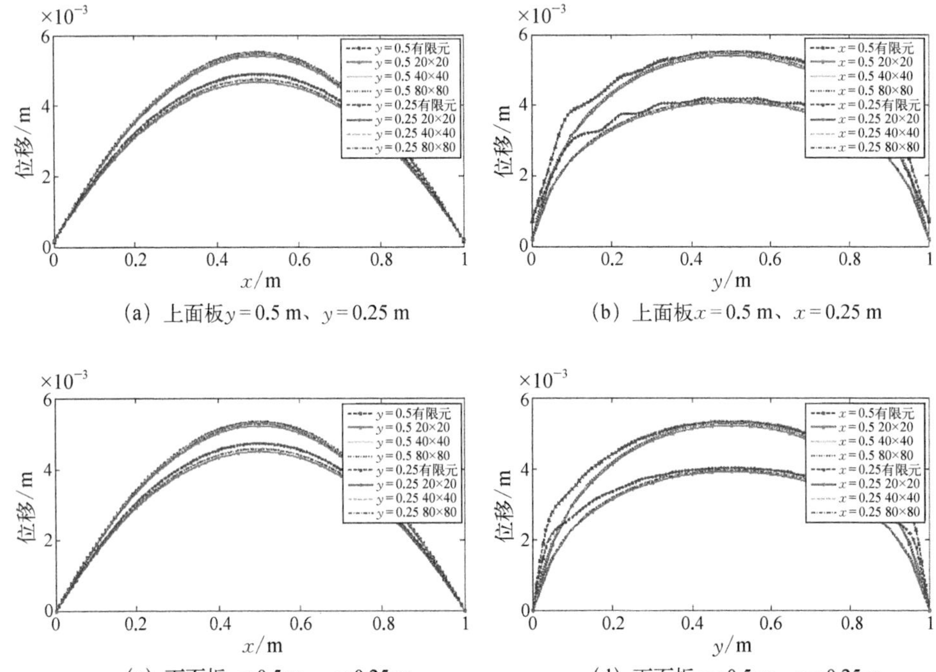

(a) 上面板 $y=0.5$ m、$y=0.25$ m　(b) 上面板 $x=0.5$ m、$x=0.25$ m

(c) 下面板 $y=0.5$ m、$y=0.25$ m　(d) 下面板 $x=0.5$ m、$x=0.25$ m

图 4－32　线性温度场环境下 ITPS 变形

4.5.3.3　承受力/热载荷且材料属性与温度相关

本小节模型中，ITPS 的下面板四边均为简支，且上面板受到横向 0.2 MPa 均匀分布的压强，整个热防护面板中，温度场 ΔT 沿面内呈正弦分布，下面板的温度分布满足温度场函数 $\Delta T_1 = 50\sin(\pi x/b)\sin(\pi y/a)$℃，而热防护上面板的温度分布则满足温度场函数 $\Delta T_3 = 400\sin(\pi x/b)\sin(\pi y/a)$℃，在热防护芯层中的温度分布满足温度场函数 $\Delta T_2 = \Big[400\dfrac{z - z_l^{(2)}}{h_2} +$

$50\left(1-\dfrac{z-z_l^{(2)}}{h_2}\right)\Big]\sin\left(\dfrac{\pi x}{b}\right)\sin\left(\dfrac{\pi y}{a}\right)$ ℃。ITPS 结构尺寸为 0.8 m × 0.8 m，具体尺寸参数为：$p=0.05$ m，$h_2=0.1$ m，$h_3=0.003$ m，$h_1=0.003$ m，$t_w=0.002$ m，$\theta=75°$。

ITPS 上、下面板及波纹芯层结构均采用 PM2000 制造，其弹性模量和热膨胀系数与温度之间的关系为：$E=-0.091\,7T+220.507\,3$ GPa，$\alpha_T=(0.004\,8T+10.606\,3)\times10^{-6}$℃。作为对比，建立了三维有限元模型，模型节点数为 41 370，单元数为 42 432。本小节分别建立了网格数量为 16 × 16、32 × 32 以及 64 × 64 的模型，以进行网格收敛性分析。

图 4－33 为 ITPS 上、下面板沿 x 和 y 方向的位移分布，图中可以看出，当网格数大于 32 × 32 时即可获得收敛的计算结果。如图 4－33 所示，本方法计算结果与三维有限元方法计算结果吻合度很高，当采用 32 × 32 的网格数量计算时，ITPS 上面板处的最大位移为 2.120×10^{-3} m，三维有限元方法为 2.080×10^{-3} m，两者之间误差仅为 1.92%；ITPS 下面板处的最大位移为 1.854×10^{-3} m，三维有限元方法为 1.856×10^{-3} m，两者之间误差仅为 0.11%。与三维有限元方法相

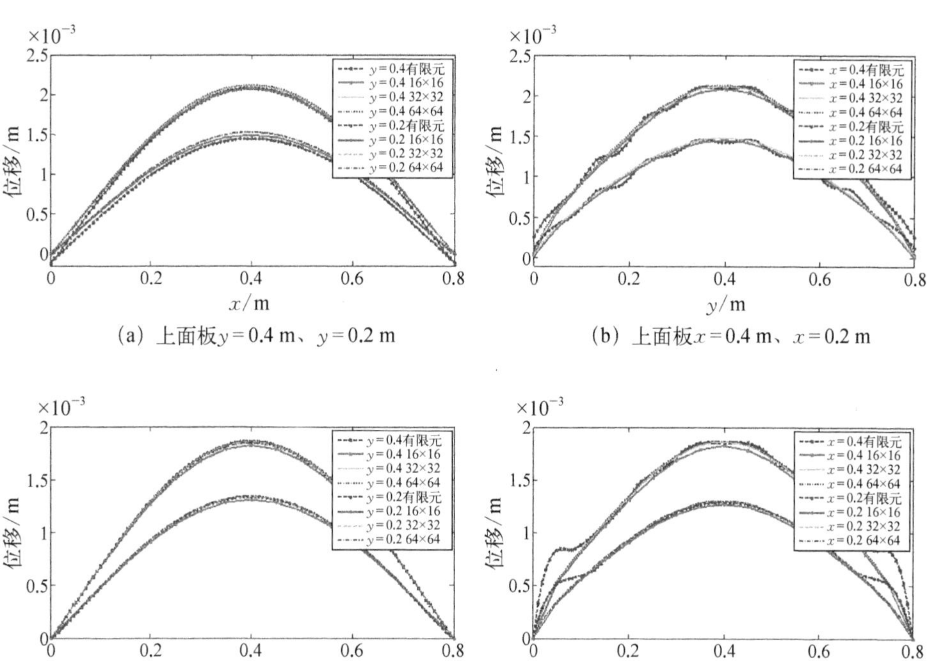

(a) 上面板 $y=0.4$ m、$y=0.2$ m　(b) 上面板 $x=0.4$ m、$x=0.2$ m

(c) 下面板 $y=0.4$ m、$y=0.2$ m　(d) 下面板 $x=0.4$ m、$x=0.2$ m

图 4－33　在横向外力载荷和正弦分布温度场作用下，考虑材料与温度关系条件的 ITPS 变形

比,本节方法计算结果在热防护边缘处还是存在较大误差,这是由于三维有限元方法考虑了面板中的局部变形,而本节方法没有涉及局部变形的影响。

4.5.4 小结

本节提出了一套在外力和热环境共同作用下,矩形波纹夹芯型 ITPS 结构静力学响应计算方法,该方法可以有效解决承力结构材料参数随温度变化的非线性问题。本章主要工作包括以下几个方面:对波纹芯层中的温度场分布进行了退化处理,利用波纹夹芯结构的几何特点,将包含三个空间变量的温度场退化为只含两个变量的温度场;基于能量理论,提出了一种改进的刚度均匀化方法,该方法可以解决承力结构所用材料与温度相关的等效问题;对波纹夹芯结构的热膨胀系数进行了均匀化处理;根据等效三明治板结构的特点,提出了一种适用于波纹夹芯型 ITPS 的高阶多层理论,并建立了相应的有限元计算模型,该有限元模型采用满足 C^0 连续条件的四节点等参单元,每个单元的节点包含 16 个自由度;基于三个算例,利用三维有限元模型对本节方法进行了验证,相较于三维有限元方法,本书方法更为简单、快速,在保证足够精度的条件下,效率更高。

4.6 波纹夹芯型 ITPS 应力分布及结构屈曲计算方法

本节提出了波纹夹芯型 ITPS 的应力分布计算方法,该计算方法不仅考虑了薄板结构曲率对应力的影响,还考虑了由气动压力引起的局部变形对 ITPS 上面板正应力分布的影响,以及由波纹腹板引起的局部变形对 ITPS 下面板正应力分布的影响,该方法可以准确预测 ITPS 结构的波纹腹板以及上、下面板的正应力和面内剪切应力分布。本节根据波纹夹芯型 ITPS 结构形状周期性分布的特点,建立了简化的三维有限元计算模型,并利用波纹夹芯结构形状的对称性特点对简化模型施加位移边界条件,模型可以较为准确地预测 ITPS 结构在气动力以及温度载荷下的屈曲特征值,并大幅度降低了计算量。

4.6.1 基于等效模型的应力分布计算方法

4.6.1.1 ITPS 波纹腹板应力分布

根据上述应变场模型及材料的本构关系,便可获得波纹腹板中面的正应力结果,沿局部坐标系 $\bar{x}$ 方向的波纹腹板中面正应力 $\sigma_{\bar{x}\bar{x}}^{c_i,\,\mathrm{mid}}$ 以及沿 $\bar{y}$ 方向的波纹腹

板中面正应力 $\sigma_{\bar{y}\bar{y}}^{c,\mathrm{mid}}$ 分别为

$$\sigma_{\bar{x}\bar{x}}^{c,\mathrm{mid}} = E_{\bar{x}}(\Delta T_r^{(2)}(x,\zeta_{(2)}))[\varepsilon_{xx}^{(2)}(x,y^c,\zeta_{(2)}) - \alpha_{\bar{x}}(\Delta T_r^{(2)}(x,\zeta_{(2)}))\Delta T_r^{(2)}(x,\zeta_{(2)})] \tag{4-222}$$

$$\sigma_{\bar{y}\bar{y}}^{c,\mathrm{mid}} = E_{\bar{y}}(\Delta T_r^{(2)}(x,\zeta_{(2)}))[\varepsilon_{zz}^{(2)}(x,y^c,\zeta_{(2)}) - \alpha_{\bar{y}}(\Delta T_r^{(2)}(x,\zeta_{(2)}))\Delta T_r^{(2)}(x,\zeta_{(2)})] \tag{4-223}$$

式中，$E_{\bar{x}}$ 和 $E_{\bar{y}}$ 分别为波纹腹板材料沿局部坐标系 $\bar{x}$ 和 $\bar{y}$ 方向的弹性模量；$\alpha_{\bar{x}}$ 和 $\alpha_{\bar{y}}$ 分别为波纹腹板材料沿局部坐标系 $\bar{x}$ 和 $\bar{y}$ 方向的热膨胀系数；$\Delta T_r^{(2)}$ 为退化温度场分布函数。

波纹腹板沿局部坐标系 $\bar{x}$ 方向的波纹腹板正应力 $\sigma_{\bar{x}\bar{x}}^{c}$，只需要考虑由弯曲变形引起的曲率，其可以表示为

$$\sigma_{\bar{x}\bar{x}}^{c}(\bar{x},\bar{y},\bar{z}) = E_{\bar{x}}(\Delta T_r^{(2)}(x,\zeta_{(2)}))[\varepsilon_{xx}^{(2)}(x,y^c,\zeta_{(2)}) + \bar{z}\kappa_{\bar{x}}^{w}(x,y^c,\zeta_{(2)}) - \alpha_{\bar{x}}(\Delta T_r^{(2)}(x,\zeta_{(2)}))\Delta T_r^{(2)}(x,\zeta_{(2)})] \tag{4-224}$$

式中，$\bar{z}$ 为波纹腹板中的局部坐标系，$-t_w/2 \leqslant \bar{z} \leqslant t_w/2$。

局部坐标系 $\bar{y}$ 方向的波纹腹板正应力 $\sigma_{\bar{y}\bar{y}}^{c}$，则需要同时考虑由 ITPS 弯曲变形及剪切变形引起的曲率的影响，其可表示为

$$\sigma_{\bar{y}\bar{y}}^{c} = E_{\bar{y}}(\Delta T_r^{(2)}(x,\zeta_{(2)}))[\varepsilon_{zz}^{(2)}(x,y^c,\zeta_{(2)}) + \bar{z}(\kappa_{\bar{y}}^{w}(x,y^c,\zeta_{(2)}) + \kappa_{\bar{y}}^{ws}(x,y^c,\zeta_{(2)})) - \alpha_{\bar{y}}(\Delta T_r^{(2)}(x,\zeta_{(2)}))\Delta T_r^{(2)}(x,\zeta_{(2)})] \tag{4-225}$$

波纹腹板的面内剪切应力 $\sigma_{\bar{x}\bar{y}}^{c}$ 为

$$\sigma_{\bar{x}\bar{y}}^{c} = G_{\bar{x}\bar{y}}(\Delta T_r^{(2)}(x,\zeta_{(2)}))\gamma_{\bar{x}\bar{y}}^{(2)}(\bar{x},\bar{y}) \tag{4-226}$$

4.6.1.2　ITPS 上、下面板应力

ITPS 上、下面板中面沿 x、y 方向正应力 $\sigma_{xx}^{(k),\mathrm{mid}}$、$\sigma_{yy}^{(k),\mathrm{mid}}$ 分别表示为

$$\sigma_{xx}^{(k),\mathrm{mid}} = \tilde{Q}_{11}^{(k)}(\Delta T^{(k)}(x,y))[\varepsilon_{xx}^{(k)}(x,y) + \mu_{xy}^{(k)}\varepsilon_{yy}^{(k)}(x,y) - \alpha_x^{(k)}(\Delta T^{(k)}(x,y))\Delta T^{(k)}(x,y)] \tag{4-227}$$

$$\sigma_{yy}^{(k),\mathrm{mid}} = \tilde{Q}_{22}^{(k)}(\Delta T^{(k)}(x,y))[\varepsilon_{yy}^{(k)}(x,y) + \mu_{yx}^{(k)}\varepsilon_{xx}^{(k)}(x,y) - \alpha_y^{(k)}(\Delta T^{(k)}(x,y))\Delta T^{(k)}(x,y)] \tag{4-228}$$

式中，$k=1$、3；$\tilde{Q}_{11}^{(k)}$ 和 $\tilde{Q}_{22}^{(k)}$ 见式(4-212)；$\mu_{xy}^{(k)}$ 为上、下面板所用材料在 xy 平面的泊松比；$\alpha_x^{(k)}$、$\alpha_y^{(k)}$ 分别为上、下面板所用材料沿 x、y 方向的热膨胀系数。对于波纹芯层与上、下面板的连接部分，沿 y 方向的正应力 $\sigma_{yy}^{(k)}$ 需要通过乘以修正因子进行修正，该修正因子可表示为 $E_{\bar{y}}^{(k)}h_k/(E_y^{(k)}h_k + E_{\bar{y}}^{(2)}t_w)$。

ITPS 下面板的正应力分布需要考虑由波纹腹板引起的局部曲率影响，因此，ITPS 下面板沿 x、y 方向的正应力 $\sigma_{xx}^{(1)}$、$\sigma_{yy}^{(1)}$ 分别为

$$\begin{aligned}\sigma_{xx}^{(1)} = \tilde{Q}_{11}^{(1)}(\Delta T^{(1)}(x, y))[&\varepsilon_{xx}^{(1)}(x, y) + z^{(1)}\kappa_x^{(1)}(x, y)\\ &+ \mu_{xy}^{(1)}(\varepsilon_{yy}^{(1)}(x, y) + z^{(1)}\kappa_y^{(1)}(x, y) + z^{(1)}\kappa_{\text{local}}^{(1)}(x, \bar{y}))\\ &- \alpha_x^{(1)}(\Delta T^{(1)}(x, y))\Delta T^{(1)}(x, y)]\end{aligned} \tag{4-229}$$

$$\begin{aligned}\sigma_{yy}^{(1)} = \tilde{Q}_{22}^{(1)}(\Delta T^{(1)}(x, y))[&\varepsilon_{yy}^{(1)}(x, y) + z^{(1)}\kappa_y^{(1)}(x, y)\\ &+ z^{(1)}\kappa_{\text{local}}^{(1)}(x, \bar{y}) + \mu_{yx}^{(1)}(\varepsilon_{xx}^{(1)}(x, y) + z^{(1)}\kappa_x^{(1)}(x, y))\\ &- \alpha_y^{(1)}(\Delta T^{(1)}(x, y))\Delta T^{(1)}(x, y)]\end{aligned} \tag{4-230}$$

式中，$-h_1/2 \leqslant z^{(1)} \leqslant h_1/2$。

对于 ITPS 上面板的正应力分布，需要在沿 y 方向的应变中引入由气动压力引起的局部曲率 $\kappa_{\text{local}}^{(3)}$。于是，ITPS 上面板沿 x、y 方向的正应力 $\sigma_{xx}^{(3)}$、$\sigma_{yy}^{(3)}$ 可分别表示为

$$\begin{aligned}\sigma_{xx}^{(3)} = \tilde{Q}_{11}^{(3)}(\Delta T^{(3)}(x, y))[&\varepsilon_{xx}^{(3)}(x, y) + z^{(3)}\kappa_x^{(3)}(x, y)\\ &+ \mu_{xy}^{(3)}(\varepsilon_{yy}^{(3)}(x, y) + z^{(3)}\kappa_y^{(3)}(x, y) + z^{(3)}\kappa_{\text{local}}^{(3)}(x, \bar{y}))\\ &- \alpha_x^{(3)}(\Delta T^{(3)}(x, y))\Delta T^{(3)}(x, y)]\end{aligned} \tag{4-231}$$

$$\begin{aligned}\sigma_{yy}^{(3)} = \tilde{Q}_{22}^{(3)}(\Delta T^{(3)}(x, y))[&\varepsilon_{yy}^{(3)}(x, y) + z^{(3)}\kappa_y^{(3)}(x, y)\\ &+ z^{(3)}\kappa_{\text{local}}^{(3)}(x, \bar{y}) + \mu_{yx}^{(3)}(\varepsilon_{xx}^{(3)}(x, y) + z^{(3)}\kappa_x^{(3)}(x, y))\\ &- \alpha_y^{(3)}(\Delta T^{(3)}(x, y))\Delta T^{(3)}(x, y)]\end{aligned} \tag{4-232}$$

式中，$-h_3/2 \leqslant z^{(3)} \leqslant h_3/2$。

ITPS 上、下面板的面内剪切应力 $\sigma_{xy}^{(k)}$ 表达式如下：

$$\sigma_{xy}^{(k)} = Q_{66}^{(k)}(\Delta T^{(k)}(x, y))\gamma_{xy}^{(k)}(x, y, \zeta_{(k)}) \tag{4-233}$$

式中，$k=1$、3，$Q_{66}^{(k)}$ 见式(4-212)。

4.6.2　ITPS 屈曲问题计算方法

4.6.2.1　屈曲问题有限元求解方法

线性屈曲情况下,屈曲前的结构处于原始位形的线性平衡状态,所以结构的刚度方程为

$$(\boldsymbol{K}_0 + \boldsymbol{K}_\sigma)\mathrm{d}\boldsymbol{\delta} = 0 \tag{4-234}$$

式中, $\boldsymbol{K}_0$ 为一般线性分析时的单元刚度矩阵; $\boldsymbol{K}_\sigma$ 为单元的初应力矩阵或几何刚度矩阵; $\mathrm{d}\boldsymbol{\delta}$ 为单元节点位移 $\boldsymbol{\delta}$ 的微分。

小变形情况下, $\boldsymbol{K}_\sigma$ 与应力成正比。因为屈曲前的结构满足线性假设,所以应力与外载荷也呈线性关系。假设某一参考载荷 $\boldsymbol{F}^r$ 所对应的初应力刚度矩阵为 $\boldsymbol{K}_\sigma^r$, 且假设屈曲临界载荷为 $\boldsymbol{F}^c$, 其与参考载荷的关系为 $\boldsymbol{F}^c = \lambda^c \boldsymbol{F}^r$, 其中 λ^c 称为临界载荷的比例因子,因此临界载荷条件下的初应力刚度矩阵为

$$\boldsymbol{K}_\sigma^c = \lambda^c \boldsymbol{K}_\sigma^r \tag{4-235}$$

将式(4-235)代入式(4-234),则有

$$(\boldsymbol{K}_0 + \lambda^c \boldsymbol{K}_\sigma^r)\mathrm{d}\boldsymbol{\delta} = 0 \tag{4-236}$$

公式(4-236)为广义特征值方程,也是经典弹性稳定理论的最终控制方程。

4.6.2.2　ITPS 屈曲问题的简化有限元模型

通常计算 ITPS 结构在力/热作用下的屈曲问题需要建立实际结构的三维有限元模型,但是构建整体结构的三维有限元模型较为复杂,且计算量较大,增加了结构初步设计时间。本节利用波纹夹芯型 ITPS 结构周期性分布的特点,建立简化的有限元计算模型,并利用 ITPS 结构对称性特点施加相应的位移边界条件,减少了计算时间。

根据波纹夹芯型 ITPS 结构的周期性分布特点,可以将整个 ITPS 结构的屈曲行为分为热防护面板中间区域(图 4-34 中的红色区域)及热防护面板边缘区域(图4-34

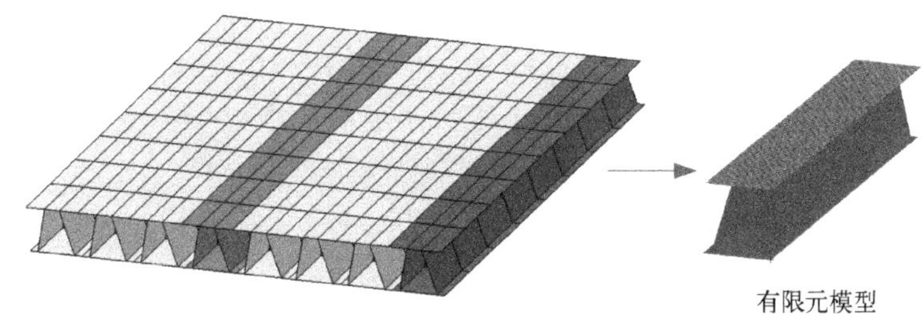

图 4-34　ITPS 屈曲问题有限元模型简化

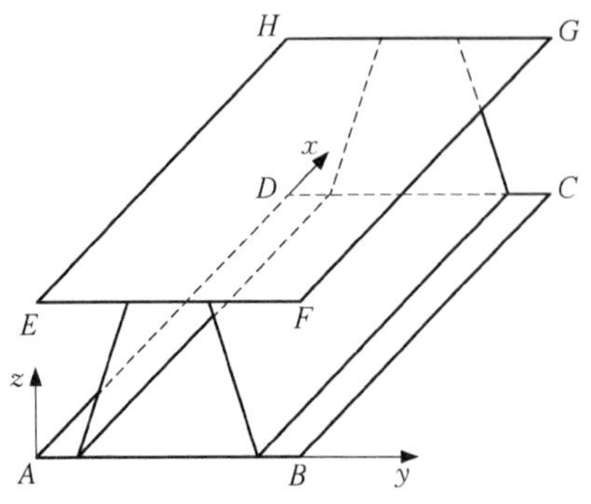

图 4-35　有限元简化模型边界示意图

中的蓝色部分)的屈曲行为。首先,针对上述区域的简化有限元模型,对于中间区域,利用结构的对称特性施加边界条件,如图4-35所示,在 AD、BC、EH 以及 FG 段,假设结构沿 x 方向的转角 $\theta_x = 0$, 而 AB、CD、EF 以及 HG 段则只需要施加原有的位移约束条件;对于边缘区域,只需要在 BC 以及 FG 段将结构沿 x 方向的转角假设为 $\theta_x = 0$ 即可,其余结构边缘均施加原有的位移约束条件。然后,分别对两种区域加载相应的温度场和气动力载荷,计算获得各自的屈曲特征值。最后,比较两个区域的屈曲特征值,选取较小值作为 ITPS 整体结构的屈曲临界载荷因子。

4.6.3　算例验证

本节的算例验证分为两个部分：采用三维有限元模型对本章提出的 ITPS 应力分布计算方法进行验证,采用实际结构的三维有限元模型对 ITPS 屈曲问题简化有限元模型进行验证。

4.6.3.1　ITPS 结构应力计算

假设 ITPS 结构承受气动压力及温度载荷共同作用,上面板受到横向均匀分布压强 0.1 MPa,整个热防护结构加载沿厚度方向呈线性分布的温度场 ΔT, 该温度场在 ITPS 下面板的温度为 $\Delta T_1 = 50℃$, 在 ITPS 上面板的温度为 $\Delta T_3 = 250℃$, 在芯层内的温度分布满足函数 $\Delta T_2 = 250(z - z_l^{(2)})/h_2 + 50[1 - (z - z_l^{(2)})/h_2]$。尺寸大小为 0.8 m × 0.8 m, 具体尺寸参数为: $p = 0.05$ m, $h_2 = 0.08$ m, $h_3 = 0.002$ m, $h_1 = 0.003$ m, $t_w = 0.002$ m, $\theta = 75°$。ITPS 结构上、下面板及波纹腹板均采用 PM2000 制造。根据 4.5 节中的网格收敛性研究,模型采用 32 × 32 的网格。为了保证计算的准确性,作为对比的三维有限元模型包含 47 474 个节点以及 37 440 个单元。

图 4-36~图 4-38 分别为 ITPS 波纹腹板中面、上表面以及下表面的正应力分布,图 4-39~图 4-41 分别为 ITPS 上面板的中面、上表面以及下表面的正应力分布,图 4-42~图 4-44 分别为 ITPS 下面板的中面、上表面以及下表面的正应力分布,图 4-45 为热防护波纹腹板,上面板以及下面板分别在 $x = 0.4$ m 和 $x = 0.2$ m 处的面内剪切应力分布。从图 4-36~图 4-45 中可以看出,本节提出的应力计算方法与有限元计算结果十分接近,这证明了本书方法在计算 ITPS 结构同时承受气动力载荷和温度载荷时应力分布的准确性。

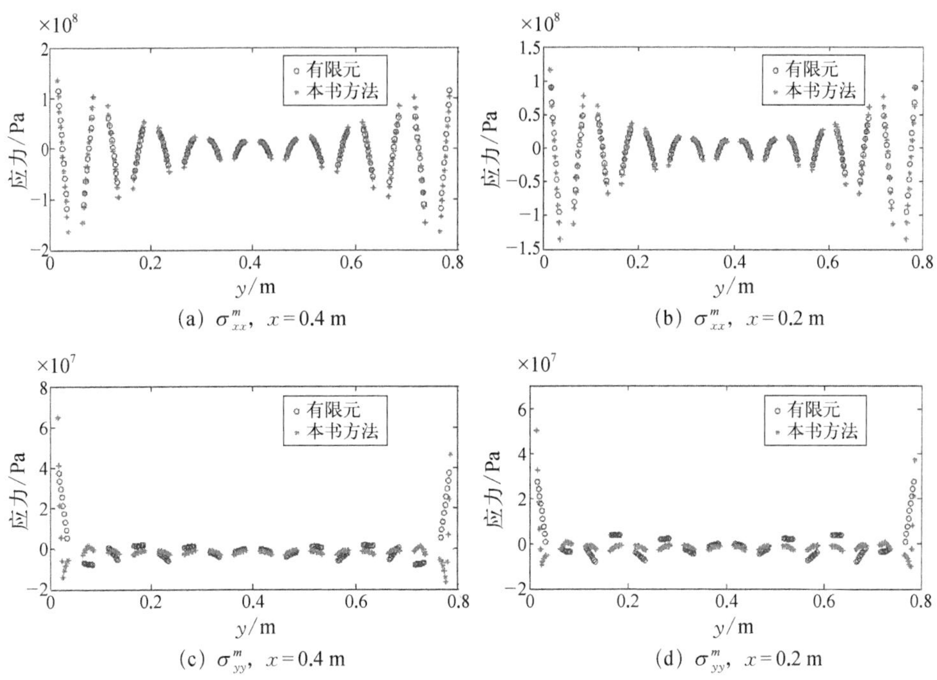

(a) σ_{xx}^{m}，$x=0.4$ m　(b) σ_{xx}^{m}，$x=0.2$ m

(c) σ_{yy}^{m}，$x=0.4$ m　(d) σ_{yy}^{m}，$x=0.2$ m

图 4-36　波纹腹板中面正应力分布

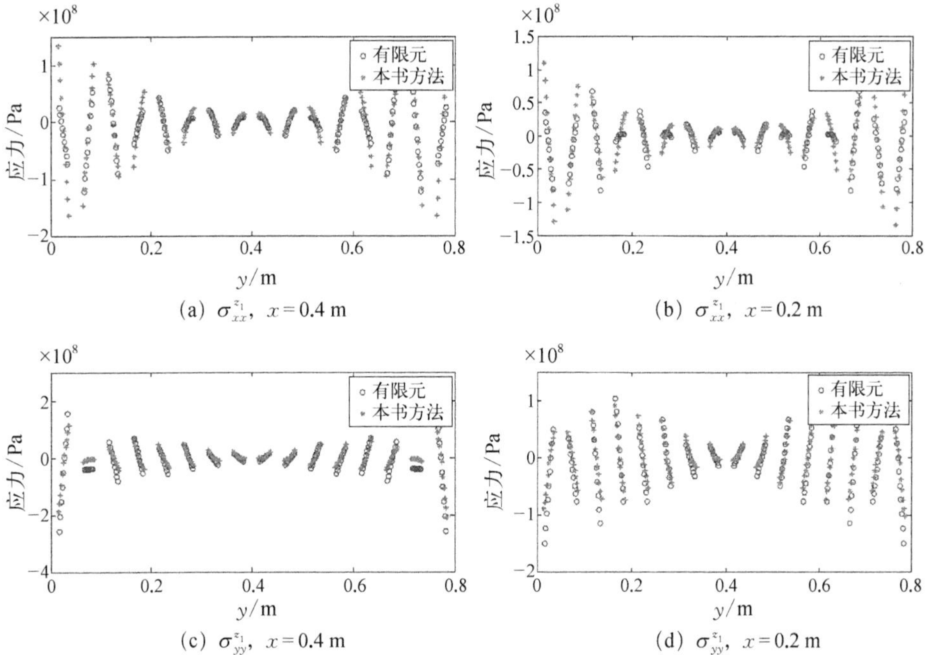

(a) $\sigma_{xx}^{z_1}$，$x=0.4$ m　(b) $\sigma_{xx}^{z_1}$，$x=0.2$ m

(c) $\sigma_{yy}^{z_1}$，$x=0.4$ m　(d) $\sigma_{yy}^{z_1}$，$x=0.2$ m

图 4-37　波纹腹板上表面正应力分布

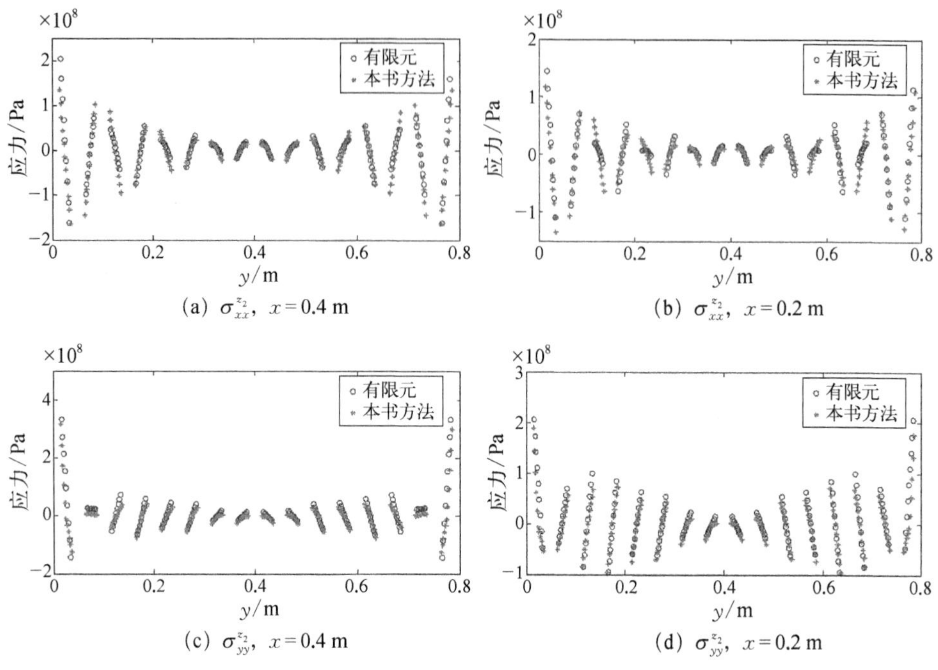

(a) $\sigma_{xx}^{z_2}$, $x=0.4$ m

(b) $\sigma_{xx}^{z_2}$, $x=0.2$ m

(c) $\sigma_{yy}^{z_2}$, $x=0.4$ m

(d) $\sigma_{yy}^{z_2}$, $x=0.2$ m

图 4-38　波纹腹板下表面正应力分布

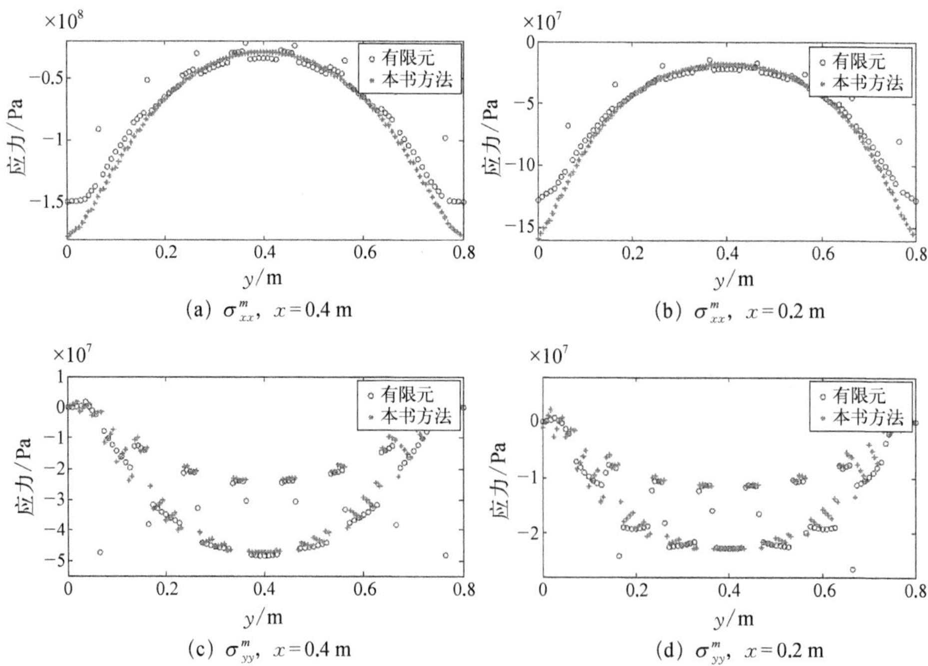

(a) σ_{xx}^{m}, $x=0.4$ m

(b) σ_{xx}^{m}, $x=0.2$ m

(c) σ_{yy}^{m}, $x=0.4$ m

(d) σ_{yy}^{m}, $x=0.2$ m

图 4-39　ITPS 上面板中面正应力分布

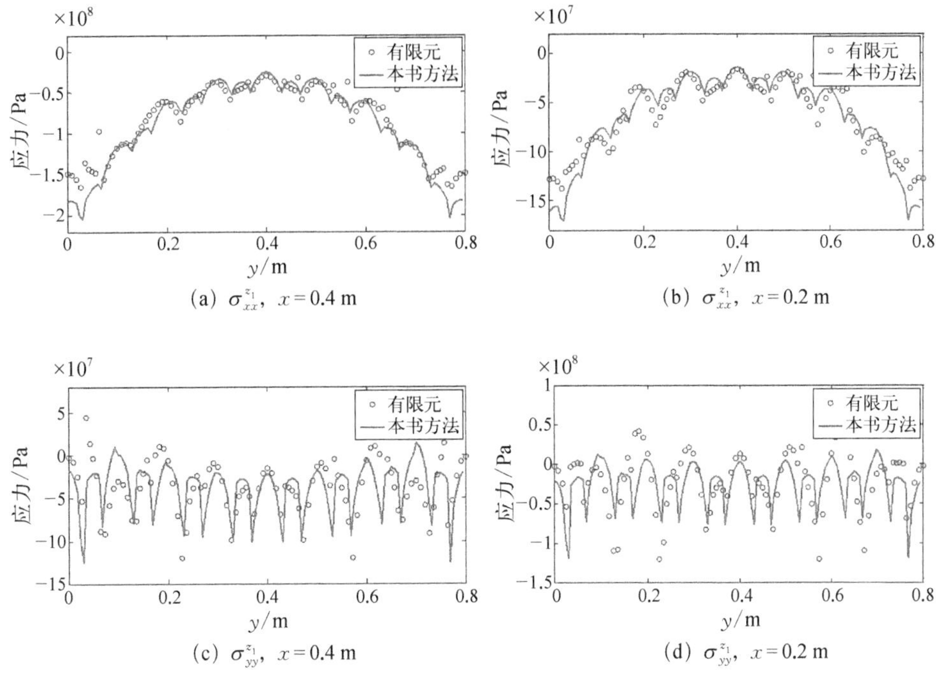

(a) $\sigma_{xx}^{z_1}$, $x=0.4$ m　(b) $\sigma_{xx}^{z_1}$, $x=0.2$ m

(c) $\sigma_{yy}^{z_1}$, $x=0.4$ m　(d) $\sigma_{yy}^{z_1}$, $x=0.2$ m

图 4-40　ITPS 上面板上表面正应力分布

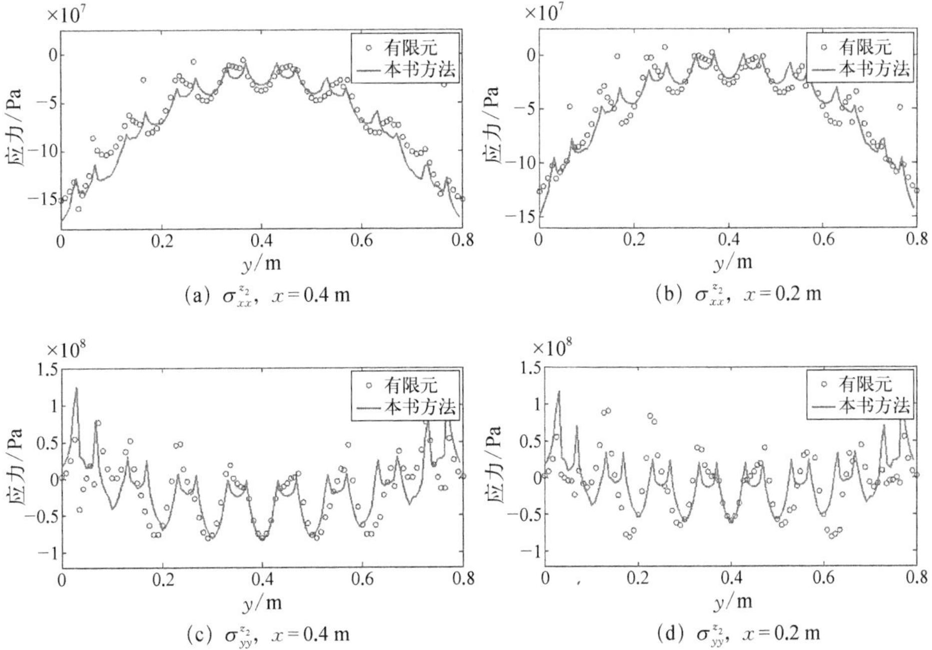

(a) $\sigma_{xx}^{z_2}$, $x=0.4$ m　(b) $\sigma_{xx}^{z_2}$, $x=0.2$ m

(c) $\sigma_{yy}^{z_2}$, $x=0.4$ m　(d) $\sigma_{yy}^{z_2}$, $x=0.2$ m

图 4-41　ITPS 上面板下表面正应力分布

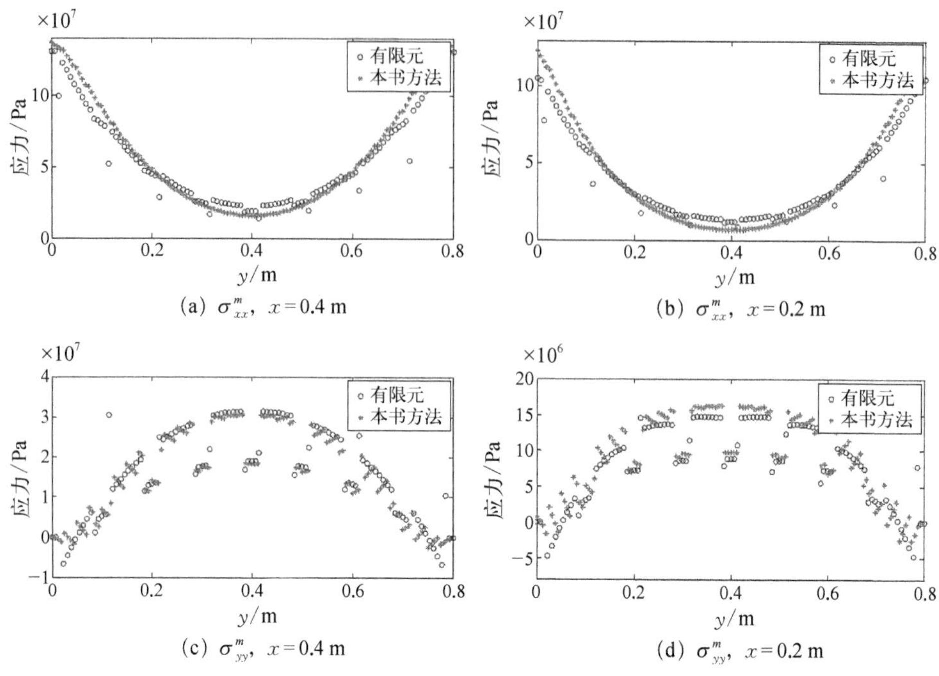

(a) σ_{xx}^{m}, $x=0.4$ m　(b) σ_{xx}^{m}, $x=0.2$ m

(c) σ_{yy}^{m}, $x=0.4$ m　(d) σ_{yy}^{m}, $x=0.2$ m

图 4-42　ITPS 下面板中面正应力分布

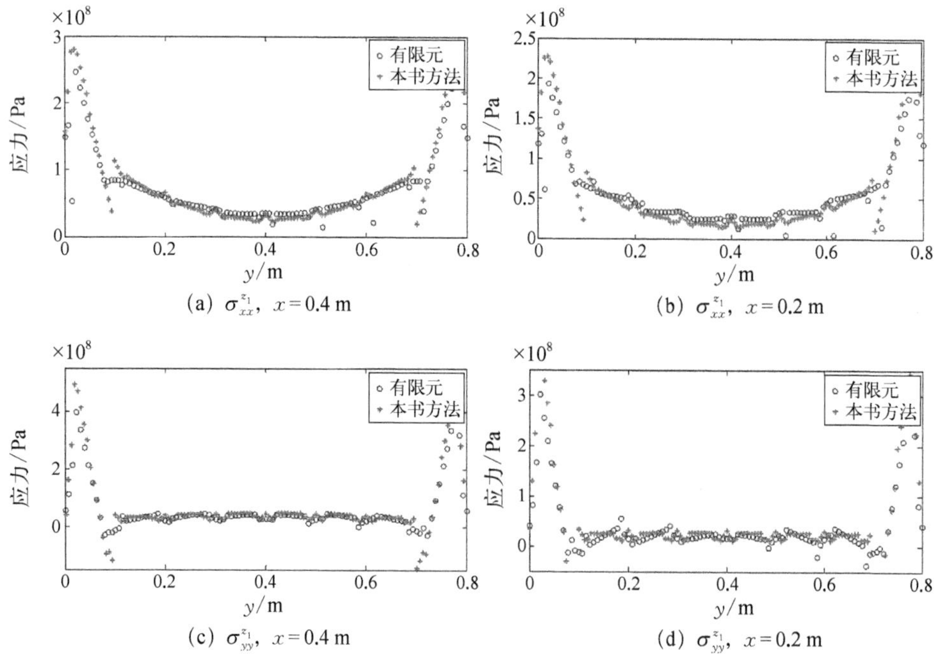

(a) $\sigma_{xx}^{z_1}$, $x=0.4$ m　(b) $\sigma_{xx}^{z_1}$, $x=0.2$ m

(c) $\sigma_{yy}^{z_1}$, $x=0.4$ m　(d) $\sigma_{yy}^{z_1}$, $x=0.2$ m

图 4-43　ITPS 下面板上表面正应力分布

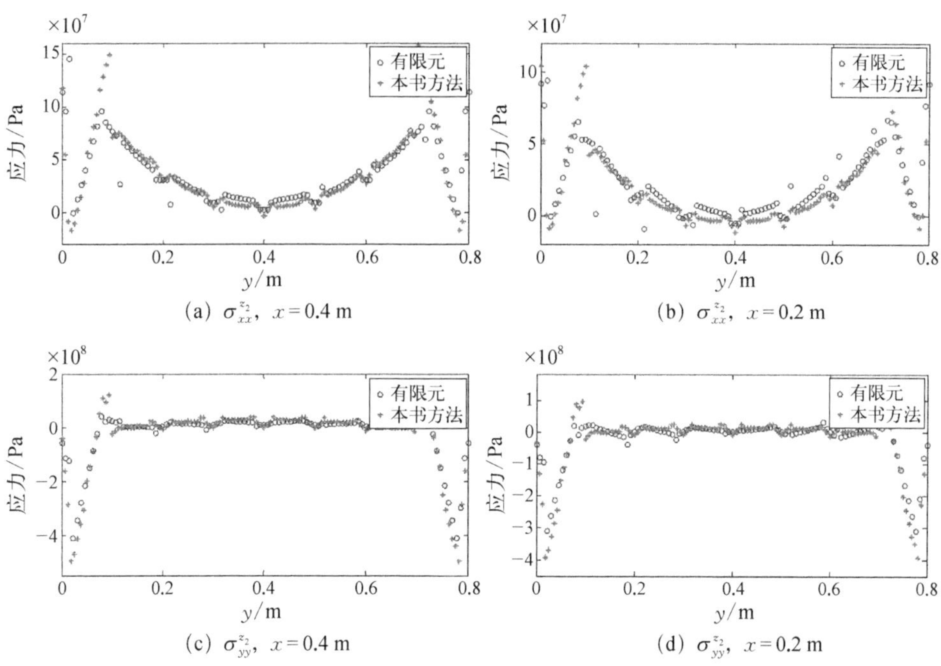

(a) $\sigma_{xx}^{z_2}$, $x=0.4$ m　(b) $\sigma_{xx}^{z_2}$, $x=0.2$ m

(c) $\sigma_{yy}^{z_2}$, $x=0.4$ m　(d) $\sigma_{yy}^{z_2}$, $x=0.2$ m

图 4-44　ITPS 下面板下表面正应力分布

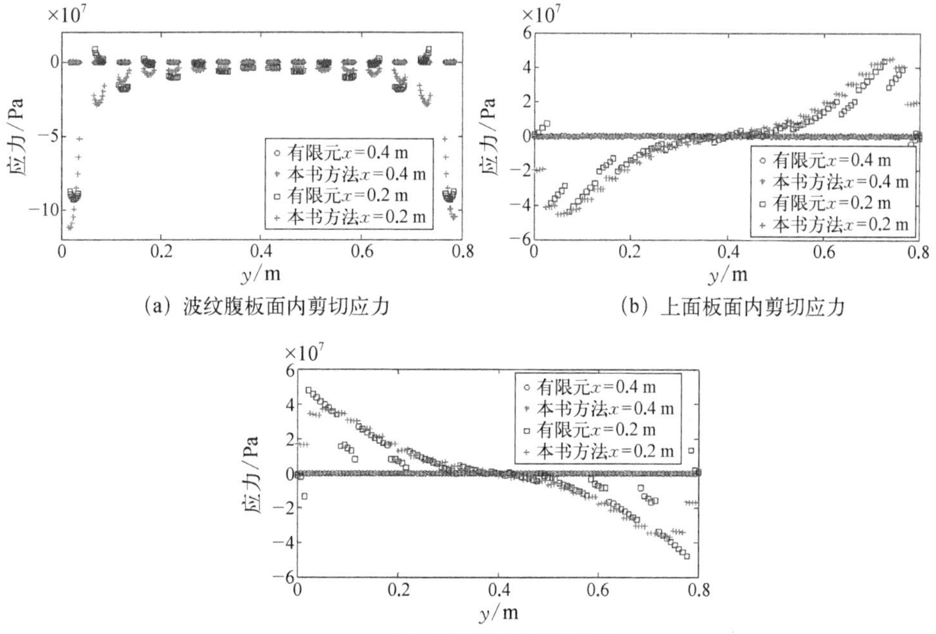

(a) 波纹腹板面内剪切应力　(b) 上面板面内剪切应力

(c) 下面板面内剪切应力

图 4-45　ITPS 波纹腹板,上面板及下面板面内剪切应力分布

4.6.3.2 ITPS 结构屈曲问题计算

本小节利用 ITPS 实际结构的三维有限元模型对本节提出的屈曲问题简化模型进行验证。实际结构和简化模型均采用 Nastran 有限元软件进行计算，屈曲求解器使用 SOL105。所采用的 ITPS 结构尺寸及材料与 4.6.3.1 节中相同，假设 ITPS 下面板的四边均为简支。针对 ITPS 承受气动压力与温度载荷共同作用下的结构屈曲问题进行验证。

图 4-46 为 ITPS 结构在气动压力和温度载荷共同作用时，两种模型计算的屈曲特征值对比结果。本算例中施加的气动压力为 0.1 MPa，ITPS 的温度场与 4.6.3.1 节中相同。由图中可以看出，本节方法得到的屈曲临界载荷因子结果要略大于实际模型的计算结果，但两者非常接近。另外，与实际模型相同，简化模型计算得到的边缘区域屈曲临界载荷因子要小于中间区域的屈曲临界载荷因子。

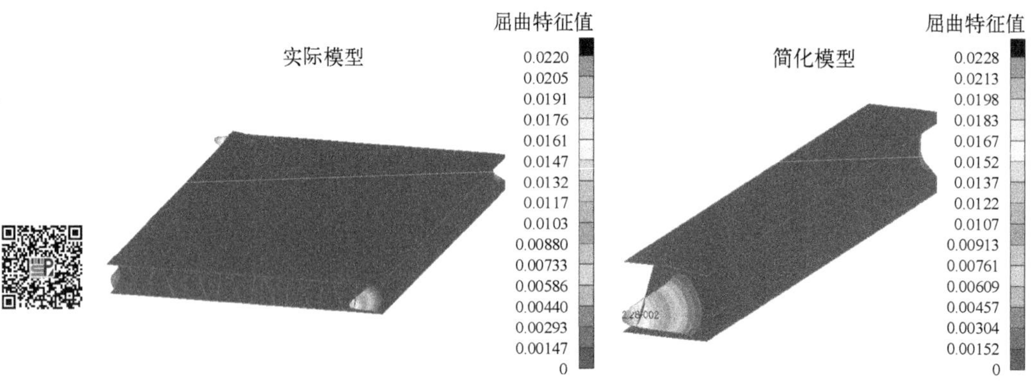

图 4-46 气动压力与温度载荷共同作用下 ITPS 结构的屈曲特征值

4.6.4 小结

本节提出了计算 ITPS 应力分布的方法，并根据波纹夹芯型 ITPS 的结构特点，提出了一种求解 ITPS 屈曲问题的简化三维有限元计算模型。算例结果表明，该简化模型可以准确地计算 ITPS 结构在气动压力及温度载荷下的屈曲特征值，相对于 ITPS 实际结构的三维有限元模型更为简便，计算量将大大降低。

4.7 波纹夹芯型 ITPS 设计实例及总体评估

本节利用 4.2 节建立的波纹夹芯型 ITPS 优化设计方法，结合 4.3 节、4.4 节及 4.5 节提出的波纹夹芯型 ITPS 热传导、结构静力学以及结构屈曲问题的计算方法，针对某型可重复使用运载器 ITPS 方案的结构尺寸进行优化设计。

针对某型高超声速运载器 ITPS 方案的优化设计，首先划分运载器外表面的 ITPS 适用区域，随后以单位面积结构质量为优化目标，以热防护下面板最高温度、上面板最大变形、结构最大应力以及最小屈曲特征值作为设计约束条件，对不同适用区域 ITPS 面板的结构尺寸进行优化设计，并将设计结果与传统热防护方案设计结果进行对比分析。

4.7.1　高超声速运载器

高超声速运载器外形尺寸如 3.4 节所示，其任务剖面如图 4－47 所示。该运载器动力形式为火箭基组合动力(RBCC)，典型工作模式和发动机的工作状态如下：

(1) 水平起飞，从地面加速至 0.3～0.4*Ma*，起飞推重比 0.6～0.7，推进系统以引射模态工作；

(2) 加速到 2.5*Ma* 时引射火箭逐渐节流，亚燃冲压发动机开始工作，当冲压发动机达到最大流量时，引射火箭关闭，运载器加速直至将动压增加到70 000 Pa 左右，并保持该动压继续加速至 5.5*Ma* 左右；

(3) 由亚燃模态转换至超燃模态，运载器保持相同的动压继续加速飞行；

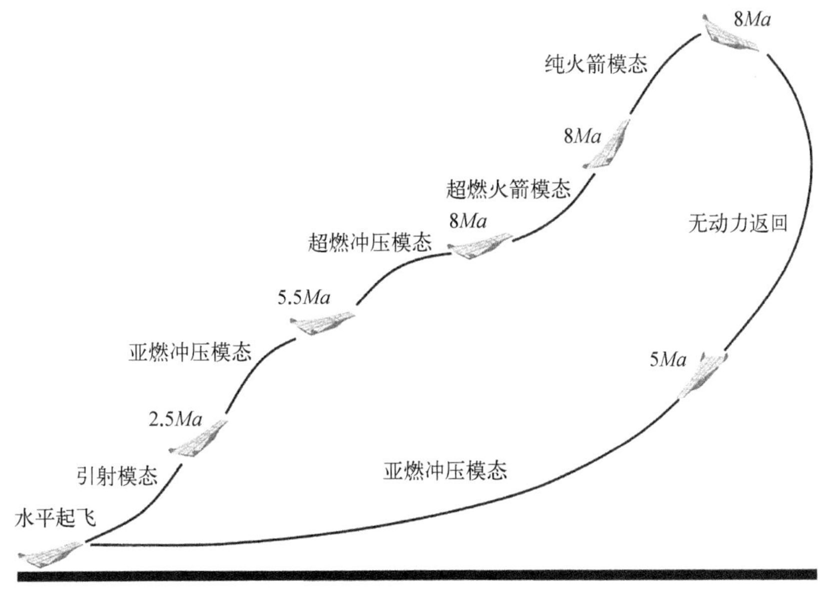

图 4－47　运载器飞行任务剖面图

（4）火箭发动机重新启动，运载器转换至超燃-火箭模态，继续以 8*Ma* 爬升直到超燃冲压发动机无法提供足够推力；

（5）纯火箭模态下继续加速爬升，当以 8*Ma* 速度到达 50 km 高度时，主发动机关闭，上面级与运载器分离，携带有效载荷继续爬升至目标轨道，运载器则无动力转弯返回；

（6）减速至 5*Ma*、高度 30 km 时亚燃冲压发动机重新启动；

（7）在距离发射点 50 km 处关闭发动机，无动力飞行，最终水平着陆。

4.7.2 ITPS 适用区域及材料选取方案

运载器表面的辐射平衡温度分布如图 4-48 所示。根据得到的各位置最高辐射平衡温度和 ITPS 适用区域划分方法，选取相应区域的热防护方案，并在热防护的外表面添加晶体涂层用来增加壁面发射率，以减小运载器表面的辐射平衡温度，在本算例中，运载器外表面的壁面发射率假设为 0.95。利用辐射平衡温度公式计算可知，该运载器头部前缘、机翼以及控制面前缘的辐射平衡温度高达 2 000 K 以上，因此这些部位不适宜采用 ITPS 方案。由于上述高温区域均处于运载器的边缘部位，而且它们的表面积相对较小，参考传统热防护概念，可以在这些区域选用碳-碳复合材料构成的耐高温热防护方案。而运载器其余大部分外表面的最高辐射平衡温度均小于 1 400 K，当选用铌合金或镍镉合金这类耐高温金属材料构成承力结构时，在这些区域可以采用 ITPS 方案。

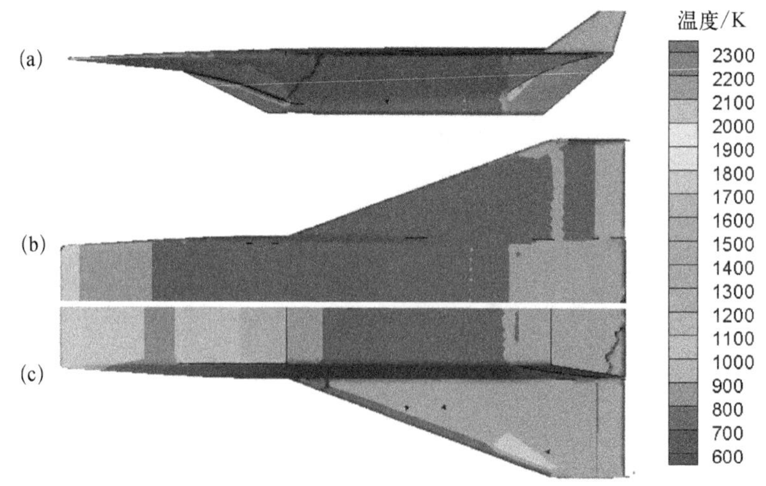

图 4-48 运载器壁面最大辐射平衡温度［（a）侧面，（b）背风面，（c）迎风面］

根据运载器的外形及壁面温度分布，将运载器外表面适用于 ITPS 方案的部位划分为 10 个分区，如图 4－49 所示。

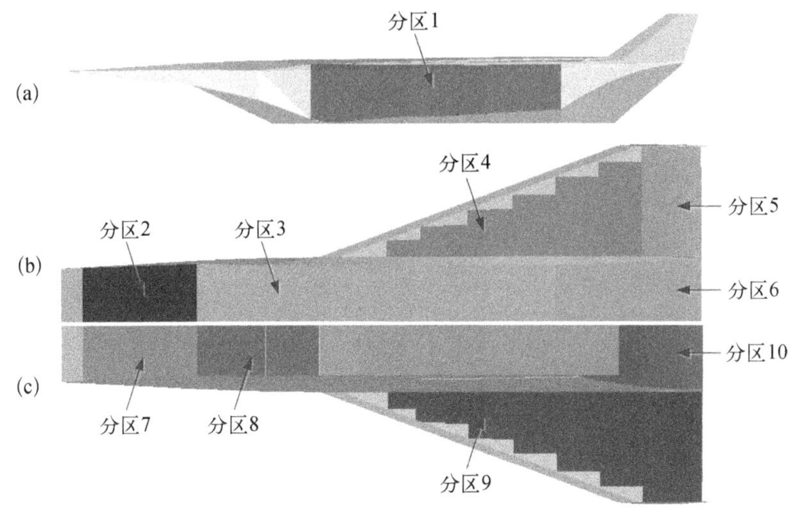

图 4－49　运载器 ITPS 分区方案[(a) 侧面，(b) 背风面，(c) 迎风面]

为了降低 ITPS 的结构质量，本算例中所有区域均选用铍合金作为 ITPS 下面板的承力材料，选用 Saffil 作为 ITPS 内部的隔热填充材料。表 4－3 为 ITPS 分区信息及设计点位置，从表 4－3 中可以看出，ITPS 上面板及波纹腹板承力材料为：

(1) 在运载器的头部侧缘、发动机后体侧缘以及垂尾等温度十分高且形状较为复杂的区域选用 C/C 或者 C/SiC 等热防护方案，而在温度最高的头部和机翼最前缘则使用超高温陶瓷材料；

(2) 运载器进气道第一级压缩面(分区 7)的最高辐射平衡温度为 1 100 K 左右，第二、三级压缩面(分区 8)的最高辐射平衡温度为 1 300 K 左右，因此采用耐热性能较好的镍镉合金 Inconel 718 作为 ITPS 的承力结构；

(3) 运载器的机身背风面前部(分区 2)、机翼背风面后部(分区 5)、机身背风面后部(分区 6)、机翼迎风面(分区 9)以及机身后部扩张面(分区 10)的最高辐射平衡温度均达到了 800 K 以上，为减轻机翼质量，选用比强度更高的 PM2000 合金作为 ITPS 的承力结构；

(4) 运载器的机身中部侧缘(分区 1)、机身背风面中部(分区 3)以及机翼背风面前中部(分区 4)的最高辐射平衡温度为 600 K，选用 TC4 钛合金作为 ITPS 的承力结构。

表 4-3 ITPS 分区信息及设计点位置

分区编号	位置	分区面积/m^2	上面板及波纹腹板选用材料	设计点坐标/m		
				x	y	z
1	机身侧缘	57.96	TC4	17.95	-1.73	-2.35
2	机身背风面前部	56.40	PM2000	1.03	0.16	1.97
3	机身背风面中部	87.79	TC4	13.09	0.56	-2.82
4	机翼背风面前部	61.36	TC4	19.25	0.45	-5.17
5	机翼背风面后部	28.08	PM2000	28.49	0.63	-5.16
6	机身背风面后部	37.38	PM2000	30.00	0.53	-2.97
7	进气道一级压缩面	24.91	Inconel 718	1.13	-0.11	2.25
8	进气道二、三级压缩面	31.33	Inconel 718	9.75	-1.38	-0.29
9	机翼迎风面	89.80	PM2000	26.68	0.74	8.06
10	机身后部扩张面	32.29	PM2000	27.20	0.19	0.15

4.7.3 ITPS 优化设计

为了承受轴向过载，每块 ITPS 面板波纹芯层的 x 方向均沿运载器的轴向分布。因为 ITPS 面板安装在运载器内部的桁架结构上，所以每一块 ITPS 面板的大小 $a \times b$ 由运载器内部桁架结构大小确定，不同分区内的 ITPS 面板尺寸如表 4-3 所示。为了避免 ITPS 在温度载荷下产生较大热应力，对 ITPS 施加位移约束条件：热防护下面板的 A 边和 C 边施加简支位移约束条件，在下面板的 B 边和 D 边不施加任何位移约束，在热防护上面板的四边限制转动自由度（图 4-50）。运载器上每块 ITPS 面板的侧面以及下表面均假设为绝热边界条件，在热防护的整个受热过程中，输入条件为：

（1）ITPS 上面板的壁面发射率为 0.95；

（2）运载器外表面的对流换热系数为 5 W/($m^2 \cdot K$)；

（3）ITPS 上、下面板与隔热芯层之间的热阻为 0.01 $m^2 \cdot K/W$；

（4）当时间为 0~520 s 时，ITPS 外表面的环境温度为 273 K；

（5）当时间为 520~680 s 时，ITPS 外表面的环境温度为 223 K；

（6）当时间为 680~2 186 s 时，ITPS 外表面的环境温度为 273 K；

（7）运载器着陆后，ITPS 外表面的环境温度为 293 K；

（8）初始时刻，ITPS 内温度为 293 K。

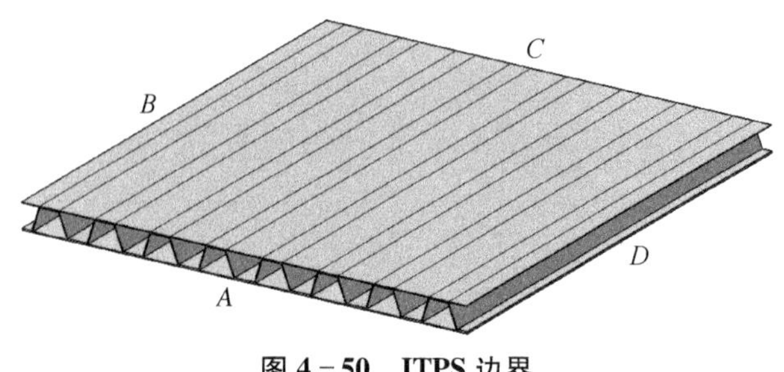

图 4－50　ITPS 边界

在上述划分的 10 个 ITPS 分区内选取相应设计点如表 4－3 所示。

图 4－51 为运载器上不同位置在上升段的热流密度随时间变化曲线，图 4－52 为运载器上不同位置在下降段的热流密度随时间变化曲线。从中可以看出，最高热流密度为 288 kW/m^2，出现在进气道第三级压缩面上（分区 8）；受热流影响最小的是运载器机翼的背风面（分区 9）。已知各分区设计点处热流密度随时间变化曲线后，利用极限设计状态选取方法选取相应的弹道时刻，并获得不同极限设计状态下各 ITPS 面板上的最大气动压力。根据运载器的弹道数据，选取以下 6 个飞行时刻作为极限设计状态。

（1）ITPS 上面板温度最高时刻；

（2）ITPS 下面板温度最高时刻；

（3）ITPS 上、下面板温度差最大的时刻；

（4）运载器飞行攻角最大时刻：664 s；

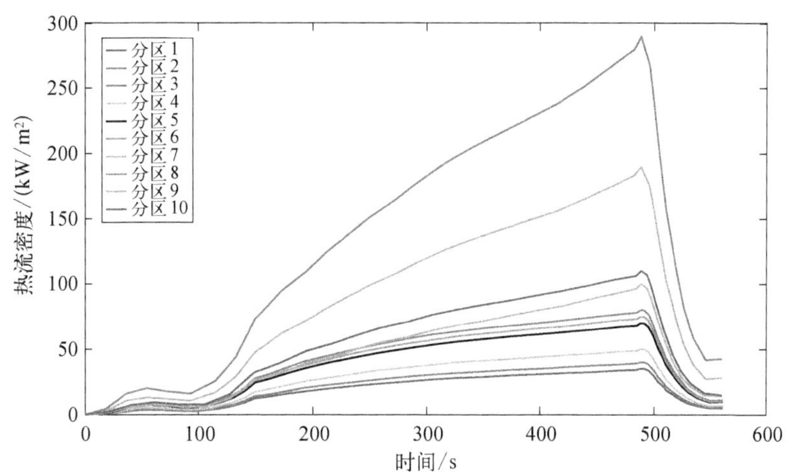

图 4－51　不同 ITPS 区域在弹道上升段热流密度随时间变化曲线

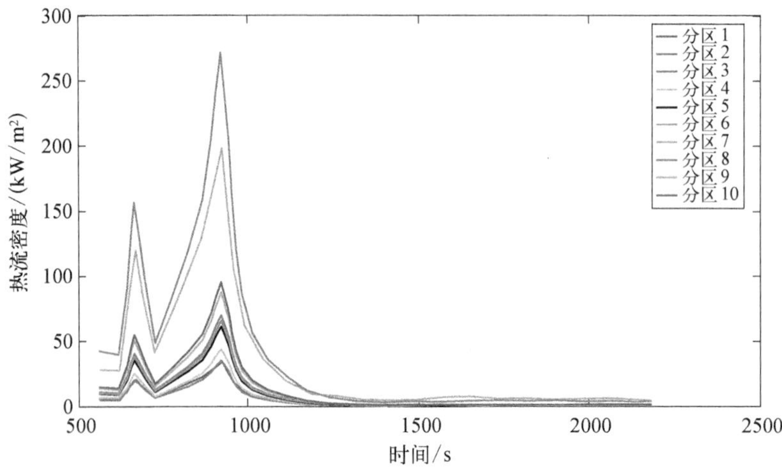

图 4-52　不同 ITPS 区域在弹道下降段热流密度随时间变化曲线

（5）运载器飞行高度最大时刻：585 s；

（6）运载器飞行马赫数最大时刻：575 s、924 s。

由于 ITPS 面板的整体尺寸 $a \times b$ 已经确定，因此，采用以下 6 个设计变量来描述波纹夹芯型 ITPS 的几何结构：

（1）ITPS 下面板厚度，h_1；

（2）ITPS 波纹芯层高度，h_2；

（3）ITPS 上面板厚度，h_3；

（4）ITPS 波纹腹板厚度，t_w；

（5）ITPS 波纹腹板倾角，θ；

（6）ITPS 沿 y 方向的单胞个数，n。

在上述 6 个设计变量中，沿 y 方向的波纹单胞个数 n 为离散变量（该变量的取值形式为整数），其余 5 个变量均为连续变量。

表 4-4 为该优化问题的约束条件，分别为热防护下面板最高温度、上面板最大变形、上面板、下面板和波纹腹板中的最大应力以及热防护整体结构的最小屈曲特征值。表 4-4 中 a、b 分别为 ITPS 面板沿 y 方向和 x 方向的宽度，ITPS 下面板最高温度约束为运载器内部承力结构的极限工作温度，本算例选用铝合金作为运载器内部的承力结构，所以热防护下面板的最高温度约束为 250℃。热防护上面板的最大变形约束与热防护面板的尺寸 $a \times b$ 相关，假设上面板最大变形约束应小于热防护较小宽度的 1%。为了保证 ITPS 上、下面板和波纹腹板上的最大应力小于所用材料的极限应力，算例中选取应力安全系数为 1.2。ITPS

结构允许的最小屈曲特征值为 1.2。

表 4-4　ITPS 优化问题约束条件

设计约束	下面板温度/℃	上面板变形/m	应力安全系数	屈曲特征值
许用值	250	$\min(a, b)\times1\%$	1.2	1.2

分区内 ITPS 面板的尺寸及优化问题的初始设计变量如表 4-5 所示，设计变量的取值范围如表 4-6 所示。

表 4-5　不同分区 ITPS 面板尺寸及设计变量初值

	$a\times b$*	h_1/m	h_2/m	h_3/m	t_w/m	θ/(°)
分区 1	0.50 × 0.60	0.003	0.08	0.002	0.001 5	80
分区 2	0.60 × 0.75	0.004	0.10	0.002	0.001 5	80
分区 3	0.90 × 0.80	0.002	0.09	0.002	0.001 5	80
分区 4	0.75 × 0.80	0.003	0.09	0.002	0.001 5	80
分区 5	0.72 × 0.50	0.004	0.10	0.003	0.001 5	80
分区 6	0.60 × 0.65	0.004	0.10	0.002	0.001 5	80
分区 7	0.60 × 0.75	0.005	0.14	0.004	0.002	80
分区 8	0.50 × 0.62	0.006	0.17	0.005	0.002	80
分区 9	0.74 × 0.80	0.005	0.13	0.003	0.002	80
分区 10	0.70 × 0.75	0.004	0.10	0.003	0.002	80

* 本列中的数字单位均为 m。

表 4-6　不同分区 ITPS 设计变量选取范围

	h_1/m	h_2/m	h_3/m	t_w/m	θ/(°)	n
分区 1	0.001~0.006	0.04~0.10	0.001 0~0.003	0.001 0~0.003	75~90	4~8
分区 2	0.001~0.008	0.06~0.15	0.000 5~0.003	0.000 5~0.003	75~90	4~8
分区 3	0.001~0.005	0.05~0.12	0.001 0~0.003	0.001 0~0.003	75~90	4~12
分区 4	0.001~0.006	0.05~0.12	0.001 0~0.003	0.001 0~0.003	75~90	4~10
分区 5	0.001~0.008	0.06~0.15	0.000 5~0.004	0.000 5~0.003	75~90	4~10
分区 6	0.001~0.008	0.06~0.15	0.000 5~0.003	0.000 5~0.003	75~90	4~8
分区 7	0.002~0.010	0.08~0.20	0.000 5~0.006	0.000 5~0.004	75~90	4~10
分区 8	0.002~0.012	0.10~0.25	0.000 5~0.008	0.000 5~0.004	75~90	4~10
分区 9	0.002~0.010	0.08~0.18	0.000 5~0.005	0.000 5~0.004	75~90	4~10
分区 10	0.001~0.008	0.06~0.15	0.000 5~0.005	0.000 5~0.004	75~90	4~10

4.7.4 ITPS 优化设计结果

表 4－7 为 10 个分区方案优化后的 ITPS 结构尺寸及面密度，根据表 4－7 中的结构尺寸，可获得各个分区内 ITPS 结构的下面板最高温度、上面板最大变形、上面板最大应力、下面板最大应力、波纹腹板最大应力以及整体热防护结构的最小屈曲特征值，如表 4－8 所示。

表 4－7 优化后的 ITPS 设计变量及质量

	h_1/m	h_2/m	h_3/m	t_w/m	θ/(°)	n	面密度/(kg/m^2)
分区 1	0.001 5	0.051	0.001 0	0.001 0	88.32	4	18.41
分区 2	0.006 3	0.057	0.000 5	0.000 5	87.12	4	23.74
分区 3	0.003 5	0.053	0.001 0	0.001 0	90.00	8	19.76
分区 4	0.003 6	0.054	0.001 0	0.001 0	86.15	6	20.57
分区 5	0.003 8	0.056	0.000 7	0.000 5	90.00	5	21.46
分区 6	0.006 1	0.057	0.000 5	0.000 5	87.63	4	23.83
分区 7	0.009 9	0.074	0.000 6	0.000 5	89.00	4	35.10
分区 8	0.017 4	0.080	0.001 0	0.000 6	89.92	4	54.57
分区 9	0.006 2	0.065	0.000 5	0.000 6	88.55	6	25.70
分区 10	0.007 0	0.065	0.000 5	0.000 6	89.17	5	26.90

表 4－8 不同分区优化后的 ITPS 最大约束

	下面板最高温度/℃	上面板最大变形/m	上面板最大应力/MPa	下面板最大应力/MPa	波纹腹板最大应力/MPa	最小屈曲特征值
分区 1	250.00	0.004 2	148.49	290.00	136.05	1.38
分区 2	249.99	0.005 9	836.87	290.00	808.56	1.41
分区 3	248.16	0.008 0	199.12	290.00	186.76	1.54
分区 4	249.99	0.004 0	199.88	290.00	194.69	1.50
分区 5	249.98	0.005 0	447.81	289.99	599.09	1.44
分区 6	250.00	0.004 4	726.90	290.00	738.17	1.42
分区 7	250.00	0.006 0	1 008.1	290.00	1 030.0	1.27
分区 8	250.00	0.003 5	1 005.3	288.45	1 029.9	1.28
分区 9	249.99	0.007 4	994.01	289.97	980.97	1.47
分区 10	250.00	0.007 0	989.80	290.00	971.54	1.43

由表 4－7 中可以看出，由于分区 1 承受的热流密度最小，分区 8 最大，则分区 1 内的 ITPS 单位面积质量最小，分区 8 内最大，较大的热流密度将沿 ITPS 厚

度方向产生更大的温度梯度，导致结构应力变大，为减小应力影响应增加壁板厚度；所有分区内的 ITPS 下面板厚度 h_1 要远大于波纹腹板和上面板的厚度，而且波纹腹板倾角均接近于 90°，较大的倾角可以有效增强 ITPS 结构的面外刚度，承载更大的气动压力。表 4－8 中的结果显示，不同分区内 ITPS 下面板承受的应力大小均接近所用材料的极限应力，因此应增大下面板的厚度并采用密度较小、强度较高的材料，以降低其最大应力并减小 ITPS 的结构质量；相比于其余分区，分区 7、8、9、10 内的 ITPS 波纹腹板和上面板所受的应力较大，更接近材料的极限应力，原因为这四个分区均在运载器的迎风面，承受较大的气动压力。

另外，本节还基于传统热防护概念（TTPS）进行了热防护系统设计。TTPS 方案均采用防热瓦和隔热毡形式，不同分区内的 TTPS 及材料选取方案如表 4－9 所示，TTPS 下表面的蒙皮均采用铝制加筋板结构。假设加筋板的四边均采用固支位移边界条件，限制加筋板的边界位移以及边界的转角。约束条件与 ITPS 的约束条件相同。

表 4－9　TTPS 适用方案

分　类	名　称	描　　述	T_{max}/℃	适用分区
防热瓦	LI－900	全硅刚性防热瓦	1 260	9、10
	AETB－8	氧化铝增强型防热瓦	1 371	7、8
隔热毡	AFRSI	先进可重复使用隔热毡	649	1、3、4
	TABI	柔性可裁剪隔热毡	1 204	2、5、6

图 4－53(a)、(b)分别为最终得到的 TTPS 厚度、单位面积质量与 ITPS 方案的对比。由图 4－53(a)中可知，TTPS 方案在所有分区内的厚度均小于 ITPS 方案，这是因为波纹夹芯型 ITPS 内的波纹腹板结构在传热过程中起到了热短路作用，致使 ITPS 沿厚度方向的导热系数比隔热填充材料更大，因此需要增加芯层厚度以满足 ITPS 下表面的温度约束条件。由图 4－53(b)中可知，ITPS 方案在不同分区内的单位面积质量均小于 TTPS 方案，可见，波纹夹芯型 ITPS 的结构效率较防热瓦和加筋板结构更高。在运载器的迎风面（分区 7、8、9、10）两者差距更为明显，这是因为波纹夹芯型 ITPS 的下面板可以很好地分散由波纹腹板传递的气动压力，而加筋板结构只能依靠加粗筋条来承担气动压力，加筋板承载横向载荷的效率要远远低于波纹夹芯结构。在运载器的机身、机翼背风面等气动压力较小的区域，ITPS 方案较隔热毡方案的质量优势并不明显，然而传统隔热毡方案并不具备 ITPS 抗冲击、

防湿、防腐蚀的特点。综上所述,相比于传统热防护方案,波纹夹芯型 ITPS 在飞行器迎风面具有较大优势,而在飞行器背风面可根据飞行器任务的不同,选择性使用。

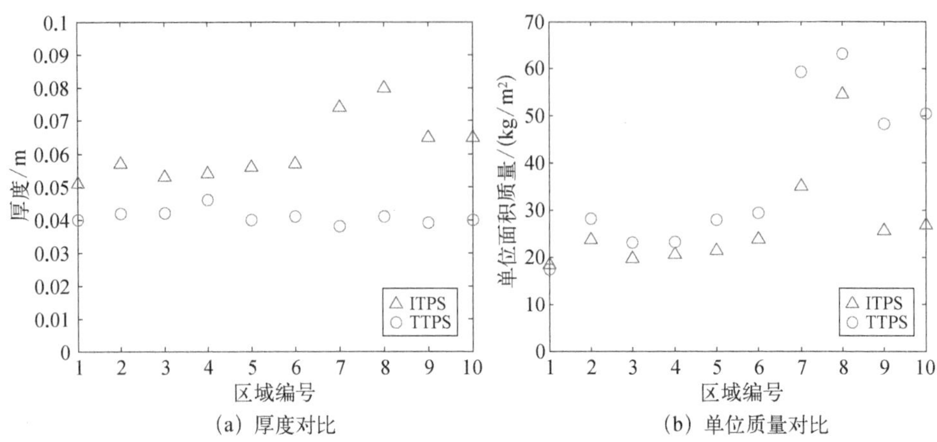

(a) 厚度对比　　(b) 单位质量对比

图 4-53　ITPS 与 TTPS 的厚度及单位面积质量对比

4.8　小结

ITPS 作为一种新兴的多功能热防护概念,在高超声速飞行器中具有广阔的应用前景。由于 ITPS 系统在工作过程中兼具防隔热和承载功能,所以结构设计过程中存在大量的耦合及非线性问题,三维有限元方法精度高,但是建模复杂,大大增加了 ITPS 初步设计的周期。因此,本章针对波纹夹芯型 ITPS 结构,提出了一套初步设计方法,并对设计中涉及的热传导、结构静力学和结构屈曲问题的计算方法进行了深入研究。针对典型高超声速运载器,基于 ITPS 方案进行了热防护系统设计,并与传统热防护方案进行了对比。结果表明,ITPS 方案的厚度要大于传统热防护方案,若在运载器迎风面使用,则 ITPS 方案质量更小,若在背风面使用,则 ITPS 与传统热防护方案质量相近。

参考文献

[1] 孟松鹤.一体化热防护技术现状和发展趋势[J].宇航学报,2013,34(10): 1295-1302.

[2] 王一凡.面向高速飞行器的波纹夹芯型一体化热防护设计及热力耦合分析方法研究[D].西安: 西北工业大学,2017.

[3] Gu L, Wang Y, Shi S, et al. An approximate analytical method for nonlinear transient heat

transfer through a metallic thermal protection system[J]. International Journal of Heat and Mass Transfer, 2016, 103: 582 - 593.

[4] Gu L, Wang Y, Shi S, et al. An approach for bending and transient dynamic analysis of integrated thermal protection system with temperature-dependent material properties[J]. Composite Structures, 2017, 159: 128 - 143.

[5] Bapanapalli S, Martinez O, Gogu C, et al. Analysis and design of corrugated-core sandwich panels for thermal protection systems of space vehicles[C]. Newport: 47th AIAA/ASME/ASCE/AHS/ASC Structures, Structural Dynamics, and Materials Conference, 2006.

[6] Martinez O A, Sankar B V, Haftka R T, et al. Micromechanical analysis of composite corrugated-core sandwich panels for integral thermal protection systems[J]. AIAA Journal, 2007, 45(9): 2323 - 2336.

[7] Gong C L, Wang Y F, Gu L X, et al. An approach for stress analysis of corrugated-core integrated thermal protection system under thermal and mechanical environment[J]. Composite Structures, 2018, 185: 1 - 26.

[8] Martinez O A. Micromechanical analysis and design of an integrated thermal protection system for future space vehicles[D]. Gainesville: University of Florida, 2007.

[9] 王一凡,谷良贤,龚春林.考虑温度大范围变化的瞬态热固耦合方法研究[J].宇航学报, 2015,36(1): 117 - 124.

[10] Miller J R, Weaver P M. Temperature profiles in composite plates subject to time-dependent complex boundary conditions[J]. Composite Structures, 2003, 59(2): 267 - 278.

[11] Haji-Sheikh, Beck J V. Temperature solution in multi-dimensional multi-layer bodies[J]. International Journal of Heat and Mass Transfer, 2002, 45(9): 1865 - 1877.

[12] Antonopoulos K A, Tzivanidis C. Analytical solution of boundary value problems of heat conduction in composite regions with arbitrary convection boundary conditions[J]. Acta Mechanica, 1996, 118(1): 65 - 78.

[13] Monte F D. An analytic approach to the unsteady heat conduction processes in one-dimensional composite media[J]. International Journal of Heat and Mass Transfer, 2002, 45(6): 1333 - 1343.

[14] Gogu C, Bapanapalli S K, Haftka R T, et al. Comparison of materials for an integrated thermal protection system for spacecraft reentry[J]. Journal of Spacecraft and Rockets, 2009, 46(3): 501 - 513.

[15] Bartolozzi G, Pierini M, Orrenius U, et al. An equivalent material formulation for sinusoidal corrugated cores of structural sandwich panels[J]. Composite Structures, 2013, 100: 173 - 185.

[16] Kazemahvazi S, Zenkert D. Corrugated all-composite sandwich structures. Part 1: Modeling [J]. Composites Science and Technology, 2009, 69(7 - 8): 913 - 919.

[17] Mohammadi H, Ziaei-Rad S, Dayyani I. An equivalent model for trapezoidal corrugated cores based on homogenization method[J]. Composite Structures, 2015, 131: 160 - 170.

[18] Pandey S, Pradyumna S. A new C^0 higher-order layerwise finite element formulation for the analysis of laminated and sandwich plates[J]. Composite Structures, 2015, 131: 1 - 16.

[19] He L, Cheng Y S, Liu J. Precise bending stress analysis of corrugated-core, honeycomb-core and X-core sandwich panels[J]. Composite Structures, 2012, 94(5): 1656 - 1668.

第5章 飞行器前缘热输运技术

5.1 前言

高超声速飞行器多采用尖锐的前缘构型，随着前缘半径的减小，气动热的累积和集中现象非常严重，壁面温度非常高，因此需要热输运技术将前缘处的大量气动热量快速传递至低温区域。目前热输运技术主要包括热管、高导热材料及工质对流技术。

热管技术实现了高效的传热过程——热量从热管蒸发段的热流体传递给了冷凝段的冷流体，通过工质的相变循环将热量从蒸发段传递到冷凝段，并由管壁传递给外部环境。美国 Los Alamos 国家实验室 1963 年发明热管元件，其导热能力超过大部分金属材料。随后，热管技术不断发展，结构形式不断多样化，发展出环形、微型、脉动等多种热管方案，其应用范围不断拓展，广泛应用于电子元器件冷却、飞行器热防护等领域。热管结构具有很强的导热性能，尤其适用于飞行器前缘等局部温度极高，而相邻位置温度较低的区域[1]。例如，Glass 等[2, 3]针对机翼前缘和飞行器驻点，设计了以 C/C 材料为结构，锂为工质的高温合金热管［图 5－1(a)］；中国航天空气动力技术研究院针对高超声速飞行器，基于高温合金、碱金属 Na 研制了前缘一体化热管［图 5－1(b)］[4]。总之，热管技术具有非常强的导热能力，在高超声速飞行器前缘等关键部位具有很好的应用潜力。

随着材料技术的发展，高导热材料的导热系数不断提高，导热能力得到极大提升［C/C 高导热材料的导热系数可达 800 W/(m · K)[5]］。通过在飞行器高温部位嵌入高导热材料可将热量通过热传导的形式输运到低温区域，例如，有研究表明，在高超声速飞行器头锥、前缘部位引入高导热材料，可以显著降低壁面

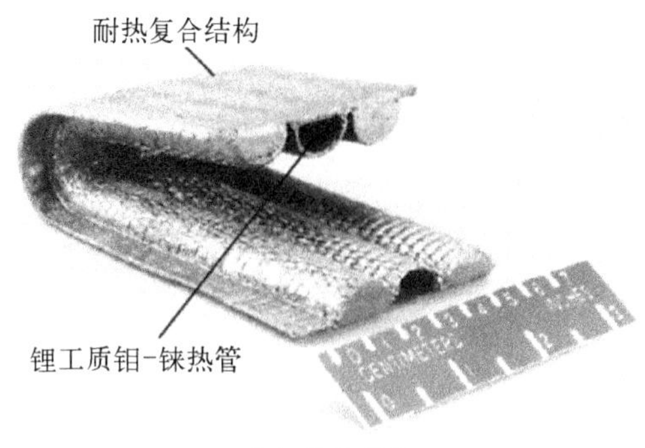

(a) 机翼前缘

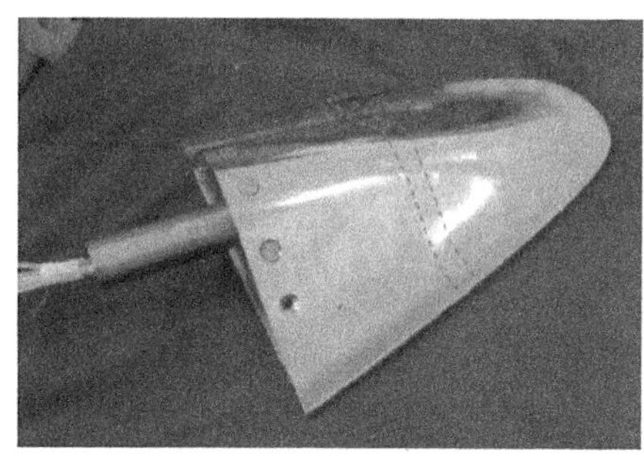

(b) 一体化热管前缘

图 5-1　典型飞行器热管结构

温度[6]。但目前,高导热材料技术稳定性和可靠性较低,限制了其在高超声速飞行器热输运中的进一步应用。

对流热输运技术利用冷却管道中工质与管壁的对流换热,吸收进入管道的热量并带至低温区域,如果工质为燃料,热量最终进入燃烧室转换为飞行动能,则该对流热输运方案即为再生冷却。再生冷却在实现结构冷却的同时,对燃料进行了预热,使废弃的热量得到充分利用,常用于发动机燃烧室、尾喷管等部位的冷却。例如,Bills 等[7]针对液体火箭发动机,建立了平板的主动冷却模型,同时开发了薄膜和再生冷却方案;NASA 针对高超声速飞行器尖锐前缘,设计了对流冷却方案[8];西北工业大学针对 RBCC 发动机燃烧室,设计了再生冷却通道[9]。另外,在冷却管道内插入蜗杆[10]、空心小管[11]、三角翼[12]等涡流发生器,可以有效提升对流冷却能力。尽管对流冷却方案可以高效地将热输运至低温区域,但需要额外的管道和工质,由于飞行器构型和热环境的复杂性,面向大面积区域甚至整机的对流热输运冷却技术,多处于方案初步设计和分析阶段[13, 14],针对冷却管道方案的详细设计(拓扑及尺寸)、力-热-流-固耦合及流动-相变换热机制的研究还极为有限,有待进一步的研究。

综合比较而言,热管和对流热输运技术的系统以及传热过程具有较高的复杂性,但热输运效率高,而高导热材料技术的结构简单、传热过程稳定,但热输运效率相对较低,本章主要研究具有更高热输运效率的热管和对流冷却技术。本章针对高超声速运载器及典型弹道,开展前缘部位热管和对流热输运冷却方案的设计和性能评估。

5.2 飞行器前缘一体化热管方案设计及性能评估

5.2.1 前缘气动热计算

本章研究的高超声速飞行器构型及弹道与第三章相同,飞行器前缘半径为10 mm。

5.2.1.1 数值模型

本章针对前缘进行热输运系统设计,为了获得较为准确的前缘区域气动热,基于CFD数值方法进行计算。本章所研究飞行器为面对称构型,为了降低计算量,建立了简化的二维模型,计算分析软件为CFD++。

计算区域网格及前缘边界层网格分别如图5-2、图5-3所示,流域内最大网格尺寸为0.1 m。计算高马赫数下的热环境时,对边界层网格质量要求较高,经过验证,本模型中边界层网格初始厚度为0.000 1 m,共设置36层,增长比例为1.15,最终生成网格总量为48 532。壁面条件设置为热辐射边界条件,发射率为0.5。计算时湍流模型选择两方程的考虑传热的Realizable $k-\varepsilon$ 模型,空间离散格式为二阶离散格式。

图5-2 二维流场结构网格

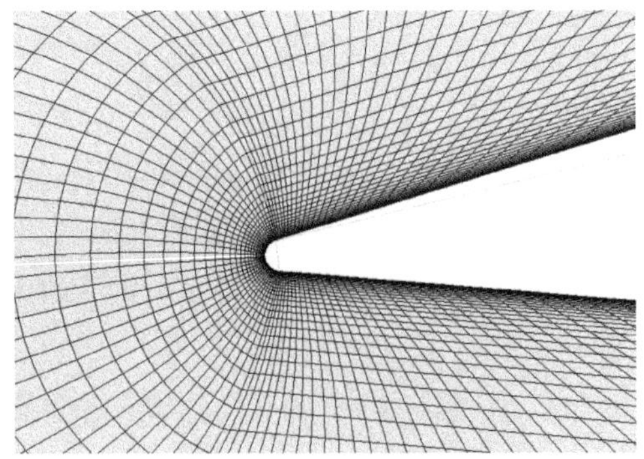

图5-3 前缘边界层网格

5.2.1.2 计算特征状态

由于飞行器气动加热较为严重的情况集中在超声速状态下,且马赫数3以上的飞行状态约1 200 s,故从马赫数3以上的飞行状态中选择10个状态点作为计算特征点,详细计算状态见表5-1,弹道上其他点的气动热可通过特征点的结果插值获得。

表 5－1　前缘气动热计算状态点

	马赫数,Ma	飞行高度,H/km	攻角,α/(°)
计算状态 1	3.0	15.6	3.0
计算状态 2	3.0	28.0	6.7
计算状态 3	4.0	19.5	3.4
计算状态 4	4.0	29.0	5.6
计算状态 5	5.0	21.5	4.0
计算状态 6	5.0	29.0	6.0
计算状态 7	6.0	24.13	4.0
计算状态 8	7.0	23.74	3.9
计算状态 9	8.0	29.24	7.6
计算状态 10	8.2	60.96	4.7

5.2.1.3　气动热计算结果

图 5－4(a)、(b)分别为计算状态 6、9 的气动热计算结果,状态 6、9 飞行高度基本相同,因此图 5－4(a)和(b)展示了飞行速度对气动热的影响。从图 5－4(a)和(b)中可以看出,随着飞行速度的增加,气动加热逐渐增强,温度标尺最大值从 1 300 K 增加到 3 000 K;前缘热环境最恶劣的情况出现在计算状态 9(Ma=8.0, H=29.24 km, α=7.6°),此时前缘驻点温度为 2 346 K,热流密度为 860 kW/m^2。根据弹道信息,插值得到全弹道下背景飞行器前缘驻点的气动加热热流密度和壁面温度,如图 5－5 所示,其中热流密度将作为前缘热防护方案设计的输入条件。此外,可以发现在 300～800 s,热流密度将达到 100 kW/m^2以上,可以认为飞行器在执行任务过程中,“恶劣环境”约有 500 s 的时间,这将是

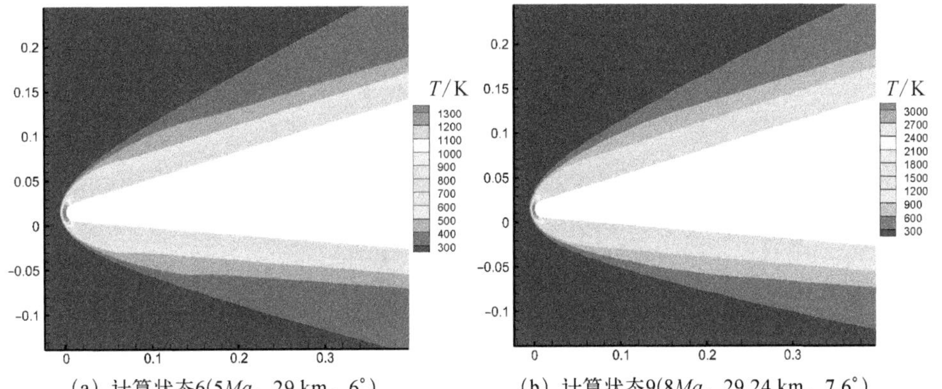

(a) 计算状态6(5Ma, 29 km, 6°)

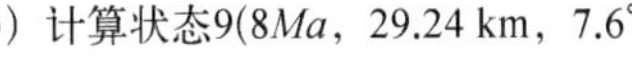
(b) 计算状态9(8Ma, 29.24 km, 7.6°)

图 5－4　前缘气动热壁面温度

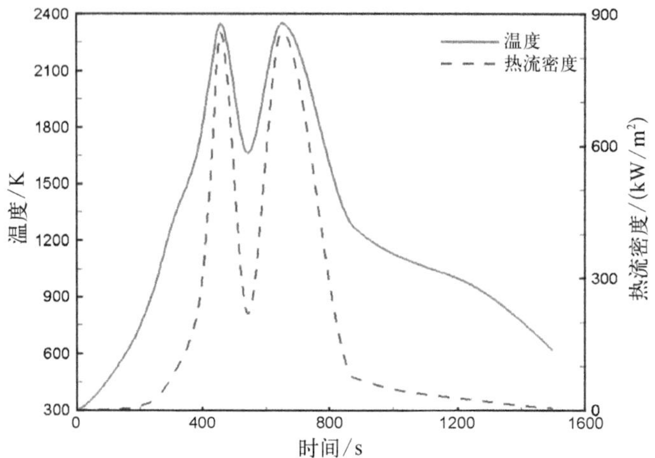

图 5-5　全弹道下热流密度随时间变化情况

热防护系统设计所关注的重点时域。

前缘驻点处极高的壁温和热流密度对前缘热防护方案设计提出了严峻挑战,本节基于该热环境和飞行器前缘构型,开展了前缘一体化热管方案设计及性能评估。

5.2.2　前缘热管方案设计及性能评估

5.2.2.1　前缘一体化热管方案设计

本节针对高超声速飞行器的尖锐前缘,为保证快速、均匀地输运气动热能,设计了如图 5-6 所示的前缘一体化热管结构[15]。热管外部为金属壁板,内部为工质蒸汽通道,上下壁板内面铺设毛细芯,用于冷凝后的液态工质回流。热管

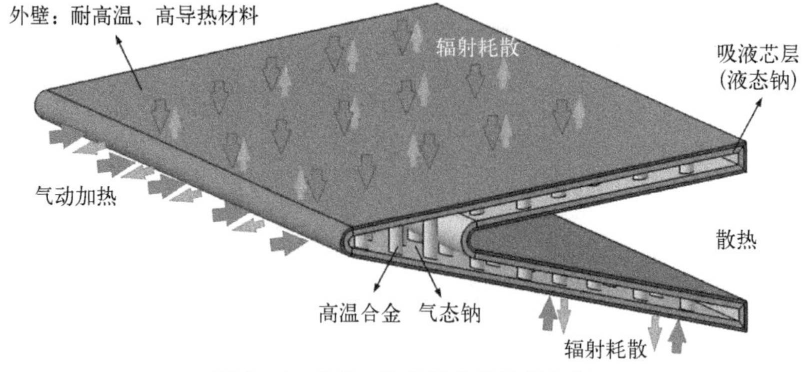

图 5-6　前缘一体化热管结构示意图

启动后,内部前缘附近的碱金属高温下吸热蒸发,并在蒸汽压力作用下向尾部流动。由于尾部温度相对较低,在向尾部流动过程中,蒸汽逐渐放热降温并液化凝结,在吸液芯内毛细力的作用下回流至前缘附近。在此循环过程中,通过碱金属工质在前缘的蒸发吸热,在尾部的冷凝放热,实现前缘热量向后端的输运,从而达到降低前缘温度的效果。

1. 工质材料的选择

热管主要依靠工质的相变实现快速热能输运,因此工质材料的选择是热管设计的关键。一般情况下,蒸汽的工作温度范围是工质材料选择的主要因素,但是同一工作范围可能有多种工质材料满足条件,因此选择工质材料时还需要对备选材料的热物理性能进行综合评价。

在所有的工质材料中,碱金属最适合用于高超声速飞行器前缘结构冷却,主要有两方面的原因: 第一,相对于其他的有机流体,碱金属具有较好的热稳定性,在高温情况下不会发生分解;第二,碱金属一般沸点较高,适用于前缘结构在高速飞行过程中的高温情况。典型碱金属铯、钾、钠以及锂等都可以用于高温热管,具体的选择还是要考虑工作温度范围以及热管形式等约束条件,以上四种材料的材料属性如表 5-2 所示。

表 5-2　典型碱金属材料属性

碱金属工质	熔点/℃	沸点/℃	使用范围/℃	品质因数/(kW/m^2)
铯(Cs)	29	670	450~900	26 934(825℃)
钾(K)	62	774	500~1 000	125 390(850℃)
钠(Na)	98	892	600~1 200	408 250(1 000℃)
锂(Li)	179	1 340	1 000~1 800	4 362 331(1 030℃)

表 5-2 中的“品质因数”,一般用来评估工质材料传输热量的能力大小[16],其定义为

$$M = \sigma L\rho/\mu \tag{5-1}$$

式中,σ 为液态工质表面张力;L 为工质汽化潜热;ρ 为液态工质密度;μ 为液态工质黏度。可见,随着表面张力、汽化潜热的增加,以及黏度的降低,冷却工质材料将具有更高的品质因数。

在进行工质材料选择时,品质因数可以作为重要的参考信息,但并不是唯一指标,还需要考虑碱金属材料与管壁材料的相容性以及制造成本等。所以尽管

金属锂的品质因数要比其他的碱金属高，且工作温度最高可以达到 1 800℃，但是由于锂具有很强的腐蚀性，必须将其装在昂贵的抗锂材料容器中，将大大增加热管的制造成本。相较于锂而言，钠也可以在较高的温度下工作，而钠与不锈钢材料相容，将大幅度降低热管的成本，因此在本节中选用金属钠作为热管冷却工质。

2. 吸液芯材料的选择

热管吸液芯层的主要作用是将工质从冷凝段快速均匀地运输至蒸发段。热管吸液芯材料的选择与多种因素有关，包括吸液芯材料与工质流体的相容性、材料的使用温度及通透性。其中，吸液芯孔隙过大将导致毛细力不足以将工质流体送回蒸发段，孔隙过小将影响工质流体的运输速度，因此选择最佳孔径显得十分重要。本节的研究重点在于该型热管结构对飞行器前缘的降温能力，因此仅以相容性和使用温度作为选取吸液芯材料的依据，并假设孔径可以使热管正常工作。

根据休斯航空公司做的测试研究[16]，与钠工质相容性较好的材料为不锈钢和 Inconel 合金（国内类似合金牌号为 GH3625[17]），考虑到飞行器前缘的使用温度，故选择 GH3625 泡沫合金为热管吸液芯材料，孔隙率假定为 0.9。

为简化计算，将吸液芯与其中的工质假设为等效材料，该材料的等效导热系数为[16]

$$k_{\text{wick}} = \left(\frac{\beta - \varepsilon}{\beta + \varepsilon}\right) k_l,\ \beta = \left(1 - \frac{k_s}{k_l}\right) \Big/ \left(1 - \frac{k_s}{k_l}\right) \tag{5-2}$$

式中，ε 表示固体的体积分数；下标 l 表示液态工质的属性；下标 s 表示固态吸液芯的属性。

3. 管壁材料的选择

热管管壁的主要作用是将工质与外界环境隔绝，以维持容器内部沿着壁面的压力差，使得工质吸收和释放热量的过程能够正常进行。因此，管壁材料的选择有以下几点原则：① 相容性好，与工质流体及外部环境具有较好的相容性；② 比强度高，保证热管构型稳定；③ 导热率高，使外界的热量可以快速地被工质吸收；④ 加工性好，易于焊接、切削、造型等；⑤ 孔隙率低，防止工质外渗。

综合以上原则，可选择高温合金作为管壁材料，根据文献[18]的试验结果，以钠为工质，蒸汽温度 715℃，选用 Hastelloy X 合金（国内类似合金牌号为 GH3536）作为管壁材料时，可保证热管工作时间 8 000 小时以上，因此本节选择 GH3536 为管壁材料。

4. 外壁材料的选择

外壁应保证在严峻的气动加热条件下，不发生烧蚀，维持前缘构型，此外，其导热系数越高，热量将可以更快地传递给热管，因此应选择导热性能较好的耐高温材料。本节选择超高温陶瓷作为外壁面材料。

5.2.2.2　传热计算模型

1. 主要设计参数分析

为研究前缘一体化高温热管结构的降温效果，针对图 5－6 中的结构，建立如图 5－7 所示的二维模型。除了材料外，热管的几何尺寸也会对其性能产生较大影响，其中前缘半径及上下表面的角度由背景飞行器气动外形决定，因此不作为设计参数，剩下的几何参数主要包括热管长度、外壁厚度、管壁厚度和吸液芯厚度。经过初步分析发现热管长度对其导热能力影响较小，而外壁和管壁厚度受制造工艺限制，无法过多改变，因此本研究主要以吸液芯厚度作为设计参数。详细参数见表 5－3。

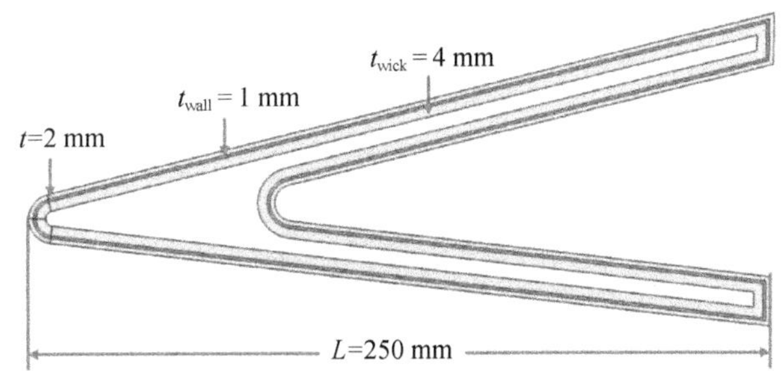

图 5－7　前缘一体化热管的二维模型

表 5－3　前缘热管结构参数

设计参数	符　号	数值/mm
外壁厚度	t	2
管壁厚度	t_{wall}	1
吸液芯厚度	t_{wick}	4
热管长度	L	250

除几何参数外，热管的等温温度也对工作性能有较大影响，钠热管的使用温度范围为 800～1 400 K 左右[16]，GH3625 和 GH3536 的使用温度一般不超过 1 300 K，故本模型选取 800 K、900 K、1 000 K、1 100 K 四个等温温度作为边界条件进行对比计算。

2. 数值模型

数值模型的边界条件如图 5－8 所示,外表面施加气动对流加热及辐射散热,其中前缘气动热流密度计算结果见 5.2.1 节,表面热辐射发射率为 0.5,环境温度取 300 K;内壁面施加等温温度;其他壁面为绝热。为了避免复杂的相变计算,对热管的仿真计算一般有两种方法：一是利用热管良好的等温性,以热管的等温温度作为边界条件;二是将热管等效为一种导热率极高的虚拟材料进行计算。由于本节模型的导热路径较为复杂,难以作准确的等效处理,因此以等温温度为边界条件进行计算。

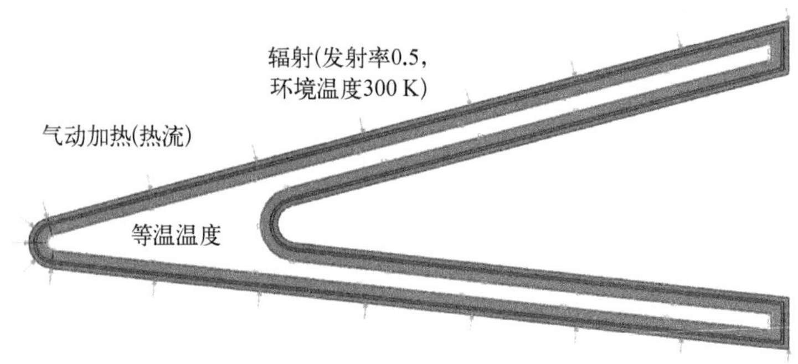

图 5－8　前缘一体化热管模型边界条件

本研究基于 ABAQUS 进行瞬态传热分析,总时间 1 500 s,固定步长 5 s。使用四边形单元 DC2D8(二维 8 节点)及三角形单元 DC2D6(二维 6 节点),单元数量约 6 500,节点数量约 21 000,随着吸液芯厚度的增加,模型网格数量有所增加。

5.2.2.3　前缘一体化热管方案性能分析

1. 绝热条件

为了评估热管的冷却性能,首先对内壁面施加绝热条件,即对未使用热管的情况进行了计算,特征点温度随时间变化曲线如图 5－9 所示,其中特征点分别为前缘驻点、驻点平齐的管壁外缘和芯层外缘点。从图中可以看出,在绝热条件下,不同特征点的温度基本一致,即三层结构的温度相近;另外,随着吸液芯层厚度的增加,温度变化很小。可见,本节热管选用的材料导热系数较高,没有明显的隔热效果。

吸液芯厚度为 4 mm 时,不同时刻前缘结构的温度云图如图 5－10 所示,从图中可以看出,随着热量的不断积累,结构温度逐渐上升,仅靠材料热沉和表面的热辐射,难以保证结构在合适的温度范围内工作。

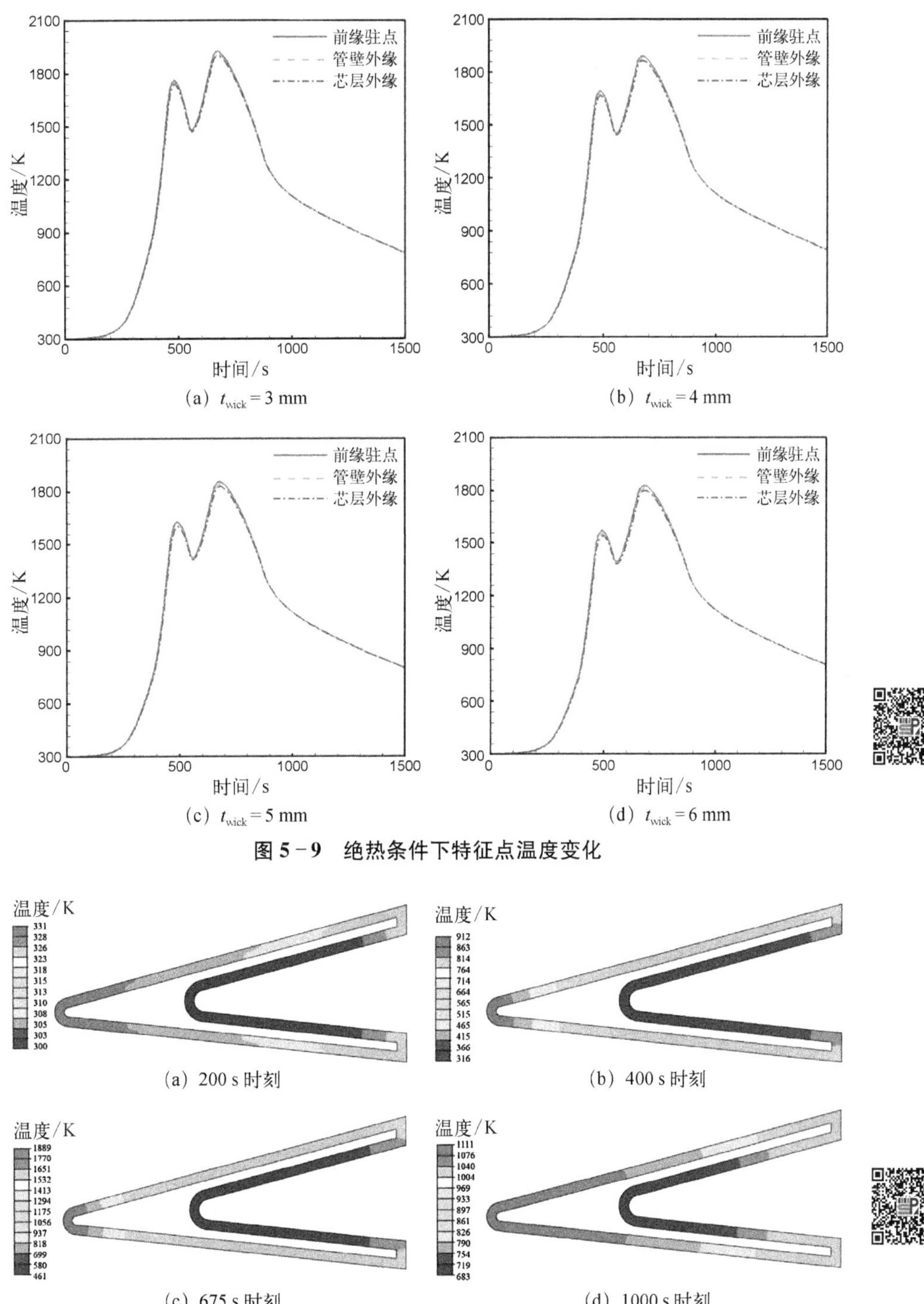

(a) $t_{wick}=3$ mm　(b) $t_{wick}=4$ mm

(c) $t_{wick}=5$ mm　(d) $t_{wick}=6$ mm

图 5－9　绝热条件下特征点温度变化

(a) 200 s 时刻　(b) 400 s 时刻

(c) 675 s 时刻　(d) 1000 s 时刻

图 5－10　绝热条件下温度云图(吸液芯厚度为 4 mm)

2. 等温温度条件

吸液芯内壁面施加 800 K 的等温温度，计算得到特征点温度变化情况如图 5-11 所示，与绝热条件下的计算结果相比，该状态下前 300 s 内与 900 s 之后的时间中，特征点温度基本维持在 800 K，这是由于实际结构温度并未达到热管的启动温度，即此处的结果中只有 300~900 s 时间段有意义。

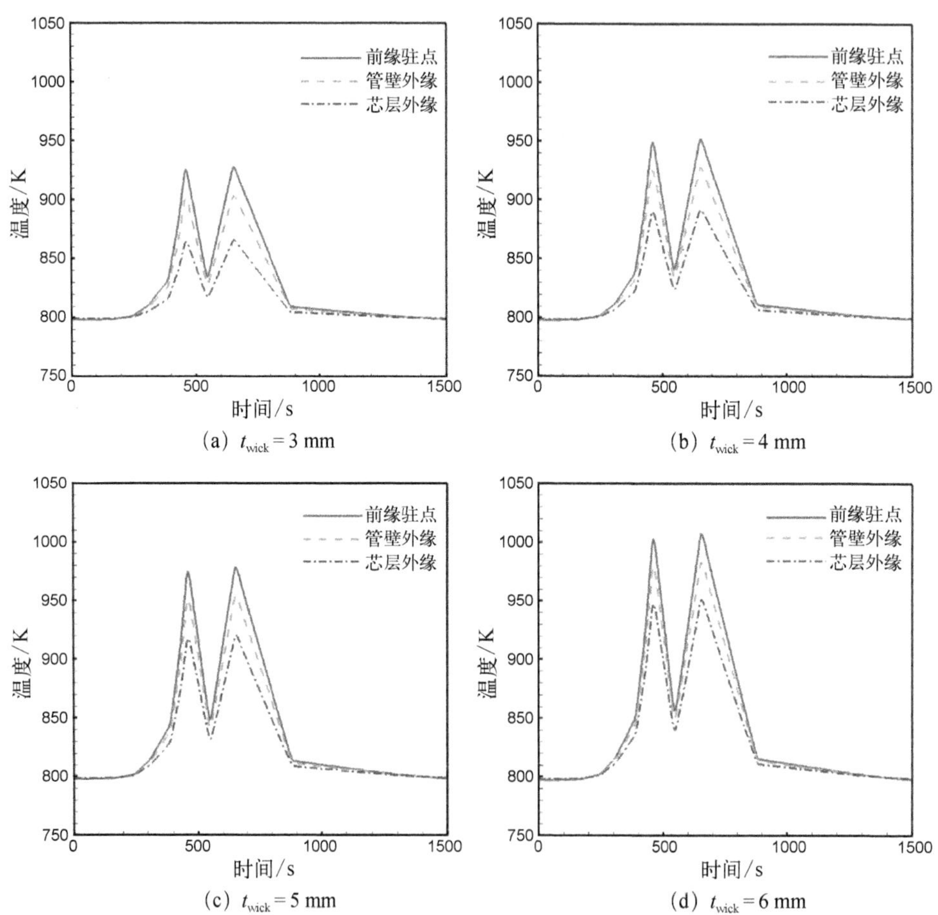

(a) $t_{\text{wick}}=3$ mm

(b) $t_{\text{wick}}=4$ mm

(c) $t_{\text{wick}}=5$ mm

(d) $t_{\text{wick}}=6$ mm

图 5-11　等温温度 800 K 条件下特征点温度变化

在等温温度边界条件下，前缘驻点的热平衡方程为

$$q=\frac{k}{t}(T_s-T_h)+\varepsilon\sigma T_s^4 \tag{5-3}$$

式中，q 为气动加热热流；t 为结构层厚度；k 为结构层等效热传导系数；T_s为驻点温度；T_h为热管等温温度；ε 为表面发射率；σ 为斯特藩-玻尔兹曼常数。根据式

(5－3)，T_s应与 q 呈正相关，对比图 5－5 中的气动热流密度，可以发现驻点温度随着热流密度的增加而增加。此外，本小节中插值点较少，温度曲线较为尖锐，而气动热流密度的结果则经过了拟合，因此显得光顺。

吸液芯厚度为 4 mm 时，不同时间前缘结构的温度云图如图 5－12 所示，与图 5－10 绝热条件下的温度云图相比可以看出，热管的导热作用明显改变了前缘结构的温度分布，有效降低了前缘驻点温度，使温度分布更加均匀，可降低结构的热应力。另外，从图 5－12(a) 中可以看出，在 200 s 时前缘结构温度尚未达到 800 K，热管并未启动，而计算时为简化操作，直接在内边界施加了恒定温度 800 K，同时由于外壁面存在辐射换热，因此图中外部温度略低于 800 K。

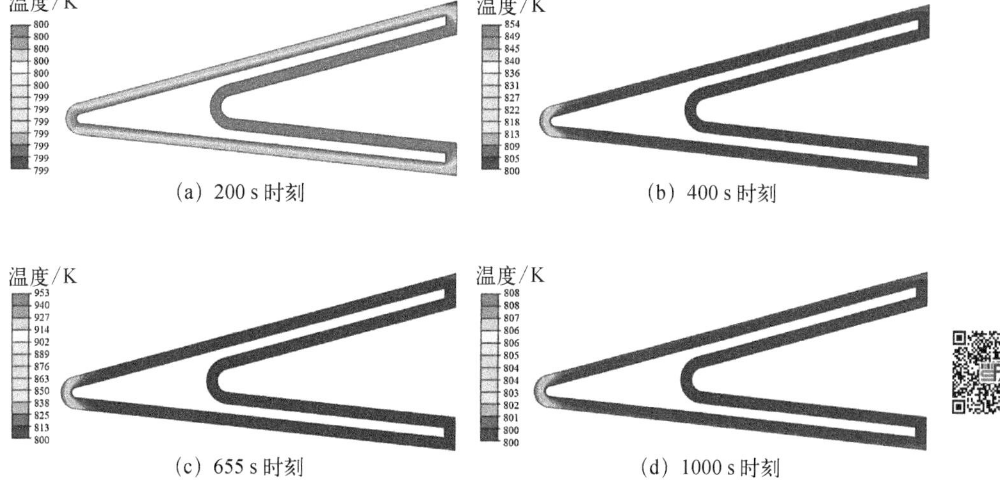

(a) 200 s 时刻　(b) 400 s 时刻

(c) 655 s 时刻　(d) 1000 s 时刻

图 5－12　吸液芯厚度 4 mm 不同时刻温度云图

吸液芯下表面施加 900 K、1 000 K 及 1 100 K 温度边界条件，计算得到特征点温度变化情况分别如图 5－13、图 5－14 及图 5－15 所示。从图中可以发现，上述条件的计算结果与等温温度 800 K 时的结果类似，仅温度初值不同，特征点温度随时间变化情况基本相同，结构温度云图亦然。

3. 分析与总结

图 5－16 为不同计算条件下，驻点温度随吸液芯厚度的变化。在绝热条件下，随着吸液芯厚度的增加，驻点温度线性减小，这是材料的隔热和热沉作用引起的；在等温温度边界条件下，驻点温度随着吸液芯厚度的增加线性增大，即在其余参数不变的情况下，增大厚度 t 将增大结构热阻，降低热管的导热效率。因此在设计热管结构时，应在保证工质流量的前提下，尽可能降低吸液芯厚度。

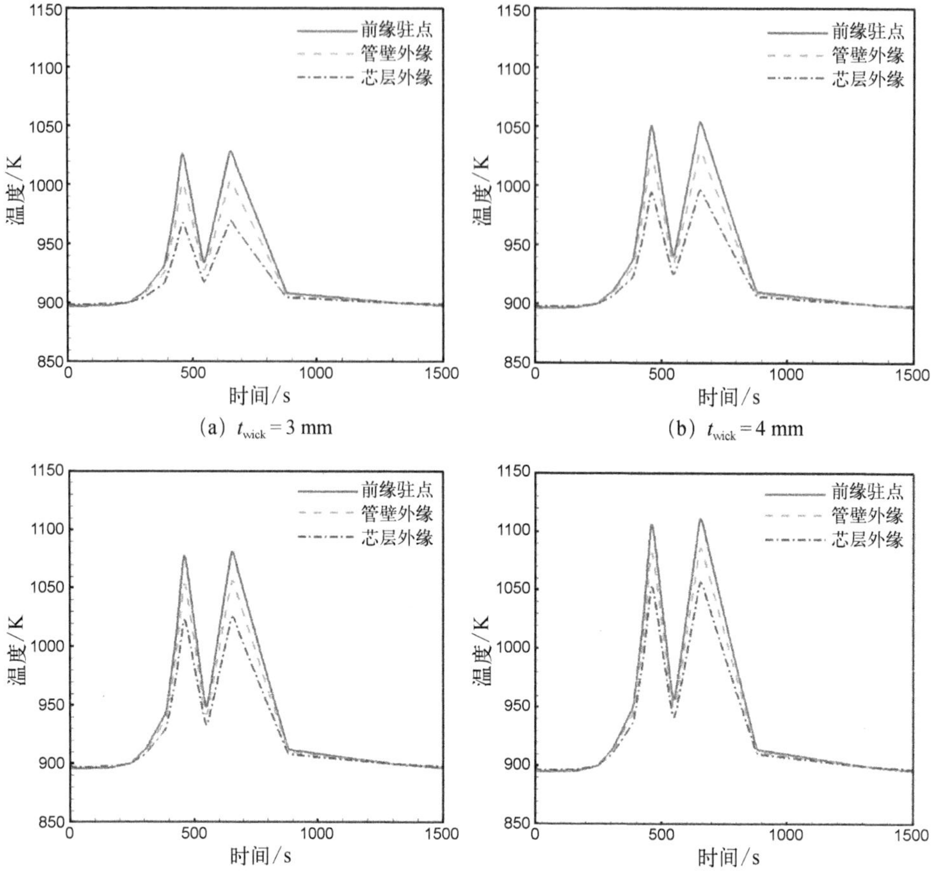

(a) $t_{wick}=3$ mm　　(b) $t_{wick}=4$ mm

(c) $t_{wick}=5$ mm　　(d) $t_{wick}=6$ mm

图 5-13　等温温度 900 K 条件下特征点温度变化

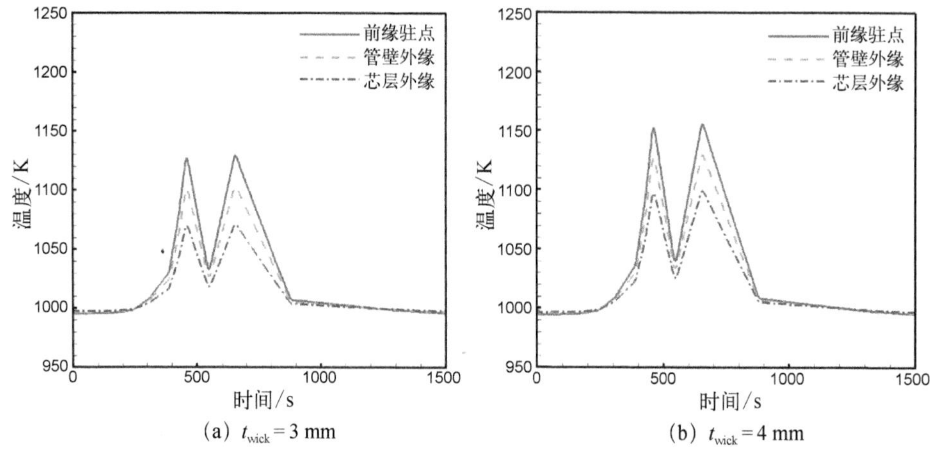

(a) $t_{wick}=3$ mm　　(b) $t_{wick}=4$ mm

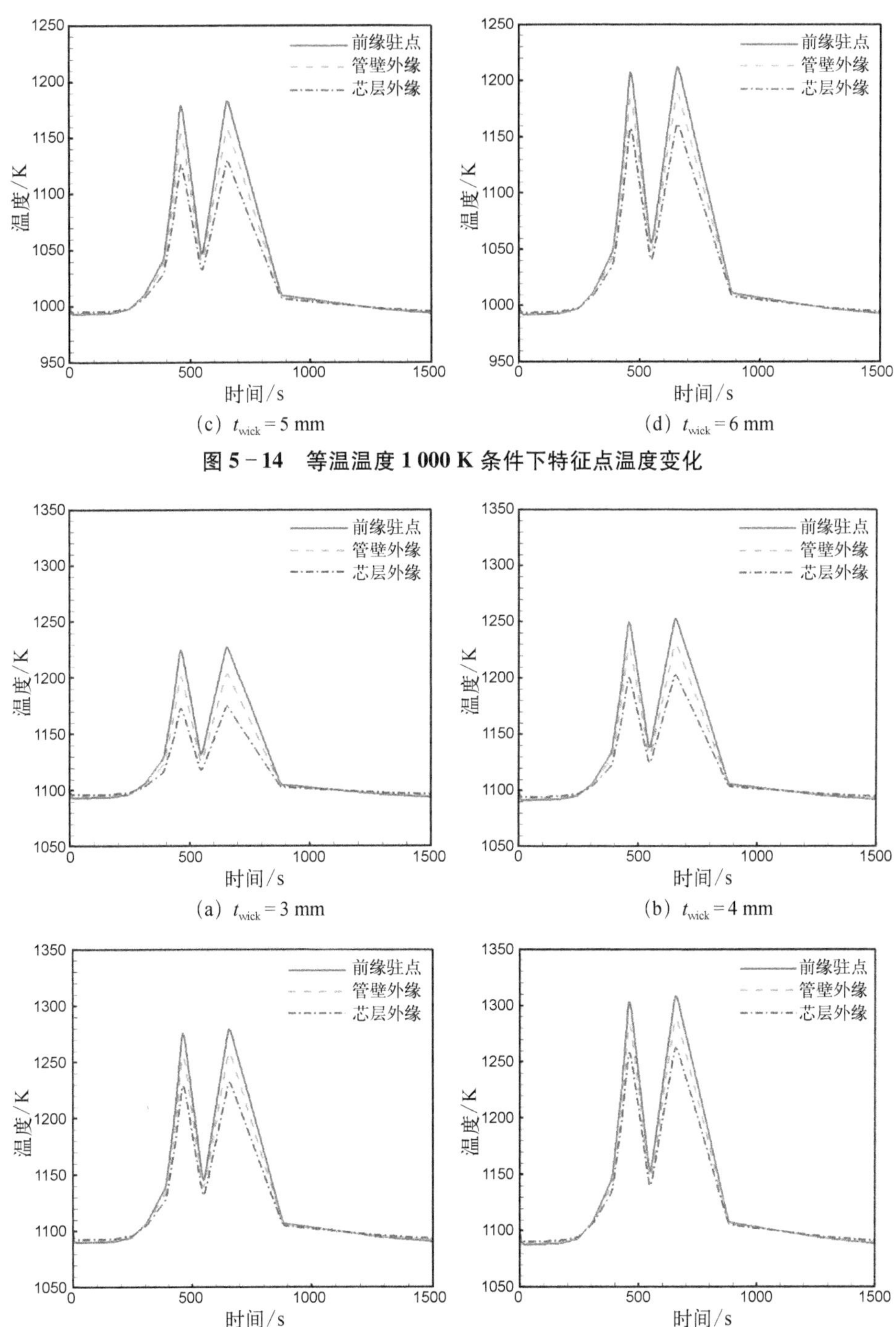

（c）t_{wick} = 5 mm　　（d）t_{wick} = 6 mm

图 5－14　等温温度 1 000 K 条件下特征点温度变化

（a）t_{wick} = 3 mm　　（b）t_{wick} = 4 mm

（c）t_{wick} = 5 mm　　（d）t_{wick} = 6 mm

图 5－15　等温温度 1 100 K 条件下特征点温度变化

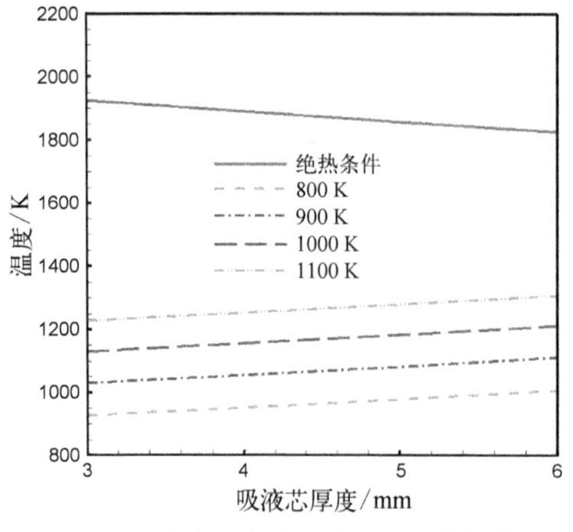

图 5-16 驻点温度随吸液芯厚度变化情况

上述结果表明，使用热管可以明显降低前缘驻点处的温度，具体数值如表 5-4 所示。使用热管后，最高温度为 1 309 K（计算状态为吸液芯厚度6 mm，等温温度 1 100 K，飞行高度 29 km，速度 $8Ma$），出现在前缘驻点处。该条件下，管壁和吸液芯最高温度分别为 1 288 K 和 1 263 K，接近高温合金温度极限 1 300 K[17]，但时间较短，1 200 K 以上持续时间约 200 s，结构不会发生严重变形或破坏，可认为满足设计需求。从表 5-4 中数据可以看出，当热管等温温度为 800 K 时，可使前缘温度下降 51.8%，当等温温度为 1 100 K 时，可以使前缘温度下降 28.4%，可见，热管具有较好的热输运效果。

表 5-4 前缘驻点最高温度

吸液芯层厚度/mm	绝热条件	等温温度条件			
		800 K	900 K	1 000 K	1 100 K
3	1 925 K	928 K	1 029 K	1 130 K	1 228 K
4	1 889 K	952 K	1 055 K	1 156 K	1 253 K
5	1 857 K	979 K	1 082 K	1 184 K	1 280 K
6	1 827 K	1 007 K	1 112 K	1 212 K	1 309 K

5.2.3 小结

本节针对高超声速飞行器前缘驻点部位，设计了一体化热管冷却结构，研究了热管对前缘处气动热的热输运作用，验证了该方案在高超声速飞行器高温区域使用的可行性，研究结果表明：理想情况下，热管可以使前缘驻点最高温度下降 28.4%以上；热管在降低驻点温度的同时，实现了温度分布的均匀化，有利于减小结构热应力；热管的冷却效果与等温温度有密切关系，在气动外形确定的情况下，在保证工质流量的同时，降低吸液芯厚度可改善热管热输运效果。

5.3　飞行器前缘对流热输运方案设计及性能评估

5.3.1　前缘对流热输运方案

本节针对飞行器前缘(前缘结构参数同 5.2 节),设计了基于对流冷却的热输运方案。图 5-17(a)为前缘对流热输运方案示意图,本节针对单个热输运通道建立了三维数值模型,研究了通道各项参数对热输运性能的影响,本节研究结果为飞行器前缘等大曲率区域的对流热输运技术研究提供了参考。如图 5-17(a)所示,热输运通道紧贴飞行器壁面,假设通道界面为矩形,长宽分别为 L 和 M,通道内的热输运工质为飞行器燃料煤油。图 5-17(b)为本研究单胞模型的建立过程示意图,由图中可以看出热输运通道平行布置,因此根据平移对称性(沿 Y_0 轴),选取其中一条通道建立数值模型,而通道本身为面对称结构(针对 Z_1 面反射),基于平移对称和反射对称性,可建立单个通道的一半作为计算区域进行数值求解,如图 5-17(b)中单胞 B 所示。

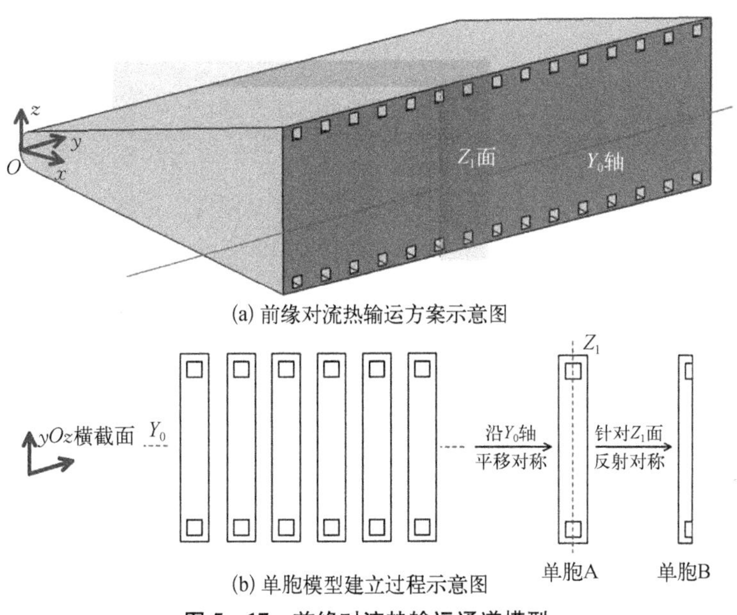

(a) 前缘对流热输运方案示意图

(b) 单胞模型建立过程示意图

图 5-17　前缘对流热输运通道模型

图 5-18 为计算区域三维示意图,如图所示,该模型包括入口、出口、内表面、外表面、对称面共 5 个边界面。另外,为了增强热输运效果,在驻点附近区域的通

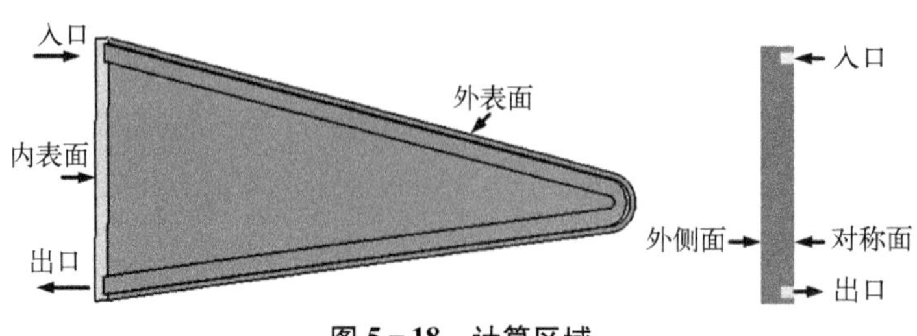

图 5-18　计算区域

道内,设置了如图 5-19 所示的涡流发生器,本节将研究涡流发生器形状、尺寸和数量对热输运性能的影响。

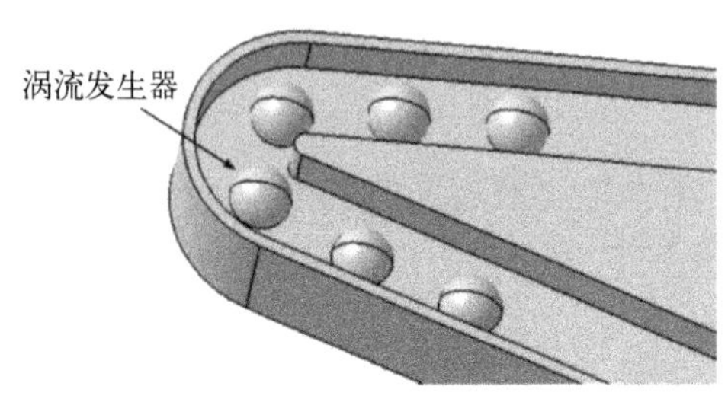

图 5-19　涡流发生器

5.3.2　数值模型

图 5-20 为模型的网格,计算区域分为流体区域和固体区域,其中流体区域选择较小的网格尺寸,以确保计算的准确性,只涉及传热的固体区域网格尺寸较大以减少计算时间,网格数量为 100 万左右,本节研究结果进行了网格独立性验证。图 5-20 中,放大展示了前缘驻点处固体区域的网格,上、下两图分别为通道无涡流发生器和有涡流发生器的模型。为保证计算精度,在冷却通道内靠近壁面处生成棱柱层网格,对近壁面处的网格进行加密,其具体尺寸设置如表 5-5 所示。

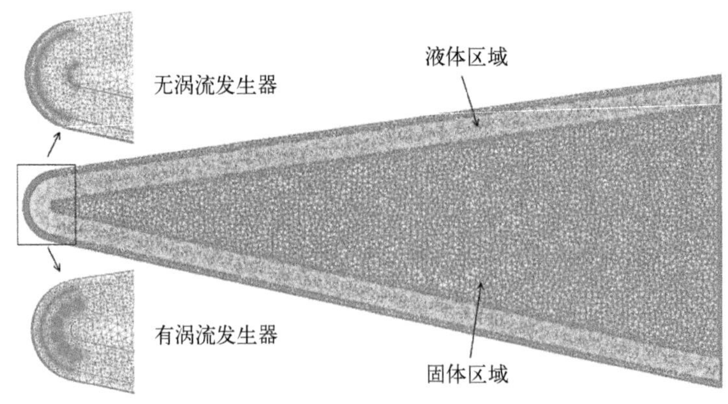

图 5-20　前缘对流热输运模型网格划分

本研究基于 FLUENT 进行流动传热的数值计算,研究了不同参数的涡流发生器对管道内流动及传热特性的影响。本研究采取以下假设: ① 管道内的流动

表 5-5　网格设置

最大网格尺寸	1 mm
第一层边界层网格尺寸	0.000 1 mm
边界层数量	20
边界层网格增长比率	1.2

为三维、定常、不可压缩的无相变流；② 流场内流体均匀连续，各项同性；③ 温度小幅度变化时，流体以及固体结构的物性不随温度变化而改变；④ 忽略管道壁面的不光滑对传热的影响以及污垢等带来的热阻。

本模型中，外表面边界条件为气动热流密度和辐射，其中气动热流密度为 860 kW/m^2（驻点处最大热流密度），表面发射率为 0.5，环境温度 300 K；通道入口为质量流量，入口工质初始温度为 300 K，通道出口为 outflow（出口处流动充分发展，速度在流动方向上的导数为 0），结构内表面、外侧面为绝热条件，对称面为对称边界条件，冷却工质为煤油。本研究中，湍流模型选用 SST $k-\omega$ 模型。

5.3.3　结果分析

5.3.3.1　无涡流发生器

图 5-21 为前缘固体区域温度分布，图 5-21(a)、(b)、(c)和(d)分别是工质流量为 0.05 kg/s、0.1 kg/s、0.15 kg/s 和 0.2 kg/s 情况下的计算结果。图 5-21 右侧为前缘外表面温度分布，从图中可以看出，最高温区域出现在驻点处，随着

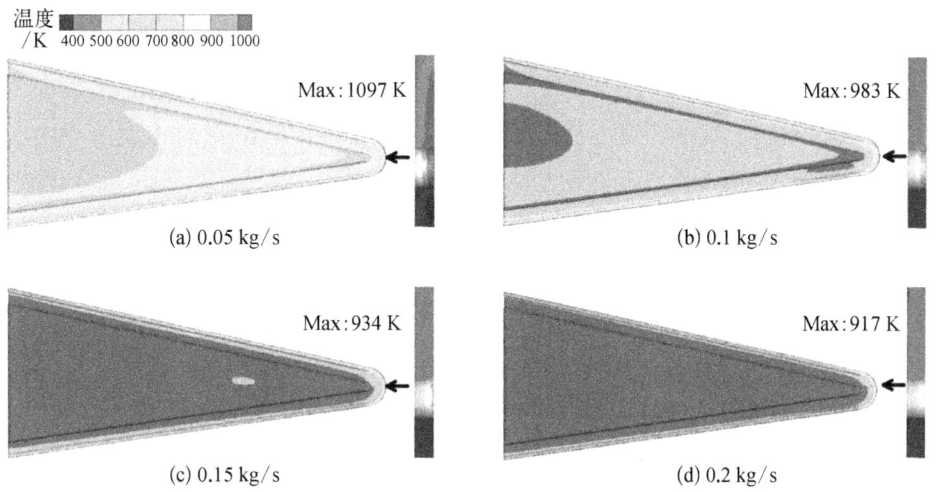

(a) 0.05 kg/s　(b) 0.1 kg/s　(c) 0.15 kg/s　(d) 0.2 kg/s

图 5-21　前缘固体区域温度分布(无涡流发生器)

工质流量的增加,固体区域的温度逐渐降低,驻点处最高温度分别为 1 097 K、983 K、934 K 和 917 K,降低趋势逐渐放缓。图 5-22(a)、(b)、(c)和(d)分别为工质流量为 0.05 kg/s、0.1 kg/s、0.15 kg/s 和 0.2 kg/s 情况下的流体区域温度分布,图中右侧为紧贴通道上壁面的边界层流体温度分布,从图中可以看出,大部分区域的工质温度较低,处于 300~400 K,但贴近壁面处的工质温度较高,随着工质流量的增加,工质温度尤其是紧贴壁面处的工质温度逐渐降低,四种流量情况下的工质最高温分别为 801 K、636 K、562 K 和 523 K,降低趋势逐渐放缓。

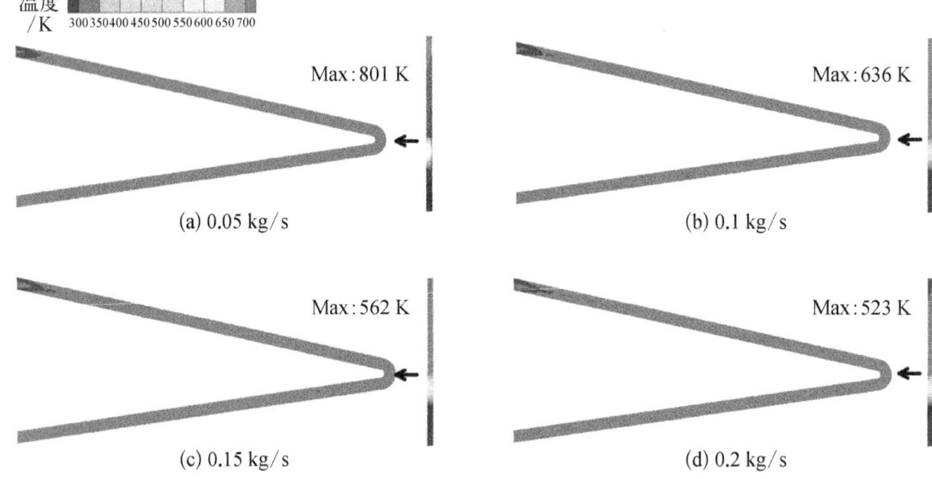

(a) 0.05 kg/s　(b) 0.1 kg/s　(c) 0.15 kg/s　(d) 0.2 kg/s

图 5-22　前缘热输运通道流体区域温度分布(无涡流发生器)

图 5-23(a)、(b)、(c)和(d)分别为工质流量为 0.05 kg/s、0.1 kg/s、0.15 kg/s 和 0.2 kg/s 情况下,计算获得的近驻点区域处通道底部截面(对称面向 y 方向 2.5 mm)上流体的温度及工质流线,从图中可以看出,随着工质流量的增加,工质温度逐渐降低。工质流过前缘驻点弯折处后,靠近外侧壁面流动,将在

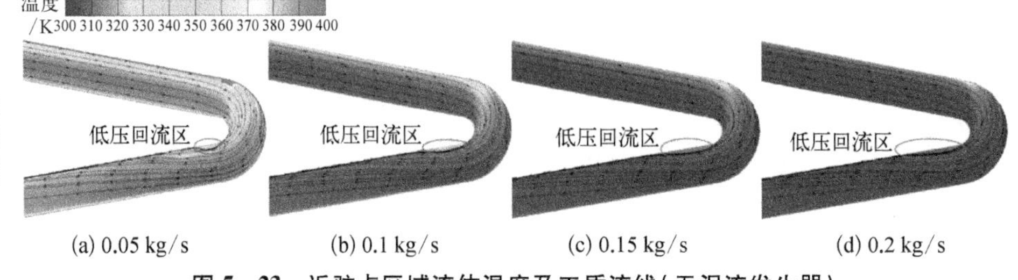

(a) 0.05 kg/s　(b) 0.1 kg/s　(c) 0.15 kg/s　(d) 0.2 kg/s

图 5-23　近驻点区域流体温度及工质流线(无涡流发生器)

靠近内侧壁面处形成低压回流区，该回流区域会使通道下游的通道截面积减小，增加通道内的流动阻力。

表 5 - 6 为不同工质流速下热输运通道出入口温差、驻点最高温度及进出口压差，从表 5 - 6 可以看出，当通道结构形式固定时，工质流量越大，出入口工质温差和驻点最高温度逐渐降低，而进出口压差则逐渐增加，可见，随着工质流量的增加，热输运效果增强，但成本也相应增加。

表 5 - 6　工质出入口温差、驻点最高温度及压差（无涡流发生器）

流速/(kg/s)	出入口温差/K	驻点最高温度/K	进出口压差/Pa
0.05	38.6	1 097	25 476
0.10	18.9	983	66 977
0.15	12.3	934	135 760
0.20	9.1	917	231 357

5.3.3.2　有涡流发生器

为加强冷却通道换热效果，在热输运通道弯折处添加涡流发生器来强化换热，其主要原理是通过涡流发生器在结构上的突然改变，导致原有流场中的流动发生变化，逐渐形成二次流（环流，回流）冲击近壁面流体以及主流区的流体，从而破坏原本稳定的边界层，以较小的流动损失形成流体间的强扰动，从而实现更高的换热效率。本研究方案中涡流发生器从前缘驻点位置向两侧对称布置，本节研究了 6 个半球和矩形状涡流发生器的方案（图 5 - 19 为 6 个半球状涡流发生器示意图）。

图 5 - 24 为 6 个涡流发生器下计算获得的前缘固体区域温度分布，图 5 - 24(a)、(b)、(c)和(d)分别为工质流量为 0.05 kg/s、0.1 kg/s、0.15 kg/s 和 0.2 kg/s 情况下的计算结果。图中右侧为前缘外表面温度分布，从图中可以看出，最高温区域出现在驻点处，随着工质流量的增加，固体区域的温度逐渐降低，驻点处最高温度分别为 1 076 K、977 K、936 K 和 913 K，降低趋势逐渐放缓。比较图 5 - 21 与图 5 - 24，可以看出，添加涡流发生器后，前缘驻点最高温度有所降低（除了工质流量为 0.15 kg/s 情况下两者计算结果接近），且在工质流量较低时，具有更好的强化换热效果。

图 5 - 25(a)、(b)、(c) 和 (d) 分别为工质流量为 0.05 kg/s、0.1 kg/s、0.15 kg/s 和 0.2 kg/s 情况下的流体区域温度分布，图中右侧为紧贴通道上壁

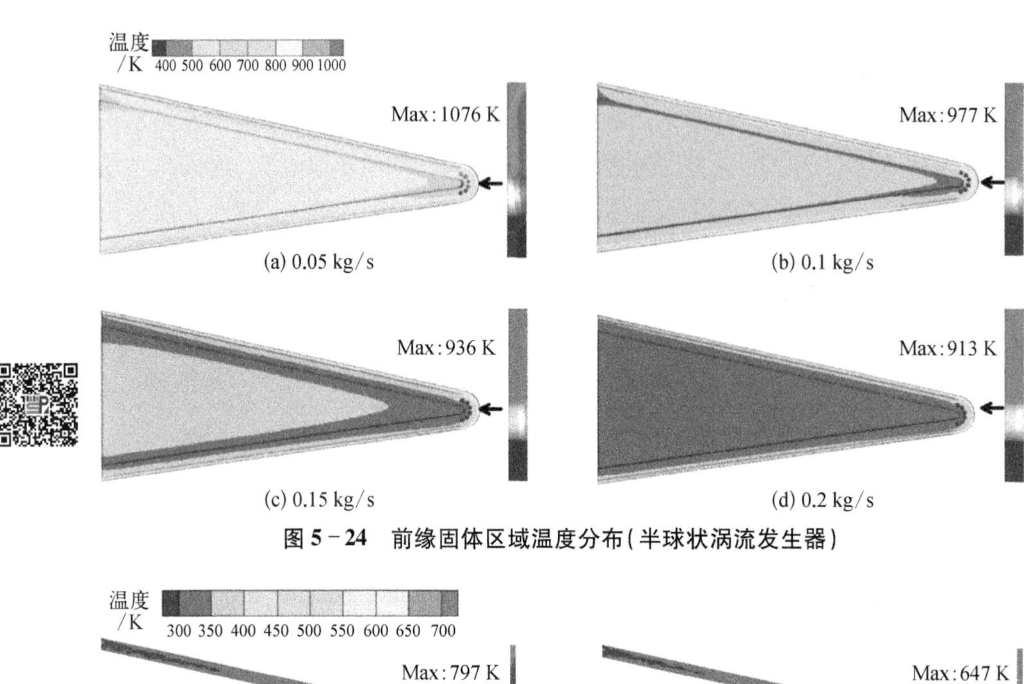

(a) 0.05 kg/s (b) 0.1 kg/s

(c) 0.15 kg/s (d) 0.2 kg/s

图 5-24 前缘固体区域温度分布(半球状涡流发生器)

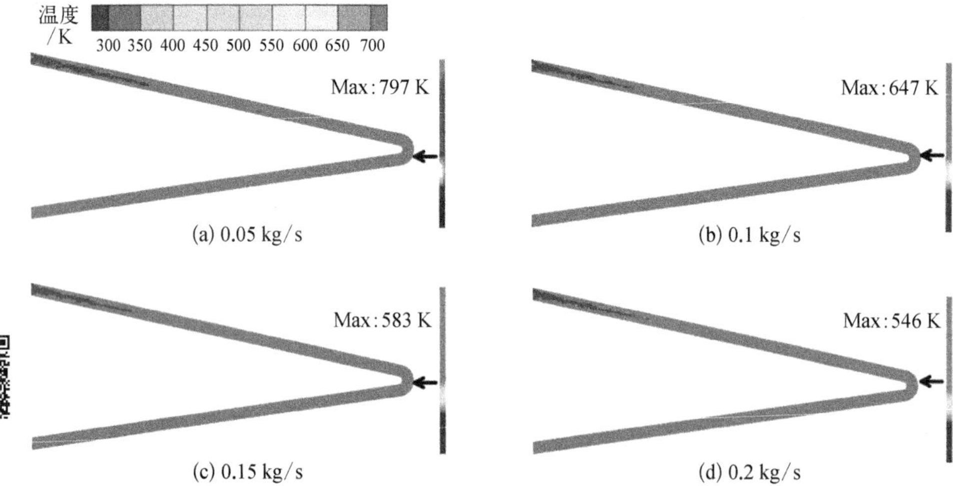

(a) 0.05 kg/s (b) 0.1 kg/s

(c) 0.15 kg/s (d) 0.2 kg/s

图 5-25 前缘热输运通道流体区域温度分布(半球状涡流发生器)

面的边界层流体温度分布,从图中可以看出,大部分区域的工质温度较低,处于 300~400 K,但贴近壁面处的工质温度较高,随着工质流量的增加,工质温度尤其是紧贴壁面处的工质温度逐渐降低,四种流量情况下的工质最高温分别为 797 K、647 K、583 K 和 546 K,降低趋势逐渐放缓。比较图 5-22 和图 5-25 可以看出,添加涡流发生器后,流体最高温度有所升高(除了工质流量为 0.05 kg/s 情况下两者计算结果接近),表明工质与壁面间的换热更剧烈。

图 5-26(a)、(b)、(c)和(d)分别为工质流量为 0.05 kg/s、0.1 kg/s、0.15 kg/s 和 0.2 kg/s 情况下，计算获得的近驻点区域处通道底部截面(对称面向 y 方向 2.5 mm)上流体的温度及工质流线，从图中可以看出，随着工质流量的增加，工质温度逐渐降低。工质流过前缘驻点弯折处后，绕过涡流发生器流动，不会在靠近内侧壁面处形成低压回流区。

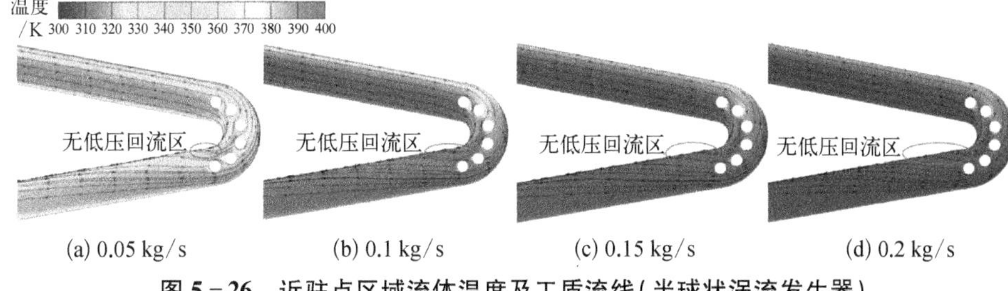

图 5-26　近驻点区域流体温度及工质流线(半球状涡流发生器)

图 5-27(a)和(b)分别为 6 个矩形状涡流发生器、工质流量为 0.1 kg/s 情况下，计算获得的前缘固体区域和通道流体区域的温度分布。图 5-27(a)和(b)分别与图 5-24 和图 5-25 比较，可以看出，温度分布非常相似，但涡流发生器为矩形的情况下，固体和流体最高温度都有所降低。

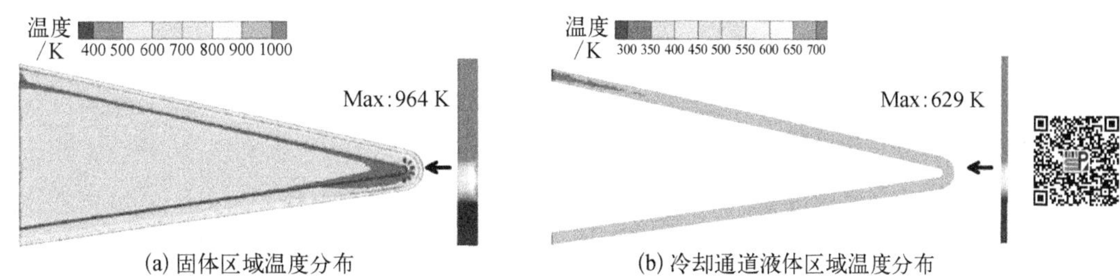

图 5-27　矩形状涡流发生器固体及流体温度(0.1 kg/s)

表 5-7 为不同工质流速下热输运通道出入口温差、驻点最高温度及进出口压差，从表 5-7 中可以看出，当通道结构形式固定时，工质流量越大，出入口工质温差和驻点最高温度逐渐降低，而进出口压差则逐渐增加，可见，随着工质流量的增加，热输运效果增强，但成本也相应增加。另外，比较表 5-6 和表 5-7 可知，随着通道中加入了涡流发生器，驻点最高温度降低，且随着工质流量的增加，降低趋势放缓，驻点温度逐渐趋同，而工质出入口温差及进出口压差都有所增加，表明涡流发生器在增强热输运效果的同时增加了热输运成本。

表 5-7 工质出入口温差、驻点最高温度及压差

涡流发生器	流速/(kg/s)	出入口温差/K	驻点最高温度/K	进出口压差/Pa
半球状(6个)	0.05	40.4	1 076	27 029
	0.10	19.2	977	71 394
	0.15	12.6	936	142 097
	0.20	9.3	913	237 553
矩形状(6个)	0.10	19.1	964	111 304

5.4 小结

本章针对高超声速飞行器前缘,设计了基于热管和工质对流的热输运方案,分别进行了传热和热输运性能分析,研究结果为高超声速飞行器大曲率结构的热输运提供参考。针对热管方案,设计了前缘一体化热管结构,研究了等温温度、吸液芯层厚度对热输运效果的影响,研究结果表明:理想情况下,热管可以使前缘驻点最高温度下降28.4%以上;热管在降低驻点温度的同时,实现了温度分布的均匀化,有利于减小结构热应力;热管的冷却效果与等温温度有密切关系,在气动外形确定的情况下,在保证工质流量的同时,降低吸液芯厚度可提高热管冷却效果。针对对流方案,建立了光滑热输运通道及含有涡流发生器的热输运通道数值模型,分析了不同工质流量对热输运性能的影响规律,研究结果表明:当工质质量流量大于0.5 kg/s 时,前缘温度将降至1 100 K 以下;随着工质流量的增加,前缘温度逐渐降低,降低趋势逐渐减缓;对流热输运通道内布置涡流发生器将提升热输运性能,但也将增加成本。

参考文献

[1] 陈连忠,欧东斌.高温热管在热防护中应用初探[J].实验流体力学,2010,3(1):51-54.

[2] Glass D E. Heat-Pipe-Cooled leading edges for hypersonic vehicles[C]. Santa Barbara: Workshop on Materials and Structures for Hypersonic Flight, 2006.

[3] Glass D E, Camarda C J. Fabrication and testing of Mo-Re heat pipes embedded in carbon/carbon[J]. Journal of Spacecraft & Rockets, 1999, 36(1): 79-86.

[4] 艾邦成,陈思员,韩海涛,等.复杂构型前缘疏导热防护技术[J].气体物理,2019,4(1):1-7.

[5] 雷智博,曹建光,董丽宁,等.航天器热管理高导热材料应用研究[J].中国材料进展,

2018,37(12):1039－1046.

[6] 孙健,刘伟强.疏导式结构在头锥热防护中的应用[J].物理学报,2012,61(17):332－338.

[7] Bills J D, Crowe D S, Rutledge J L, et al. Modeling fuel film cooling on a flat plate[J]. Journal of Thermophysics & Heat Transfer, 2018, 32(3): 736－746.

[8] Glass D E. Ceramic matrix composite (CMC) thermal protection systems (TPS) and hot structures for hypersonic vehicles[C]. Dayton: 15th AIAA International Space Planes and Hypersonic Systems and Technologies Conference, 2008.

[9] 景婷婷,何国强,侯志远,等.RBCC 燃料支板主动冷却的换热特性研究[J].西北工业大学学报,2018,36(5):919－925.

[10] Liu P, Zheng N, Shan F, et al. Numerical study on characteristics of heat transfer and friction factor in a circular tube with central slant rods[J]. International Journal of Heat and Mass Transfer, 2016, 99: 268－282.

[11] Tu W, Tang Y, Hu J Y. Heat transfer and friction characteristics of laminar flow through a circular tube with small pipe inserts[J]. International Journal of Thermal Sciences, 2015, 96: 94－101.

[12] Deshmukh P W, Prabhu S V, Vedula R P. Heat transfer enhancement for laminar flow in tubes using curved delta wing vortex generator inserts[J]. Applied Thermal Engineering, 2016, 106: 1415－1426.

[13] Marley C D, Driscolly J F. Modeling an active and passive thermal protection system for a hypersonic vehicle[C]. Grapevine: 55th AIAA Aerospace Sciences Meeting, 2017.

[14] Gou J J, Chang Y, Yan Z W, et al. The design of thermal management system for hypersonic launch vehicles based on active cooling networks[J]. Applied Thermal Engineering, 2019, 159: 113938.

[15] 胡嘉欣.可重复使用 RBCC 运载器主要部位热防护方案研究[D].西安:西北工业大学,2019.

[16] Reay D A, Kew P A, Mcglen R J. Heat pipes: theory, design and applications[M]. 6th ed. Boston: Butterworth Heinemann Press, 2014.

[17]《中国航空材料手册》委员会.中国航空材料手册[M].北京:中国标准出版社,2002.

[18] Anon. Heat pipes-general information on their use, operation and design[M]. London: Engineering Sciences Data Unit, 1980.

第 6 章

飞行器大面积区域对流热输运网络设计

6.1 前言

针对高超声速飞行器前缘、进气道唇口等关键部位，利用热管或对流冷却等技术将热能快速输运至安全区域，可以保证飞行器安全。而对于迎风面和背风面的大面积区域，通常以被动防隔热技术为主，依靠热防护系统表面的热辐射耗散热能，实现机体结构和舱内环境的安全。随着高超声速机体/动力一体化设计及可重复使用需求的发展，针对机体大面积区域气动热的主动管理以及机体/动力系统的热能一体化管理成为关键技术之一。目前，动力系统广泛使用的主动热管理手段为再生冷却技术，依靠燃料工质与热壁面间的对流换热，实现壁面冷却，并通过冷却管道实现热能输运和再生利用。因此，针对高超声速飞行器大面积区域，开展对流热输运网络设计和气动热能的精细管理，有利于机体/动力系统的一体化管理及飞行器热管理系统的低冗余设计。

目前，大部分对流热输运方案的设计中，以气动热流密度为边界条件，而该气动热基于辐射平衡模型[公式(2-7)]计算获得，未考虑对流热输运子系统带走的热能。事实上，在被动热防护系统下设置对流热输运子系统后，会降低壁面温度，进而增大气动热流密度；另一方面，参考公式(2-6)，对流热输运网络的热容量需求取决于气动加热壁面温度和等效传热系数。因此，在进行飞行器被动热防护系统和主动对流热输运网络设计时，必须考虑气动热计算与对流热输运网络设计的双向关系。

6.2　对流热输运网络设计方法

通常,给定等效传热系数后,计算获得气动热流密度、壁面温度,设计得到被动热防护系统,基于等效传热系数和壁面温度计算获得输运热量。公式(6－1)为输运热量与工质质量流量及工质温升之间的关系。

$$Q = c_p m_f \Delta T_c \tag{6-1}$$

式中,Q 为对流热输运系统带走的热量,基于等效传热系数和气动加热壁面温度计算获得;c_p为冷却工质的比定压热容;m_f为工质质量流量;ΔT_c 为工质经过冷却通道后的温升。根据公式(6－1),可以获得飞行器不同区域所需的工质质量流量与工质温升之积。通过迭代设计确定最终的等效传热系数、被动热防护系统及相应的热输运网络。

根据飞行器结构及舱内环境的温度控制要求,通常可获得最大工质温升 $\Delta T_{c-\max-d}$,因此,实际对流热输运网络需要满足两个条件:

$$\begin{aligned} m_f \Delta T_c &\geqslant Q/c_p \\ \Delta T_c &\leqslant \Delta T_{c-\max-d} \end{aligned} \tag{6-2}$$

即热容量需要大于设计值,而工质温升需要小于设计值。

基于公式(6－1),可获得最小的工质流量 $m_{f-\min-d}$:

$$m_{f-\min-d} = Q/(c_p \Delta T_{c-\max-d}) \tag{6-3}$$

对于实际的热输运方案而言,若工质质量流量小于 $m_{f-\min-d}$,则该方案无法满足热容量需求;而对于工质质量流量等于或大于 $m_{f-\min-d}$的情况,还需要获得实际的工质温升 ΔT_c,以判断是否满足公式(6－2)中的热容量需求。因此,公式(6－3)给出了对流热输运网络工质质量流量的最小设计值 $m_{f-\min-d}$,但实际方案中,所需的最小工质流量 $m_{f-\min}$将大于或等于 $m_{f-\min-d}$,需要借助于数值计算或实验测量确定,针对此问题,本章基于 CFD 数值计算、公式(6－1)~公式(6－3),提出了对流热输运网络热容量的计算及最小工质流量的确定方法,详见后续章节。

6.3　高超声速巡飞器对流热输运网络设计

6.3.1　飞行器及热输运工质

高超声速巡航飞行器如图 6－1 所示,该飞行器长约 15 m,翼展约 6 m,高度为 3.2 m。飞行器巡航高度为 26 km，速度 6.02Ma，攻角为 2.7°。飞行器表面分为 20 个子区域，本章将针对各子区域进行被动热防护系统及对流热输运网络设计，各子区域的描述及面积见表 6－1。从图 6－1 和表 6－1 中可以看出，L_F为机体前缘，面积为 0.5 m^2；F_{I-L}、F_{II-L}和 F_{III-L}为机体背风面三个子区域，面积分别为 6.7 m^2、1.9 m^{2}和 22.9 m^2；F_{I-S}、F_{II-S}和 F_{III-S}为机体侧面三个子区域，面积分别为 0.8 m^2、0.9 m^{2}和 14.8 m^2；F_{I-W}为机体迎风面 I 子区域，面积为 3.6 m^2；C_I、C_{II}和 C_{III}为压缩面，面积分别为 3.1 m^2、1.9 m^{2}和 3.1 m^2；P_{I-S}、P_{II-S}和 P_{III-S}为推进系统侧面三个子区域，面积分别为 1.4 m^2、7.4 m^{2}和 6.3 m^2；P_{I-W}、P_{II-W}和 P_{III-W}为推进系统迎风面三个子区域，面积分别为 2.4 m^2、13.1 m^{2}和 2.6 m^2；W_L和 W_W为机翼背风面及迎风面，面积分别为 21.0 m^{2}和 20.3 m^2；V_F为垂直翼的表面，面积为 11.2 m^2。飞行器表面总面积为 145.9 m^2。每个子区域中，被动热防护子系统及对流热输运容量，都按照区域内最保守节点的值进行设计。

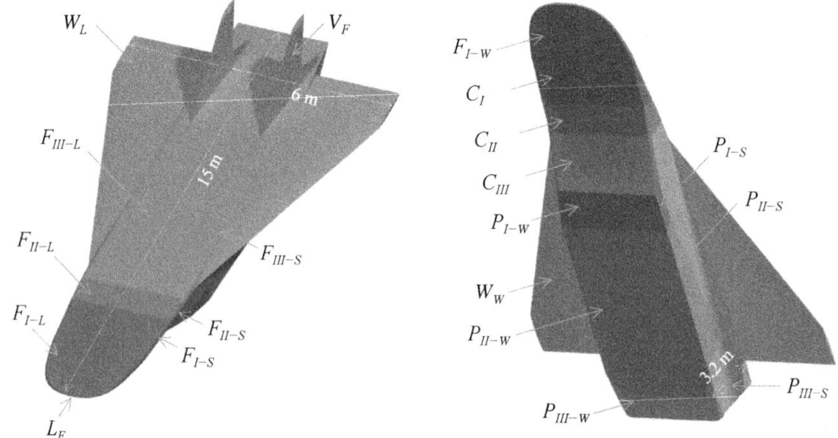

图 6－1　巡飞器及其表面分区

表 6－1　飞行器表面子区域

符　号	飞行器表面区域	面积/m^2
L_F	机体前缘	0.5
F_{I-L}、F_{II-L}、F_{III-L}	机体背风面 I、II 和 III	6.7、1.9、22.9
F_{I-S}、F_{II-S}、F_{III-S}	机体侧面 I、II 和 III	0.8、0.9、14.8
F_{I-W}	机体迎风面 I	3.6
C_I、C_{II}、C_{III}	进气道压缩面 I、II 和 III	3.1、1.9、3.1
P_{I-S}、P_{II-S}、P_{III-S}	推进系统侧面 I、II 和 III	1.4、7.4、6.3

（续表）

符　号	飞行器表面区域	面积/m^2
P_{I-W}、P_{II-W}、P_{III-W}	推进系统迎风面 I、II 和 III	2.4、13.1、2.6
W_L、W_W	机翼背风面、迎风面	21.0、20.3
V_F	垂直翼面	11.2
总面积		145.9

本章中，采用碳氢燃料和液氢燃料作为输运工质，其热物性分别如图 6－2(a)

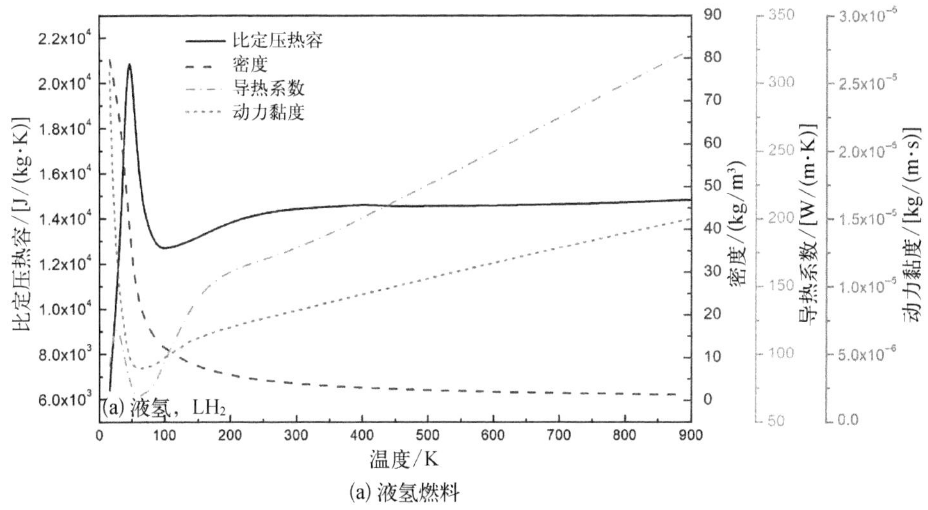

(a) 液氢燃料

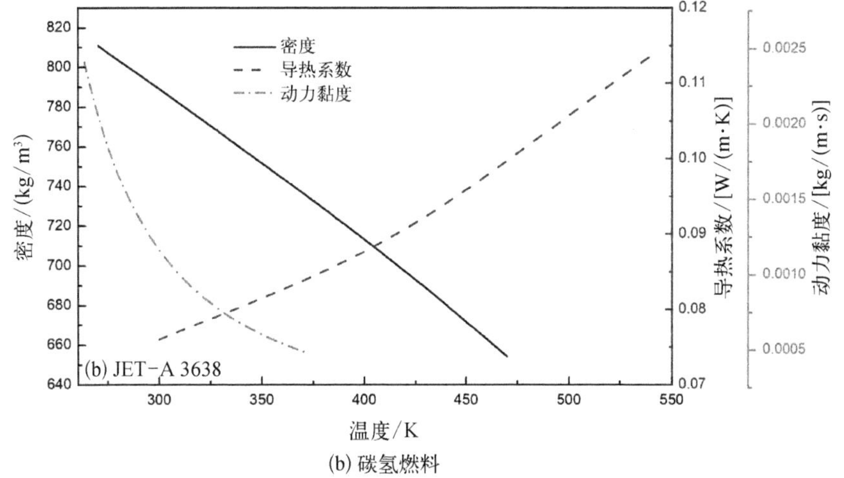

(b) 碳氢燃料

图 6－2　工质物性

及图 6－2(b)所示。图中，LH_2为液氢，采用文献[1]中 5 MPa 压力下的物性，而氢的临界压力为 1.3 MPa，因此在本研究的数值计算中，没有气液两相区域；碳氢燃料采用 JET－A 3638，物性参考文献[2]，比热容采用 JP－8 的比热，其值为 2 188 J/(kg·K)。

6.3.2 热防护-对流热输运数值模型

如前所述，基于公式(6－1)～公式(6－3)，可以获得热容量需求及工质质量流量最小的设计值 $m_{f-\min-d}$，而实际方案中，工质流量最小值 $m_{f-\min}$将大于或等于 $m_{f-\min-d}$，需要额外借助于数值计算或实验测量获得。为了确定对流热输运网络的最小工质流量，本节针对机体背风面子区域 F_{II-L}和 F_{III-L}建立了二维 CFD 模型，基于数值计算及公式(6－1)～公式(6－3)获得子区域 F_{II-L}和 F_{III-L}热输运方案的最小质量流量需求。

图 6－3(a)和(b)分别为计算区域及网格。如图 6－3(a)所示，热输运通道上部分为 AFRSI 热防护概念，由厚度为 0.254 mm 的 C9 涂层(二氧化硅胶、研磨粉及异丙醇组成的高温陶瓷涂层[3])、厚度为 0.279 4 mm 的 AB312(铝硼硅酸盐纤维)、厚度为 t_0的 Q－纤维毡(二氧化硅织物)、厚度为 0.228 6 mm 的 AB312，以

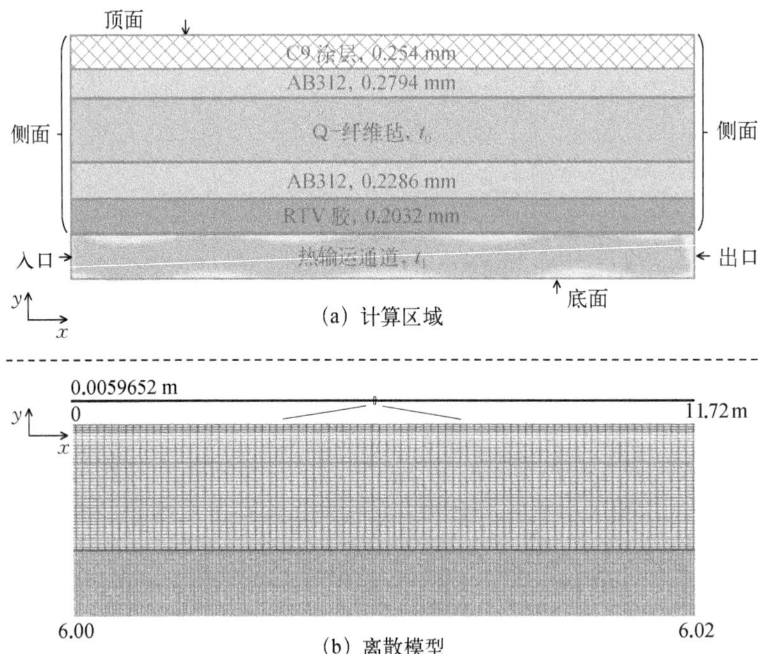

(a) 计算区域

(b) 离散模型

图 6－3 热防护-对流热输运数值模型

及厚度为 0.203 2 mm 的 RTV 胶(室温硫化)组成。热输运通道的高度为 t_1,位于被动热防护概念的底部。Q-纤维毡为隔热层,其厚度 t_0 通常作为被动热防护系统的设计参数,本研究中,针对区域 F_{II-L} 和 F_{III-L},等效传热系数 h_{eq} = 2 W/(m^2·K)的情况下,t_0 = 3 mm。另外,本研究中,t_1 分别假定为 1 mm、2 mm 和 3 mm。计算区域在 x 方向上的长度为 F_{II-L} 和 F_{III-L} 的实际长度,其值为 11 720 mm。

图 6-3(b)为计算区域的离散模型,图中下部分为 x=6~6.02 m 区域放大的离散网格。不同的颜色表示图 6-3(a)中的不同区域,相比于固体各区域,流体区域的网格更细(绿色区域),模型的网格数量约为 6×10^6。本研究基于 FLUENT 软件,鉴于模型的长宽比较大,采用双精度方法进行计算。

如图 6-3(a)所示,计算区域的边界可以分为顶面、侧面、底面、入口及出口。边界条件见表 6-2。如表 6-2 中所示,顶面的热流密度为气动热流密度及热辐射(发射率 0.8,环境温度 300 K),侧面和底面为绝热,液氢(LH_2)和碳氢燃料(JET-A)的入口温度分别为 15 K 和 280 K,侧面和底面为绝热边界条件,流体区域的入口速度为质量流量。

表 6-2　热防护-热输运数值模型边界条件

边　界	热边界条件	运动边界条件
顶面	$q = q_{aero} - q_{rad}$	—
侧面	$q=0$	—
底面	$q=0$	—
入口	T=15 K, LH_2 T=280 K, JET-A	质量流量
出口	—	outflow

6.3.3　结果与分析

6.3.3.1　气动热及对流输运热

本研究中,基于公式(2-12)所述的热平衡方程,进行气动热计算及对流热输运网络的设计。图 6-4(a)和(b)分别为背风面和迎风面,气动加热的壁面温度和热量(热流密度与时间的积分),图中等效传热系数分别为 h_{eq}=0 W/(m^2·K)、0.1 W/(m^2·K)、1 W/(m^2·K)、2 W/(m^2·K)、5 W/(m^2·K)、10 W/(m^2·K)、15 W/(m^2·K)和 20 W/(m^2·K),云图为壁面温度,而白色的轮廓线则为气动热量。从图 6-4(a)中可以看出,背风面温度和热量从机体前缘处向尾部逐渐降低，从图 6－4(b)可以看出，迎风面温度和热量从前缘处开始逐步降低，但在第三级压缩面附近(斜率较大)出现高温区域。从图中可以看出，随着等效传热

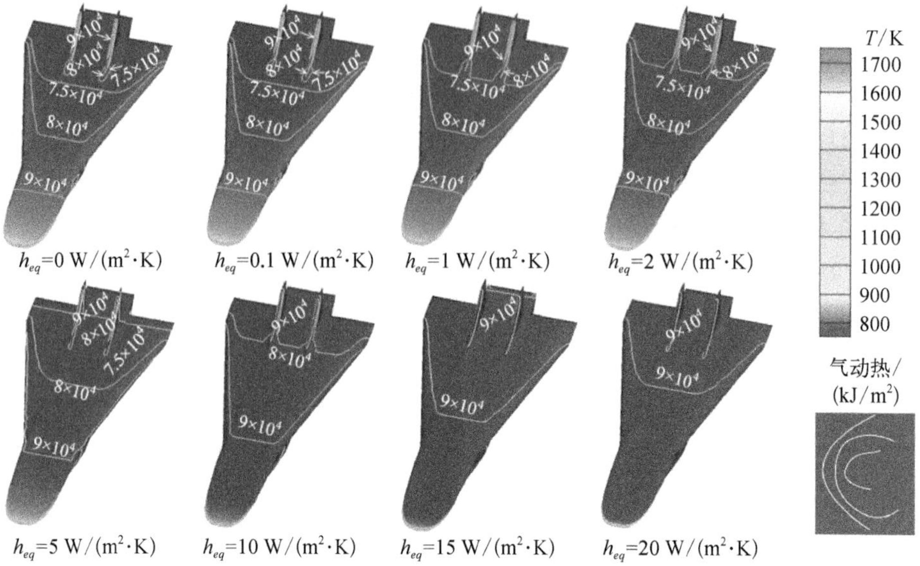
h_{eq}=0 W/(m²·K)
h_{eq}=0.1 W/(m²·K)
h_{eq}=1 W/(m²·K)
h_{eq}=2 W/(m²·K)
h_{eq}=5 W/(m²·K)
h_{eq}=10 W/(m²·K)
h_{eq}=15 W/(m²·K)
h_{eq}=20 W/(m²·K)
T/K
1700
1600
1500
1400
1300
1200
1100
1000
900
800
气动热/
(kJ/m²)

(a) 背风面

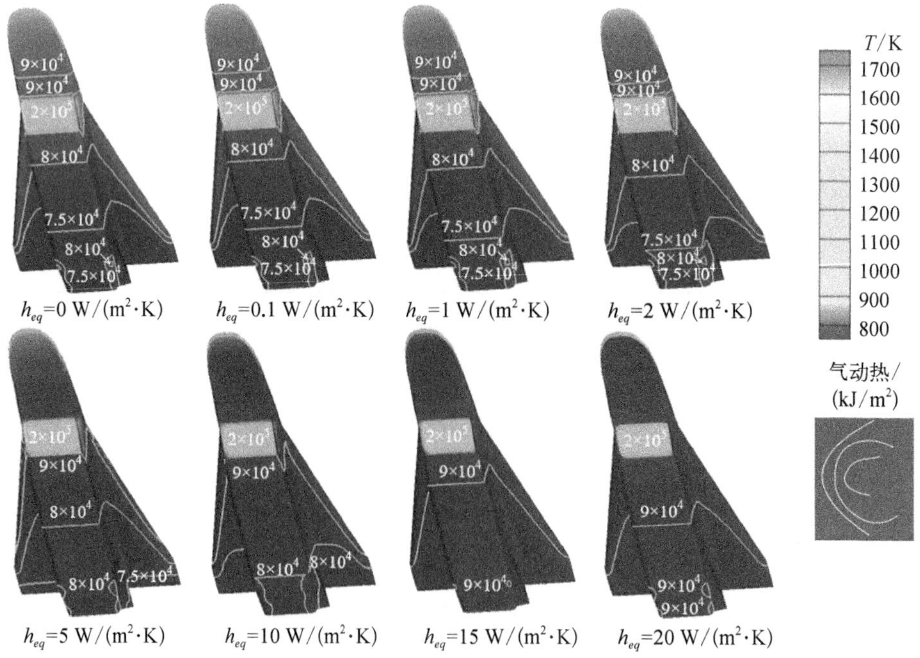
h_{eq}=0 W/(m²·K)
h_{eq}=0.1 W/(m²·K)
h_{eq}=1 W/(m²·K)
h_{eq}=2 W/(m²·K)
h_{eq}=5 W/(m²·K)
h_{eq}=10 W/(m²·K)
h_{eq}=15 W/(m²·K)
h_{eq}=20 W/(m²·K)
T/K
1700
1600
1500
1400
1300
1200
1100
1000
900
800
气动热/
(kJ/m²)

(b) 迎风面

图 6－4　气动加热壁面温度及热量

系数的增加,也即对流热输运性能的增强,壁面温度降低而气动热量增加。另外,图 6-4 中仅仅显示了有限的轮廓线,事实上,最大的气动热出现在前缘驻点部位,其值大约为 4×10^5 kJ/m^2。

图 6-5 为背风面及迎风面中线上的温度分布,其中实线为背风面,而虚线为迎风面结果。等效传热系数 h_{eq} = 0 W/(m^2·K)、0.1 W/(m^2·K)、1 W/(m^2·K)、2 W/(m^2·K)、5 W/(m^2·K)、10 W/(m^2·K)、15 W/(m^2·K)和 20 W/(m^2·K)的结果分别由黑色、红色、绿色、蓝色、暗黄、粉色、橙色及橄榄绿色曲线表示。背风面中线上温度从机体前缘向尾部逐渐降低,对于等效传热系数 h_{eq} = 0 W/(m^2·K)、0.1 W/(m^2·K)、1 W/(m^2·K)、2 W/(m^2·K)、5 W/(m^2·K)、10 W/(m^2·K)、15 W/(m^2·K)和 20 W/(m^2·K)的情况,温度分别从 1 690 K 降至 762 K、从 1 690 K 降至 761 K、从 1 689 K 降至 754 K、从 1 689 K 降至 746 K、从 1 686 K 降至 722 K、从 1 683 K 降至 681 K、从 1 679 K 降至 640 K、从 1 675 K 降至 601 K。迎风面中线上的温度从机体前缘向尾部逐渐降低,在第三级压缩面处(x = 4.5 ~ 5.7 m)出现一个峰值,对于等效传热系数 h_{eq} = 0 W/(m^2·K)、0.1 W/(m^2·K)、1 W/(m^2·K)、2 W/(m^2·K)、5 W/(m^2·K)、10 W/(m^2·K)、15 W/(m^2·K)和 20 W/(m^2·K)的情况,该峰值分别为 1 028 K、1 028 K、1 024 K、1 020 K、1 009 K、1 000 K、972 K 和 964 K。可见,随着等效传热系数的增加,除了驻点处,飞行器其他部位的壁面温度都有比较明显的降低。另外,从曲线的趋势可以看出,壁面温度从前缘驻点处开始快速降低,但从约 2 m 处开始降低趋势放缓,表明相比于

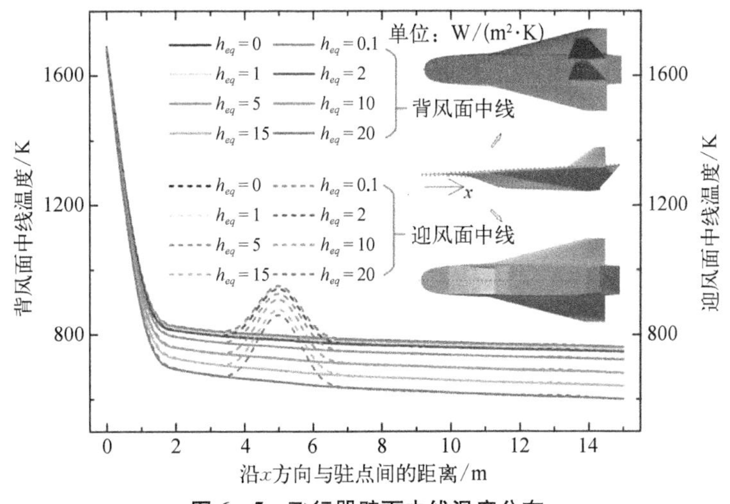

图 6-5　飞行器壁面中线温度分布

大面积区域，前缘驻点处的热环境非常恶劣。

图 6－6 为气动热量、对流输运网络带走的热量及输运热占比。黑色、紫色、红色、暗黄、蓝色、橄榄绿、粉色及橙色曲线分别为等效传热系数 $h_{eq}=0\ \mathrm{W/(m^2\cdot K)}$、$0.1\ \mathrm{W/(m^2\cdot K)}$、$1\ \mathrm{W/(m^2\cdot K)}$、$2\ \mathrm{W/(m^2\cdot K)}$、$5\ \mathrm{W/(m^2\cdot K)}$、$10\ \mathrm{W/(m^2\cdot K)}$、$15\ \mathrm{W/(m^2\cdot K)}$ 和 $20\ \mathrm{W/(m^2\cdot K)}$ 情况下的结果。图 6－6 中上半部分的曲线为气动热，带标记符号的曲线为对流输运网络带走的热量；下半部分的曲线为输运热量的占比，实线和虚线分别为背风面中线及迎风面中线的结果。对于气动热，最大值出现在前缘驻点处，在 $x=5$ m 即第三级压缩面处出现小的峰值；在 $x=2\sim15$ m 区域，背风面的气动热变化很小；另外，气动热随着等效传热系数 h_{eq} 的增加逐渐增加。对于热输运网络带走的输运热量，其分布曲线与气动热类似，然而，输运热量对于等效传热系数 h_{eq} 更加敏感（不同等效传热系数对应曲线间偏差较大）。对于输运热量占气动热量的比值，最小值出现在前缘驻点处，而在 $x=5$ m 即第三级压缩面处出现小的谷值，可归因于前缘驻点及第三级压缩面处较大的气动热；随着等效传热系数的增加，输运热占比平均值逐渐增大，当 $h_{eq}=0.1\ \mathrm{W/(m^2\cdot K)}$、$1\ \mathrm{W/(m^2\cdot K)}$、$2\ \mathrm{W/(m^2\cdot K)}$、$5\ \mathrm{W/(m^2\cdot K)}$、$10\ \mathrm{W/(m^2\cdot K)}$、$15\ \mathrm{W/(m^2\cdot K)}$ 及 $20\ \mathrm{W/(m^2\cdot K)}$ 时，分别为 0.43%、4.23%、8.31%、19.7%、36.1%、49.3% 及 59.9%。总之，随着等效传热系数的增加，对流输运网络带走的热量占比增大，而辐射耗散热量的占比则会相应减少，意味增加了热输运网络的热容量设计需求，而降低了被动热防护系统规模的设计需求。

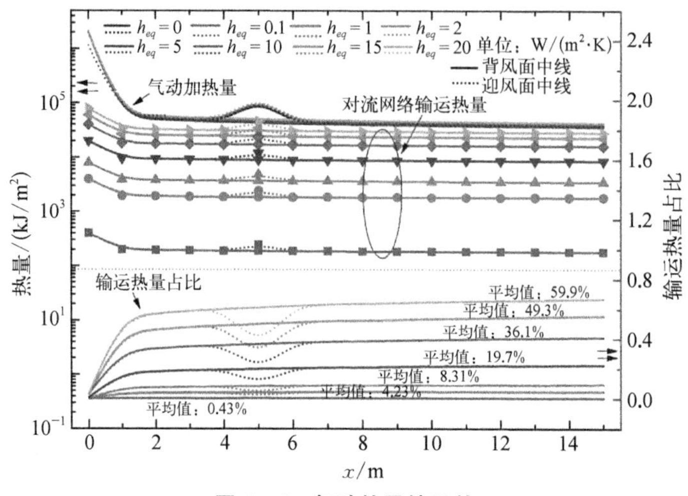

图 6－6　气动热及输运热

本研究中,等效传热系数为 0,即辐射平衡条件下,背风面中线上的气动热流密度在 15.4~19.6 kW/m^2(除了前缘驻点),而文献[4]中,X-34 在 6.3*Ma* 速度、36 km 高度及 23°攻角下的气动热流密度在 3.4~16 kW/m^2(文献[4]中"图 15"),考虑到飞行器构型和飞行状态的不同,本研究中的气动热计算结果可认为是合理的。

6.3.3.2　被动热防护子系统

如上所述,随着等效传热系数的增加,被动热防护子系统的质量和尺寸将逐渐减小。本研究中,被动热防护概念的分布如图 6-7 所示,不同于第 3 章中的高超声速运载器,本章所研究的巡飞器在不同等效传热系数情况下的热防护概念分布是相同的,如图 6-7 中所示,前缘(L_F)采用超高温陶瓷 UHTC,机身背风面 I($F_{I\text{-}L}$)、机身迎风面 I($F_{I\text{-}W}$)及第三级压缩面(C_{III})采用第二代超级合金蜂窝防热瓦 SA-HC2,其他子区域均采用先进柔性可重复使用隔热毡 AFRSI。

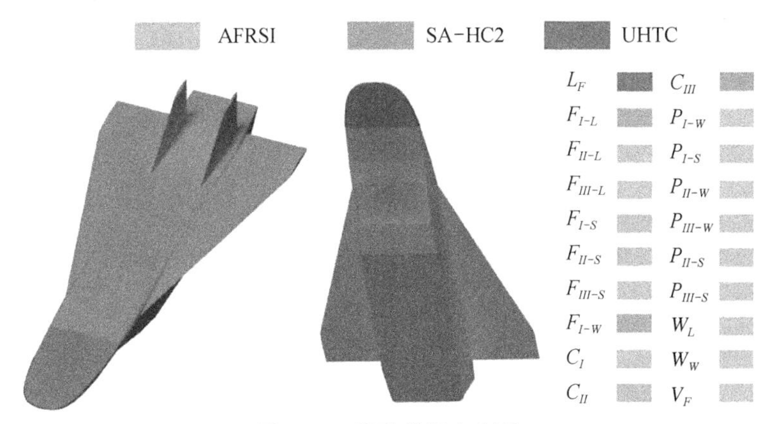

图 6-7　热防护概念分区

表 6-3 为不同等效传热系数 h_{eq} 及冷端约束温度 T_b 下,各子区域被动热防护概念的质量。当 T_b = 300 K、367 K 和 440 K 时,针对 h_{eq} = 0 W/(m^2·K)、0.1 W/(m^2·K)、1 W/(m^2·K)、2 W/(m^2·K)、5 W/(m^2·K)、10 W/(m^2·K)、15 W/(m^2·K)和 20 W/(m^2·K)的情况,被动热防护子系统总质量分别为 802 kg、308 kg 和 299 kg;650 kg、308 kg 和 299 kg;470 kg、310 kg 和 299 kg;303 kg、300 kg 和 299 kg;301 kg、299 kg 和 299 kg;299 kg、299 kg 和 299 kg;299 kg、299 kg 和 299 kg;299 kg、299 kg 和 299 kg。热防护子系统的质量随冷端约束温度增加的降低幅度分别为 62.7%、54.0%、36.4%、1.3%、0.7%、0%、0%及 0%;而对于 T_b = 300 K、367 K 和 440 K 的情况,被动热防护子系统质量随着等效

表 6－3　热防护系统质量

h_{eq}/[W/(m^2·K)]	0			0.1			1			2			5		10~20
T_b/K	300	367	440	300	367	440	300	367	440	300	367	440	300	367~440	300~440
L_F/UHTC/kg	27	27	27	27	27	27	27	27	27	27	27	27	27	27	27
F_{I-L}/SA－HC2/kg	32	32	32	32	32	32	32	32	32	32	32	32	32	32	32
F_{II-L}/AFRSI/kg	4	3	3	3	3	3	3	3	3	3	3	3	3	3	3
F_{III-L}/AFRSI/kg	43	36	36	36	36	36	36	36	36	36	36	36	36	36	36
F_{I-S}/AFRSI/kg	25	2	1	19	2	1	10	2	1	5	2	1	3	1	1
F_{II-S}/AFRSI/kg	2	1	1	1	1	1	1	1	1	1	1	1	1	1	1
F_{III-S}/AFRSI/kg	427	30	23	327	30	23	171	32	23	23	23	23	23	23	23
F_{I-W}/SA－HC2/kg	17	17	17	17	17	17	17	17	17	17	17	17	17	17	17
C_I/AFRSI/kg	6	5	5	5	5	5	5	5	5	5	5	5	5	5	5
C_{II}/AFRSI/kg	4	3	3	3	3	3	3	3	3	3	3	3	3	3	3
C_{III}/SA－HC2/kg	15	15	15	15	15	15	15	15	15	15	15	15	15	15	15
P_{I-W}/AFRSI/kg	5	4	4	4	4	4	4	4	4	4	4	4	4	4	4
P_{II-W}/AFRSI/kg	25	21	21	21	21	21	21	21	21	21	21	21	21	21	21

（续表）

h_{eq}/[W/(m^2·K)]	0			0.1			1			2			5		10~20
$P_{III\text{-}W}$/AFRSI/kg	5	4	4	4	4	4	4	4	4	4	4	4	4	4	4
$P_{I\text{-}S}$/AFRSI/kg	41	3	2	31	3	2	16	3	2	2	2	2	2	2	2
$P_{II\text{-}S}$/AFRSI/kg	14	12	12	12	12	12	12	12	12	12	12	12	12	12	12
$P_{III\text{-}S}$/AFRSI/kg	12	10	10	10	10	10	10	10	10	10	10	10	10	10	10
W_L/AFRSI/kg	39	33	33	33	33	33	33	33	33	33	33	33	33	33	33
W_W/AFRSI/kg	38	32	32	32	32	32	32	32	32	32	32	32	32	32	32
V_F/AFRSI/kg	21	18	18	18	18	18	18	18	18	18	18	18	18	18	18
Total/kg	802	308	299	650	308	299	470	310	299	303	300	299	301	299	299

传热系数增加的降低幅度分别为 62.7%、2.9%及 0%。可见,被动热防护系统质量随着冷端约束温度和等效传热系数的增加而降低,而当 h_{eq} 较小时,增加 T_b 更加有效,反之当 T_b 较小时,增加 h_{eq} 更加有效。尽管增加冷端约束温度可以有效降低热防护系统规模,但受限于材料和舱内环境温度控制要求,设计空间有限,因此,等效传热系数在热防护系统低冗余设计中具有较大的应用潜力。

6.3.3.3 对流热输运网络

1. 对流热输运网络的设计热容量

图 6-8 为热输运工质质量流量随着工质许用温升的变化曲线[5],图 6-8 中部为本研究中假定的对流热输运网络,输运工质从储箱抽出后,一部分流向前体,另一部分流向尾部,完成热输运任务后流向发动机燃烧室,携带的热能最终转换为推进能。本研究中,液氢 LH_2 和碳氢燃料 JET-A 3638 作为热输运工质,表 6-4 为热容量分布网络[当 $\Delta T_c = 1$ K 时的 $c_p \cdot m_f$,见公式(6-1)]。从图 6-8 中可以看出,随着等效传热系数 h_{eq} 的增加,热容量逐渐增大。高温区域的热容量需求更大,比如,机体前缘 L_F 和机身迎风面 $F_{l\text{-}W}$ 温度最高,因此所需的热容量最大。另外,热容量的公式中,比热容为所选工质的属性,因此热输运网络热容量的计算主要为获得工质的质量流量。

图 6-8 中黑色实线、红色虚线、蓝色点线、粉色点划线、绿色双点划线、橙色短虚线及紫色短点线分别为以液氢 LH_2 为工质,等效传热系数 $h_{eq} = 0$ W/($m^2 \cdot K$)、0.1 W/($m^2 \cdot K$)、1 W/($m^2 \cdot K$)、2 W/($m^2 \cdot K$)、5 W/($m^2 \cdot K$)、10 W/($m^2 \cdot K$)、

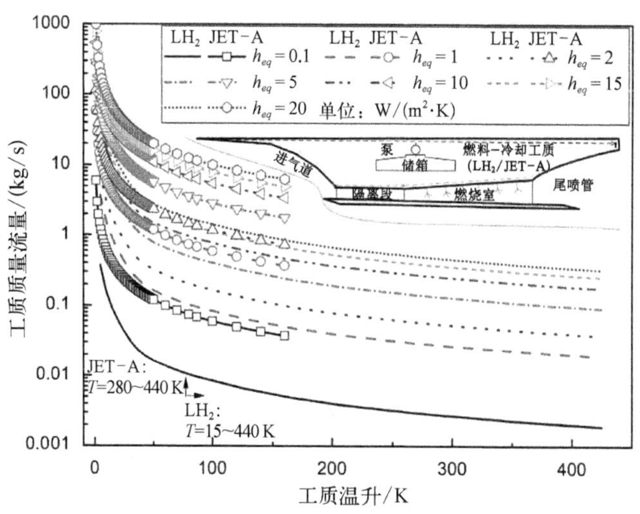

图 6-8 热输运工质质量流量与温升曲线

表 6-4　热输运网络热容量分布($c_p \cdot m_f$, $\Delta T_c = 1$ K)

h_{eq}/[W/(m^2·K)]	0.1	1	2	5	10	15	20
L_F/(W/K)	169	1 689.3	3 377	8 432	16 828	25 184	33 508
F_{I-L}/(W/K)	146	1 443	2 822	7 045	13 970	20 805	27 520
F_{II-L}/(W/K)	80.9	803	1 592	3 875	7 410	10 590	13 420
F_{III-L}/(W/K)	80.1	794	1 574	3 830	7 300	10 425	13 180
F_{I-S}/(W/K)	87.5	865	1 720	4 220	8 210	11 865	15 200
F_{II-S}/(W/K)	80.8	801	1 590	3 870	7 390	10 560	13 380
F_{III-S}/(W/K)	85.1	846	1 680	4 100	7 890	11 340	14 460
F_{I-W}/(W/K)	149.2	1 442	2 882	7 180	14 330	21 285	28 060
C_I/(W/K)	82.5	819	1 624	3 960	7 590	10 890	13 860
C_{II}/(W/K)	80.7	801	1 588	3 865	7 380	10 545	13 360
C_{III}/(W/K)	92	915	1 818	4 465	8 660	12 600	16 260
P_{I-W}/(W/K)	79.2	785	1 556	3 780	7 190	10 230	12 920
P_{II-W}/(W/K)	78.7	780	1 544	3 750	7 130	10 140	12 760
P_{III-W}/(W/K)	76.7	760	1 506	3 645	6 890	9 750	12 200
P_{I-S}/(W/K)	84.9	846	1 678	4 100	7 880	11 355	14 500
P_{II-S}/(W/K)	78.8	781	1 548	3 760	7 150	10 155	12 800
P_{III-S}/(W/K)	77	763	1 510	3 660	6 930	9 795	12 280
W_L/(W/K)	80.2	796	1 578	3 840	7 320	10 455	13 220
W_W/(W/K)	80.4	798	1 582	3 850	7 340	10 485	13 220
V_F/(W/K)	80.3	797	1 580	3 845	7 330	10 470	13 240
Total/(W/K)	1 850	18 324	36 349	89 072	172 118	248 924	319 348

15 W/(m^2·K)和 20 W/(m^2·K)情况下的结果,而带有标记符号的曲线则分别为碳氢燃料 JET-A 的计算结果。热输运工质的温度应该低于热防护系统的冷端约束温度,本研究中最高约束温度为 440 K,因此图 6-8 中,液氢 LH_2的温升区间为 0~425 K(初始温度 15 K),碳氢燃料 JET-A 的温升区间为 0~160 K(初始温度 280 K)。

从图 6-8 中可以看出,随着许用温升的增加,工质流量 m_f减小且趋势逐渐放缓。对于 LH_2,等效传热系数 h_{eq} = 0 W/(m^2·K)、0.1 W/(m^2·K)、1 W/(m^2·K)、2 W/(m^2·K)、5 W/(m^2·K)、10 W/(m^2·K)、15 W/(m^2·K)和 20 W/(m^2·K)的情况,随着许用温升从 4.6 K 增加至 424.6 K,m_f分别从 0.37 kg/s 降至 0.009 1 kg/s、从 3.67 kg/s 降至 0.019 kg/s、从 7.27 kg/s 降至 0.037 kg/s、从 17.8 kg/s 降至 0.091 kg/s、从 34.1 kg/s 降至 0.176 kg/s、从 48.9 kg/s

降至 0.252 kg/s、从 62.3 kg/s 降至 0.32 kg/s。对于 JET－A，等效传热系数 h_{eq} = 0 W/(m^2·K)、0.1 W/(m^2·K)、1 W/(m^2·K)、2 W/(m^2·K)、5 W/(m^2·K)、10 W/(m^2·K)、15 W/(m^2·K)和 20 W/(m^2·K)的情况，随着许用温升从 1 K 增加至 160 K，m_f分别从 5.96 kg/s 降至 0.037 kg/s、从 59.0 kg/s 降至 0.369 kg/s、从 116.9 kg/s 降至 0.731 kg/s、从 285.4 kg/s 降至 1.78 kg/s、从 547.7 kg/s 降至 3.42 kg/s、从 787.7 kg/s 降至 4.92 kg/s、从 1 001.2 kg/s 降至 6.26 kg/s。从图 6－8 中可以看出，液氢 LH_2的流量远小于碳氢燃料 JET－A，可归因于前者较大的比热容，表明液氢 LH_2的热输运能力更强。

图 6－9 为被动热防护系统质量与热输运工质质量流量 m_f随等效传热系数 h_{eq}的变化曲线。黑色实线、虚线、点线分别为冷端约束温度 T_b = 300 K、367 K 和 440 K 情况下的热防护系统质量，蓝色、绿色和粉色实线为温升范围在 0 到 20 K、87 K 和 160 K(对应 T_b = 300 K、367 K 和 440 K)情况下 JET－A 的质量流量，而蓝色、绿色和粉色虚线则为温升范围在 0 到 285 K、352 K 和 425 K(对应 T_b = 300 K、367 K 和 440 K)情况下 LH_2的质量流量。从图 6－9 中可以看出：被动热防护系统质量随着冷端约束温度的增加而降低；热防护系统质量随着等效传热系数的增加而降低，趋势逐渐放缓，且在冷端约束温度较小时，对于等效传热系数的增加更加敏感；随着等效传热系数的增加，所需的对流工质流量增加，且趋势逐渐放缓，而随着工质温升的增加，工质流量逐渐降低；总之，随着等效传热系数的增加，被动热防护系统的质量逐渐降低，而对流热输运系统热容量则需

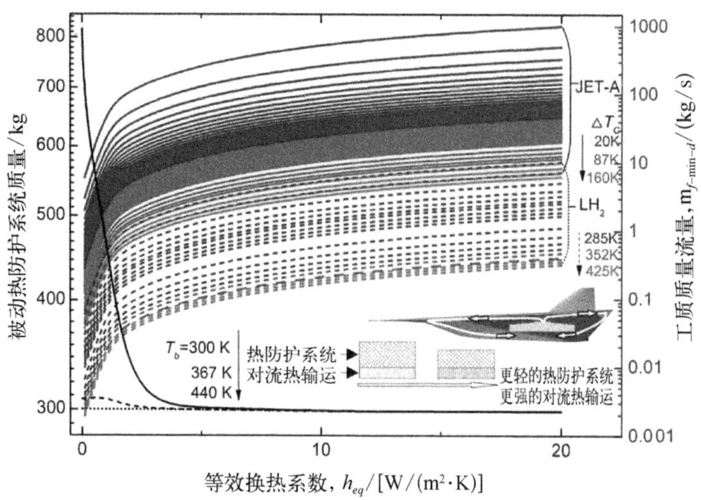

图 6－9　被动热防护系统质量与冷却工质质量流量

要增强。

需要指出的是,图 6-8 和图 6-9 中的工质质量流量,是根据公式(6-3)计算获得,因此图中工质流量为最小设计流量 $m_{f-\min-d}$,而热输运网络实际所需的最小流量还需要基于数值计算进一步确定。

2. 热防护-对流热输运数值模拟结果

本研究中,针对机身背风面 F_{II-L} 和 F_{III-L} 建立了二维 CFD 模型,模型中隔热层厚度为 3 mm,对流通道高度为 1 mm、2 mm 和 3 mm 三种情况,因此,y 方向的模型高度分别为 4.962 5 mm、5.962 5 mm 及 6.962 5 mm。

图 6-10(a)、(b)和(c)为通道高度为 1 mm、2 mm 和 3 mm,工质为液氢 LH_2 的温度云图,图 6-10(d)、(e)和(f)为通道高度为 1 mm、2 mm 和 3 mm,工质为碳氢 JET-A 的温度云图。本研究中施加的气动热流密度为 $h_{eq}=5\ W/(m^2\cdot K)$ 情况下,F_{II-L} 区域的最高热流密度,其值为 19.8 kW/m^2。图中,红色虚线以上为固体区域,以下为流体区域,可以看出,入口处的工质温度最低,随着向后延伸逐渐增加,而固体区域的温度分布具有相同的趋势。图 6-10 中,对于 LH_2[图 6-10(a)、(b)和(c)]及 JET-A[图 6-10(d)、(e)和(f)],自上至下的图片中,质量流量分别从 0.01 kg/s 增加至 0.055 kg/s 及从 0.5 kg/s 增加至 1 kg/s。从图 6-10 中可以看出质量流量和热输运通道尺寸对壁面冷却效果的影响:如图 6-10 中白色粗线所示,随着质量流量的增加,液体工质和固体低温区域的面积逐渐增加,可见质量流量的增加增强了壁面冷却效果;当质量流量相等而热输

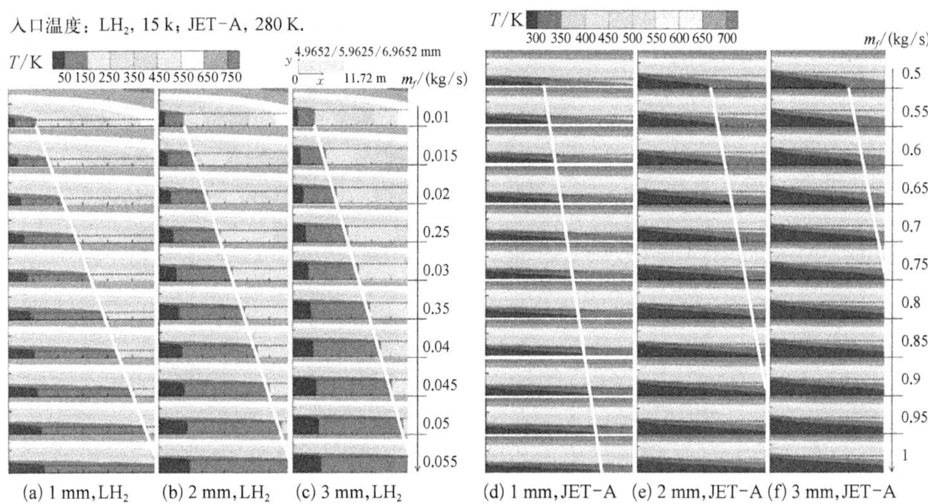

(a) 1 mm, LH_2　(b) 2 mm, LH_2　(c) 3 mm, LH_2　(d) 1 mm, JET-A　(e) 2 mm, JET-A　(f) 3 mm, JET-A

图 6-10　热防护-对流热输运温度云图

运通道尺寸不同时，LH_2冷却的温度场[图6-10(a)、(b)和(c)]在横向上的温度分布差别很小，而JET-A冷却的温度场[图6-10(d)、(e)和(f)]则有较大差别，也即JET-A相比于LH_2对通道尺寸更加敏感；对于JET-A工质，从图6-10(d)、(e)和(f)中可以看出，当质量流量相等时，随着热输运通道尺寸的增加，工质低温区域的面积逐渐增加，预示着对流换热被削弱。

图6-11为被动热防护系统冷端温度分布(RTV底面)，上半部分和下半部分曲线分别为JET-A和LH_2的结果，实线、虚线和点划线分别为通道尺寸为1 mm、2 mm和3 mm情况下的结果。对于JET-A曲线，黑色、红色、蓝色、紫红、橄榄绿、橙色、紫色、粉色、暗绿色、暗黄色及浅粉色曲线分别为m_f = 0.5 kg/s、0.55 kg/s、0.6 kg/s、0.65 kg/s、0.7 kg/s、0.75 kg/s、0.8 kg/s、0.85 kg/s、0.9 kg/s、0.95 kg/s和1 kg/s情况下的结果；对于LH_2冷却曲线，黑色、红色、蓝色、紫红、橄榄绿、橙色、紫色、粉色、暗绿色曲线分别为m_f = 0.015 kg/s、0.02 kg/s、0.025 kg/s、0.03 kg/s、0.035 kg/s、0.04 kg/s、0.045 kg/s、0.05 kg/s和0.055 kg/s情况下的结果。从图6-11中可以看出：对于所有曲线，随着x坐标的延伸(从入口到出口)温度逐渐增加，最高温度小于440 K；随着质量流量m_f的增加，温度降低，表明质量流量的增加提升了冷却能力，而LH_2曲线的温度降低趋势逐渐放缓(m_f越大曲线间偏差越小)；随着通道尺寸的增加，JET-A冷却下的热防护系统冷端温度增加，表明通道尺寸的增加削弱了冷却能力，但对于LH_2冷却结果的影响很小。

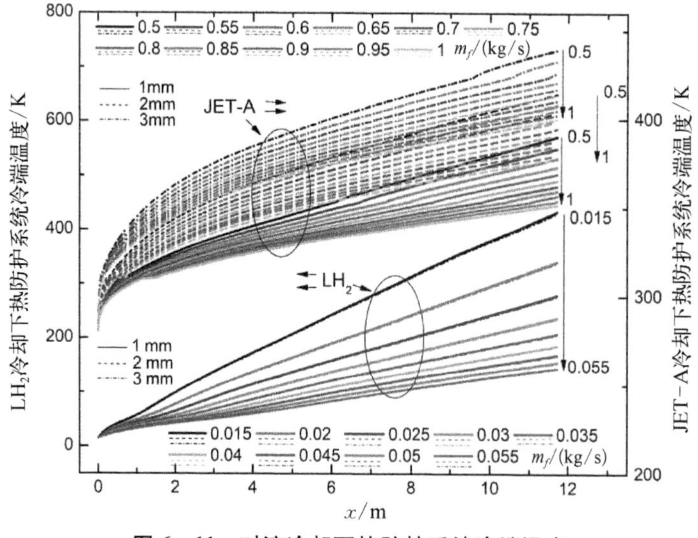

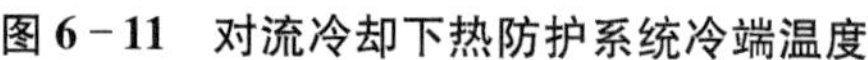
图6-11　对流冷却下热防护系统冷端温度

图6－12为通道出口处的工质温度，横坐标轴为计算区域的y坐标，对于通道尺寸为1 mm、2 mm和3 mm的情况，分别从2 mm、1 mm和0 mm开始。图中，实线、点线和点画线分别为通道尺寸3 mm、2 mm和1 mm的结果。图中上部分曲线为工质LH_2的结果，而黑色、红色、蓝色、紫红、橄榄绿、橙色、紫色、粉色、暗绿色曲线分别为m_f＝0.015 kg/s、0.02 kg/s、0.025 kg/s、0.03 kg/s、0.035 kg/s、0.04 kg/s、0.045 kg/s、0.05 kg/s和0.055 kg/s情况下的计算结果；图中下部分曲线为工质JET－A的结果，而黑色、红色、蓝色、紫红、橄榄绿、橙色、紫色、粉色、暗绿色、暗黄色和淡粉色曲线分别为m_f＝0.5 kg/s、0.55 kg/s、0.6 kg/s、0.65 kg/s、0.7 kg/s、0.75 kg/s、0.8 kg/s、0.85 kg/s、0.9 kg/s、0.95 kg/s和1 kg/s情况下的计算结果。从图6－12中的曲线可以看出：① 对于LH_2，y坐标和通道尺寸对于出口温度的影响很小；随着质量流量m_f的增加，出口温度降低，m_f＝0.015 kg/s、0.02 kg/s、0.025 kg/s、0.03 kg/s、0.035 kg/s、0.04 kg/s、0.045 kg/s、0.05 kg/s和0.055 kg/s情况下，出口温度分别为434 K、341 K、279 K、238 K、208 K、187 K、170 K、156 K和145 K；② 对于JET－A，随着质量流量的降低和y坐标的增加，出口温度增加；最高局部出口温度出现在热防护系统底部，而最低温度则出现在冷却通道底部；通道尺寸越大，最高出口温度越高，而最低温度越低，但平均出口温度不变（m_f从0.5 kg/s增加至1 kg/s，平均温度从360 K降低至320 K），表明对流热输运网络带走的热量（取决于$m_f \cdot \Delta T_c$）与通道尺寸无关；③ 总之，对于LH_2，热输运通道尺寸对冷却能力的影响很小，而对于JET－A，通道尺寸增加不影响

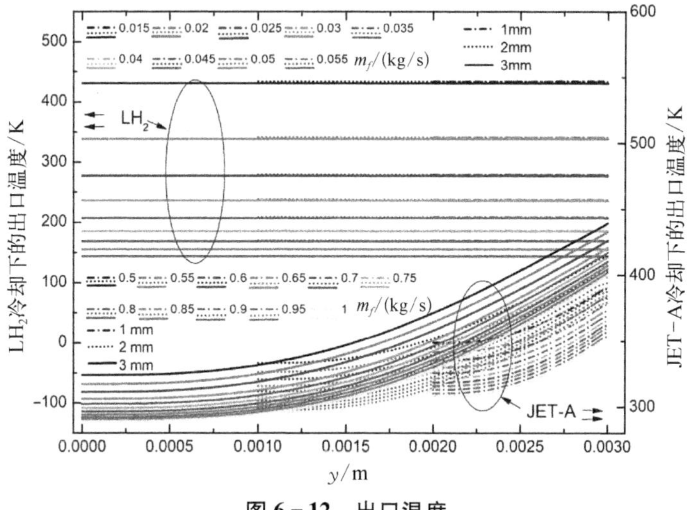

图6－12 出口温度

出口平均温度,但会导致出口的局部温度升高。

从图 6-10、图 6-11 和图 6-12 中可以看出,对于 JET-A,即使不同尺寸的对流通道输运走的热量是不变的,但更小的通道尺寸会有更好的热输运效果(更低的热防护系统结构温度)。

3. 工质最小质量流量的确定

如上所述,表 6-4 为对流热输运网络的热容量,图 6-8 为工质温升和工质流量(ΔT_c-m_f)相关曲线,其中工质流量为由公式(6-3)计算获得的最小设计流量 $m_{f\text{-min-}d}$。然而,真实的工程曲线应该有所不同,图 6-13 为 $F_{II\text{-}L}$和 $F_{III\text{-}L}$区域工质温升 ΔT_c与工质质量流量 m_f相关曲线,图中坐标轴为 log10 形式。图 6-13 中黑色和红色曲线分别为 LH_2和 JET-A 冷却的情况;较细的曲线从左至右分别为等效传热系数 h_{eq}=0.1 W/(m^2·K)、1 W/(m^2·K)、2 W/(m^2·K)、5 W/(m^2·K)、10 W/(m^2·K)、15 W/(m^2·K)和 20 W/(m^2·K)情况下,基于公式(6-3)的计算结果;较粗的黑色和红色曲线分别为 LH_2和 JET-A 冷却的数值计算结果。值得注意的是,不同气动加热热流密度下(19.1 kW/m^{2}至 22.2 kW/m^2)的 CFD 计算结果曲线非常接近。随着质量流量 m_f的增加,基于公式(6-3)获得的工质温升 ΔT_c急速降低,而基于 CFD 数值计算获得的 ΔT_c呈现出“高原-斜坡”趋势。工程实际中的 ΔT_c-m_f曲线更接近于 CFD 结果而非公式(6-3)结果,合格的热输运网络应该满足公式(6-2)所示要求:工质温升小于许用温升(工质温度低于冷

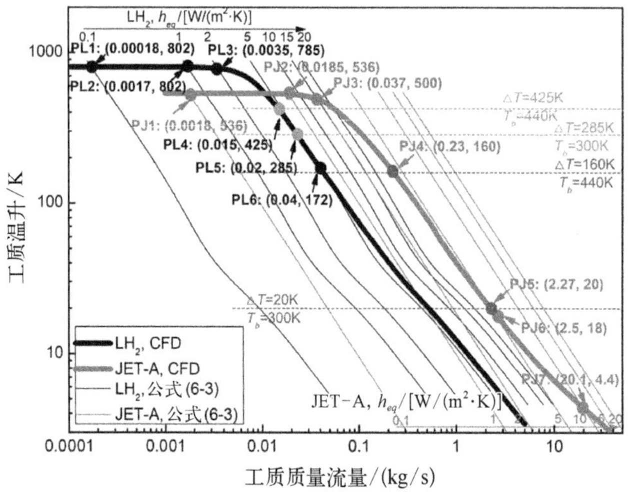

图 6-13 工质温升与质量流量曲线(CFD 及设计结果确定实际所需最小工质流量)

端约束温度 T_b），而热容量应该大于设计值。图6－13中曲线相对于坐标轴的投影面积即为热容量，如图6－13所示，CFD数值曲线与每条设计曲线都存在交点，只有当 m_f 大于交点时，CFD曲线的热容量大于设计曲线，同时，热防护系统冷端约束温度 T_b 与CFD曲线存在交点，只有当 m_f 大于该交点时，工质温升才小于许用温升，因此，热输运网络实际所需的最小工质流量由两交点中较大的值确定。

如图6－13所示，对于 LH_2，考虑两条工质温升曲线，分别对应 $T_b=440$ K和300 K的 $\Delta T_c=425$ K和285 K，与CFD曲线的交点分别为橙色点PL4和PL5；CFD曲线与 $h_{eq}=0.1$ W/(m^2·K)、1 W/(m^2·K)和2 W/(m^2·K)设计曲线的交点分别为黑色点PL1、PL2和PL3，对应的工质流量小于PL4；CFD曲线与 $h_{eq}=5$ W/(m^2·K)的设计曲线的交点为黑色点PL6；受限于图片尺寸，图中没有显示CFD曲线与 $h_{eq}=10$ W/(m^2·K)、15 W/(m^2·K)和20 W/(m^2·K)设计曲线的交点。因此，可以得出结论：对于 $h_{eq}=0.1$ W/(m^2·K)、1 W/(m^2·K)和2 W/(m^2·K)的情况，实际所需的最小质量流量 $m_{f-\min-d}$ 主要由冷端约束温度 T_b 决定，在 $T_b=440$ K和300 K时，应分别大于0.015 kg/s（PL4的 x 坐标）和0.02 kg/s（PL5的 x 坐标）；而对于 $h_{eq}=5$ W/(m^2·K)的情况，实际所需的最小质量流量 $m_{f-\min-d}$ 主要由热容量决定，应该大于0.04 kg/s（PL6的 x 坐标）；对于 $h_{eq}=10$ W/(m^2·K)、15 W/(m^2·K)和20 W/(m^2·K)的情况，本研究中CFD算例无法达到其热容量的需求，若想确定所需的最小质量流量，需要增加工质流量，进行更多的数值分析，而从图中曲线可以看出，随着质量流量的增加，工质温升持续降低，导致热输运网络的热容量提升速度放缓，这也表明等效传热系数 $h_{eq}=10$ W/(m^2·K)、15 W/(m^2·K)和20 W/(m^2·K)的情况下，热输运网络维持足够的热容量需要较大的工质流量，整个热输运网络的成本将会非常高。

图6－13中，对于JET－A，考虑两条工质温升曲线，分别对应 $T_b=440$ K和300 K的 $\Delta T_c=160$ K和20 K，与CFD曲线的交点分别为绿色点PJ4和PJ5；CFD曲线与 $h_{eq}=0.1$ W/(m^2·K)、1 W/(m^2·K)和2 W/(m^2·K)设计曲线的交点分别为红色点PJ1、PJ2和PJ3，对应的工质流量小于PJ4；CFD曲线与 $h_{eq}=5$ W/(m^2·K)和10 W/(m^2·K)的设计曲线的交点分别为红色点PJ6和PJ7；受限于图片尺寸，图中没有显示CFD曲线与 $h_{eq}=15$ W/(m^2·K)和20 W/(m^2·K)设计曲线的交点。因此，可以得出结论：对于 $h_{eq}=0.1$ W/(m^2·K)、1 W/(m^2·K)和2 W/(m^2·K)的情况，实际所需的最小质量流量 $m_{f-\min-d}$ 主要由冷端约束温度

T_b决定，在 $T_b = 440$ K 和 300 K 时，应分别大于 0.23 kg/s（PJ4 的 x 坐标）和 2.27 kg/s（PJ5 的 x 坐标）；而对于 $h_{eq} = 5$ W/(m^2 · K) 和 10 W/(m^2 · K) 的情况，实际所需的最小质量流量 $m_{f-\min-d}$ 主要由热容量决定，应该分别大于 2.5 kg/s（PJ6 的 x 坐标）和 20.1 kg/s（PJ7 的 x 坐标）；对于 $h_{eq} = 15$ W/(m^2 · K) 和 20 W/(m^2 · K) 的情况，本研究中 CFD 算例无法达到其热容量的需求，该情况下热输运网络要维持足够的热容量需要较大的工质流量，成本将会非常高。

针对飞行器整个表面，对应于给定的等效传热系数，在确定对流热输运通道构型、尺寸及最小工质质量流量后，即可获得对应于特定被动热防护子系统的对流热输运网络。

6.4 被动热防护及热输运系统耦合设计流程

本研究提出的方法实现了气动热计算与对流热输运子系统设计的耦合，以及被动热防护子系统与对流热输运子系统的耦合设计。图 6－14 为被动热防护子系统及对流热输运子系统的设计流程，共分为四步：① 基于飞行器构型、弹道、等效传热系数及工质初始温度[某些情况下等于 0，如公式(2－12)所示]，求解气动热；② 基于气动热流密度、壁面温度、冷端约束温度、被动热防护概念数据库以及工质的物性，确定被动热防护系统及对流热输运系统所需的热容量；③ 利用被动热防护子系统和冷却工质物性，建立热防护-对流热输运数值模型，基于数值分析与设计容量，确定实际所需的最小工质流量；④ 迭代设计，直至满足总体设计需求。

6.5 小结

对于高超声速飞行器大面积区域而言，对流热输运方案可大幅度降低被动热防护系统规模，有利于实现机体/推进一体化热管理。但是，对流热输运子系统的设计，需要考虑与气动热计算的相互影响，以及对流热输运系统与被动热防护子系统的耦合设计。获得对流热输运系统的热容量需求后，还需要基于数值模拟，确定系统实际所需的最小质量流量。对应于给定的等效传热系数，在确定对流热输运通道构型、尺寸及最小工质质量流量后，即可获得对应于特定被动热防护子系统的对流热输运网络。

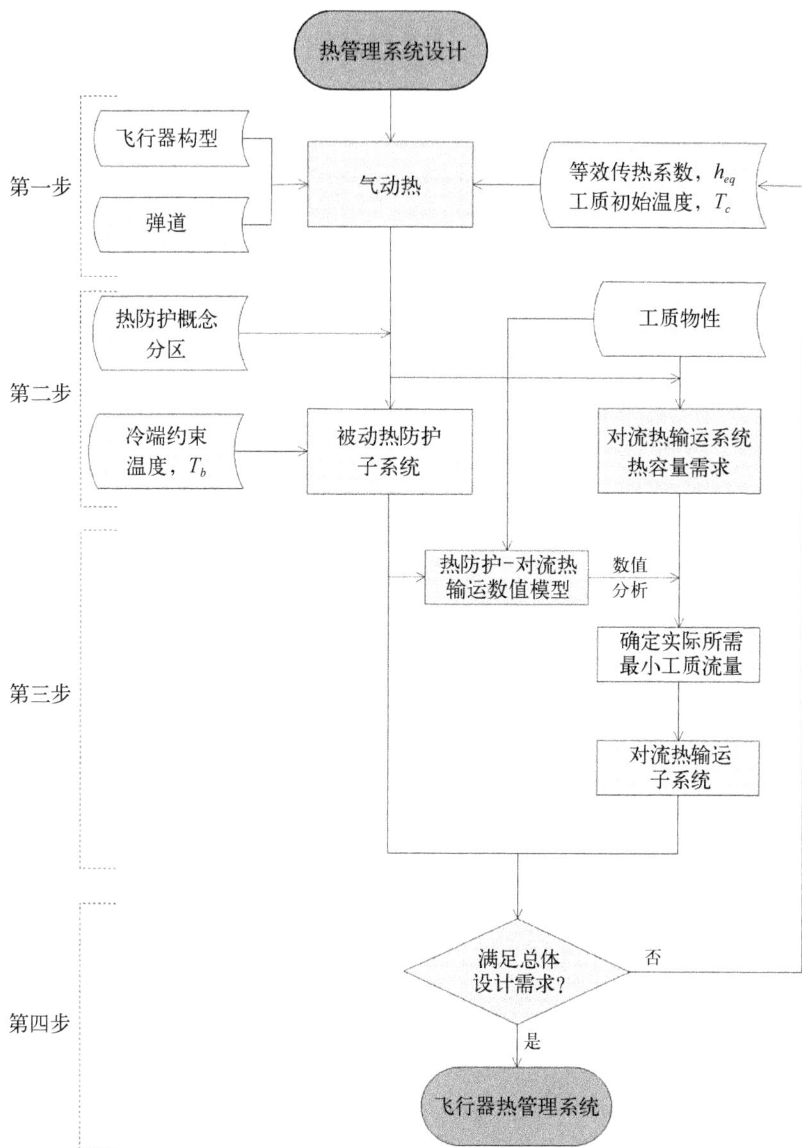

图6-14 被动热防护系统及对流热输运系统设计流程(热管理系统)

参考文献

[1] Mccarty R D. Hydrogen technological survey-thermophysical properties[R]. Boulder: NASA SP-3089, 1975.

[2] Bruno T J. Thermodynamic, transport, and chemical properties of reference JP-8[R]. Boulder: NIST Interagency/Internal Report (NISTIR)-6659, 2010.

[3] Mui D, Clancy H M. Development of a protective ceramic coating for shuttle orbiter advanced flexible reusable surface insulation[J]. Ceramic Engineering and Science Proceedings, 1985, 6(7-8): 793-805.

[4] Kleb W L, Wood W A, Gnoffo P A, et al. Computational aeroheating predictions for X-34 [J]. Journal of Spacecraft and Rockets, 1999, 36(2): 179-188.

[5] Gou J J, Yan Z W, Hu J X, et al. The heat dissipation, transport and reuse management for hypersonic vehicles based on regenerative cooling and thermoelectric conversion [J]. Aerospace Science and Technology, 2021, 108: 106373.

第 7 章

热电转换结构设计及性能评估

7.1 前言

传统的热防护系统以防隔热为主要目的，竭尽全力将气动热“堵”在机体之外，然而气动热本质上也是一种能量，如能加以利用，在缓解防热压力的同时，为飞行器提供了能量的输入，将是飞行器热管理技术的极大突破。随着高超声速飞行器技术的发展，基于热电转换的热再利用技术成为研究热点。现有的高超声速飞行器热电转换方案中，通常将热电材料融入热防护结构，制备出用于防热、承载和热电转换的多功能结构。NASA 在 2012 年的技术报告《Thermal Management Systems Roadmap-Technology Area 14》[1] 中提到，未来热管理系统的发展方向之一即为集成热电发电模块的多功能热防护结构，在保证热防护功能的前提下，将废弃的热能转换为电能，为高超声速飞行器上的整体结构效率、能源补充与空间使用率的提升提供支持。热电转换技术广泛应用于工业（汽车/发电站）余热利用、太阳能等领域，在高超声速工程领域，因飞行器设计技术不够成熟，热环境恶劣、不稳定的特点，目前还处于方案设计和性能仿真评估阶段[2, 3]，应用十分有限。

热电转换技术利用热电材料的塞贝克效应将热能直接转换为电能，在一定温差下，n 型热电材料的高电势出现在高温端，而 p 型热电材料的高电势出现在低温端，因此，热电材料模块通常由 n 型和 p 型热电材料以“π 型”连接组成。塞贝克效应由公式(7-1)描述：

$$V = S\Delta T \tag{7-1}$$

式中，V 为材料两端的电势差；S 为材料塞贝克系数；ΔT 为材料两端温差。热电材料的性能由热电优值 ZT 表征，如公式(7－2)所示：

$$ZT = \frac{S^2 \sigma T}{\lambda} \tag{7-2}$$

式中，λ 为导热系数；σ 为导电系数。热电材料的热电转换性能主要取决于材料种类、组分、掺杂水平和结构等，通过涂层、纳米结构等技术可提高材料的热电转换效率(5%～20%甚至更高[4])。

本章改变以往的热防护设计思路，利用热电材料的热电转换能力，对气动热变堵为疏，基于高超声速飞行器典型弹道热环境，设计了一种包含热电材料的多功能防热结构。该结构可在完成防隔热功能的前提下，通过热电材料对，将气动热转化为可利用的电能，实现防热/供电一体化设计。

7.2 防热/供电多功能结构概念

图7－1为本研究设计的防热－供电多功能结构，整个结构包括三部分：最外层为C/C－SiC耐高温材料层，用于承受飞行器表面的高温，维持飞行器外形，并防止热电材料热端温度过高；中间为包含热电材料对的隔热层(Saffil 纤维)，用于隔热和热电转换；下面板为TC4合金，用于维持构型，为上面结构提供支持。

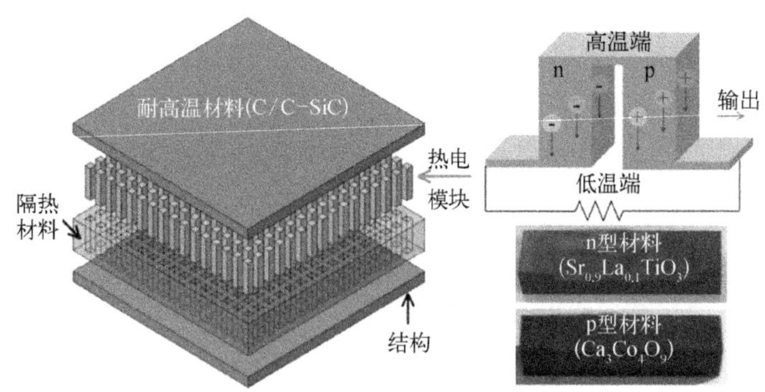

图7－1 多功能结构示意图

该多功能结构中，C/C－SiC和TC4层厚度为5 mm，p型和n型热电材料初始尺寸为3 mm×3 mm×15 mm。该结构的横向尺寸取决于应用场合，可以是任意尺寸，若结构横截面积为0.01 m²，则共有128个p－n材料对。图7－2为气动热进入机体热防护系统后的传递路径,气动热表示为 Q,在进入热防护结构之前,一部分热量 Q_{rad} 被辐射耗散掉,当剩下部分热量穿过耐高温层进入隔热和热电层后,则将有部分热量 Q_1 转换为电能,剩余热量穿过结构 TC4 层,部分 Q_2 被对流热输运系统带走,剩余部分进入机舱 Q_3,显然 $Q = Q_{rad} + Q_1 + Q_2 + Q_3$。

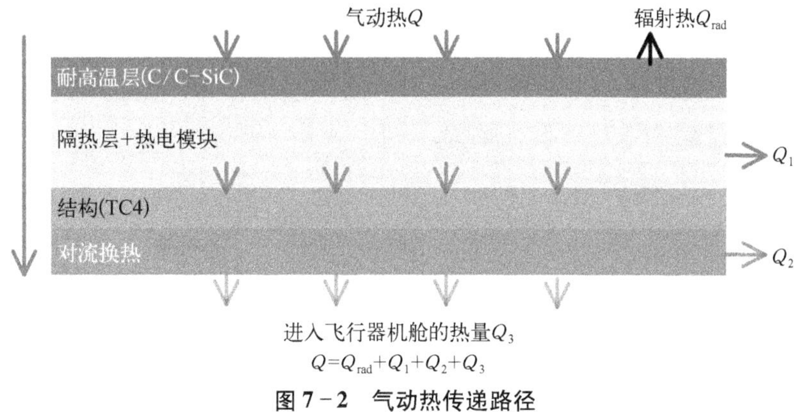

图 7-2 气动热传递路径

该多功能结构的设计有两个关键点,p 型热电材料的选择,n 型热电材料的制备及其热电性能的测量,将在本章后续内容中讨论。

7.2.1 p 型热电材料的选择

高效的热电转换系统主要取决于热电材料的热电性能、高温有氧环境中的可靠性及鲁棒性。目前,广泛使用的热电材料为 Bi_2Te_3、PbTe 和 SiGe 合金,上述材料有害、成本高,且高温下可靠性低,而金属氧化物在一定程度上克服了上述缺点。自 Terasaki 等于 1997 年发现 p 型 $NaCo_2O_4$ 单晶热电材料[5]以来,金属氧化物热电材料获得了持续性的关注,但是 Na 及其化合物在潮湿环境下不够稳定。另一方面,Co 基氧化物 $Ca_3Co_4O_{9+\delta}$ 热电性能好(973 K 时单晶 $ZT=0.83$[6]),且高温(1 200 K[7-9])有氧环境下的热物理和化学性能较为稳定。另外,添加 Ag^+ 和 Lu^{3+} 可以提高 ZT 值(1 118 K 时,$Ca_{2.85}Ag_{0.05}Lu_{0.15}Co_4O_{9+\delta}$ 的 ZT 值为 0.61[10])。因此,本研究中的 p 型热电材料选择添加了 Ag^+ 和 Lu^{3+} 的 $Ca_3Co_4O_9$ 化合物。

7.2.2 n 型热电材料的制备及其热电性能

本书作者及合作者利用固相反应法制备了 n 型热电材料 $Sr_{0.9}La_{0.1}TiO_3$。原始材料为试剂级的碳酸锶($SrCO_3$)、二氧化钛(TiO_2)、氧化镧(La_2O_3)及三氧化二铋(Bi_2O_3)。首先,$SrCO_3$、TiO_2、La_2O_3和Bi_2O_3混合物称重,并在乙醇中利用氧化锆球研磨12小时;然后,该混合物在1 200℃进行煅烧,并在乙醇中再次研磨12小时;干燥后,以聚醋酸乙烯酯为黏合剂,将粉末颗粒化,并压制为半径30 mm、厚度3 mm的小片;压块则在500℃下加热2小时以去除黏合剂,然后在氩气环境下、1 450℃烧结2小时。最后,将样品切割为3 mm×3 mm×15 mm。为了进一步降低电阻率,对样品在氩气和碳气氛环境中,1 350℃退火处理8小时。具体的制备过程见图7-3和文献[2, 11]。

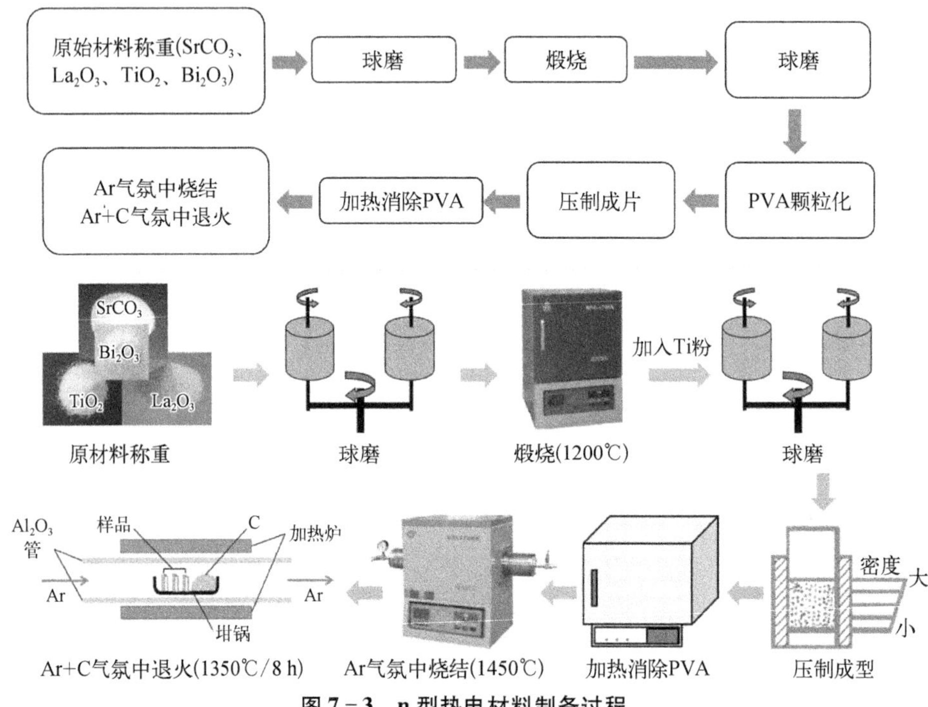

图7-3　n型热电材料制备过程

塞贝克系数是热电材料的关键热电属性,本研究中,n型热电材料的塞贝克系数和电阻率由4探针方法测量。图7-4(a)、(b)和(c)分别为测量装置示意图、塞贝克系数测试方法示意图及电阻率测试方法示意图。如图7-4中所示,将样品垂直放置于加热炉中的上、下电极块之间,下电极块中有一个二级加热器,以提供温度梯度。温差ΔT和电动势ΔE可通过样品侧面的热电偶测量获得,塞贝克系数则可通过公式(7-1)计算获得。另外,如果在样品两边提供恒定电流I,可以测量获得压降ΔV,进而获得样品的电阻率。

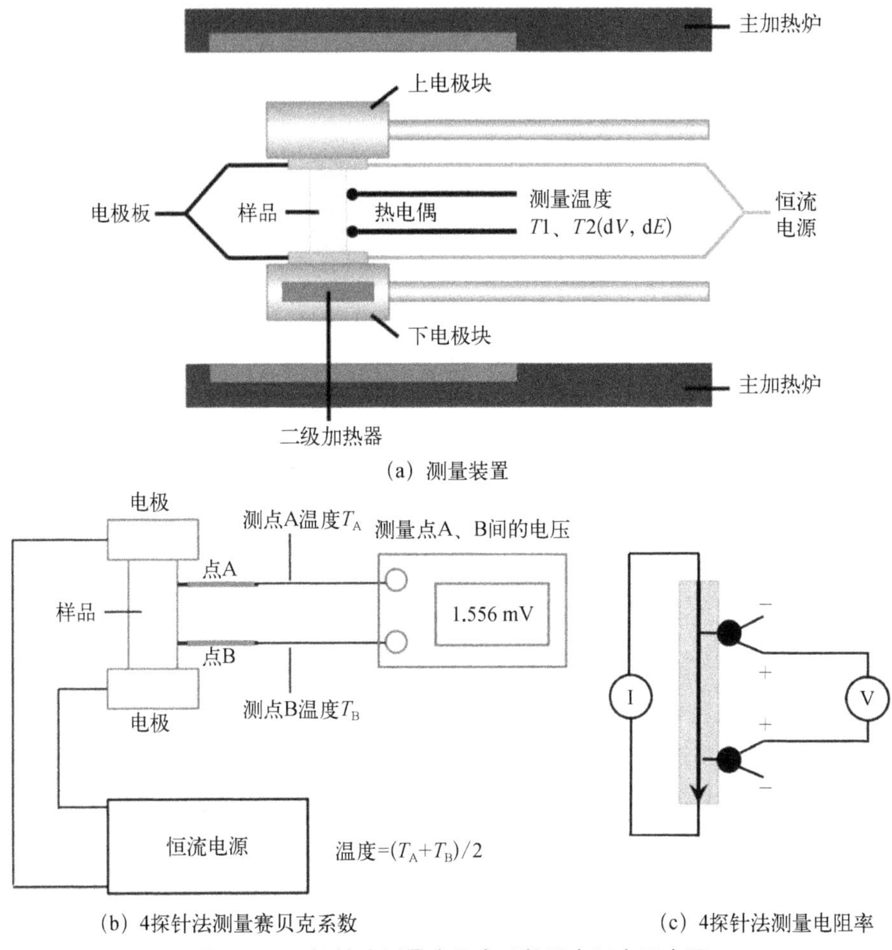

图7-4 4探针法测量塞贝克系数及电阻率示意图

图7-5为本章后续研究中用到的p型及n型热电材料的塞贝克系数及电阻率,其中p型材料的属性来自文献[12, 13],导热系数及热膨胀系数见表7-1,本研究中,热电材料的弹性模量和泊松比分别取105 GPa和0.25。

表7-1 热电材料物理属性

温度/K	p型材料导热系数/[W/(m·K)]	n型材料导热系数/[W/(m·K)]	热膨胀系数/10^{-6} K^{-1}
300	1.85	2.417	0.16
400	1.68	2.409	1.21
500	1.55	2.124	10.2

（续表）

温度/K	p 型材料导热系数/[W/(m·K)]	n 型材料导热系数/[W/(m·K)]	热膨胀系数/10^{-6} K^{-1}
600	1.51	1.929	10.5
700	1.48	1.768	10.7
800	1.44	1.764	11.0
900	1.42	1.732	11.4
1 000	1.41	1.511	11.6
1 100	1.41	1.292	11.7

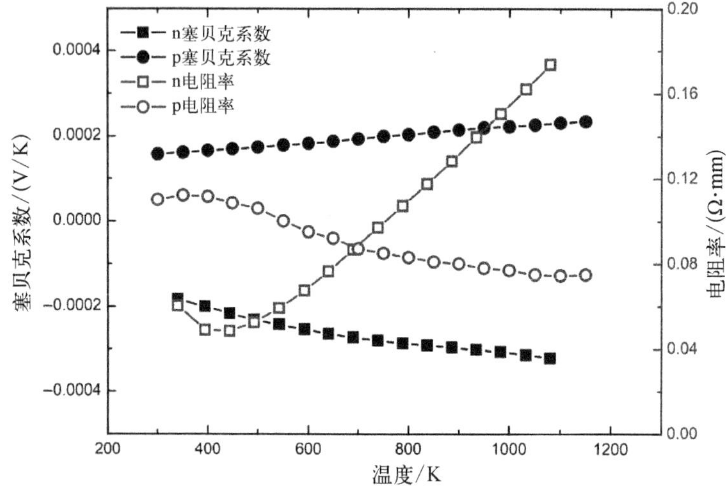

图 7-5 热电材料的塞贝克系数及电导率

7.2.3 其他材料物性

本研究热电转换多功能结构中的耐高温材料 C/C-SiC、结构材料 TC4 合金的物性见文献[14]。而隔热材料 Saffil 纤维的弹性模量和泊松比分别取 20 MPa 和 0.3，热膨胀系数取 100×10^{-6} K^{-1}。

7.3 数值仿真模型

7.3.1 控制方程及本构方程

本研究基于 ANSYS 进行力热电耦合分析，ANSYS 中有两种耦合分析方法，载荷传递法和直接耦合法，前者首先进行单场分析，将分析结果作为其他场分析的输入，该方法成本低但计算精度较低，因此，本研究中采用直接耦合方法进行分析。为了节省计算量，先进行力热耦合分析，再进行热电分析，考虑到力学变形和电势分布相对独立，这种处理是合理的。

本研究中力学、电学和热学控制方程分别如公式(7－3)、公式(7－4)和公式(7－5)所示：

$$\begin{aligned}
&\varepsilon_x = \frac{\partial u}{\partial x},\ \varepsilon_y = \frac{\partial v}{\partial y},\ \varepsilon_z = \frac{\partial w}{\partial z}\\
&\gamma_{yz} = \frac{\partial v}{\partial z} + \frac{\partial w}{\partial y},\ \gamma_{xz} = \frac{\partial u}{\partial z} + \frac{\partial w}{\partial x},\ \gamma_{xy} = \frac{\partial u}{\partial y} + \frac{\partial v}{\partial x}\\
&\frac{\partial \sigma_{xx}}{\partial x} + \frac{\partial \tau_{xy}}{\partial y} + \frac{\partial \tau_{xz}}{\partial z} = 0\\
&\frac{\partial \tau_{yx}}{\partial x} + \frac{\partial \sigma_{yy}}{\partial y} + \frac{\partial \tau_{yz}}{\partial z} = 0\\
&\frac{\partial \tau_{zx}}{\partial x} + \frac{\partial \tau_{zy}}{\partial y} + \frac{\partial \sigma_{zz}}{\partial z} = 0
\end{aligned} \tag{7-3}$$

式中，σ_{xx}、τ_{xy}… 是应力分量；ε_x、ε_y、γ_{yz}… 是应变分量；u、v、w 是 x、y、z 方向上的位移。从式(7－3)中可以看出，前三个方程为平衡方程，后六个方程为应力-应变关系方程。

$$\nabla^2 \phi + S\Delta T = 0 \tag{7-4}$$

式中，ϕ 为电势，方程左侧第二项表示塞贝克效应。

$$\begin{aligned}
&\rho c \frac{\partial T}{\partial t} = \boldsymbol{\lambda} \nabla^2 T - (T_{\mathrm{ref}} + T_{\mathrm{off}}) \boldsymbol{\beta}^{\mathrm{T}} \frac{\partial \boldsymbol{\varepsilon}}{\partial t}\\
&\rho c \frac{\partial T}{\partial t} = \boldsymbol{\lambda} \nabla^2 T + \frac{j_x^2 + j_y^2 + j_z^2}{k} - (j_x + j_y + j_z)\psi
\end{aligned} \tag{7-5}$$

式中，ρ 是密度；c 是比热容；$\boldsymbol{\lambda}$ 是导热系数矩阵；$\boldsymbol{\beta} = \boldsymbol{C\alpha}$；$\boldsymbol{C}$ 和 $\boldsymbol{\alpha}$ 分别为刚度矩阵和热膨胀系数向量；$T_{\mathrm{ref}} = 300\ \mathrm{K}$ 为参考温度；$T_{\mathrm{off}} = 0$ 是偏离绝对零度的温度；ψ 为珀耳帖系数，其值等于塞贝克系数乘以温度绝对值；j_x、j_y及j_z分别为 x、y 及 z 方向电流密度。式(7－5)第一个方程为热弹性方程，第二个方程为热电方程，其中第一个方程右端第二项表示热电材料在力热耦合作用下的压热效应，第二个方程中的右端第二项表示在热电耦合作用下的焦耳效应，第三项表示珀耳帖效应。

本研究中的本构方程为

$$\boldsymbol{\sigma} = \boldsymbol{C\varepsilon} - \boldsymbol{\beta}(T - T_{\text{ref}}) \tag{7-6}$$

$$\boldsymbol{j} = \boldsymbol{k}(\boldsymbol{\phi}_i - \boldsymbol{S}\nabla \boldsymbol{T}) \tag{7-7}$$

式中,“ ∇”代表梯度。

7.3.2 单胞及其边界

本研究基于热电转换多功能结构的平移对称性,建立了单胞模型。图 7-6(a)、(b)和(c)分别为单胞几何构型、网格模型和模型边界。该单胞只含有一对 p-n 材料,赋予正确的边界条件,即可用于宏观结构等效性能的分析。本书基于 ANSYS 进行力/热/电耦合数值分析,单元为三维多场耦合实体单元 SOLID226。单胞模型初始尺寸为 12 mm×6 mm×25 mm,网格含有 52 669 个单元和 79 825 个节点。如图 7-6(c)所示,模型边界面由 $P_1 \sim P_6$表示,边界顶点则由数字 1~8 表示,而边界线则由数字 9~20 表示,图中白色带数字的圆圈为顶点,黑色带数字的圆圈为边界线。

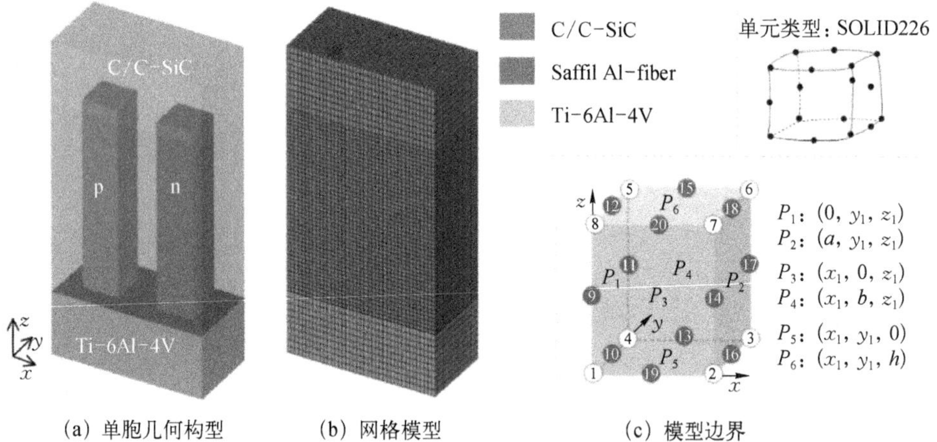

(a) 单胞几何构型　(b) 网格模型　(c) 模型边界

图 7-6　数值模型、网格及边界条件

7.3.3 边界条件及初始条件

单胞模型的力学和热学边界条件如公式(7-3)~公式(7-8)所示,由公式可以看出,单胞边界条件较为复杂,边界线和顶点上的约束条件需要单独施加。基于平移对称性建立的单胞,其对称边界之间应该为周期性约束条件,式中的

ε_x^0、ε_y^0 和 ε_z^0 为结构可能产生的宏观应变，同样的，∇T_x^0和 ∇T_y^0 表示宏观温度梯度，本研究中设置为 0，具体描述可参考本书作者前期的系列研究[15-17]。总体来说，该边界条件包含单胞边界上节点间的约束关系，以及宏观物理条件(气动热和底部对流换热)，而约束关系即为周期性边界条件。

有限元模型边界面、边界线及顶点的力学边界条件分别如式(7－8)、式(7－9)和式(7－10)所示：

$$P_1 - P_2: \begin{cases} u_{(0,\, y_1,\, z_1)} - u_{(a,\, y_1,\, z_1)} = a\varepsilon_x^0 \\ v_{(0,\, y_1,\, z_1)} - v_{(a,\, y_1,\, z_1)} = 0 \\ w_{(0,\, y_1,\, z_1)} - w_{(a,\, y_1,\, z_1)} = 0 \end{cases}$$

$$P_3 - P_4: \begin{cases} u_{(x_1,\, 0,\, z_1)} - u_{(x_1, b, z_1)} = 0 \\ v_{(x_1,\, 0,\, z_1)} - v_{(x_1,\, b,\, z_1)} = b\varepsilon_y^0 \\ w_{(x_1,\, 0,\, z_1)} - w_{(x_1,\, b,\, z_1)} = 0 \end{cases} \tag{7-8}$$

$$P_5: u = v = w = 0$$

$$9-14: \begin{cases} u_{(0,\, 0,\, z_1)} - u_{(a,\, 0,\, z_1)} = a\varepsilon_x^0 \\ v_{(0,\, 0,\, z_1)} - v_{(a,\, 0,\, z_1)} = 0 \\ w_{(0,\, 0,\, z_1)} - w_{(a,\, 0,\, z_1)} = 0 \end{cases}$$

$$9-11: \begin{cases} u_{(0,\, 0,\, z_1)} - u_{(0,\, b,\, z_1)} = 0 \\ v_{(0,\, 0,\, z_1)} - v_{(0,\, b,\, z_1)} = b\varepsilon_y^0 \\ w_{(0,\, 0,\, z_1)} - w_{(0,\, b,\, z_1)} = 0 \end{cases} \tag{7-9}$$

$$9-17: \begin{cases} u_{(0,\, 0,\, z_1)} - u_{(a,\, b,\, z_1)} = a\varepsilon_x^0 \\ v_{(0,\, 0,\, z_1)} - v_{(a,\, b,\, z_1)} = b\varepsilon_y^0 \\ w_{(0,\, 0,\, z_1)} - w_{(a,\, b,\, z_1)} = 0 \end{cases}$$

$$10,\ 13,\ 16,\ 19: u = v = w = 0$$

$$1-2: \begin{cases} u_{(0,\, 0,\, 0)} - u_{(a,\, 0,\, 0)} = a\varepsilon_x^0 \\ v_{(0,\, 0,\, 0)} - v_{(a,\, 0,\, 0)} = 0 \\ w_{(0,\, 0,\, 0)} - w_{(a,\, 0,\, 0)} = 0 \end{cases}$$

$$1-3:\begin{cases}u_{(0,0,0)}-u_{(a,b,0)}=a\varepsilon_x^0\\v_{(0,0,0)}-v_{(a,b,0)}=b\varepsilon_y^0\\w_{(0,0,0)}-w_{(a,b,0)}=0\end{cases}$$

$$1-4:\begin{cases}u_{(0,0,0)}-u_{(0,b,0)}=0\\v_{(0,0,0)}-v_{(0,b,0)}=b\varepsilon_y^0\\w_{(0,0,0)}-w_{(0,b,0)}=0\end{cases}$$

$$1-5:\begin{cases}u_{(0,0,0)}-u_{(0,0,h)}=0\\v_{(0,0,0)}-v_{(0,0,h)}=0\\w_{(0,0,0)}-w_{(0,0,h)}=h\varepsilon_z^0\end{cases}$$

$$1-6:\begin{cases}u_{(0,0,0)}-u_{(a,0,h)}=a\varepsilon_x^0\\v_{(0,0,0)}-v_{(a,0,h)}=0\\w_{(0,0,0)}-w_{(a,0,h)}=h\varepsilon_z^0\end{cases}$$

$$1-7:\begin{cases}u_{(0,0,0)}-u_{(a,b,h)}=a\varepsilon_x^0\\v_{(0,0,0)}-v_{(a,b,h)}=b\varepsilon_y^0\\w_{(0,0,0)}-w_{(a,b,h)}=h\varepsilon_z^0\end{cases}$$

$$1-8:\begin{cases}u_{(0,0,0)}-u_{(0,b,h)}=0\\v_{(0,0,0)}-v_{(0,b,h)}=b\varepsilon_y^0\\w_{(0,0,0)}-w_{(0,b,h)}=h\varepsilon_z^0\end{cases}\tag{7-10}$$

有限元模型边界面、边界线及顶点的热学边界条件分别如式(7－11)、式(7－12)及式(7－13)所示：

$$\begin{aligned}&P_1-P_2:\ T_{(0,y_1,z_1)}-T_{(a,y_1,z_1)}=0\\&P_3-P_4:\ T_{(x_1,0,z_1)}-T_{(x_1,b,z_1)}=0\\&P_5:\ q_z=-h(T-T_\infty)\\&P_6:\ q_z=q_{\text{aero}}-\sigma\varepsilon(T_w^4-T_\infty^4)\end{aligned}\tag{7-11}$$

$$\begin{aligned}&9-14:\ T_{(0,0,z_1)}-T_{(a,0,z_1)}=a\nabla T_x^0\\&9-11:\ T_{(0,0,z_1)}-T_{(0,b,z_1)}=b\nabla T_y^0\\&9-17:\ T_{(0,0,z_1)}-T_{(a,b,z_1)}=a\nabla T_x^0+b\nabla T_y^0\\&10,13,16,19\text{ 线上的单元：}q_z=-K(T-T_\infty)\\&12,15,18,20\text{ 线上的单元：}q_z=q_{\text{aero}}-\sigma\varepsilon(T_w^4-T_\infty^4)\end{aligned}\tag{7-12}$$

$$
\begin{aligned}
&1,2,3,4\text{ 点附着的单元：}q_z = -K(T - T_\infty) \\
&5,6,7,8\text{ 点附着的单元：}q_z = q_{\text{aero}} - \sigma\varepsilon T_w^4
\end{aligned}
\tag{7-13}
$$

公式(7－8)~公式(7－12)中的周期性边界条件，描述满足平移对称关系的对应节点间的相对位移以及相对温度关系。边界线上的节点满足相接两个边界面的约束方程，顶点上的节点满足相接三条边界线的约束方程，在某些有限元商业软件如 ANSYS 和 ABAQUS 中无法处理这种过度约束，因此，边界线和顶点处节点的边界条件需要单独施加。公式(7－8)~公式(7－12)中，边界面表示为 P_1、P_2、P_3、P_4、P_5和 P_6，边界线和顶点则由数字表示。值得指出的是，温度梯度的周期性边界条件为所谓的 Dirichlet 边界条件，施加在节点上，因此公式(7－8)~公式(7－12)中描述的是边界面、边界线和顶点上节点之间的约束关系，而公式(7－12)~公式(7－13)中某些方程涉及热流密度，为 Neumann 边界条件，需要施加在边界的单元上。

本研究中的气动热为高超声速运载器在特定弹道下，压缩面特征点的气动热流密度，飞行器及弹道见第 3 章 3.4 节。本研究针对飞行器第二级压缩面进行热电多功能结构设计，基于工程算法计算获得压缩面特征点处的热流密度如图 7－7 所示，从图中可以看出，495 s 时热流密度达到最大约为 132 kW/m^2，495 s 后热流密度迅速降低，685 s 时第二次达到极大值约为 50 kW/m^2，1 400 s 之后，热流接近于 0。

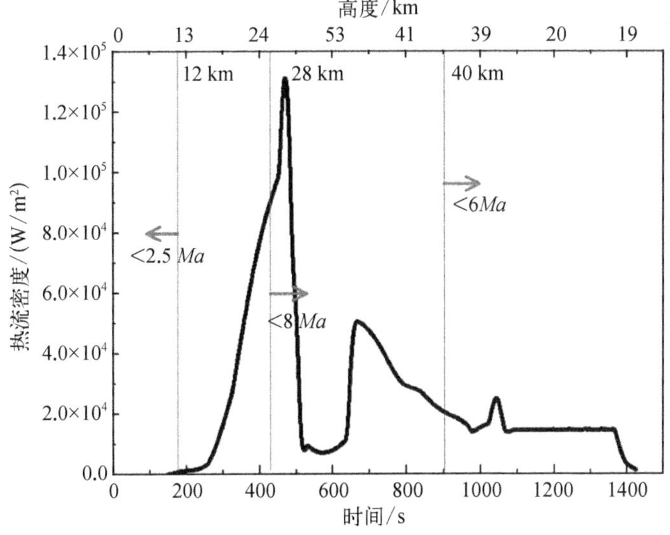

图 7－7　高超声速飞行器典型弹道下压缩面的热流密度

本研究针对热电多功能结构，开展了力热电性能分析，但是针对耐高温、隔热和结构材料，只进行了力热性能分析。对于热电材料对，电势 0 点设置在 n 型材料的底面。本研究中进行了非稳态计算，持续时间为弹道 0~1 400 s，初始温度和电势分别为 300 K 和 0 V。

7.3.4 材料接触界面

本研究中的结构涉及 5 种不同材料 8 种接触界面，如图 7－8 所示。界面处的接触热阻(thermal contact resistance，TCR)将会影响传热过程，进而影响整个结构的热电性能。接触热阻通常的取值范围为 10^{-6}~10^{-4} K·m²/W，本研究中，界面 *a*、*d* 和 *g* 的接触热阻统一表示为 TCR1，*c*、*h* 和 *f* 的接触热阻统一表示为 TCR2，TCR1 和 TCR2 以两个 0.1 mm 厚的热阻层进行模拟，热阻层材料的导热系数等于厚度除以接触热阻，即若接触热阻为 10^{-4} K·m²/W，则材料导热系数为 1 W/(m·K)。

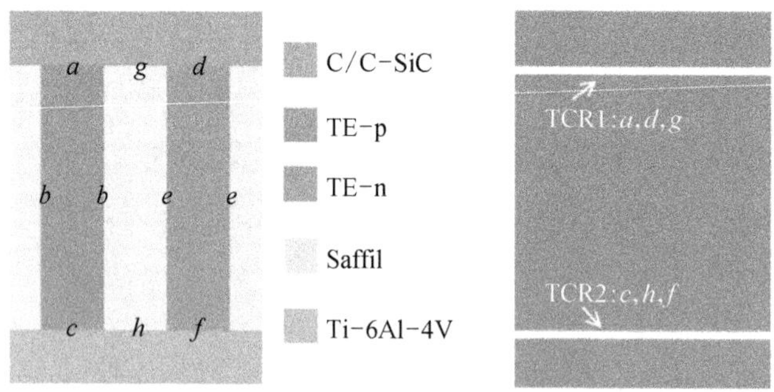

图 7－8 接触界面及接触热阻

本研究中，接触热阻的取值范围为 0~10^{-4} K·m²/W，对于接触热阻为 0 的情况，结构中没有额外的热阻层。接触热阻与界面形貌、接触形变、中间介质、环境温度等密切相关，本结构中材料间接触热阻的定量描述非常复杂，因此，本研究后续讨论主要基于接触热阻为 0 的情况。

7.4 多功能结构力/热/电性能分析

本研究基于单胞模型，沿弹道进行了热电转换结构的力/热/电瞬态分析，总分析时间为 1 425 s。本章研究了接触热阻和结构底部不同对流换热系数

[10 W/(m^2·K)、50 W/(m^2·K)、100 W/(m^2·K)、300 W/(m^2·K)]对多功能结构性能的影响规律。

7.4.1　力/热性能分析

图 7-9(a)和(b)分别为对流换热系数为 10 W/(m^2·K)和 100 W/(m^2·K)情况下，结构在 180 s、495 s、900 s 和 1 400 s 时的温度分布，单位为 K。图 7-9 的

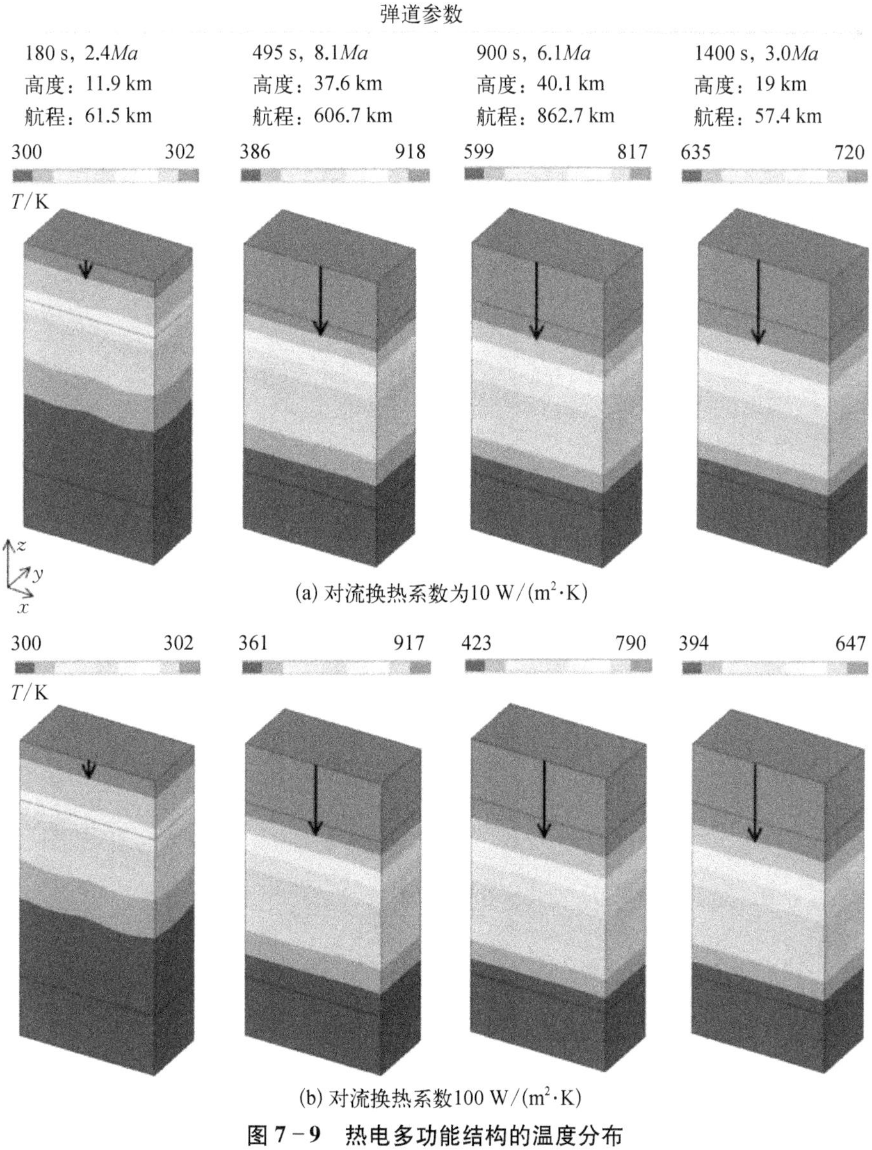

弹道参数

180 s，2.4*Ma*　高度：11.9 km　航程：61.5 km
495 s，8.1*Ma*　高度：37.6 km　航程：606.7 km
900 s，6.1*Ma*　高度：40.1 km　航程：862.7 km
1400 s，3.0*Ma*　高度：19 km　航程：57.4 km

T/K：300–302；386–918；599–817；635–720

(a) 对流换热系数为10 W/(m^2·K)

T/K：300–302；361–917；423–790；394–647

(b) 对流换热系数100 W/(m^2·K)

图 7-9　热电多功能结构的温度分布

顶部为每一时刻的飞行状态，而温度标尺为均匀分布，因此只标出了最小和最大值。图 7－9(a)中，结构上表面的温度从 302 K 增加到 918 K，然后在 1 400 s 时降低至 720 K，下表面的温度则从 300 K 增加至 635 K；而图 7－9(b)中，结构上表面的温度从 302 K 增加到 917 K，然后在 1 400 s 时降低至 647 K，下表面的温度则从 300 K 增加至 423 K，然后降低至 394 K。如果关注红色的等温线，可以看出，随着飞行时间的增加，其位置从上表面向下表面移动，而更高换热系数下移动速度更快。即使在这四个典型状态之间，温度应该还有数次的上升和降低过程，这一现象仍然说明，底部的主动冷却会快速降低结构的温度。

图 7－10 为特征点温度随飞行时间的变化情况，图中分别展示了四种换热系数 10 W/(m^2・K)、50 W/(m^2・K)、100 W/(m^2・K)及 300 W/(m^2・K)下的计算结果。结构上、下表面的温度分别由面中心的节点表征，图中上表面为黑线，而下表面为红线。由图 7－10 中可以看出，495 s 后，上表面的温度变化含有两个明显的波谷，而下表面的温度则变化平缓，毫无疑问，上表面的温度对输入热流的变化更加敏感。另外，多功能结构的下表面温度变化是结构热防护性能的考核标准，对于四种对流换热情况，最高温度分别为 639 K、497 K、431 K 和 364 K，该结果为热防护系统设计和内部温度控制方案设计提供了参考。

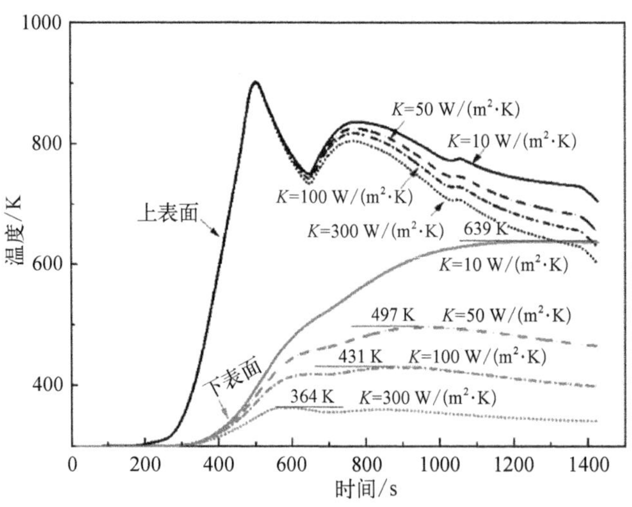

图 7－10　结构上下表面温度随时间变化曲线

值得指出的是，图 7－9 中的结构为变形后的结构，即使其跟原始结构非常类似。基于周期性边界条件计算获得的热膨胀变形值得讨论，以 y 方向的位移为例，如图 7－11 所示，图中对流换热系数为 100 W/(m^2・K)，四张云图分别为 180 s、495 s、900 s

和 1 400 s。显然，y 方向的位移表示 y 方向的热膨胀，根据图 7－11 中的位移标尺，可以发现红色区域为正 y 方向热膨胀，而蓝色区域则为负 y 方向的热膨胀。

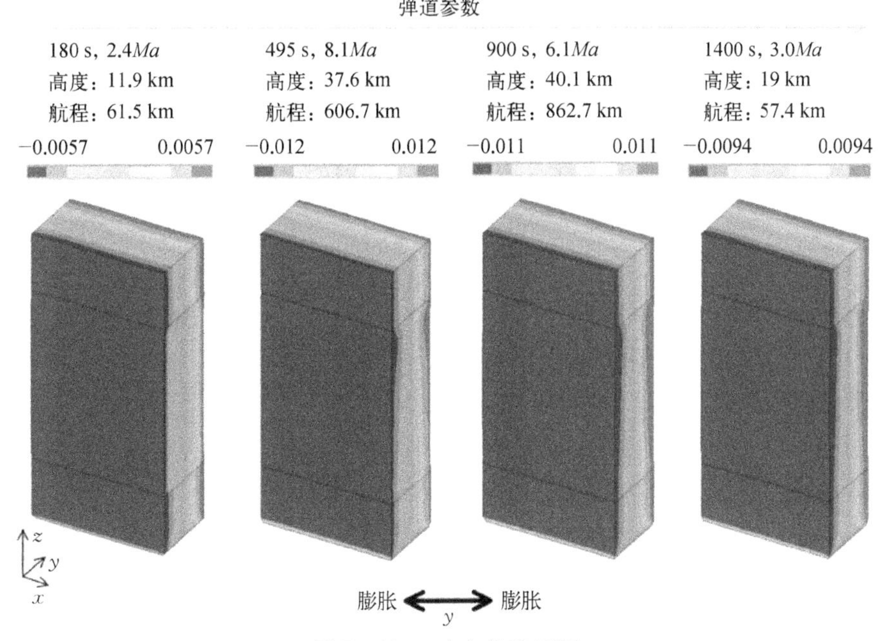

图 7－11　y 方向位移云图

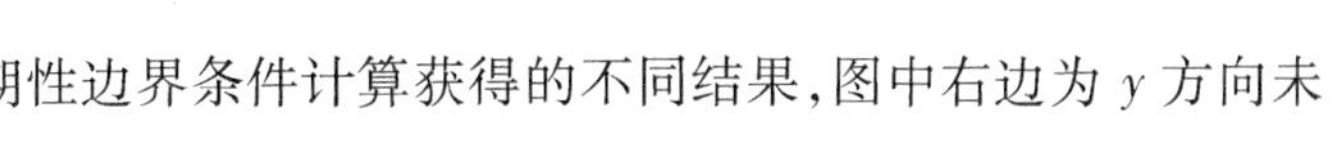

图 7－12 为非周期性边界条件计算获得的不同结果，图中右边为 y 方向未施加约束条件，而 x 方向仍然为周期性边界条件的算例结果，图 7－12 中为 495 s

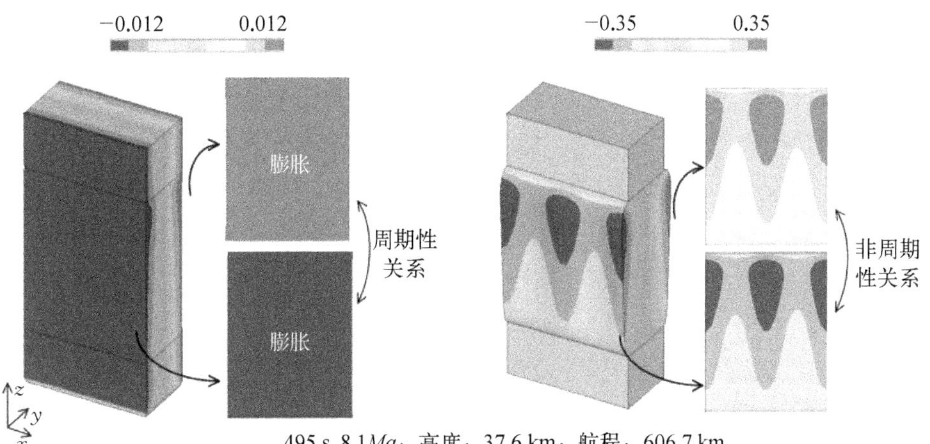

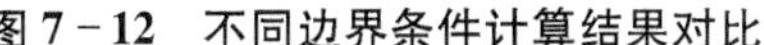

图 7－12　不同边界条件计算结果对比

时刻，对流换热系数为 100 W/(m^2 · K) 计算结果。图中分别展示了体积、边界面 $P_3(y=0)$ 及 $P_4(y=b)$ 上的云图结果。从图中可以看出，非周期性边界条件会导致周期性对称面上的位移场分布为非周期性，轮廓线为起伏状分布。非周期性边界条件计算获得的结果中，隔热层区域的热膨胀远大于耐高温材料 C/C－SiC 及结构层 TC4，这种分布明显是不合理的：平移这种变形后的单胞无法构造出完整的结构，因为 C/C－SiC 及 TC4 区域是不连续的。而基于周期性边界条件计算获得的变形单胞可以构造出完整的 TPS 结构，结果表明，基于本研究中单胞的性能分析必须施加周期性边界条件。

7.4.2 热电性能分析

图 7－13 为热电材料的电势分布，图 7－13(a) 和 (b) 分别为 10 W/(m^2 · K) 和 100 W/(m^2 · K) 情况下，在 180 s、495 s、900 s 和 1 400 s 四个时刻的计算结果。热电模块的电势从 n 型热电材料底部的 0 V 增加到 p 型热电材料底部的最大值，两者之差即为热电模块的总电势。图 7－13(a) 中 10 W/(m^2 · K) 的情况下，总电势从 0.000 3 V 增加到 0.144 V，然后在 1 400 s 时降低至 0.024 V；而图 7－13(b) 中在 100 W/(m^2 · K) 情况下，总电势从 0.000 3 V 增加到 0.149 V，然后在 1 400 s 时降低至 0.065 V。

图 7－14 为总电势随飞行时间的详细变化，图中黑色实线、红色虚线、蓝色点画线和粉色点线分别为对流换热系数为 10 W/(m^2 · K)、50 W/(m^2 · K)、100 W/(m^2 · K)、300 W/(m^2 · K) 的计算结果。每条曲线在 495 s 达到波峰，之后可见两个波谷，与温度分布相符。每种情况下获得的最大电势分别为 0.144 V、0.147 V、0.149 V 和 0.154 V，而 1 400 s 内的平均电动势则为 0.048 V、0.063 V、0.069 V 和 0.076 V。显然，更高的换热系数可获得更大的电动势，这应该归功于热电材料更大的温差。而本项目设计的多功能模块，面积为 0.01 m^2，含有 128 个 p－n 材料对，对于这种模块，则不同对流换热情况下的最大电动势可达 18.4 V 到 19.7 V。图 7－14 中，黑色矩形为考虑了接触热阻(10^{-4} K · m^2/W) 之后的结果，图 7－14 中曲线表明接触热阻对电势影响的最大偏差为 4%，而平均偏差为 1%。

图 7－15 为热电材料上、下表面的温度和电势随时间分布，图中黑色实线和红色虚线分别为上、下表面的温度，而蓝色实线和粉色虚线则分别为 7－14 中的总电势及 n 型热电材料的电势。图 7－15 的上半部分为温度，p 型和 n 型热电材料的温度分布基本一致，因为其导热系数都远大于隔热材料。图中黑色矩形符

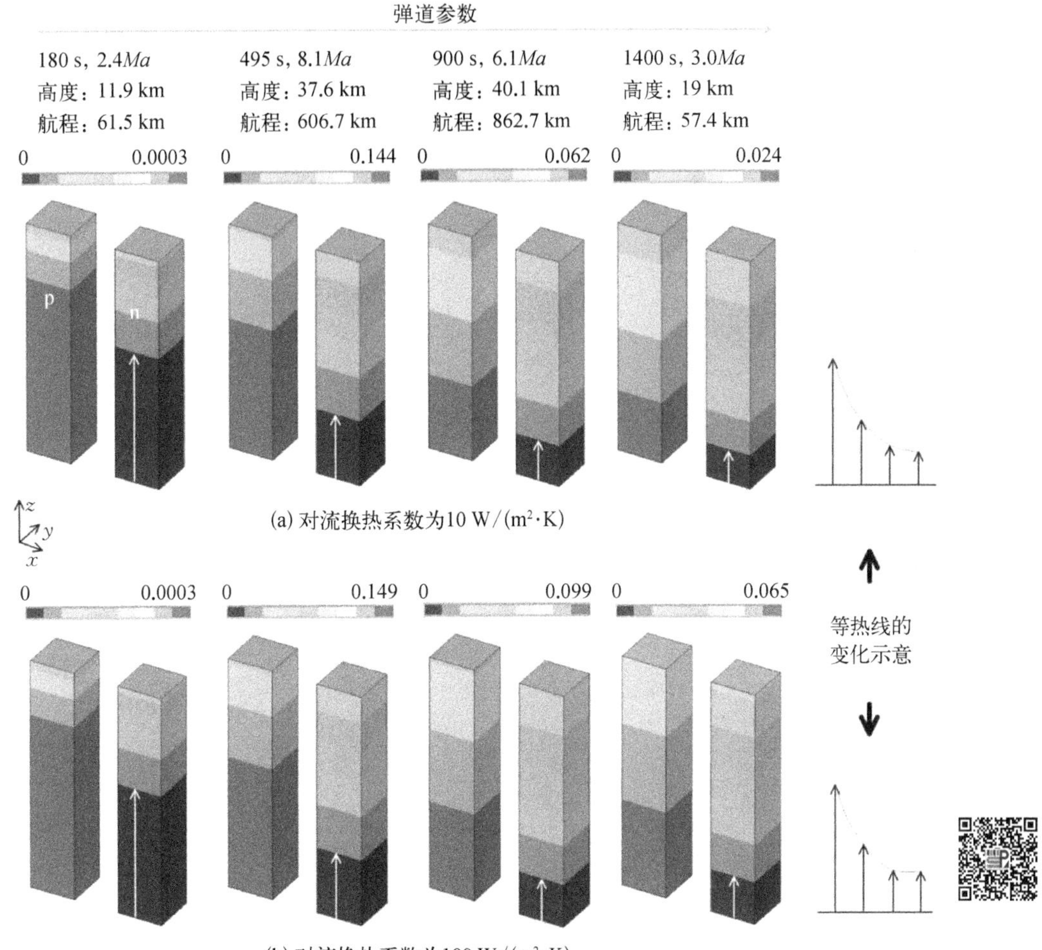

(a) 对流换热系数为10 W/(m²·K)

(b) 对流换热系数为100 W/(m²·K)

图 7-13　热电材料的电势分布

号和红色圆圈符号分别表示考虑了接触热阻(10^{-4} K · m^2/W)后的 p 型材料的上、下表面的温度,而蓝色矩形符号和粉色圆圈符号分别表示 p 型和 n 型材料的电势。从图 7-15 中可以看出,有无接触热阻的结果,最大和平均温度偏差分别为 0.6%和 0.2%,而最大和平均电势偏差分别为 4%和 1%。

7.4.3　热电转换效率分析

本研究设计的热电模块可看作电源,其输出功率与外接负载相关,当负载与电源内阻相等时,可获得最大输出功率。图 7-16 为此种情况下,热电模块中一

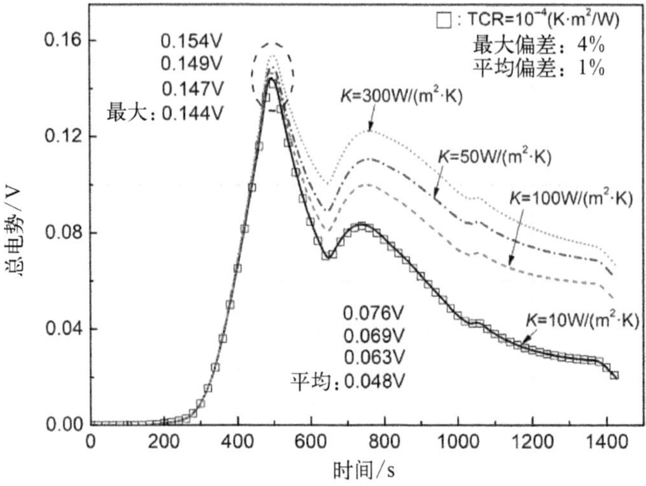

图 7-14　总电势随时间变化曲线

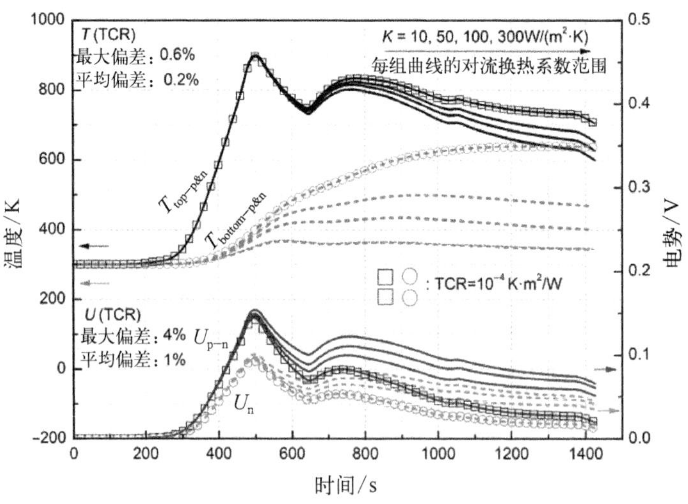

图 7-15　温度和电势随时间变化曲线

个 p－n 对(即单胞模型)的最大输出功率和热电转换效率。图中黑色、红色、蓝色和粉色曲线分别为对流换热系数 10 W/(m^2 · K)、50 W/(m^2 · K)、100 W/(m^2 · K)、300 W/(m^2 · K)下的计算结果。本研究中材料的电阻按照材料所处的平均温度计算,而热电转换效率根据输出功率除以气动热获得。

在大多数工程实际中,外接负载不等于热电材料内阻,因此,该模块的输出功率总是小于最大功率的。如图 7－16 所示,一个 p－n 对的最大输出功率从 0

增加到峰值然后降低，而热电转换效率的变化趋势非常类似，但在曲线的最后阶段，热电转换效率急剧增加，这是因为此时气动热急剧减小，而温度变化相对缓慢的缘故。另外，随着对流换热系数的增加，结构上下表面温差变大，故输出功率和热电转换效率都有一定的增加。

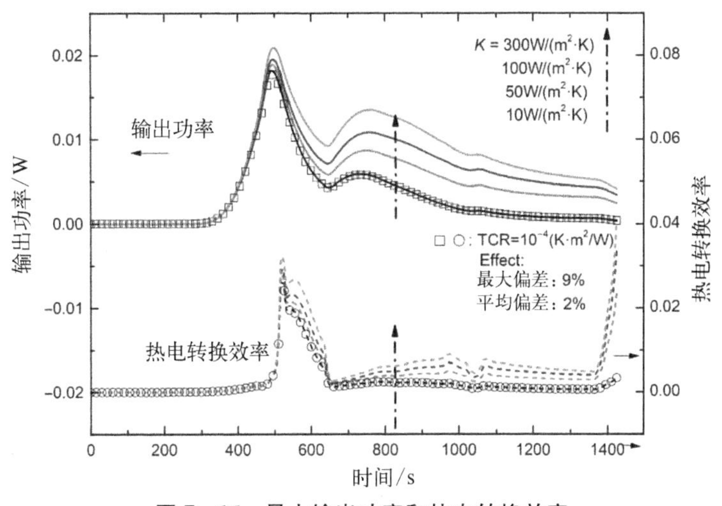

图 7－16　最大输出功率和热电转换效率

图 7－16 中同样可以看出接触热阻的影响，图中黑色矩形符号和黑色圆圈符号分别表示考虑接触热阻后的最大输出功率和热电转换效率。最大偏差为 9%，平均偏差为 2%，结果表明，对于本研究开发的热电结构，在特定飞行器及弹道下，不同材料间接触热阻对热电转换效率的影响较小。

另外，输出功率和热电转换效率随着对流换热系数的增加而增加。表 7－2 列出了对流换热系数等于 10 W/(m^2·K)、50 W/(m^2·K)、100 W/(m^2·K)和 300 W/(m^2·K)情况下，单胞及多功能结构的输出功率和转换效率的最大值和平均值。输出功率的最大值从 0.018 2 W 增加至 0.020 9 W，平均值从 0.003 17 W 增加至 0.007 13 W，而热电转换效率最大值从 2.63%增加至 4.09%，平均值从 0.237% 增加至 0.607%。结果表明，结构底面的对流冷却对于提高结构的热电性能具有重要作用。另外，从表 7－2 中可以看出，对于 0.01 m^2，包含 128 对 p－n 材料的多功能结构，可以输出最大瞬时功率为 2.68 W，最大平均功率为 0.913 W。背景飞行器第二级压缩面面积约 21 m^2，因此，在压缩面布置本项目设计的热电多功能结构时，最大瞬时功率超过 5 600 W，最大平均功率超过 1 900 W，该热电多功能结构提供的功率输出足以替代部分电源。

表 7-2 多功能结构发电性能评估

对流换热系数/[W/(m²·K)]	输出功率/W				热电转换效率/%	
	单胞结构(一个 p-n 对)		多功能结构(128 个 p-n 对)			
	最大值	平均值	最大值	平均值	最大值	平均值
10	0.018 2	0.003 17	2.33	0.406	2.63	0.237
50	0.018 9	0.004 83	2.42	0.618	2.79	0.400
100	0.019 5	0.005 91	2.50	0.756	3.39	0.499
300	0.020 9	0.007 13	2.68	0.913	4.09	0.607

7.5 多功能结构优化

多功能结构的输出功率和热电转换效率与温差、电阻等参数直接相关,而这些参数与材料属性及结构几何形状又密切联系,在不改变材料的情况下,可以通过优化几何形状,提高该多功能结构的隔热和发电效率,同时降低结构质量。

7.5.1 优化问题模型

7.5.1.1 目标函数

多功能结构在整条弹道下的平均发电功率越高,说明其研究价值越高,在高超声速飞行器上应用前景越好,平均发电功率作为该结构性能评估的重点指标,本研究中将平均发电功率最大作为目标函数之一。另外,多功能结构作为背景飞行器防热方案的一部分,从飞行器总体设计的角度出发,要求该结构质量越小越好,因此将质量最小作为优化问题的另一个目标函数。

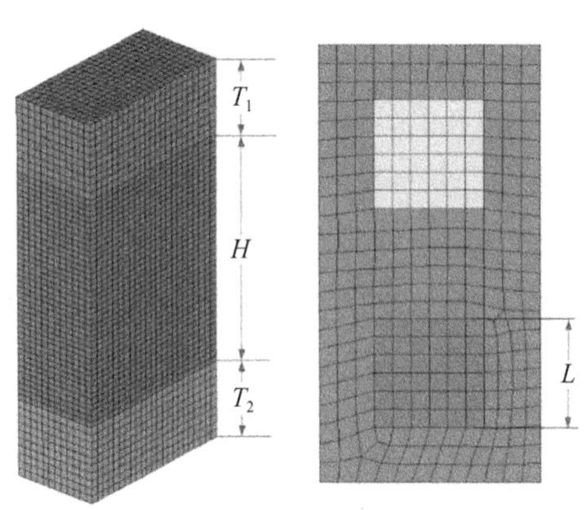

图 7-17 多功能结构参数化模型

7.5.1.2 优化变量

选择优化变量的主要原则是尽量选取对目标函数,即对结构质量和发电效率有重要影响的参数。多功能结构有限元模型如图 7-17 所示,此处将 T_1、T_2、L、H 作为优化变量,原因是:

（1）以上四个变量是构成结构形状的必要几何参数，将会对结构质量产生重要影响，同时会对发电效率产生间接影响；

（2）T_1是上表面防热层厚度，将直接影响热电材料上表面的温度，进而决定热电材料的温差与发电功率；

（3）T_2是下表面结构层厚度，会影响结构下表面温度，这是多功能结构作为防热系统的设计约束；

（4）L 和 H 分别表示热电材料的宽和高，将直接影响到热电材料的电阻，进而影响发电功率，且 H 也是隔热层的厚度，会影响热电材料下表面的温度，是决定温差的另一个重要因素；

（5）上述四个变量之间相互耦合，例如，L 和 H 的变化会通过电阻和温差的变化反映在发电功率上，同时会影响结构的质量，且 H 的变化还会影响 T_2 的设计。因此，四个设计变量与目标函数间的关系较为复杂，无法直接通过人为调整获得良好的结果，有必要进行优化分析。

7.5.1.3　约束条件

作为防热方案的一部分，多功能结构应起到防隔热作用，保证飞行器内部结构和设备在安全的温度范围内工作。因此需将多功能结构下表面的温度限制在合理范围内，将其作为优化问题的约束条件。TC4 合金可以在 670 K 以下长时间工作，而优化过程将尽可能地使其达到约束上限，为保证结构的可靠性，此处设置约束条件为 600 K。为了让 L 有足够的取值范围，单胞截面尺寸确定为 15 mm×8 mm。下表面对流换热系数为 50 W/(m^2·K)。

综上所述，多功能结构的优化问题可以表述为如式(7-14)所示的数学形式。本问题为多目标优化问题，由于优化变量不多，为搜索全局最优点，采用遗传算法进行优化。遗传算法的流程见图 7-18。

$$\begin{cases} \text{find} \quad T_1、T_2、L、H \\ \min \quad P,\ M \\ \text{s.t.} \quad T_{Ti} \leqslant 600\ \text{K} \end{cases} \tag{7-14}$$

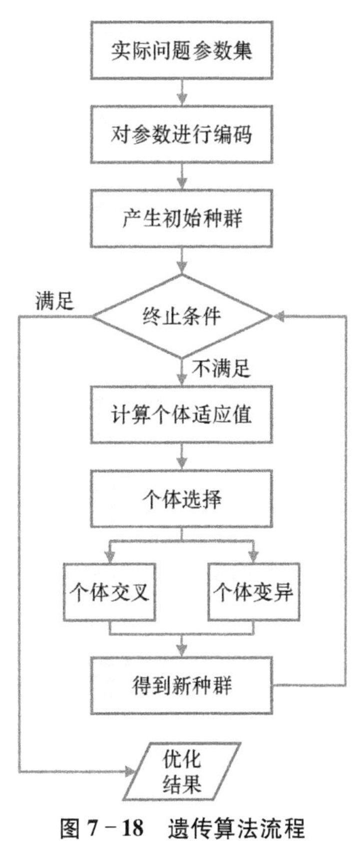

图 7-18　遗传算法流程

7.5.2 优化过程

图 7－19 为优化框架，优化流程中，ANSYS 脚本程序根据 T_1、T_2、L、H 的取值建立多功能结构的有限元模型，并进行仿真计算。然后，将结构下表面温度作为约束条件，将结构质量和换热功率同时作为目标函数，在 ISIGHT 软件中采用遗传算法进行优化。上述优化过程以批处理的方式集成在 ISIGHT 软件中，并最终输出结构的优化结果。

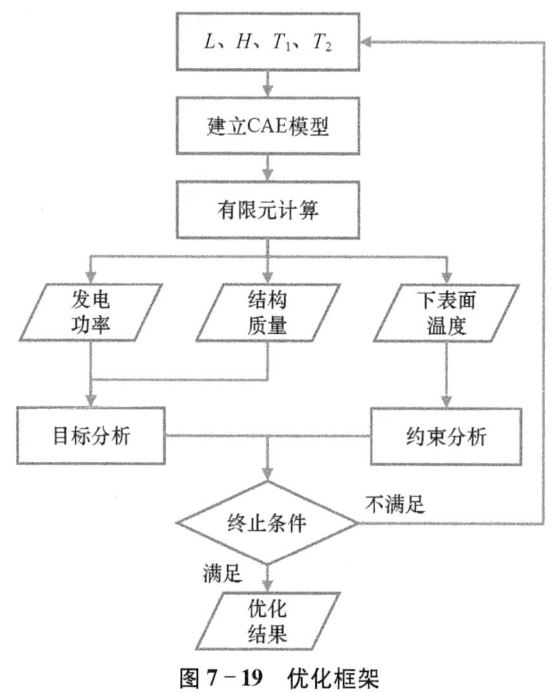

图 7－19　优化框架

7.5.3 优化结果

图 7－20 和图 7－21 分别为目标函数和约束条件的优化历史，图中仅展示可行点的结果变化情况。经过优化，该单胞结构质量由 5.175 g 下降到 5.084 g，平均发电功率由 0.007 4 W 提高到 0.021 W，同时，结构下表面温度为 599.37 K，趋近约束上限 600 K。

表 7－3 为单胞结构的初始设计值、优化初值及优化终值。值的指出的是，由于遗传算法的初值并非人为给定，而是根据种群情况自动生成，因此优化初值并非最初设计值。优化后的单胞结构，0.01 m^2 的多功能热防护结构至少可布置 81 个 p－n 对，平均功率可达到 1.701 W，约是 7.4.3 节计算结果（0.618 W）的 2.75 倍。

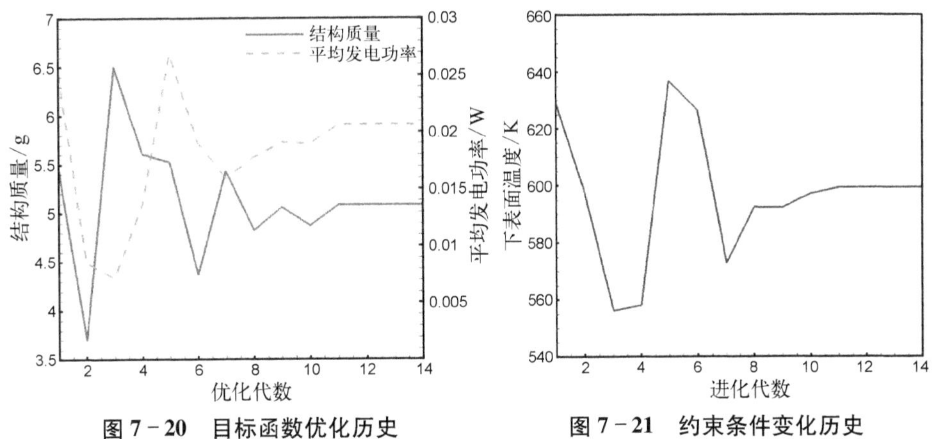

图 7-20　目标函数优化历史　　图 7-21　约束条件变化历史

表 7-3　优化结果对比

变　量	初始设计值	优化初值	优化终值
H/mm	15	10.53	13.84
L/mm	3	3.69	3.62
T_1/mm	5	6.41	6.81
T_2/mm	5	4.85	3.32
单胞结构质量/g	5.175	5.446	5.084
平均输出功率/W	0.007 4	0.016	0.021
下表面温度/K	456.77	620.68	599.37

若是在背景飞行器第二级压缩面(约 21 m^2)上均铺设多功能结构,则可布置共 1.75×10^5 个 p-n 对,通过选择合适的热电材料,可以使发电效率均达到优化终值的水平,则在背景飞行器的典型弹道下,平均发电功率可达 3.67 kW,此时多功能结构的总质量约 890 kg。飞行器电子设备所需功率约 2 kW,起落架所需峰值功率约 1.3 kW,故多功能材料的发电功率足以供给飞行器使用。

7.6　小结

本章设计了一种基于高温热电材料的防热/供电多功能结构,建立了数值仿真模型,以背景飞行器进气道压缩面的热环境为输入条件,分析了结构的热/电性能,并进行了优化设计,最终得到了以下结论:

(1) 在不同计算状态下，多功能热防护结构的一个单胞可产生的最高电势差为 0.154 V，全弹道下最大平均电势差为 0.076 V；

(2) 下表面对流换热系数会影响结构温差，从而影响发电效率，对流换热系数越大，产生的电压越大，因此在发电量充足的情况下，可增加强制对流装置，提升发电效率；

(3) 经过优化后，0.01 m^2的多功能热防护结构在背景飞行器全弹道过程中的平均发电功率可达 1.701 W，在压缩面上合理使用该结构可部分甚至全部替代飞行器的电源系统。

参考文献

[1] Hill S A, Kostyk C, Notardonato W, et al. Thermal management systems roadmap-technology area 14[R]. Washington: NASA TA, 2012.

[2] Gong C L, Gou J J, Hu J X, et al. A novel TE-material based thermal protection structure and its performance evaluation for hypersonic flight vehicles[J]. Aerospace Science and Technology, 2018, 77: 458-470.

[3] Cheng K, Qin J, Jiang Y, et al. Performance assessment of multi-stage thermoelectric generators on hypersonic vehicles at a large temperature difference[J]. Applied Thermal Engineering, 2018, 130: 1598-1609.

[4] Gayner C, Kar K K. Recent advances in thermoelectric materials[J]. Progress in Materials Science, 2016, 83: 330-382.

[5] Terasaki I, Sasago Y, Uchinokura K. Large thermoelectric power in $NaCo_2O_4$ single crystals [J]. Physical Review B, 1997, 56: 12685-12687.

[6] Shikano M, Funahashi R. Electrical and thermal properties of single-crystalline $(Ca_2CoO_3)_{0.7}CoO_2$ with a $Ca_3Co_4O_9$ structure[J]. Applied Physics Letters, 2003, 82(12): 1851-1853.

[7] Guilmeau E, Funahashi R, Mikami M, et al. Thermoelectric properties-texture relationship in highly oriented $Ca_3Co_4O_9$ composites[J]. Applied Physics Letters, 2004, 85(9): 1490-1492.

[8] Liu Y, Lin Y, Zhan S, et al. Preparation of $Ca_3Co_4O_9$ and improvement of its thermoelectric properties by spark plasma sintering[J]. Journal of the American Ceramic Society, 2005, 88(5): 1337-1340.

[9] Noudem J G, Prevel M, Veres A, et al. Thermoelectric $Ca_3Co_4O_9$ ceramics consolidated by Spark Plasma sintering[J]. Journal of Electroceramics, 2009, 22(1-3): 91-97.

[10] Van N N, Pryds N, Linderoth S, et al. Enhancement of the thermoelectric performance of p-type layered oxide $Ca_3Co_4O_{(9+\delta)}$ through heavy doping and metallic nanoinclusions[J]. Advanced Materials, 2011, 23(21): 2484-2490.

[11] Gong C L, Dong G, Hu J, et al. Effect of reducing annealing on the microstructure and thermoelectric properties of La-Bi co-doped $SrTiO_3$ ceramics [J]. Journal of Materials

Science: Materials in Electronics, 2017, 28(19): 14893 - 14900.

[12] Wang Y, Sui Y, Cheng J, et al. Comparison of the high temperature thermoelectric properties for Ag-doped and Ag-added $Ca_3Co_4O_9$ [J]. Journal of Alloys and Compounds, 2009, 477 (1): 817 - 821.

[13] Van Nong N, Pryds N, Linderoth S, et al. Enhancement of the thermoelectric performance of p-type layered oxide $Ca_3Co_4O_9+\delta$ through heavy doping and metallic nanoinclusions [J]. Advanced Materials, 2011, 23(21): 2484 - 2490.

[14] Gou J J, Ren X J, Dai Y J, et al. Study of thermal contact resistance of rough surfaces based on the practical topography[J]. Computers & Fluids, 2016,164: 2 - 11.

[15] Gou J J, Gong C L, Gu L X, et al. The unit cell method in predictions of thermal expansion properties of textile reinforced composites[J]. Composite Structures, 2018, 195: 99 - 117.

[16] Gou J J, Gong C L, Tao W Q. Appropriate utilization of the unit cell method in thermal calculation of composites[J]. Applied Thermal Engineering, 2018, 139: 295 - 306.

[17] Gou J J, Gong C L, Gu L X, et al. Unit cells of composites with symmetric structures for the study of effective thermal properties [J]. Applied Thermal Engineering, 2017, 126: 602 - 619.

第 8 章

承载-防热-供电多功能结构技术

8.1 前言

第 7 章建立了基于单胞模型的热电多功能结构力热电性能评估方法，本章将针对导电片、界面连接、模块化等结构细节信息进行设计，并通过承载框架、控温层等扩展结构的承载和控温功能，进一步提升结构效率。图 8-1 为集成热电转换发电模块的多功能热防护系统功能示意图，多功能热防护结构应具有承载、防热及供电功能，引入控温层后可以提升热电转换效率、降低飞行器舱内温度。本章将针对典型高超声速运载器进气道第二级压缩面，开展热电多功能结构设计，基于飞行器压缩面热防护板、热电多功能结构、热电材料对三个尺度，进行力/热/电性能的多尺度分析。

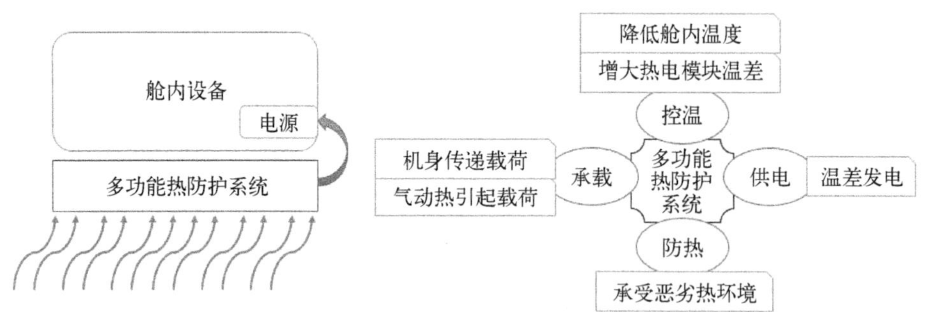

图 8-1 热电多功能热防护系统功能示意图

图 8-2 为本研究提出的热电多功能结构示意图[1]，本研究中的多功能结构放置于高超声速运载器的第二级压缩面，该区域布置 8 块多功能热防护板，每块多功能热防护板包括 36 块热电多功能结构，热电多功能结构则由热电多

功能模块与周围的间隙热防护结构组成，其中热防护板上的间隙热防护为一整块结构，而热电多功能模块主要由氧化铝陶瓷板、导电片、热电材料、隔热材料、限位窝心及承载框架等组成，其核心是同时实现承载、防热与热电转换功能。

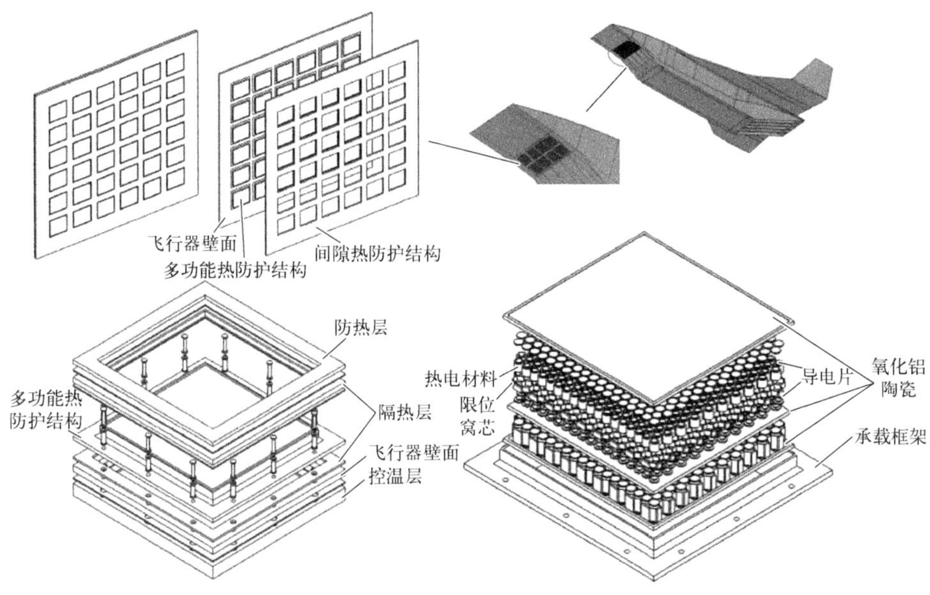

图 8-2　热电多功能结构示意图

8.2　飞行器力/热载荷

典型飞行器及弹道如第 3 章 3.4 节所示。本研究针对第二级压缩面进行热电多功能结构设计，基于工程算法计算获得压缩面特征点处的热流密度如第 7 章中图 7-7 所示，从图中可以看出，495 s 时热流密度达到最大约为 132 kW/m^2，495 s 后热流密度迅速降低，685 s 时第二次达到极大值约为 50 kW/m^2，1 400 s 之后，热流接近于 0。

图 8-3(a)和(b)分别为飞行器的升力和阻力曲线，图 8-4(a)和(b)分别为发动机推力及动压曲线，图 8-5(a)和(b)分别为纵向和横向过载曲线。综合图 8-4 与图 8-5，飞行器的最大纵向过载为 5.85g，出现在 1 075.5 s；飞行器的最大动压为 100.32 kPa，出现在 1 358.5 s；飞行器的最大法向载荷为 2 192.76 kN，

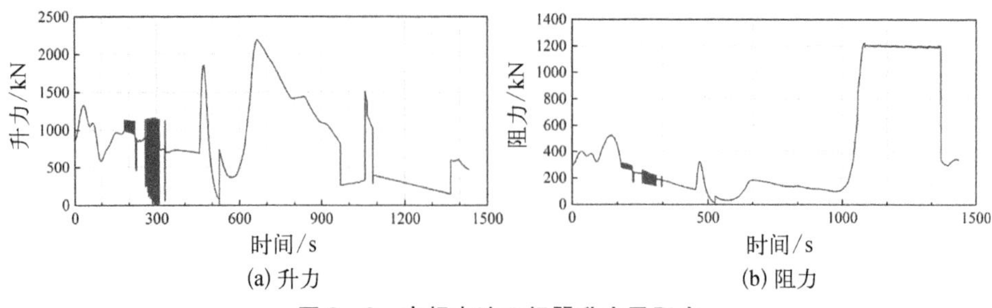

(a) 升力　　(b) 阻力

图 8-3　高超声速飞行器升力及阻力

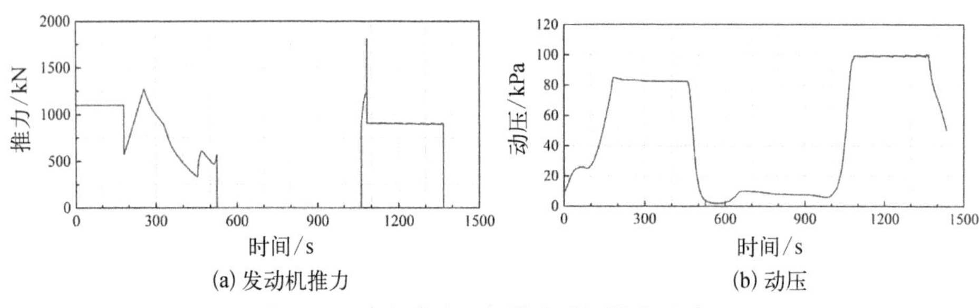

(a) 发动机推力　　(b) 动压

图 8-4　高超声速飞行器发动机推力及动压

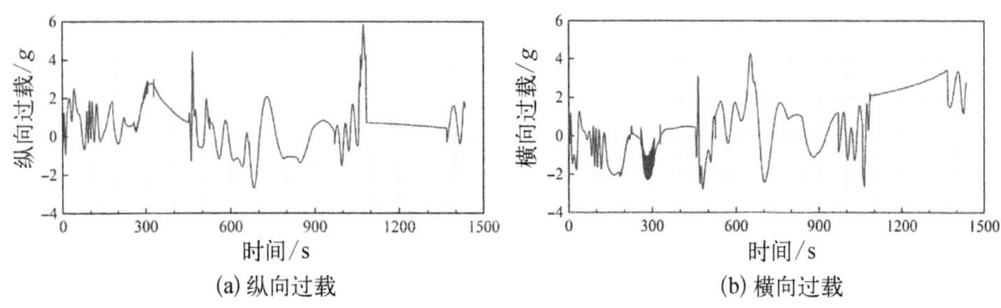

(a) 纵向过载　　(b) 横向过载

图 8-5　高超声速飞行器过载

出现在 665.5 s；飞行器的最大推力为 1 808.61 kN，出现在 1 084.5 s。

飞行器在飞行过程中，发动机经历了四种工作模态：① 以引射模态工作，182 s 时发动机关机；② 以冲压工作模态工作，525 s 时冲压发动机停止工作；③ 1 063.5 s 时，冲压发动机重新开始工作，飞行器进入有动力返回阶段；④ 1 367.5 s 时，发动机停机，飞行器进入无动力返回阶段，直至返回地面。根据飞行器飞行状态及载荷情况，本研究进行热电多功能结构设计及性能分析的弹道特征点如表 8-1 所示。

表 8-1　多功能结构性能分析的弹道特征点

时间/s	攻角/(°)	高度/km	马赫数	推力/kN
0.00	15.00	0.00	0.40	1 100.00
46.55	4.00	1.30	1.20	1 482.00
182.50	3.01	12.00	2.50	577.00
525.50	7.80	50.12	8.22	569.85
1 063.50	9.10	22.43	5.01	0.00
1 367.50	7.24	20.09	5.09	897.62
1 434.50	1.05	15.70	2.54	0.00

8.3　热电多功能结构设计及力学边界条件

8.3.1　热电材料及选取原则

热电材料主要分为半导体金属合金型热电材料、方钴矿型热电材料、金属硅化物型热电材料、氧化物型热电材料等。半导体热电材料分为低温型铋-碲系、中温型铅-碲系以及高温型硅-锗系热电材料。典型 n 型和 p 型热电材料的物性见表 8-2 和表 8-3,在进行热电材料选择时,需要 ZT 值尽可能大,尽量处于较佳的工作温域内,另外,n 型和 p 型热电材料的导热系数需要尽可能接近。

表 8-2　典型 n 型热电材料物性

材　料	属　系	ZT 值	导热系数/[W/(m·K)]	最佳使用温度/K	适用温度范围/K	参考文献
$Yb_{0.19}Co_4Sb_{12}$	方钴矿类	1	—	600	—	[2]
$In_{0.25}Co_4Sb_{12}$		1.2	—	575	—	[3]
$CoSb_{2.75}Sn_{0.05}Te_{0.20}$		1.1	—	823	—	[4]
$Ba_{0.14}In_{0.23}Co_4Sb_{11.84}$		1.34	—	850	—	[5]
$Yb_{0.3}Co_4Sb_{12.3}$		1.3	—	800	—	[6]
$Ba_{0.08}La_{0.05}Yb_{0.04}Co_4Sb_{12}$		1.7	2.7	850	300~900	[7]
$Bi_2Te_{2.7}Se_{0.3}$	Bi_2Te_3基纳米复合材料	1.04	—	498	—	[8]
Bi_2Te_3		1	1.25	450	100~650	[9]

（续表）

材　料	属　系	ZT 值	导热系数/[W/(m·K)]	最佳使用温度/K	适用温度范围/K	参考文献
$AgPb_{18}SbTe_{20}$	PbTe 基纳米复合材料	2.2	2.15	800	300~910	[10]
$Ag_{0.53}Pb_{18}Sb_{1.2}Te_{20}$		1.7	—	700	—	[11]
$K_{0.95}Pb_{20}Sb_{1.2}Te_{22}$		1.6	—	750	—	[12]
PbTe－PbS8%		1.4	—	750	—	[13]
PbTe－Pb－Sb		1.4	—	700	350~700	[14]
PbTe－Si		0.9	—	675	—	[15]
$Pb_{9.6}Sb_{0.2}Te_3Se_7$		1.2	0.4	650	300~800	[16]
$(Pb_{0.95}Sn_{0.05}Te)_{0.92}(PbS)_{0.08}$		1.5	0.4	642	300~700	[17]
$Ag_{0.8}Pb_{22}5SbTe_{20}$		0.89	—	700	—	[18]
$Si_{80}Ge_{20}P_2$	SiGe 基纳米复合材料	1.3	—	1 173	—	[19]

表 8－3　典型 p 型热电材料物性

材　料	属　系	ZT 值	导热系数/[W/(m·K)]	最佳使用温度/K	适用温度范围/K	参考文献
BiSbTe	Bi_2Te_3基纳米复合材料	1.4	1	373	270~530	[20]
$(Bi,Sb)_2Te_3$		1.5	—	390	—	[21]
$(BiSb)_2Te_3$		1.47	—	440	—	[22]
$Bi_{0.52}Sb_{1.48}Te_3$		1.56	0.7	300	300~400	[23]
$Bi_{0.4}Sb_{1.6}Te_3$		1.2	—	316	300~500	[24]
Bi_2Te_3		0.9	1.25	400	100~650	[25]
$Ag_{0.5}Pb_6Sn_2Sb_{0.2}Te_{10}$	PbTe 基纳米复合材料	1.45	—	630	300~800	[26]
$Na_{0.95}Pb_{18}Sb_{1.2}Te_{20}$		1.7	—	700	—	[27]
PbTe－4molSrTe－2molNa		2.2	2.8	900	300~935	[28]
2%SrTe－contating PbTc		1.7	1.6	800	300~870	[29]
$NaPb_{18}BiTe_{20}$		1.3	—	670	—	[30]
$Si_{80}Ge_{20}$	SiGe 基纳米复合材料	0.95	—	1 073	—	[31]
β－Zn_4Sb_3	新型热电材料	1.35	0.6	673	300~720	[32]

根据高超声速飞行器的热环境特点，适用的高温、中温及低温热电材料如下：选取 $AgPb_{18}SbTe_{20}$ 作为高温 n 型热电材料，其 ZT 值在 800 K 时达到 2.2，导热系数最高为 2.15 W/(m·K)，适用温度区间为 300~910 K；选取 PbTe－4molSrTe－2molNa 作为高温 p 型热电材料，其 ZT 值在 900 K 时达到 2.2，导热系数最高为 2.8 W/(m·K)，适用温度区间为 300~935 K；选取 $(Pb_{0.95}Sn_{0.05}Te)_{0.92}(PbS)_{0.08}$ 作为中温 n 型热电材料，其 ZT 值在 642 K 时达到 1.5，导热系数最高为 0.4 W/(m·K)，适用温度区间为 300~700 K；选取 β－Zn_4Sb_3 作为中温 p 型热电材料，其 ZT 值在 673 K 时达到 1.35，导热系数最高为 0.6 W/(m·K)，适用温度区间为 300~720 K；选用 Bi_2Te_3 作为低温 n 型热电材料，其 ZT 值在 450 K 时达到 1，导热系数最高为 1.25 W/(m·K)，适用温度区间为 100~650 K，考虑到温度匹配性，同样选用 Bi_2Te_3 作为低温 p 型热电材料，其 ZT 值在 450 K 时达到 1，导热系数最高为 1.25 W/(m·K)，适用温度区间为 100~650 K。值得指出的是，本章研究建立的热电多功能结构为高温和中温两级模型，未包含低温热电材料，后续章节的研究将涉及低温热电材料。

图 8－6(a)、(b)和(c)分别为选取的热电材料的导热系数、导电系数及 ZT 值。从图中可发现，同一热电层的 p 型与 n 型热电材料属性相近，符合热电材料选取要求。

8.3.2　热电多功能结构方案

图 8－7 为高超声速飞行器第二级压缩面的多功能热防护方案示意图，第二级压缩面总面积为 8 m^2，划分为 8 个子区域，定义单个子区域为“多功能板”，每

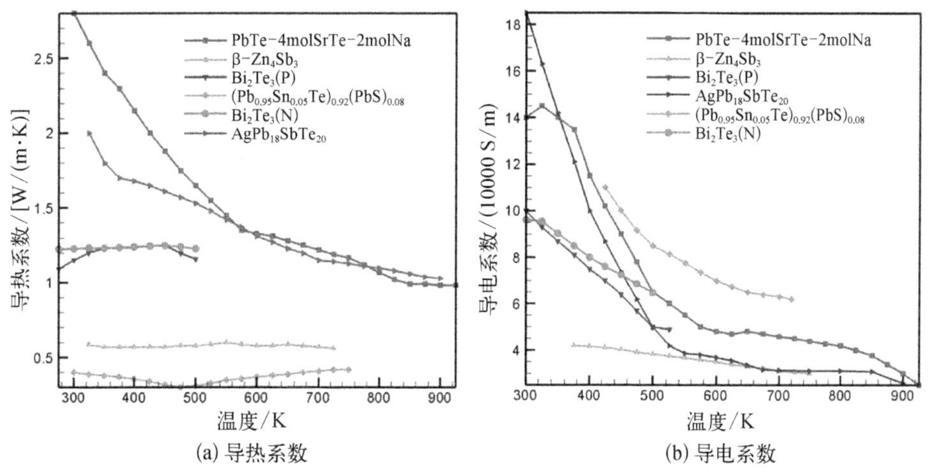

(a) 导热系数　　(b) 导电系数

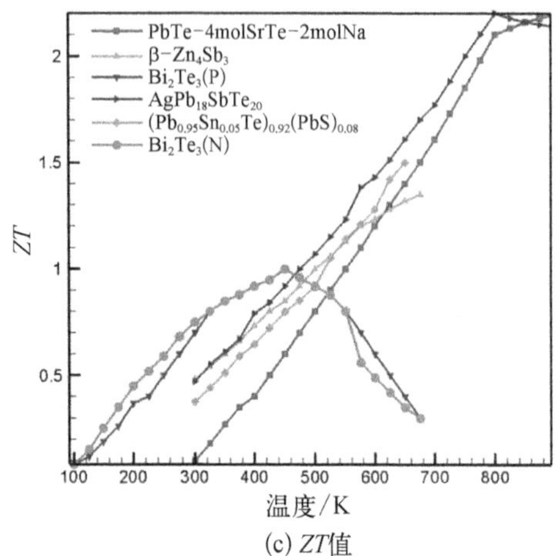

(c) *ZT*值

图 8-6　热电材料的导热系数、导电系数及 *ZT* 值

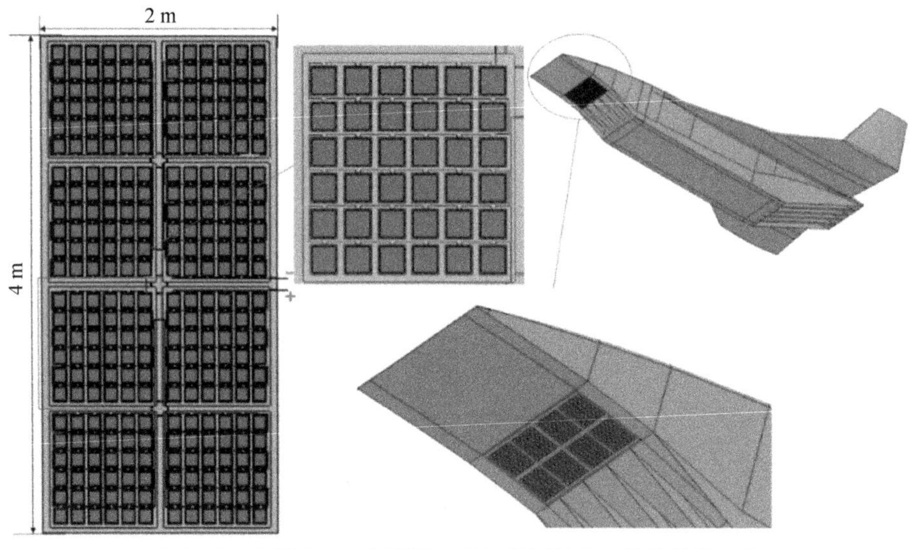

图 8-7　高超声速飞行器第二级压缩面的多功能热防护方案

个多功能板包含 36 块热电多功能结构，则第二级压缩面总共安装 288 块多功能结构。多功能热防护方案的工作原理如图 8-8 所示。

图 8-9 为应用于高超声速飞行器第二级压缩面的热电多功能结构，从图中可以看出，多功能结构主要由承载框架、氧化铝陶瓷（Al_2O_3）基板、导电片、热电层、限位窝芯等组成。其中，陶瓷基板与热电层通过导电片连接，高温 n 型和 p 型热电材料分别为 $AgPb_{18}SbTe_{20}$ 和 PbTe-4molSrTe-2molNa，而中温 n 型和 p 型

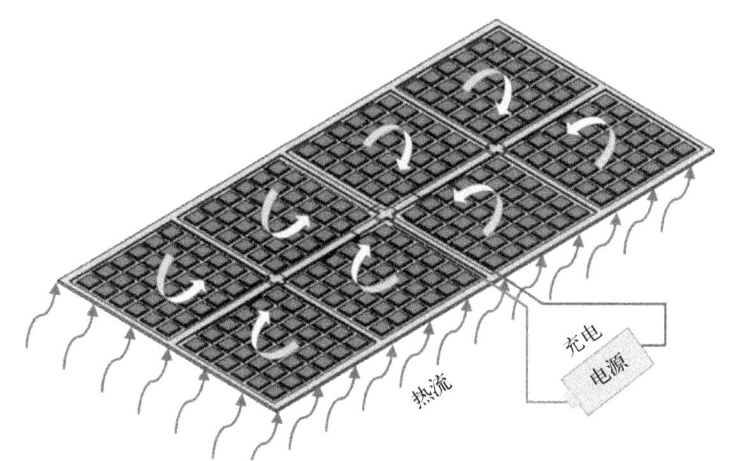

图 8-8　热电多功能热防护方案工作原理

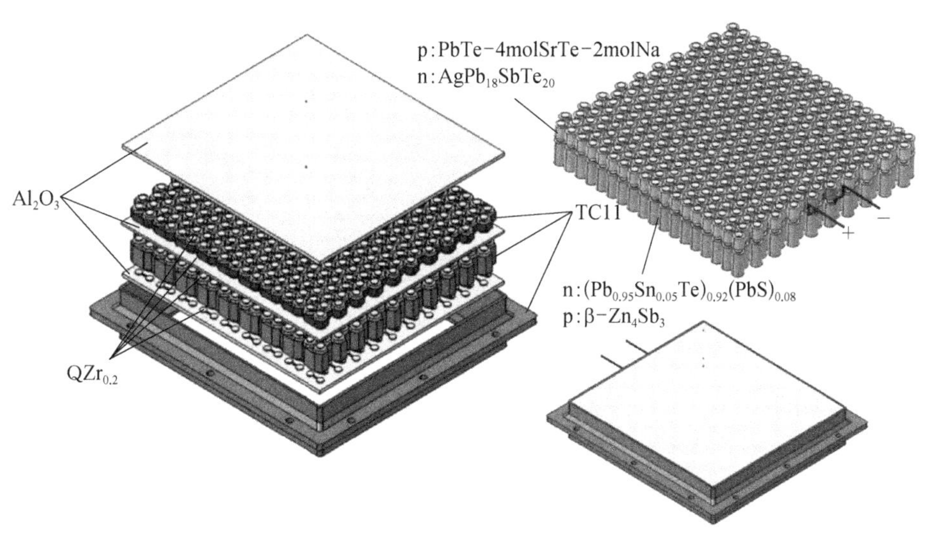

图 8-9　热电多功能结构

热电材料分别为$(Pb_{0.95}Sn_{0.05}Te)_{0.92}(PbS)_{0.08}$和 β-$Zn_4Sb_3$;导电片选用高温高电导率的锆青铜($QZr_{0.2}$),可在 900℃以下使用,具有优良的导电、导热性,好的抗蠕变强度,良好的冷、热加工性能,适用于高温工作的导电元器件;承载框架与限位承载窝芯选取 TC11 合金,TC11 可长期在 500℃以下工作。

8.3.3　力学边界条件

飞行器压缩面上的力学载荷,尤其是面内载荷在时间和空间上分布不均匀,因此,在进行热电多功能结构性能分析时,需要针对飞行器和多功能板进行多尺度力学分析,获得热电多功能结构的力学边界条件,如图 8-10 所示,分为三步:① 基于弹道特征点(表 8-1),完成飞行器的力学性能分析,确定多功能板的结构分析点,导出多功能板的位移边界条件;② 完成多功能板的力学性能分析,确定多功能结构的结构设计点,导出热电多功能结构的位移边界条件;③ 建立热电多功能结构有限元数值模型,施加位移和气动热流密度(图 8-3)边界条件,完成力/热性能分析,获取热电层的温度场,完成多功能结构发电性能评估。本节将完成飞行器及多功能板的力学性能分析,获得热电多功能结构的力学边界条件,为下一节开展多功能结构力热电性能评估打下基础。

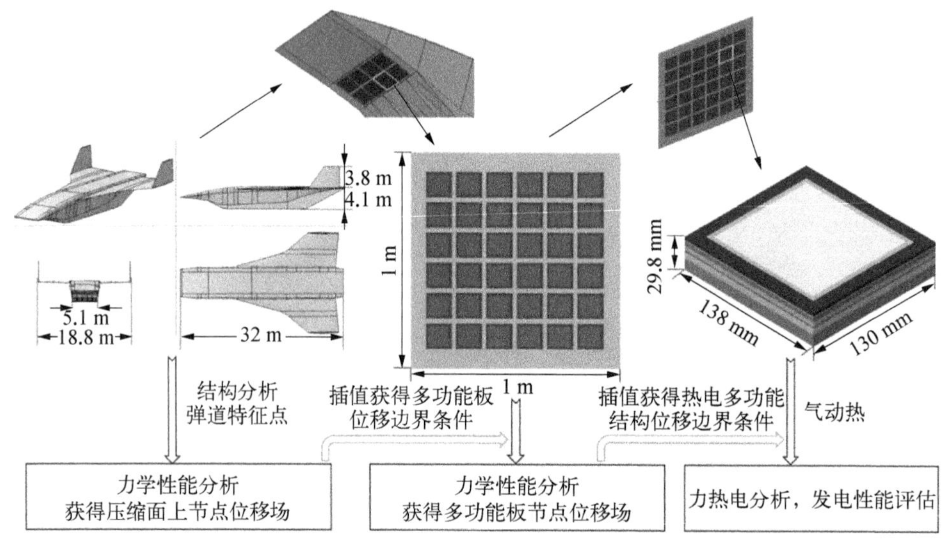

图 8-10 热电多功能结构力学边界条件获取流程

8.3.3.1 飞行器力学性能分析及多功能板力学边界条件获取

飞行器模型如图 8-11(a)所示,飞行器结构可分为机身和机翼两部分:机身结构系统主要由机身桁条、机身框架、机身蒙皮组成,而机翼结构系统则由机翼蒙皮、翼梁和翼肋组成。框架用于保持蒙皮的形状,桁条用于传递飞行器的轴向载荷和轴承弯矩。机翼采用多腹板蒙皮骨架结构,翼梁垂直于翼弦布置,翼肋平行于翼弦布置。承重结构材料为 2024-T351,蒙皮材料为 2024-T3。发动机采用 310S 高温合金制造,机翼前缘采用 C/C-SiC 复合材料进行被动隔热,飞行器内部设备的质量如表 8-4 所示。

(a) 飞行器模型分解　　(b) 飞行器网格模型

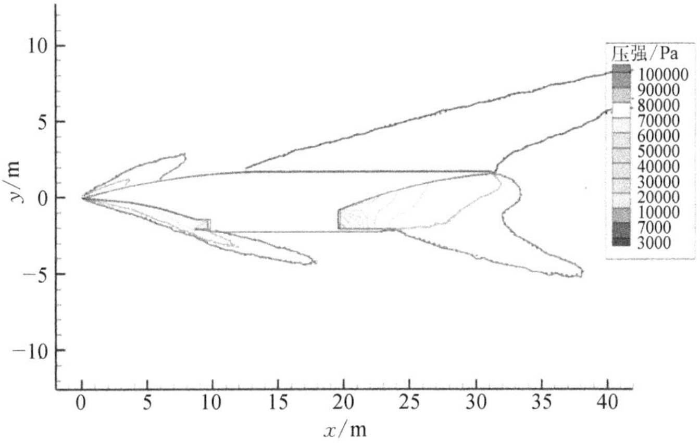

(c) 气动力边界条件

图 8-11　飞行器模型、网格及气动力边界条件

表 8-4　高超声速飞行器内部设备质量

设　备	电源系统	探测与导航系统	燃料电池	电气系统	起落架	液压系统	RCS	电子设备	舵机
质量/kg	5 432	324	474	516	4 811	635	492	761	330

考虑到飞行器的面对称性，针对一半结构建立数值模型，飞行器模型的网格划分与边界条件如图 8-11(b)所示。利用梁单元模拟机身桁条受力，壳单元模拟机身蒙皮、机翼蒙皮、翼梁和翼肋等结构部件，采用集中质量点模拟飞行器内部设备，并以多点约束的方式模拟其对飞行器结构承力的影响。在飞行器质心位置定义坐标系 $O_0x_0y_0z_0$，原点 O_0 为飞行器的质心，x_0 轴处于飞行器纵向对称平面内，与飞行器纵轴平行，指向飞行器的尾部，y_0 轴处于飞机的对称平面内，垂直于飞行器纵轴，向上为正，z_0 轴通过右手法则确定。约束飞行器对称平面上所有

节点沿 z_0 轴方向的平动、绕 y_0 轴的旋转以及绕 x_0 轴的旋转。

利用 FLUENT 软件对飞行器在结构分析点处进行气动分析，得到飞行器外表面的压强分布数据，如图 8－11(c) 所示，采用三角元面积加权法将飞行器外表面的压强转化为节点力，作为边界条件施加到飞行器的数值模型上。

针对表 8－1 所示的飞行器弹道特征点进行力学性能分析，获得的 von Mises 应力分布如图 8－12 所示，通过对每个弹道特征点处的飞行器的应力水平进行统计，得到飞行器在结构分析点处的机身、机翼与第二级压缩面上的应力水平如表 8－5 所示。

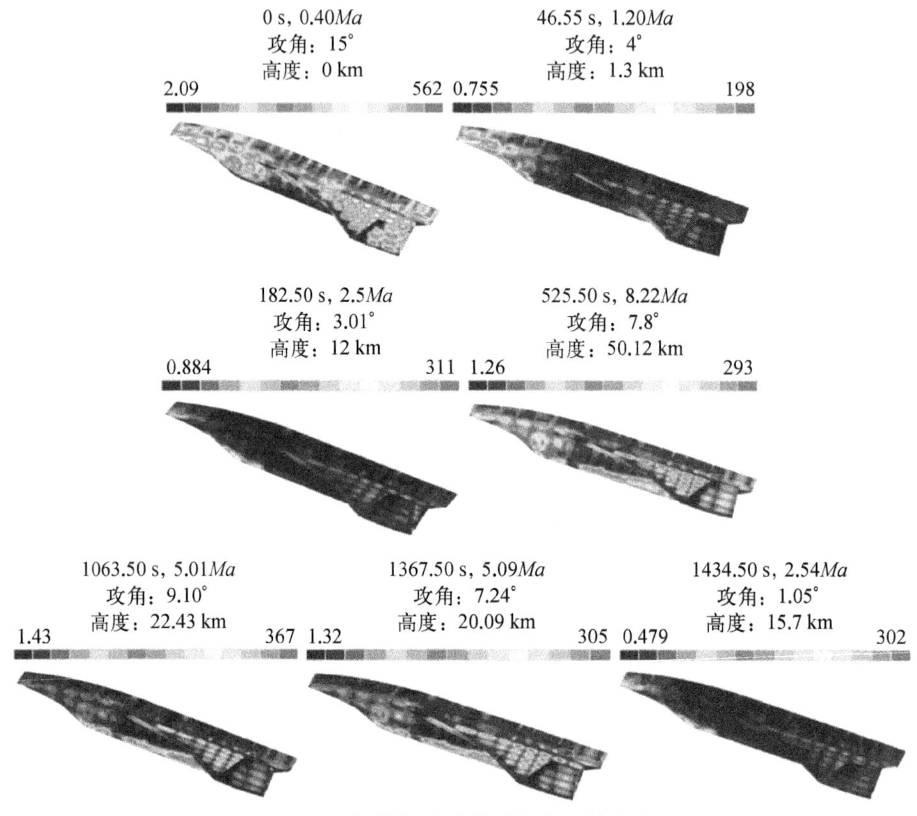

图 8－12　飞行器部分弹道特征点下的应力云图

表 8－5　高超声速飞行器机身与机翼载荷水平

时间/s	马赫数	攻角/(°)	机身载荷/MPa	机翼载荷/MPa	第二级压缩面载荷/MPa
0.0	0.4	15	562	496	548
46.55	1.2	4	198	84.4	172

（续表）

时间/s	马赫数	攻角/(°)	机身载荷/MPa	机翼载荷/MPa	第二级压缩面载荷/MPa
182.5	2.5	3.01	311	117	306
525.5	8.22	7.08	293	169	108
1 063.5	5.01	9.10	367	158	331
1 367.5	5.09	7.04	305	155	113
1 434.5	2.54	1.05	302	99.4	101

综合考虑高超声速飞行器的弹道，结合图 8－3 所示的气动热流密度、图 8－12 所示的飞行器结构应力分布及表 8－5 所示的气动力载荷可发现：① 在 0~46.55 s，飞行器处于起飞阶段，在该阶段虽然飞行器马赫数较小，但是大气环境压强最高，同时攻角较大，起飞时刻载荷最为严重，起飞后随着攻角的减小，载荷逐渐减小；② 在 46.55~182.5 s，随着飞行器高度的增加，大气密度和环境压强降低，飞行器的攻角变化不大，但马赫数逐渐增大，飞行器受到的气动载荷逐渐增大，但此过程气动热流密度较低，引起的载荷较小；③ 在 182.5~525.5 s，飞行器的马赫数不断增加，攻角逐渐增大，同时飞行器的高度迅速增大，机翼承受的气动载荷较大，机身承受的载荷变化不大，但飞行器周身热流密度急剧增大，产生的载荷将不可忽略；④ 525.5~1 063.5 s，飞行器的高度逐渐降低，马赫数逐渐减小，但攻角略有增加，飞行器机身承受的气动载荷增大，机翼承受的载荷变化不大，此时气动热流密度仍处于较高水平，因此飞行器结构因气动热产生的载荷同样较大；⑤ 1 063.5~1 367.5 s，飞行器处于平飞阶段，在该阶段由于飞行器的攻角、马赫数和高度变化不大，结构应力水平变化不大，气动热引起的载荷基本稳定；⑥ 1 367.5 s 之后，飞行器处于返回阶段，攻角迅速降低，马赫数逐渐减小，高度也降低，飞行器结构承受的气动载荷变化不大。

综合上述分析，针对多功能板力学性能分析的弹道特征点应从以下两方面确定：① 结构载荷严峻点 $t=0$ s，即起飞时刻，此时飞行器机身结构载荷最为严峻，无须考虑热载荷；② 热载荷严峻段，飞行器起飞后，选取飞行器机身热环境严苛且飞行器第二级压缩面载荷最大的点 $t=182.5$ s 与 $t=1\ 063.5$ s。

8.3.3.2　多功能板力学性能分析及热电多功能结构力学边界条件获取

多功能板的数值模型如图 8－13(a) 所示，为了节省计算时间，将热电多功能结构简化为承载框架、氧化铝陶瓷板和热电等效层。多功能板的网格模型如

图 8-13(b)所示,多功能板的外部包络尺寸为 1 000 mm×1 000 mm×23.8 mm(承载框架的厚度为 23.8 mm),假定多功能板的厚度方向,位移为均匀分布。基于 ABQUAS 进行有限元分析,单元类型为三维实体单元 C3D8R,手动划分网格,模型网格量为 127 076,节点数量为 254 730。

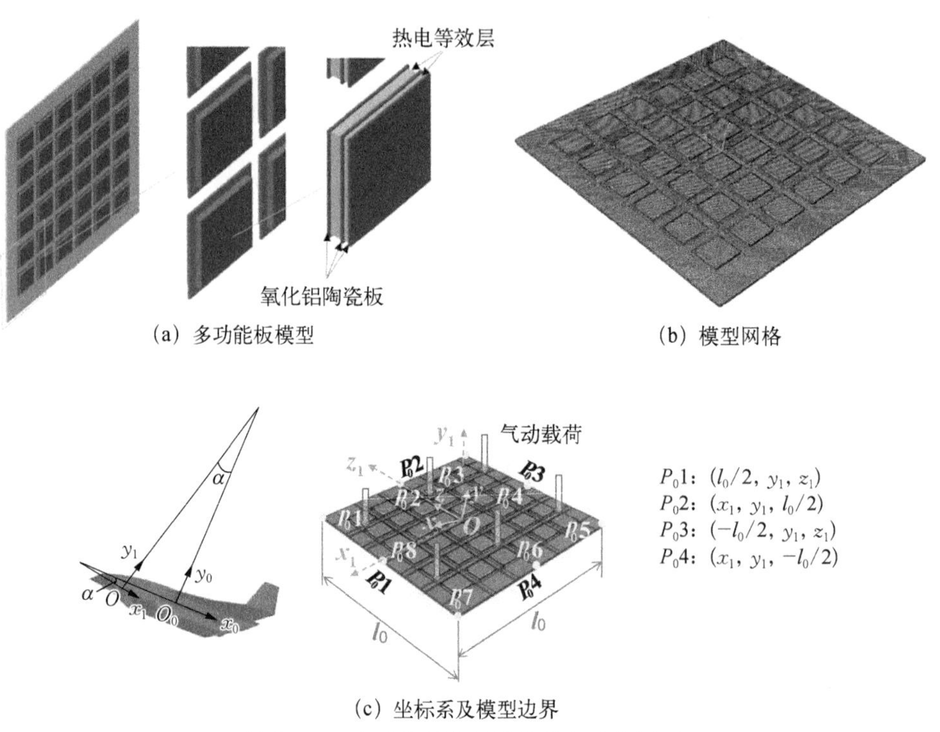

(a) 多功能板模型　(b) 模型网格

(c) 坐标系及模型边界

图 8-13　多功能板力学性能分析数值模型

多功能板的边界如图 8-13(c)所示,图中 $P_0 1$ 至 $P_0 4$ 分别为横向上的四个边界面,点 $P_0 1$、$P_0 3$、$P_0 5$ 和 $P_0 7$ 为位于边界面交界线厚度方向中点,而 $P_0 2$、$P_0 4$、$P_0 6$ 和 $P_0 8$ 则为边界面中线厚度方向中点。模型坐标系 $Oxyz$ 的原点 O 是多功能板的质心位置,每个坐标轴均与坐标系 $O_0x_0y_0z_0$(原点位于飞行器质心位置)的对应坐标轴平行。为了描述多功能板的位移边界条件,建立了坐标系 $Ox_1y_1z_1$,其中 z_1 轴的方向与 z 轴相同,y_1 轴与多功能板模型的法线方向平行,向上为正,x_1 轴方向通过右手法则确定。x_1 轴与 x 轴之间的角度等于 y_1 轴和 y 轴之间的角度,也等于飞行器第二级压缩面与 x_0 轴之间的夹角。

点 $P_0 1$ 到 $P_0 8$ 在 $Oxyz$ 坐标系中的坐标为

$$P_01(x_1, y_1, z_1);\ P_02(x_2, y_2, z_2);\ P_03(x_3, y_3, z_3);\ P_04(x_4, y_4, z_4)$$
$$P_05(x_5, y_5, z_5);\ P_06(x_6, y_6, z_6);\ P_07(x_7, y_7, z_7);\ P_08(x_8, y_8, z_8) \tag{8-1}$$

点 P_01 到 P_08 在 $O_0x_0y_0z_0$ 坐标系下的位移由飞行器结构力学性能分析获得，表示为

$$P_01(u_1, v_1, w_1);\ P_02(u_2, v_2, w_2);\ P_03(u_3, v_3, w_3);\ P_04(u_4, v_4, w_4)$$
$$P_05(u_5, v_5, w_5);\ P_06(u_6, v_6, w_6);\ P_07(u_7, v_7, w_7);\ P_08(u_8, v_8, w_8) \tag{8-2}$$

则施加在边界面 P_01 至 P_04 上的位移插值函数表达式为

P_01:

$$u = u_7 + \frac{u_8 - u_7}{z_8 - z_7}(z - z_7) + \frac{(u_1 - u_8)(z_8 - z_7) - (u_8 - u_7)(z_1 - z_8)}{(z_1 - z_7)(z_1 - z_8)(z_8 - z_7)}(z - z_7)(z - z_8)$$

$$v = v_7 + \frac{v_8 - v_7}{x_8 - x_7}(z - z_7) + \frac{(v_1 - v_8)(z_8 - z_7) - (v_8 - v_7)(z_1 - z_8)}{(z_1 - z_7)(z_1 - z_8)(z_8 - z_7)}(z - z_7)(z - z_8)$$

$$w = w_7 + \frac{w_8 - w_7}{z_8 - z_7}(z - z_7) + \frac{(w_1 - w_8)(z_8 - z_7) - (w_8 - w_7)(z_1 - z_8)}{(z_1 - z_7)(z_1 - z_8)(z_8 - z_7)}(z - z_7)(z - z_8)$$

P_02:

$$u = u_1 + \frac{u_2 - u_1}{x_2 - x_1}(x - x_1) + \frac{(u_3 - u_2)(x_2 - x_1) - (u_2 - u_1)(x_3 - x_2)}{(x_3 - x_1)(x_3 - x_2)(x_2 - x_1)}(x - x_1)(x - x_2)$$

$$v = v_1 + \frac{v_2 - v_1}{x_2 - x_1}(x - x_1) + \frac{(v_3 - v_2)(x_2 - x_1) - (v_2 - v_1)(x_3 - x_2)}{(x_3 - x_1)(x_3 - x_2)(x_2 - x_1)}(x - x_1)(x - x_2)$$

$$w = w_1 + \frac{w_2 - w_1}{x_2 - x_1}(x - x_1) + \frac{(w_3 - w_2)(x_2 - x_1) - (w_2 - w_1)(x_3 - x_2)}{(x_3 - x_1)(x_3 - x_2)(x_2 - x_1)}(x - x_1)(x - x_2)$$

$P_0 3$:

$$u = u_3 + \frac{u_4 - u_3}{z_4 - z_3}(z - z_3) + \frac{(u_5 - u_4)(z_4 - z_3) - (u_4 - u_3)(z_5 - z_4)}{(z_5 - z_3)(z_5 - z_4)(z_4 - z_3)}(z - z_3)(z - z_4)$$

$$v = v_3 + \frac{v_4 - v_3}{z_4 - z_3}(z - z_3) + \frac{(v_5 - v_4)(z_4 - z_3) - (v_4 - v_3)(z_5 - z_4)}{(z_5 - z_3)(z_5 - z_4)(z_4 - z_3)}(z - z_3)(z - z_4)$$

$$w = w_3 + \frac{w_4 - w_3}{z_4 - z_3}(z - z_3) + \frac{(w_5 - w_4)(z_4 - z_3) - (w_4 - w_3)(z_5 - z_4)}{(z_5 - z_3)(z_5 - z_4)(z_4 - z_3)}(z - z_3)(z - z_4)$$

$P_0 4$:

$$u = u_5 + \frac{u_6 - u_5}{x_6 - x_5}(x - x_5) + \frac{(u_7 - u_6)(x_6 - x_5) - (u_6 - u_5)(x_6 - x_6)}{(x_7 - x_5)(x_7 - x_6)(x_6 - x_5)}(x - x_5)(x - x_6)$$

$$v = v_5 + \frac{v_6 - v_5}{x_6 - x_5}(x - x_5) + \frac{(v_7 - v_6)(x_6 - x_5) - (v_6 - v_5)(x_6 - x_6)}{(x_7 - x_5)(x_7 - x_6)(x_6 - x_5)}(x - x_5)(x - x_6)$$

$$w = w_5 + \frac{w_6 - w_5}{x_6 - x_5}(x - x_5) + \frac{(w_7 - w_6)(x_6 - x_5) - (w_6 - w_5)(x_6 - x_6)}{(x_7 - x_5)(x_7 - x_6)(x_6 - x_5)}(x - x_5)(x - x_6) \tag{8-3}$$

公式(8－1)是点 $P_0 1$ 到 $P_0 8$ 在 $Oxyz$ 坐标系中的坐标，公式(8－2)是完成飞行器力学性能分析后得到的点 $P_0 1$ 到 $P_0 8$ 的位移，公式(8－3)描述了多功能板四个侧面 $P_0 1$ 至 $P_0 4$ 上节点的位移约束，即用牛顿插值公式建立的多功能板的插值位移边界条件，其中 u、v 和 w 是节点在 $Ox_1y_1z_1$ 坐标系三个方向上的位移，x 和 z 是节点沿 Ox 和 Oz 方向的坐标。

图 8－14 为多功能板在三个弹道特征点处的应力云图，其中图 8－14(a)为模型整体的 von Mises 应力分布云图，图 8－14(b)为热电多功能结构(简化为承载框架、氧化铝陶瓷板和热电等效层)的应力分布，图 8－14(c)为氧化铝陶瓷板的应力分布，图 8－14(d)为热电等效层的应力分布。从图中可以看出，$t = 0$ s 时，除了边界极少数单元，多功能板的应力水平处于 600 MPa 以内，略高于此时压缩面应力水平(548 MPa)，热电多功能结构应力水平总体在 600 MPa 以内，其中氧化铝陶瓷板应力低于 350 MPa，热电等效层的应力小于 72 MPa，可见承载框架承受了绝大部分应力；$t = 182.5$ s 时，多功能板的应力小于 367 MPa，略高于此时压缩面的应力水平(306 MPa)，热电多功能结构的应力总体在 250 MPa 以内，其中氧化铝陶瓷板应力低于 95 MPa，热电等效层的应力低于 28 MPa；$t = 1\,063.5$ s 时，多功能板的应力水平低于 378 MPa，且应力集中在边缘区域，热电多功能结构的应力总体在 105 MPa 以内，其中氧化铝陶瓷板应力低于 47 MPa，热电等效层的应力低于 6 MPa。

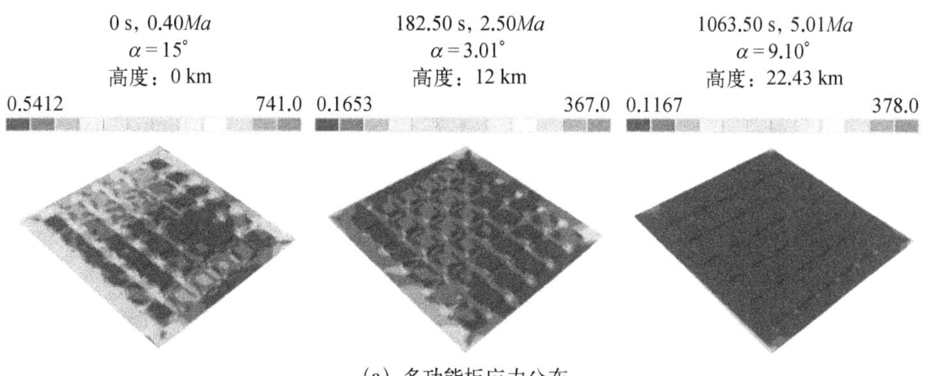

(a) 多功能板应力分布

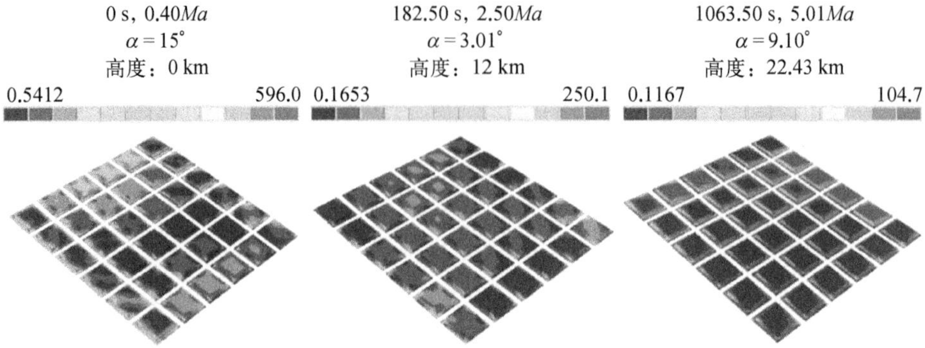

0 s, 0.40*Ma*
$\alpha=15°$
高度：0 km
0.5412 596.0

182.50 s, 2.50*Ma*
$\alpha=3.01°$
高度：12 km
0.1653 250.1

1063.50 s, 5.01*Ma*
$\alpha=9.10°$
高度：22.43 km
0.1167 104.7

(b) 热电多功能结构应力分布

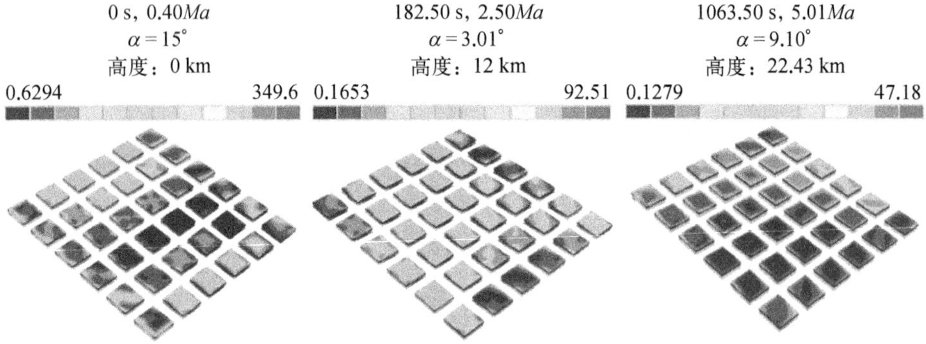

0 s, 0.40*Ma*
$\alpha=15°$
高度：0 km
0.6294 349.6

182.50 s, 2.50*Ma*
$\alpha=3.01°$
高度：12 km
0.1653 92.51

1063.50 s, 5.01*Ma*
$\alpha=9.10°$
高度：22.43 km
0.1279 47.18

(c) 氧化铝陶瓷板应力分布

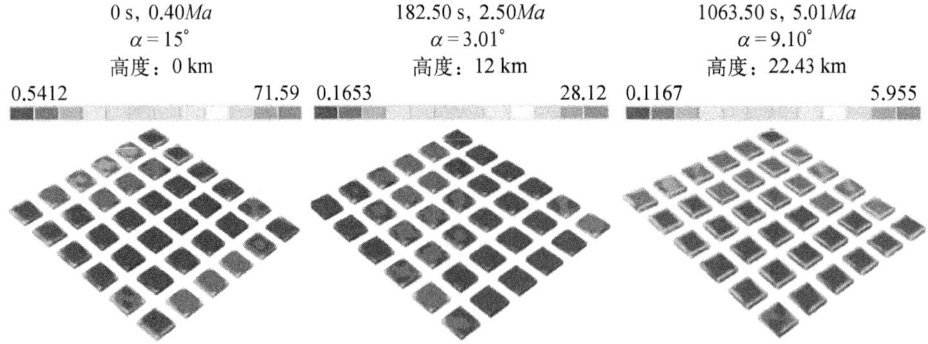

0 s, 0.40*Ma*
$\alpha=15°$
高度：0 km
0.5412 71.59

182.50 s, 2.50*Ma*
$\alpha=3.01°$
高度：12 km
0.1653 28.12

1063.50 s, 5.01*Ma*
$\alpha=9.10°$
高度：22.43 km
0.1167 5.955

(d) 热电等效层应力分布

图 8-14　多功能板应力云图

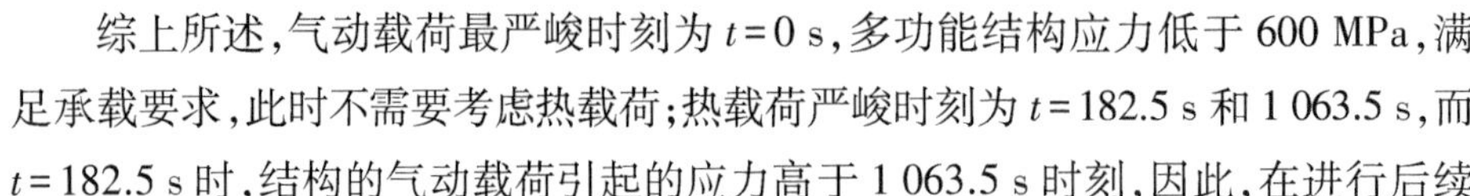

综上所述，气动载荷最严峻时刻为 $t=0$ s，多功能结构应力低于 600 MPa，满足承载要求，此时不需要考虑热载荷；热载荷严峻时刻为 $t=182.5$ s 和 1 063.5 s，而 $t=182.5$ s 时，结构的气动载荷引起的应力高于 1 063.5 s 时刻，因此，在进行后续

热电多功能结构性能分析时，将以 $t=182.5$ s 时刻的节点位移作为力学边界条件。

8.4　热电多功能结构细化设计及力热电性能评估

8.4.1　热电多功能结构细化设计

如前所述，热电多功能结构由热电多功能模块与间隙热防护结构组成，为了评估热电多功能结构的性能，本研究进行了细化设计，设计方案如图 8－15 所示。图 8－15(a)、(b)和(c)分别为热电多功能结构示意图、热电层与限位窝芯及 3D 打印模型模拟装配过程。本研究中多功能热防护结构的尺寸为 138 mm×130 mm×29.8 mm，质量为 1 157 g，其中热电层质量为 733 g。

从图 8－15(a)中可以看出，热电多功能模块主要由承载框架、热电层(包含

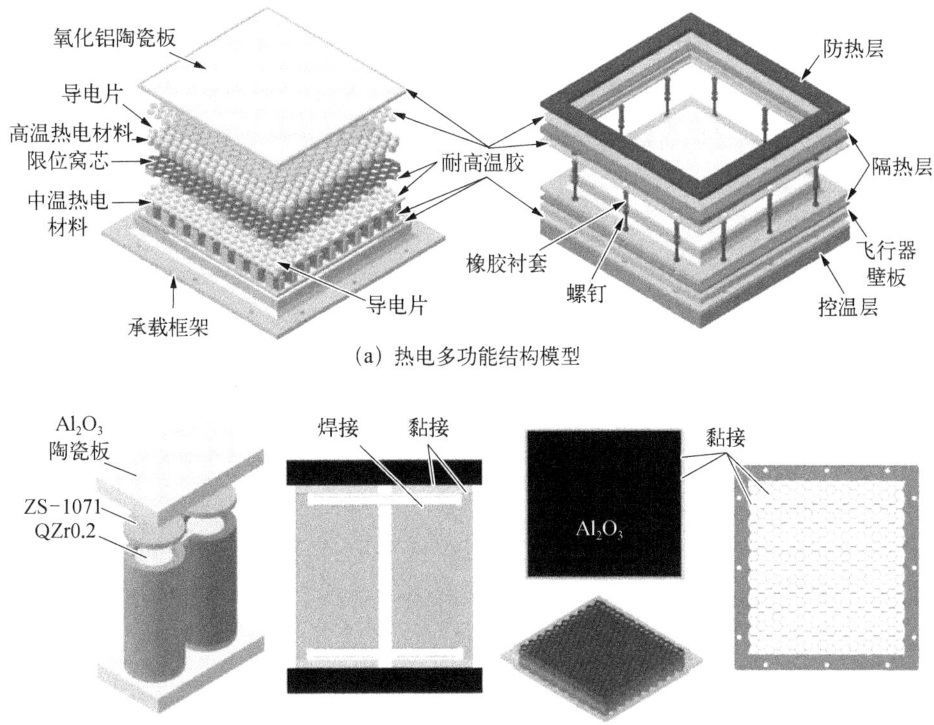

(a) 热电多功能结构模型

(b) 热电层与限位窝芯

(c) 3D打印模型模拟装配过程

图 8-15 热电多功能结构细化方案

高温与中温热电层)、限位窝芯等组成,而间隙热防护结构主要由防热层、隔热层、结构接口层与控温层组成。其中,热电层由氧化铝陶瓷板、导电片及热电材料组成,高温热电材料与中温热电材料共用中层氧化铝陶瓷板,导电片以铺层串口连接方式与热电材料的接触面进行焊接,热电材料嵌在限位窝芯中,限位窝芯与热电材料的空隙填充隔热纤维。间隙热防护结构的结构接口层主要包含承载框架、飞行器壁面及十二颗紧固螺钉,承载框架与飞行器壁面之间有一层隔热材料,紧固螺钉周身有耐高温橡胶衬套。间隙热防护结构的防热层与隔热层、隔热层与结构接口层、结构接口层与控温层均通过耐高温胶连接,防热层的四个内侧面与控温层的四个内侧面均通过耐高温胶与承载框架壁面的外侧面相连接。

另外,导电片直接焊接在氧化铝陶瓷与热电材料之间时,会产生热应力集中现象,若在热电材料上、下端面"挖掉"一部分,将导电片嵌入后焊接在热电材料的接触面上,则为导电片提供能量释放缝,可以显著缓解热应力集中现象,热电材料与氧化铝陶瓷板之间采用耐高温胶连接,如图 8-15(b)所示。氧化铝陶瓷板的侧面与限位窝芯的侧面均通过耐高温胶与承载框架的内壁面进行连接。

图 8-15(c)为热电多功能结构的 3D 打印模型及装配效果,初步验证了结构的合理性。

8.4.2　力热耦合分析数值模型

8.4.2.1　网格及边界条件

本章模型中,假设热电多功能结构在服役过程中部件间的连接均处于正常状态。ABAQUS 中的绑定约束(tie 约束)作用是将模型的两部分区域绑定在一起,两者不发生相对运动,相当于焊在一起。在多功能热防护结构模型中,使用绑定约束来定义部件间接触面的相互作用。热电多功能结构的网格模型如图 8－16(a)所示,单元类型为 C3D8T,共有 386 748 个单元。多功能热防护结构的边界条件如图 8－16(b)所示,模型坐标系 $O'x'y'z'$ 与全局坐标系 $Oxyz$ 平行,原点 O' 在承载框架底部平面的中心位置,坐标系 $O'x_2y_2z_2$ 与坐标系 $Ox_1y_1z_1$(图 8－13)平行,平面 $P1$ 至 $P4$ 为承载框架的四个侧面,平面 $P1$ 至 $P4$ 在坐标系 $O'x_2y_2z_2$ 下的坐标如图 8－16(b)右上所示。

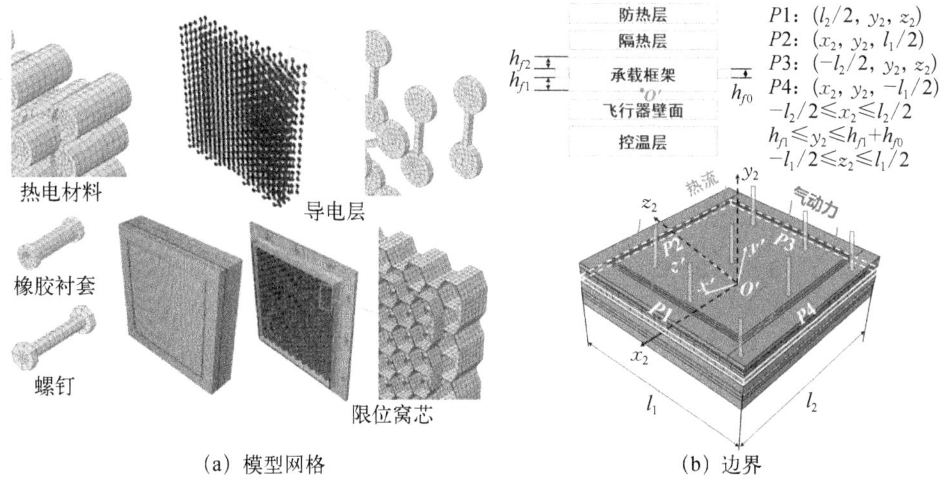

(a) 模型网格　　(b) 边界

图 8－16　热电多功能结构模型的网格及边界

热电多功能结构的边界条件由力学边界条件和热边界条件构成。对于力学边界条件,在完成多功能板的力学性能分析后,将获得的热电多功能结构四个侧面所有节点的位移施加到边界面 $P1$ 至 $P4$ 上的相应节点处;在热电多功能结构上表面施加飞行器压缩面上的气动载荷。对于热边界条件,在热电多功能结构上表面施加气动热流密度和热辐射,辐射发射率为 0.8,底面为自然对流换热,对流换热系数取 10 W/(m^2 · K),环境温度 300 K;热电多功能结构四个侧面设置为绝热。模型初始温度为 300 K,初始电势为 0 V。

8.4.2.2　材料物性

多功能热防护结构各部件的选材如图 8－17 所示，图 8－17(a) 为多功能热防护结构的截面与材料，图 8－17(b) 为热电层及控温层材料，高温 n 型和 p 型热电材料分别为 $AgPb_{18}SbTe_{20}$ 和 PbTe－4molSrTe－2molNa，而中温 n 型和 p 型热电材料分别为 $(Pb_{0.95}Sn_{0.05}Te)_{0.92}(PbS)_{0.08}$ 和 β－Zn_4Sb_3，导电片选用高温高导电的锆青铜($QZr_{0.2}$)，承载框架与限位承载窝芯选取 TC11 合金，控温层材料孔隙率为 94.4 %的泡沫铝石蜡复合相变材料。

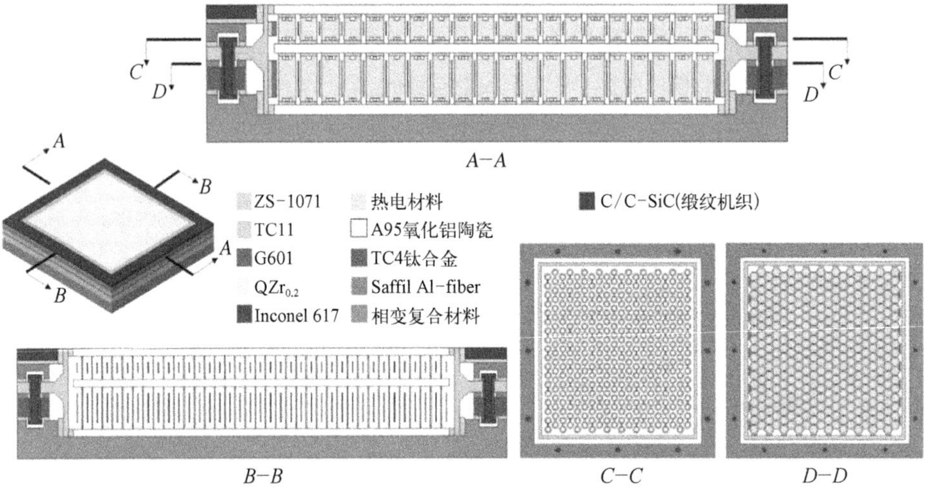

(a) 热电多功能结构截面及采用材料

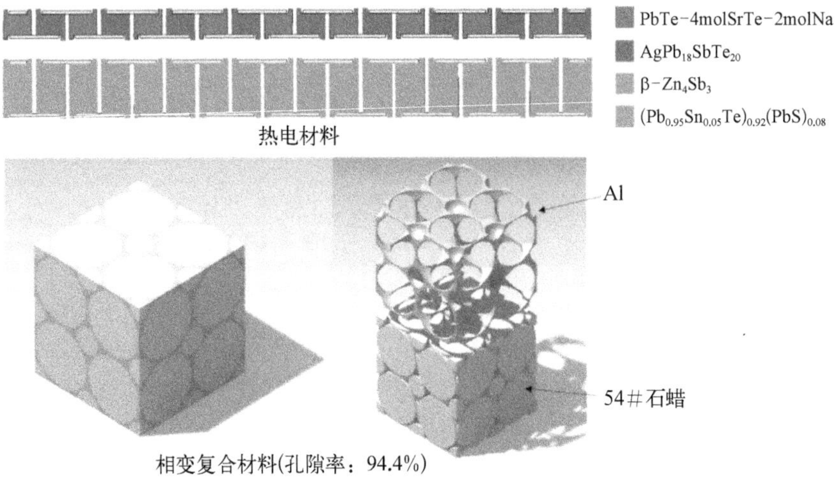

热电材料

相变复合材料(孔隙率：94.4%)

(b) 热电层及控温层材料

图 8－17　多功能热防护结构材料选取

TC11 合金的密度为 4.48 g/cm^3，室温下的切变模量为 G = 43 GPa、泊松比 μ = 0.33，导热系数、比热容、线膨胀系数及弹性模量分别如表 8-6~表 8-9 所示。锆青铜导热系数为 366.9 W/(m·K)，比热容为 389.4 J/(kg·K)，密度为 8.91 g/cm^3，线膨胀系数与弹性模量分别如表 8-10 与表 8-11 所示。热电材料的导热系数见图 8-6，其余物性见表 8-12。

表 8-6　TC11 合金导热系数

温度/℃	107	200	303	414	504	603	709	797
导热系数/[W/(m·K)]	6.3	7.5	9.2	10.5	12.1	13.0	14.2	15.5

表 8-7　TC11 合金比热容

温度/℃	300	400	500	600	700	800
比热/[J/(kg·K)]	605	654	712	766	795	840

表 8-8　TC11 合金线膨胀系数

温度/℃	20~100	20~200	20~300	20~400	20~500	20~600	20~700
热膨胀系数/(10^{-6}/℃)	9.3	9.3	9.5	9.7	10.0	10.2	10.4

表 8-9　TC11 合金弹性模量

温度/℃	20	100	200	300	400	500	600
弹性模量/GPa	123	119	114	110	104	99	94

表 8-10　锆青铜线膨胀系数

温度/℃	20~100	20~200	20~650
热膨胀系数/(10^{-6}/℃)	16.92	17.64	20.16

表 8-11　锆青铜弹性模量

温度/℃	20	296	490	600
弹性模量/GPa	133	112	107	102

表 8-12 热电材料部分物理属性

材料	密度/(g/cm^3)	比热容/[J/(kg·K)]	弹性模量/GPa	剪切模量/GPa	泊松比	热膨胀系数/(10^{-6}/K)
PbTe-4molSrTe-2molNa	4.1	308	105	42	0.25	10.5
$AgPb_{18}SbTe_{20}$	5.1	301	101	40	0.24	9.4
$(Pb_{0.95}Sn_{0.05}Te)_{0.92}(PbS)_{0.08}$	3.9	307	98	39	0.23	10.5
$\beta-Zn_4Sb_3$	4.8	306	93	38	0.24	9.6

陶瓷基板选用95氧化铝陶瓷,最高使用温度1 500℃,弹性模量为300 GPa,泊松比为0.2,密度为3.7 g/cm^3,抗压强度大于等于850 MPa,抗弯强度大于等于290 MPa,导热系数为20 W/(m·K),热膨胀系数为7.2×10^{-6}/K。热电多功能结构使用的耐高温胶为ZS-1071高温无机黏合剂,可在1 800℃下正常使用,密度为1.1 g/cm^3,弹性模量为80 MPa,泊松比为0.3,导热系数为20 W/(m·K),热膨胀系数为8×10^{-6}/K。紧固螺钉材质为镍基高温合金Inconel 617,Inconel 617在1 100℃下具有很好的瞬时和长期机械性能,Inconel 617材料物性参数如表8-13~表8-15所示。紧固螺钉周身的耐高温橡胶材质为G601,G601是一种用于航空领域的特种硅橡胶,耐高温性能好,工作温度通常在400℃以下,密度为1.19 g/cm^3,弹性模量为1.2 GPa,泊松比为0.48,热膨胀系数为110×10^{-6}/K。复合相变材料的等效热物性如表8-16所示。

表 8-13 Inconel 617 部分属性

密度/(g/cm^3)	熔点/℃	比热容/[J/(kg·K)]	弹性模量/GPa	剪切模量/GPa	泊松比	电阻率/μΩ·m	屈服强度/($\sigma_{p0.2}$/MPa)
8.36	1 332	420	212	82.17	0.29	1.22	300

表 8-14 Inconel 617 热膨胀系数

温度/℃	20~95	20~205	20~430	20~650	20~870	20~1 095
热膨胀系数/(10^{-6}/℃)	11.5	11.6	13.7	14.4	15.7	16.6

表 8-15 Inconel 617 导热系数

温度/℃	25	93	205	430	650	870	1 095
导热系数/[W/(m·K)]	13.26	13.67	15.74	16.99	18.23	25.69	24.86

表 8 - 16　泡沫铝/石蜡复合相变材料等效热物性参数

参数(温度)	$T < 48.6℃$	$48.6℃ < T < 56.7℃$	$T > 56.7℃$
等效热导率/[W/(m·K)]	2.009 1	1.952 2	1.895 2
等效比热容/[J/(kg·K)]	2 879.6	24 843.2	2 879.6

8.4.3　力热性能分析及评估

8.4.3.1　温度云图

图 8 - 18 为热电多功能结构的温度云图,其中图 8 - 18(a)和(b)分别为结

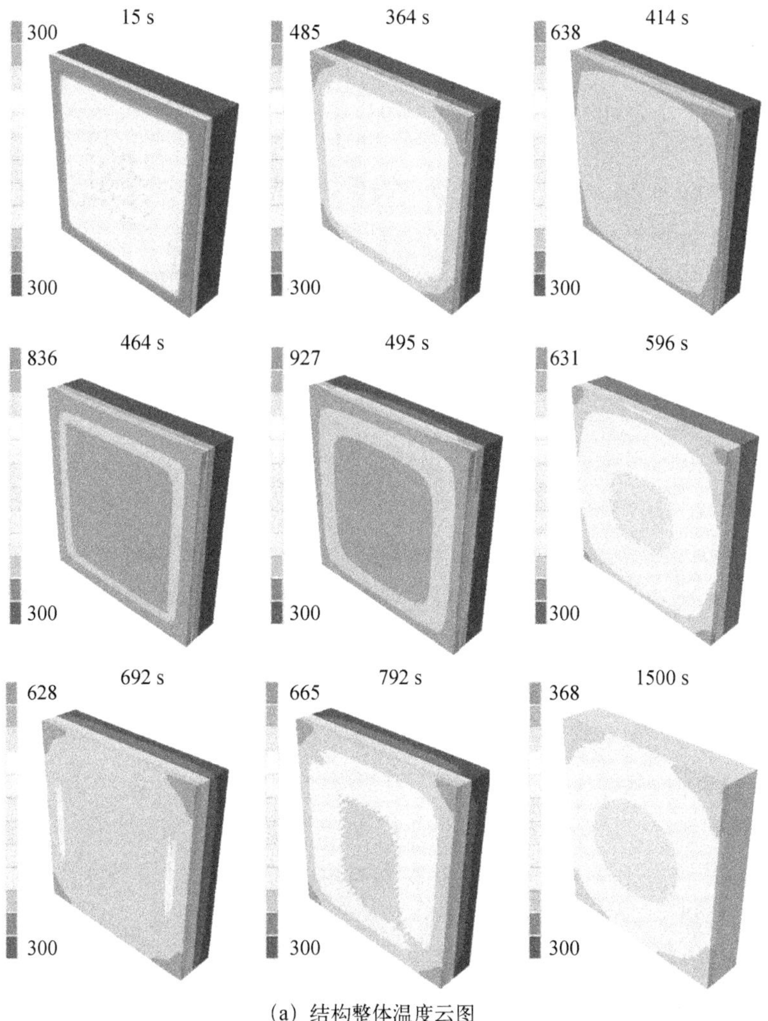

(a) 结构整体温度云图

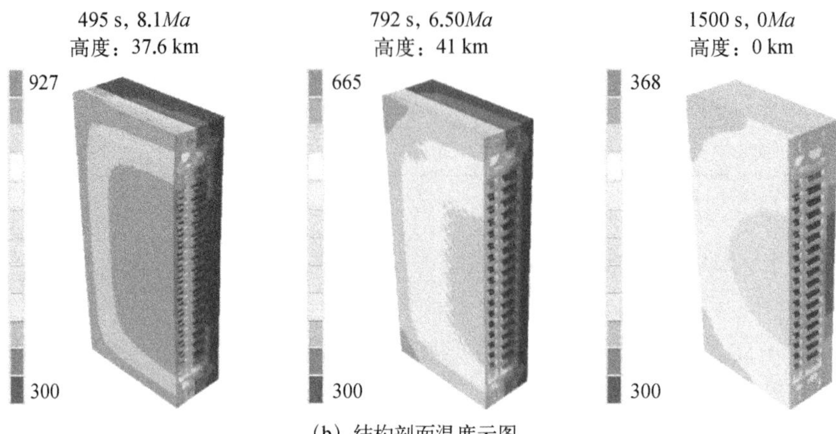

(b) 结构剖面温度云图

图 8 - 18　热电多功能结构温度云图

构整体和剖面温度云图。从图 8 - 18(a)可以看出,热电多功能结构温度在 495 s 时达到最大约为 927 K,随后温度逐渐降低,在 692 s 时最高温度为 628 K,792 s 时最高温度达到 665 K,1 500 s 时最高温度为 368 K。1 500 s 时,结构的冷端温度始终控制在 360 K 以下。如图 8 - 18(b)所示为三个典型时刻热电多功能结构剖面上的温度分布,相比于隔热材料,热电材料导热系数较大,从图中可以看出,热电材料区域的温度梯度较大。综上所示,热电多功能结构温度随时间的变化趋势,与气动热流密度的变化有一定的对应性,另外,热电多功能结构的温度云图呈现出良好的对称性,与结构的对称性相符。

8.4.3.2　*应力云图*

图 8 - 19 为多功能结构在初始时刻的应力云图,从图中可发现,承载框架上的最大应力为 255 MPa,主要集中在侧框上,氧化铝陶瓷板的最大应力约为 80 MPa,热电材料的最大应力约为 10 MPa。此时,施加的力学边界条件为 182.5 s时获得的位移,相较 8.3 节中,多功能板在此时刻的力学性能分析结果,承载框架的应力水平基本一致。氧化铝陶瓷板与热电材料的应力略有降低(8.3 节分析得到的承载框架最大应力为 250 MPa,氧化铝陶瓷板最大应力为 95 MPa,热电材料承载等效层最大应力为 28 MPa),这是因为 8.3 节建立的多功能结构模型未考虑用于连接部件之间的模量较小的耐高温胶层,耐高温胶层缓解了部件间的应力传递。总之,初始时刻的应力仿真结果验证了位移边界条件的合理性。

图 8 - 20 为热电多功能结构各部件在典型时刻的应力云图,结合服役飞行器典型弹道热流密度曲线,选取了 495 s、792 s 及 1 500 s 三个时刻点。其中

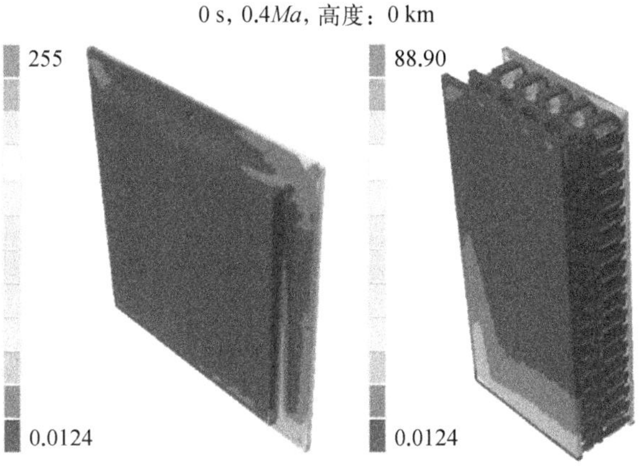

图 8-19　热电多功能结构初始时刻的应力云图

图 8-20(a)、(b)、(c)、(d)、(e)和(f)分别为承力结构(承载框架、限位窝芯、紧固螺钉及飞行器壁面结构)、导电片、热电材料、连接结构(耐高温胶层及橡胶衬套)、氧化铝陶瓷板、间隙热防护结构和防热层、隔热层及控温层的应力云图。

如图 8-20(a)所示,对于承载框架,495 s 时应力达到了最大约为 754 MPa,应力集中在承载框架的四个尖角处;792 s 时最大应力为 631 MPa,四个尖角处的应力集中区域逐渐减小、侧面逐渐出现应力集中区域;1 500 s 时,最大应力约为 732 MPa,集中在承载框架的四个侧面(施加位移边界条件的位置)。对于限位窝芯,应力主要集中在靠近承载框架内壁面的边缘区域,495 s 时边缘区域应力达到最大约为 300 MPa,中心区域的最大应力约为 100 MPa。飞行器壁面及紧固螺钉的最大应力始终低于 100 MPa。

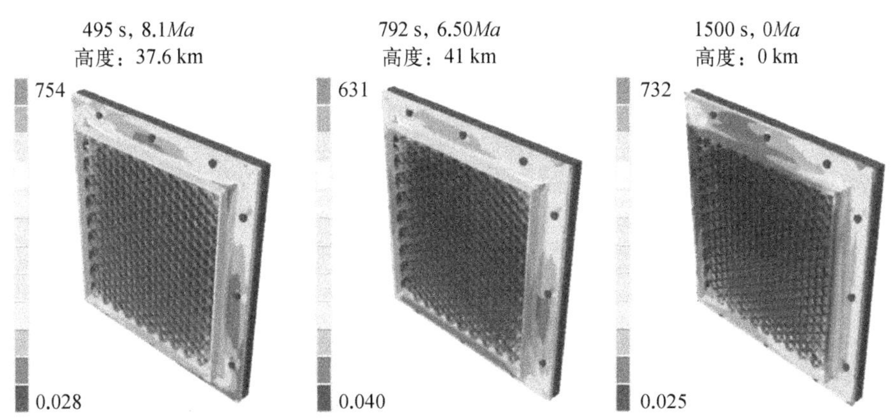

(a) 承载框架、限位窝芯、紧固螺钉及飞行器壁面应力云图

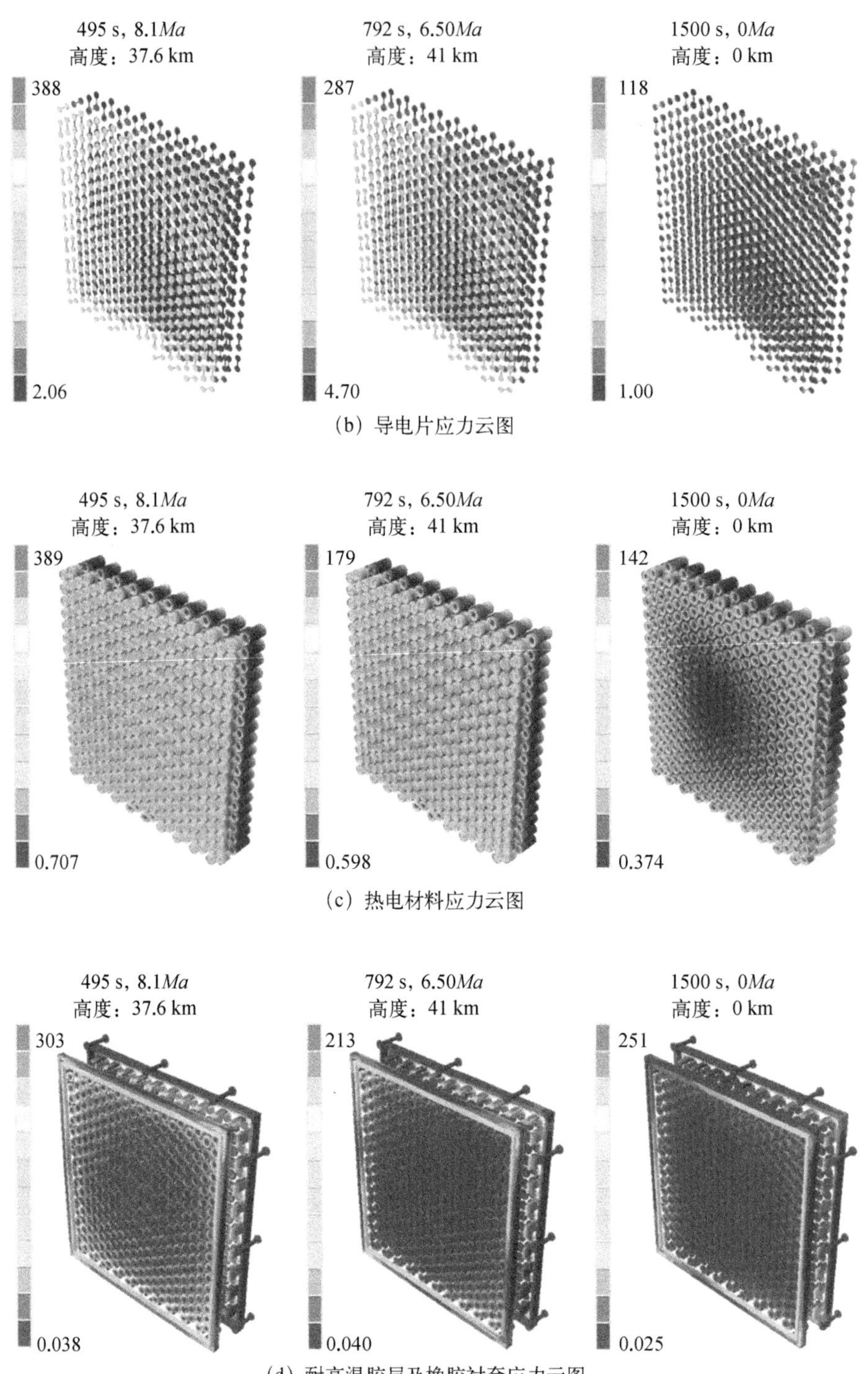

(b) 导电片应力云图

(c) 热电材料应力云图

(d) 耐高温胶层及橡胶衬套应力云图

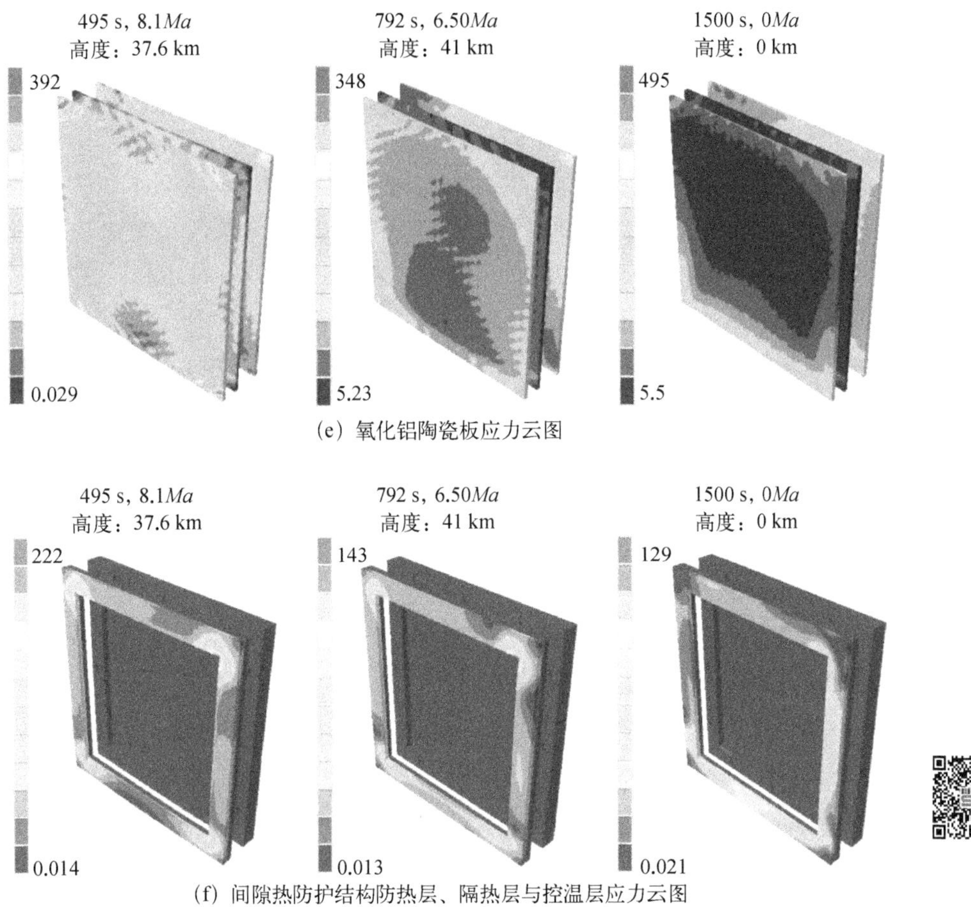

(e) 氧化铝陶瓷板应力云图

(f) 间隙热防护结构防热层、隔热层与控温层应力云图

图 8－20　多功能热防护结构各部件典型时刻的应力云图

如图 8－20(b)所示,对于导电片,495 s 时高温热电层导电片的应力最大达到约 388 MPa,中温热电层导电片的最大应力约为 150 MPa;792 s 时高温热电层导电片的最大应力约为 287 MPa,中温热电层导电片的最大应力约为 120 MPa;1 500 s 时高温热电层导电片与中温热电层导电片应力水平相当,最大应力约为 118 MPa。导电片的应力主要集中在截面最小区域与热电材料焊接面边缘处,与热电材料焊接处的区域应力分布较为均匀。

如图 8－20(c)所示,对于热电材料,495 s 时高温热电材料的应力达到最大约为 389 MPa,中温热电材料的最大应力约为 267 MPa;792 s 时高温热电材料的最大应力约为 179 MPa,中温热电材料的最大应力约为 110 MPa;1 500 s 时高温热电材料的最大应力约为 142 MPa,中温热电材料的最大应力约为 138 MPa。

495 s 与 792 s 时热电材料的应力主要集中在热电材料与氧化铝陶瓷板胶接区域，高温热电材料的应力分布整体较为均匀，处于较高水平，而 1 500 s 时热电材料的应力主要集中在边缘区域（靠近承载框架侧框处）。

如图 8-20(d)所示，对于耐高温胶层与橡胶衬套，495 s 时，胶层应力达到最大约为 303 MPa，橡胶衬套的最大应力约为 50 MPa；792 s 时，胶层最大应力约为 213 MPa，橡胶衬套的最大应力约为 42 MPa；1 500 s 时，胶层最大应力约为 251 MPa，橡胶衬套的最大应力约为 47 MPa。495 s 与 792 s 时，胶层的最大应力区域为上层氧化铝陶瓷板与承载框架之间的胶层；1 500 s 时，胶层的最大应力区域为下层氧化铝陶瓷板与承载框架之间的胶层。限位窝芯与承载框架之间的胶层最大应力始终低于 120 MPa，热电材料与氧化铝陶瓷板之间的胶层最大应力始终低于 70 MPa，间隙热防护结构与承载框架之间的胶层最大应力始终低于 90 MPa。

如图 8-20(e)所示，对于氧化铝陶瓷板，495 s 时，上层氧化铝陶瓷板应力达到最大约为 392 MPa，边角位置出现应力集中现象，整体应力分布较为均匀，下层氧化铝陶瓷板的最大应力约为 260 MPa，中层氧化铝的最大应力约为 200 MPa；792 s 时，上层氧化铝陶瓷板的最大应力约为 348 MPa，边角细微位置出现应力集中现象，应力主要分布在边缘区域，中心位置应力小于 100 MPa，中层氧化铝陶瓷板的最大应力约为 100 MPa，下层氧化铝陶瓷板的最大应力约为 330 MPa；1 500 s 时，上层氧化铝陶瓷板的最大应力约为 300 MPa，中心区域最大应力约为 100 MPa，中层氧化铝陶瓷板的最大应力约为 100 MPa，下层氧化铝陶瓷板的最大应力约为 495 MPa，边角位置出现应力集中现象。

如图 8-20(f)所示，对于间隙热防护结构的防热层、隔热层与控温层，495 s 时防热层的应力达到最大约为 222 MPa，应力集中在内侧边角位置，隔热层和控温层的最大应力约为 60 MPa；792 s 时防热层的最大应力约为 143 MPa，应力集中在内侧边角位置，隔热层和控温层的最大应力约为 50 MPa；1 500 s 时防热层的最大应力约为 129 MPa，分布较为均匀，隔热层的最大应力约为 50 MPa，控温层最大应力约为 70 MPa。

综合以上分析，对于热电多功能结构，位移边界条件施加在承载框架的四个侧面，上层氧化铝陶瓷、下层氧化铝陶瓷、限位窝芯、防热层、隔热层、控温层的应力由承载框架传递而来；高温热电材料的应力主要由上层氧化铝陶瓷板传递而来；中温热电材料的应力主要由下层氧化铝陶瓷板传递而来；中层氧化铝陶瓷板的应力由高温、中温热电材料传递而来；导电片的应力由热电材料传递而来；飞行器壁面的应力由承载框架通过紧固螺钉传递而来。总之,热电多功能结构各部件的应力水平与温度基本呈现正相关性,嵌入式导电片设计解决了导电片应力集中问题,低模量的耐高温胶层与耐高温橡胶衬套极大缓解了部件受热后的热应力集中问题。需要说明的是,末时刻(1 500 s)施加位移约束的承载框架的四个侧面产生了应力集中现象,这主要是因为热电多功能结构始终处于受热膨胀过程,观察位移云图(图 8－21)可发现,末时刻承载框架侧面区域的位移梯度达到最大。

图 8－21 为多功能热防护结构的位移云图,观察发现,364 s 时刻,多功能热防护结构各节点位移在 4.220～4.880 mm,位移分布沿对角线呈现单调特性;495 s 时刻,各节点位移在 5.520～6.970 mm,位移最大区域接近中心位置,呈现出一定的对称性;1 500 s 时刻,各节点位移在 17.70～20.10 mm,位移分布从左上沿对角线单调递增。364 s 时刻,多功能热防护结构节点的最大位移差值为 0.660 mm;495 s 时刻,节点的最大位移差值为 1.450 mm;596 s 时刻,节点的最大位移差值为 1.072 mm;792 s 时刻,节点的最大位移差值为 1.420 mm;1 500 s 时

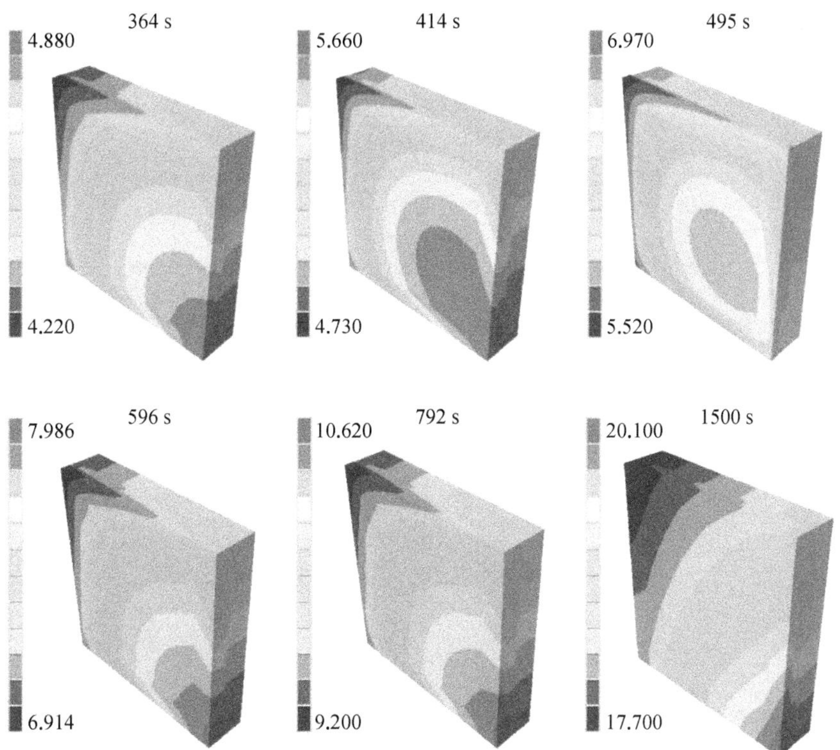

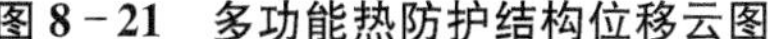
图 8－21　多功能热防护结构位移云图

刻，节点的最大位移差值达到最大为 2.400 mm。结合图 8－18 及图 8－20，发现热电多功能结构在服役期间，位移处于持续增大过程，495 s 时热流密度最大，热电多功能结构各节点位移差值第一次达到最大，呈现出中部区域位移大、四周区域位移小的分布特点，应力达到极大值；1 500 s 时多功能热防护结构各节点位移差值第二次达到最大，施加位移约束的承载框架四个侧面的位移梯度达到最大，应力集中在承载框架四个侧面上。

8.4.3.3 温度与应力曲线

图 8－22 为热电多功能结构特征点处的应力与温度曲线，各特征点位置见图右上角，图中左侧纵坐标为应力，右侧纵坐标为温度，横坐标为时间。图 8－22(a)为高温和中温热电材料端面及边界线中点位置六个节点处的应力与温度曲线，图 8－22(b)为沿承载框架内壁面厚度方向选取的八个节点处的应力与温度曲线，图 8－22(c)为四层导电片焊接面中心位置节点处的应力与温度

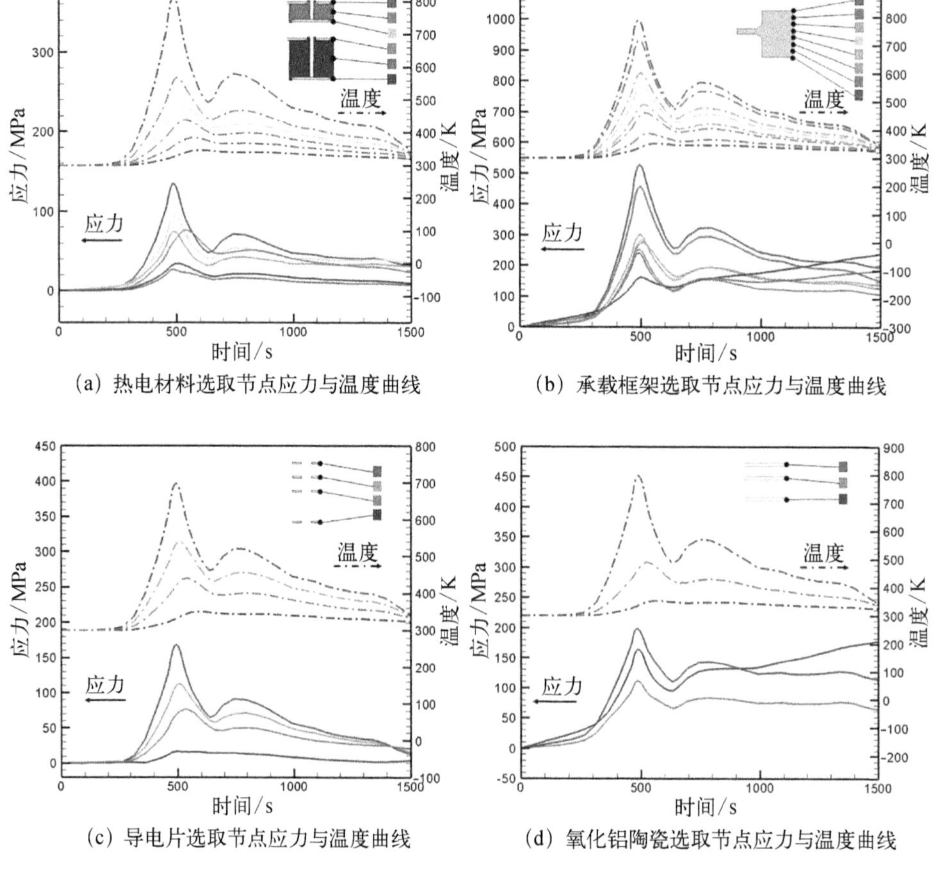

(a) 热电材料选取节点应力与温度曲线

(b) 承载框架选取节点应力与温度曲线

(c) 导电片选取节点应力与温度曲线

(d) 氧化铝陶瓷选取节点应力与温度曲线

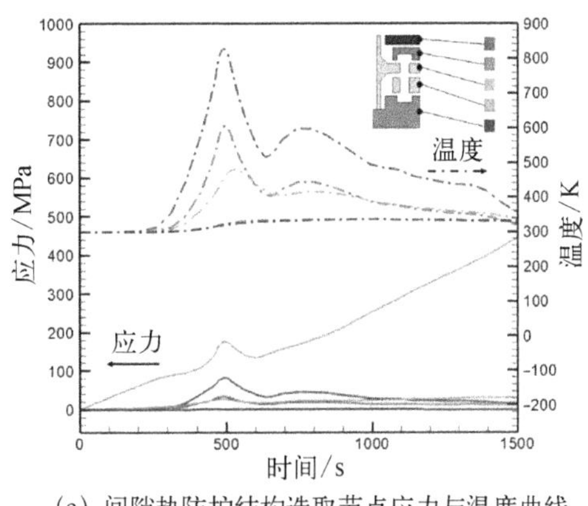

(e) 间隙热防护结构选取节点应力与温度曲线

图 8-22　多功能热防护结构选取节点的应力与温度变化曲线

曲线,图 8-22(d)为三层氧化铝陶瓷板边缘中间厚度位置节点处的应力与温度曲线,图 8-22(e)为防热层、隔热层、承载框架侧框、飞行器壁面及控温层中间厚度位置节点处的应力与温度曲线。

如图 8-22(a)所示,对于高温热电材料的温度曲线,495 s 时刻,温度达到最高约为 810 K,冷、热端温差达到最大约为 350 K;760 s 时刻,最高温度约为 580 K,冷、热端温差约为 160 K;1 500 s 时刻,最高温度约为 340 K,冷、热端温差接近于 0。对于高温热电材料的应力曲线,495 s 时刻,应力最大,热端应力约为 135 MPa,中间厚度位置应力约为 75 MPa,冷端应力约为 95 MPa。对于中温热电材料的温度曲线,510 s 时刻,温度达到最高约为 440 K,冷、热端温差达到最大约为 120 K;800 s 时刻,最高温度约为 400 K,冷、热端温差约为 60 K;1 500 s 时刻,最高温度约为 330 K,冷、热端温差约为 5 K。对于中温热电材料的应力曲线,510 s 时刻,应力最大,热端应力约为 72 MPa,中间厚度位置应力约为 25 MPa,冷端应力约为 35 MPa。高温热电材料的热端温度与服役弹道热流密度曲线呈现出一定的对应性,中温热电材料由于底部控温层的存在,整体分布较为均匀,高温热电材料的应力水平高于中温热电材料,热电材料端面处的应力水平高于中间区域。

如图 8-22(b)所示,对于承载框架内壁面的温度曲线,495 s 时刻,温度达到最高约为 782 K,750 s 时刻,温度第二次到达极值约为 570 K,1 500 s 时刻,最高温度约为 350 K。对于承载框架内壁面的应力曲线,495 s 时刻,应力达到最大约为 530 MPa,770 s 时刻,应力第二次到达极值约为 320 MPa,1 500 s 时刻,底部位置应力达到最大约为 240 MPa。承载框架内壁面的温度曲线沿着厚度方向分布较为均匀，应力与温度呈现正相关性，但承载框架底部位置的应力水平在 770 s 后逐渐上升，末时刻达到最大约为 240 MPa。

如图 8-22(c)所示，对于导电片的温度曲线，在 495 s 时刻，温度达到最高约为 700 K，在 760 s 时刻，温度第二次到达极值约为 520 K，在 1 500 s 时刻，最高温度约为 340 K。对于导电片的应力曲线，在 495 s 时刻，达到最大约为 170 MPa，在 760 s 时刻，应力第二次到达极值约为 90 MPa，在 1 500 s 时刻，最大应力约为 20 MPa。导电片的温度曲线与其相对的热电材料处的温度曲线相关性强，导电片的应力与温度的相关性强，中温热电层导电片应力在 760 s 后的下降相较高温导电片更为平缓，中温热电材料冷端的导电片应力始终不超过 20 MPa。

如图 8-22(d)所示，对于氧化铝陶瓷板的温度曲线，在 495 s 时刻，温度达到最高约为 800 K，在 755 s 时刻，第二次达到极值约为 570 K，在 1 500 s 时刻，最高温度约为 340 K。对于氧化铝陶瓷板的应力曲线，在 495 s 时刻，应力达到最大约为 200 MPa，在 755 s 时刻，最大应力约为 140 MPa，在 1 500 s 时刻，最大应力约为 180 MPa。上层氧化铝陶瓷板的温度与服役弹道热流密度曲线呈现出良好的相关性，下层氧化铝陶瓷板温度波动不大，始终不超过 360 K。在 755 s 时间段之前，氧化铝陶瓷板的应力与温度呈现正相关性，755 s 之后，下层氧化铝陶瓷板的应力水平持续上升，末时刻达到最高约 180 MPa。

如图 8-22(e)所示，对于间隙热防护结构的温度曲线，在 495 s 时刻，防热层、隔热层及承载框架侧框的温度达到最高分别约为 830 K、600 K 及 480 K，在 770 s 时刻，防热层、隔热层及承载框架侧框的温度第二次到达极值约为 600 K、425 K 及 420 K，飞行器壁面及控温层的温度变化平缓，始终控制在 340 K 以下。对于间隙热防护结构的应力曲线，在 495 s 时刻，承载框架侧框处的应力第一次达到极值约为 180 MPa，防热层及隔热层应力达到最大分别约为 80 MPa 及 40 MPa，飞行器壁面的应力约为 35 MPa。600 s 之后，承载框架侧框处的应力持续上升，在 1 500 s 时达到最大约为 440 MPa，防热层、隔热层、飞行器壁面及控温层应力始终控制在 50 MPa 内。

总之，热电多功能结构各组成部分的温度沿着传热方向逐步降低，热端区域的温度曲线与服役弹道的气动热流密度曲线具有较强的对应性，冷端区域由于控温层的存在，整体波动不大、温差较小。各组成部分的应力在一定时期内与温度呈现出正相关，需要说明的是，对于热电材料，端面位置的应力高于中部位置；由于结构持续受热膨胀及位移边界条件约束，700 s 后承载框架侧框边缘的应力水平持续上升至最大约为 440 MPa，承载框架底部位置与下层氧化铝陶瓷板边缘位置的应力水平也逐渐上升至最大,分别约为 240 MPa 和 180 MPa。

8.4.4　发电性能分析及评估

基于上述研究,可获得多功能结构热电层热电材料的温度分布,进而根据公式(8－1)进行多功能结构的发电性能评估,从而得到多功能热防护结构的热电性能参数。

图 8－23 为热电层温度统计区域。处于边缘位置的热电材料受到间隙热防护结构的影响较大,考虑到多功能结构的对称性,选取了不少于总数 1/4 的 50 对高温热电材料对与 50 对中温热电材料对,如图 8－23 左侧虚线框内区域所示,针对每个热电材料,统计 4 个节点处的温度,节点的位置如图 8－23 右侧所示,分别为热电材料的热端胶接面、热端焊接面、冷端焊接面及冷端胶接面。观察图 8－23 右侧,针对 p 型高温热电材料,Point 1.1 至 Point 1.4 处温度逐渐降低、电势依次减小(绝对数值上),针对 n 型高温热电材料,Point 1.5 至 Point 1.8 处温度逐渐上升、电势依次减小(绝对数值上),p 型中温热电材料与 n 型中温热电材料的温度及电势变化规律也是类似。需要说明的是,本研究采取了嵌入式导电片设计,高温热电层每个热电材料对的实际输出电势为高温热电材料对上的 Point 1.2 与 Point 1.3 之间的电势差加上 Point 1.6 与 Point 1.7 之间的电势差,中温热电层每个热电材料对的实际输出电势为 Point 2.2 与 Point 2.3 之间电势差加上 Point 2.6 与 Point 2.7 之间电势差。综上分析可知,针对多功能结构的热电层,采用嵌入式导电片设计,满足了导电片在高温下释放能量的作用,但热电层的输出电势会降低,由于热电材料的电阻同时也会下降,最大输出功率需要通过计算得到。

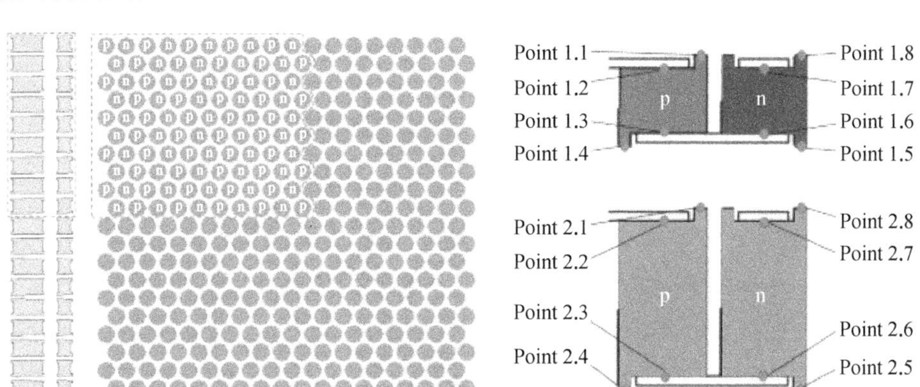

图 8－23　热电层温度的统计区域及特征点

图 8－24 为统计区域热电材料特征节点的温度变化曲线，其中图 8－24(a)为 p 型高温热电材料特征节点的温度曲线，图 8－24(b)为 n 型高温热电材料特征节点的温度曲线，图 8－24(c)为 p 型中温热电材料特征节点的温度曲线，图 8－24(d)为 n 型中温热电材料特征节点的温度曲线。

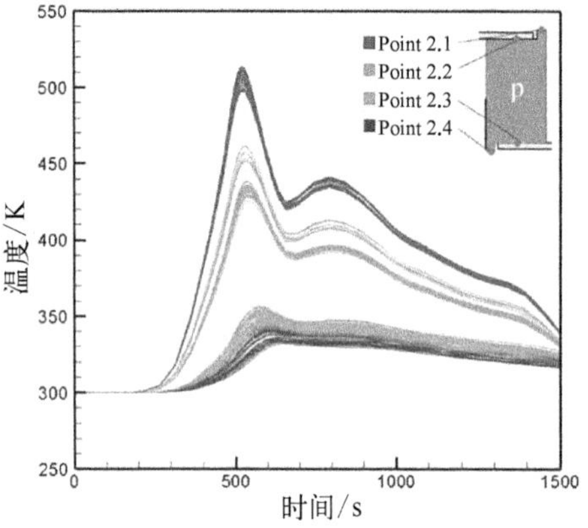

(a) p型高温热电材料特征节点温度曲线

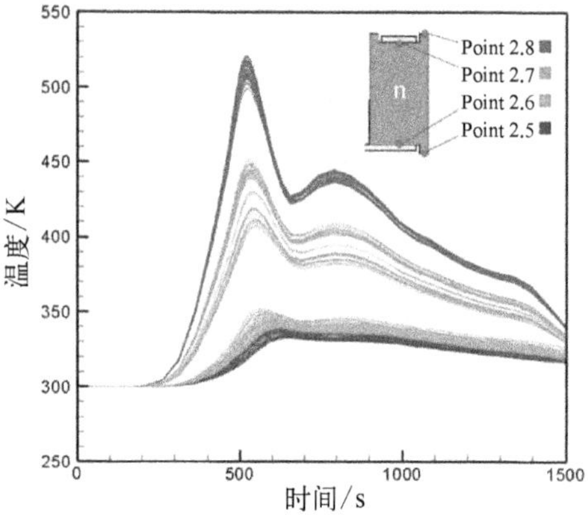

(b) n型高温热电材料特征节点温度曲线

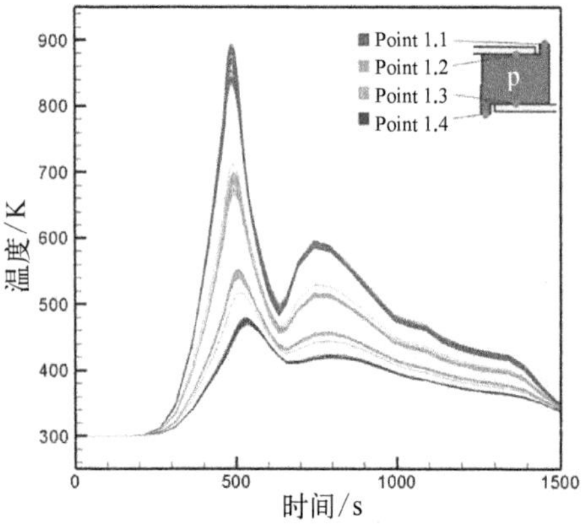

(c) p型中温热电材料特征节点温度曲线

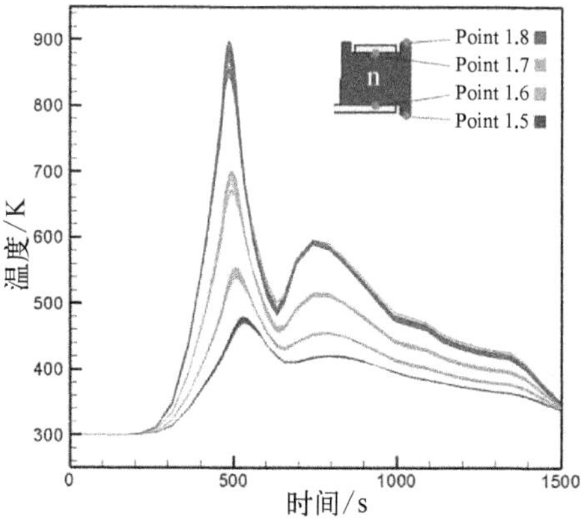

(d) n型中温热电材料特征节点温度曲线

图 8－24　统计区域热电材料特征节点的温度变化曲线

如图 8－24(a)所示，对于 p 型高温热电材料，Point 1.2 处温度在 495 s 时刻达到最大，在 660～700 K，Point 1.3 处温度在 500 s 时刻达到最大，在 540～560 K；Point 1.1 与 Point 1.2 处温度差值在 495 s 时刻达到最大，约为 180 K，Point 1.3 与 Point 1.4 处温度差值在 500 s 时达到最大，约为 60 K；Point 1.2 与 Point 1.3 处温度差值在 495 s 时刻达到最大，约为 135 K，在 780 s 时刻温差第二次达到极大值，约为 60 K。

如图 8－24(b)所示,对于 n 型高温热电材料,Point 1.7 处温度在 495 s 时刻达到最大,在 660～700 K,Point 1.6 处温度在 500 s 时刻达到最大,在 540～560 K;Point 1.8 与 Point 1.7 处温度差值在 495 s 时刻达到最大,约为 180 K,Point 1.6 与 Point 1.5 处温度差值在 500 s 时刻达到最大,约为 70 K;Point 1.7 与 Point 1.6 处温度差值在 495 s 时刻达到最大,约为 140 K,在 780 s 时刻温差第二次达到极大值,约为 60 K。

如图 8－24(c)所示,对于 p 型中温热电材料,Point 2.2 处温度在 510 s 时刻达到最大,为 420～460 K,Point 2.3 处温度在 580 s 时刻达到最大,在 340～350 K;Point 2.1 与 Point 2.2 处温度差值在 510 s 时刻达到最大,为 50～70 K,Point 2.3 与 Point 2.4 处温度差值在 580 s 时刻达到,最大约为 15 K;Point 2.2 与 Point 2.3 处温度差值在 510 s 时刻达到最大,其中最大温差约为 100 K,在 790 s 时刻温差第二次达到极大值,其中最大为 70 K。

如图 8－24(d)所示,对于 n 型中温热电材料,Point 2.7 处温度在 510 s 时刻达到最大,为 410～450 K,Point 2.6 处温度在 580 s 时刻达到最大,在 340～350 K;Point 2.8 与 Point 2.7 处温度差值在 510 s 时刻达到最大,为 70～100 K,Point 2.6 与 Point 2.5 处温度差值在 580 s 时刻达到最大,约为 15 K;Point 2.7 与 Point 2.6 处温度差值在 510 s 时刻达到最大,其中最大温差约为 100 K,在 790 s 时刻温差第二次达到极大值,其中最大为 70 K。

总之,嵌入式导电片设计会降低热电层实际使用热电材料的冷、热端温差,导致热电层的输出电势降低。间隙热防护结构对于中温热电层的影响高于高温热电层,控温层使得中温热电材料冷端的温度基本保持恒定。

在利用热电材料冷、热端温度数据计算输出电势时,热电材料对产生的电势差为

$$V = \int_{T_1}^{T_2} [S_B(T) - S_A(T)] \mathrm{d}T \tag{8-4}$$

式中,S_A 与 S_B 分别为两种材料的赛贝克系数。

图 8－25 为多功能结构热电层的发电性能,其中图 8－25(a)为热电层的输出电势曲线,图 8－25(b)为热电层的最大输出功率曲线及热电转换效率曲线。观察图 8－25(a),热电层的输出电势在 495 s 时刻达到最大,约为 19.8 V,其中高温热电层的输出电势为 15.3 V,中温热电层的输出电势为 4.5 V。观察图 8－25(b),热电层的最大输出功率在 495 s 时刻达到最大,约为 14.42 W,热电转换效率在 510 s 时刻达到最大,约为 11.12%。

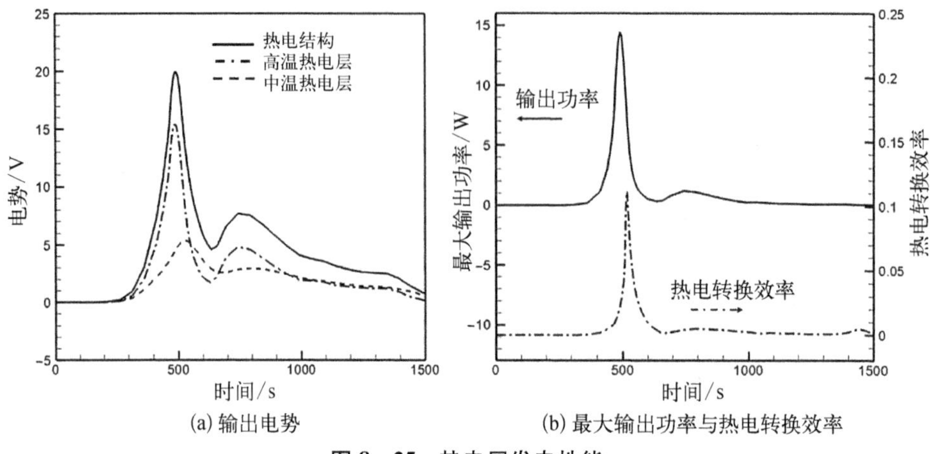

(a) 输出电势　　(b) 最大输出功率与热电转换效率

图 8-25　热电层发电性能

表 8-17 为热电多功能结构的热电性能参数，单块多功能结构的最大输出功率为 14.4 W、平均输出功率为 0.882 5 W，平均热电转换效率为 0.51%。高超声速飞行器第二级压缩面包含 288 块多功能结构，则最大发电功率为 4 147 W，平均输出功率为 254 W。

表 8-17　多功能结构热电性能参数

对流换热系数/[W/(m^2·K)]	输出功率/W		热电转换效率/%		总平均输出功率/W
	最大值	平均值	最大值	平均值	
10	14.4	0.882 5	11.12	0.51	254

8.5　小结

本章完成了热电多功能结构的细化设计，多功能热防护结构的尺寸为 138 mm×130 mm×29.8 mm，质量为 1 157 g，其中热电层质量 733 g；通过飞行器和多功能板两个尺度的分析，获得了热电多功能结构承受的力学边界条件，开展了结构的力热耦合分析，并基于热电层温度分布评估了结构的发电性能，结果表明，第二级压缩面上布置多功能结构，其承力构件的应力小于 650 MPa、热电材料的应力小于 150 MPa，全弹道下的最大发电功率为 4 147 W、平均发电功率为 254 W。

参考文献

[1] 高戈.高超声速飞行器多功能热防护结构设计及力/热/电性能评估[D].西安：西北工业大学,2020.

[2] Nolas G S, Kaeser M, Littleton R T, et al. High figure of merit in partially filled ytterbium skutterudite materials[J]. Applied Physics Letters, American Institute of Physics, 2000, 77(12): 1855.

[3] He T, Chen J, Rosenfeld H D, et al. Thermoelectric properties of indium-filled skutterudites[J]. Chemistry of Materials, 2006, 18(3): 759－762.

[4] Liu W S, Zhang B P, Zhao L D, et al. Improvement of thermoelectric performance of $CoSb_{3-x}Te_x$ skutterudite compounds by additional substitution of IVB-Group elements for Sb[J]. Chemistry of Materials, 2008, 20(24): 7526－7531.

[5] Zhao W, Wei P, Zhang Q, et al. Enhanced thermoelectric performance in barium and indium double-filled skutterudite bulk materials via orbital hybridization induced by indium filler[J]. Journal of the American Chemical Society, American Chemical Society, 2009, 131(10): 3713－3720.

[6] Li H, Tang X, Zhang Q, et al. Rapid preparation method of bulk nanostructured $Yb_{0.3}Co_4Sb_{12+y}$ compounds and their improved thermoelectric performance[J]. Applied Physics Letters, American Institute of Physics, 2008, 93(25): 252109.

[7] Shi X, Yang J, Salvador J R, et al. Multiple-Filled skutterudites: high thermoelectric figure of merit through separately optimizing electrical and thermal transports[J]. Journal of the American Chemical Society, 2011, 133(20): 7837－7846.

[8] Yan X, Poudel B, Ma Y, et al. Experimental studies on anisotropic thermoelectric properties and structures of n-Type $Bi_2Te_{2.7}Se_{0.3}$[J]. Nano Letters, 2010, 10(9): 3373－3378.

[9] Zhao X B, Yang S H, Cao Y Q, et al. Synthesis of nanocomposites with improved thermoelectric properties[J]. Journal of Electronic Materials, 2009, 38(7): 1017－1024.

[10] Hsu K F, Loo S, Guo F, et al. Cubic $AgPb_{(m)}SbTe_{(2+m)}$: bulk thermoelectric materials with high figure of merit[J]. Science, 2004, 303(5659): 818－821.

[11] Cook B A, Matthew J K, Harringa J L, et al. Analysis of nanostructuring in high figure-of-merit $Ag_{1-x}Pb_mSbTe_{2+m}$ thermoelectric materials[J]. Advanced Functional Materials, 2009, 19(8): 1254－1259.

[12] Poudeu P F P, Gueguen A, Wu C I, et al. High figure of merit in nanostructured n-Type $KPb_m SbTe_{m+2}$ thermoelectric materials[J]. Chemistry of Materials, 2010, 22(3): 1046－1053.

[13] Girard S N, He J Q, Li C, et al. In situ nanostructure generation and evolution within a bulk thermoelectric material to reduce lattice thermal conductivity[J]. Nano Letters, 2010, 10(8): 2825－2831.

[14] Sootsman J R, Kong H, Uher C, et al. Large enhancements in the thermoelectric power factor of bulk pbte at high temperature by synergistic nanostructuring[J]. Angewandte Chemie International Edition, 2008, 47(45): 8618－8622.

[15] Sootsman J R, He J, Dravid V P, et al. Microstructure and thermoelectric properties of

mechanically robust PbTe-Si eutectic composites[J]. Chemistry of Materials, 2010, 22(3): 869 - 875.

[16] Poudeu P F P, Angelo J J D, Kong H, et al. Nanostructures versus solid solutions: low lattice thermal conductivity and enhanced thermoelectric figure of merit in $Pb_{9.6}Sb_{0.2}Te_{10-x}Se_x$ bulk materials[J]. Journal of the American Chemical Society, 2006, 128(44): 14347 - 14355.

[17] Androulakis J, Lin C H, Kong H J, et al. Spinodal decomposition and nucleation and growth as a means to bulk nanostructured thermoelectrics: enhanced performance in $Pb_{1-x}Sn_xTe$-PbS [J]. Journal of the American Chemical Society, 2007, 129(31): 9780 - 9788.

[18] Zhou M, Li J F, Kita T. Nanostructured $AgPb_mSbTe_{m+2}$ system bulk materials with enhanced thermoelectric performance[J]. Journal of the American Chemical Society, 2008, 130(13): 4527 - 4532.

[19] Wang X W, Lee H, Lan Y C, et al. Enhanced thermoelectric figure of merit in nanostructured n-type silicon germanium bulk alloy[J]. Applied Physics Letters, 2008, 93(19): 193121.

[20] Poudel B, Hao Q, Ma Y, et al. High-Thermoelectric performance of nanostructured bismuth antimony telluride bulk alloys[J]. Science, 2008, 320(5876): 634 - 638.

[21] Xie W, He J, Kang H J, et al. Identifying the specific nanostructures responsible for the high thermoelectric performance of $(Bi,Sb)_2Te_3$ nanocomposites[J]. Nano Letters, 2010, 10(9): 3283 - 3289.

[22] Cao Y Q, Zhao X B, Zhu T J, et al. Syntheses and thermoelectric properties of Bi_2Te_3/Sb_2Te_3 bulk nanocomposites with laminated nanostructure[J]. Applied Physics Letters, 2008, 92(14): 143106.

[23] Xie W, Tang X, Yan Y, et al. Unique nanostructures and enhanced thermoelectric performance of melt-spun BiSbTe alloys[J]. Applied Physics Letters, 2009, 94(10): 102111.

[24] Fan S, Zhao J, Guo J, et al. P-type $Bi_{0.4}Sb_{1.6}Te_3$ nanocomposites with enhanced figure of merit[J]. Applied Physics Letters, 2010, 96(18): 182104.

[25] 党晓雪.集成热电转换功能的新型热防护系统设计与分析[D].哈尔滨：哈尔滨工业大学,2015.

[26] Androulakis J, Hsu K F, Pcionek R, et al. Nanostructuring and high thermoelectric efficiency in p-Type $Ag(Pb_{1-y}Sn_y)_mSbTe_{2+m}$[J]. Advanced Materials, 2006, 18(9): 1170 - 1173.

[27] Poudeu P F P, D'Angelo J, Downey A D, et al. High thermoelectric figure of merit and nanostructuring in bulk p-type $Na_{1-x}Pb_mSbyTe_{m+2}$[J]. Angewandte Chemie, 2006, 118(23): 3919 - 3923.

[28] Chen Z G, Han G, Yang L, et al. Nanostructured thermoelectric materials: current research and future challenge[J]. Progress in Natural Science: Materials International, 2012, 22(6): 535 - 549.

[29] Biswas K, He J, Zhang Q, et al. Strained endotaxial nanostructures with high thermoelectric figure of merit[J]. Nature Chemistry, 2011, 3(2): 160 - 166.

[30] Gueguen A, Poudeu P F P, Li C P, et al. Thermoelectric properties and nanostructuring in the p-Type materials $NaPb_{18-x}Sn_xMTe_{20}$(M = Sb, Bi) [J]. Chemistry of Materials, 2009, 21(8): 1683 - 1694.

[31] Joshi G, Lee H, Lan Y, et al. Enhanced thermoelectric figure-of-merit in nanostructured p-type silicon germanium bulk alloys[J]. Nano Letters, 2008, 8(12): 4670 - 4674.

[32] Snyder G J, Christensen M, Nishibori E, et al. Disordered zinc in Zn_4Sb_3 with phonon-glass and electron-crystal thermoelectric properties[J]. Nature Materials, 2004, 3(7): 458 - 463.

第 9 章

热管理系统优化设计及流程

9.1 前言

高超声速飞行器热管理系统主要包括热防护子系统、热输运子系统和热电转换再利用子系统，而气动热计算与热管理系统设计之间、热管理各子系统设计之间存在耦合关系。本书第 2 章建立的热平衡模型中，飞行器表面热能分为辐射耗散项和等效传热项，其中等效传热项主要用于描述热输运和热能转换子系统，本书中大面积区域的热输运主要通过对流热输运网络实现，热电转换通过基于热电材料的多功能结构实现。本书第 8 章中，针对飞行器特征部位，进行了承载-防热-供电多功能结构开发，设计成本较高，本章将探索一种针对飞行器大面积区域热电多功能结构的设计方法，即热防护、热输运及热能转换子系统的耦合设计流程。

本章针对飞行器典型区域，将热电转换模块置于被动热防护概念中，冷端施加对流热输运条件，建立数值模型，开展热管理系统的性能评估和优化，最终建立飞行器热能管理系统的设计流程，并提出未来高超声速飞行器的热管理方案设想。

9.2 热电-热防护概念及热管理系统的优化设计

在针对飞行器进行多功能结构设计时，首先按照第 3 章所述方法进行被动热防护系统设计，在相应热防护概念的非隔热层中添加热电转换模块或直接添加热电转换层，形成热电-热防护概念，此时热电转换模块不影响热防护概念的防隔热性能，因此，新概念的优化设计只需要考虑热能管理效率和结构质量。

9.2.1　热电–热防护概念及其数值模型

第 6 章中巡飞器机身背风面 *II* 和 *III*，即 F_{II-L} 和 F_{III-L} 的被动热防护概念为 AFRSI，本章针对典型热防护概念 AFRSI，在隔热层上下两侧添加两层热电发电层，形成新型的热电–热防护概念，本章后续讨论中表示为 TE – AFRSI。图 9 – 1 (a)、(b)、(c) 和 (d) 分别为 TE – AFRSI 概念结构、热电性能分析选取的单胞、单胞的几何模型及网格模型。根据飞行器背风面的温度范围，本研究中两级热电层选择中温和低温热电发电模块，从图 9 – 1(a) 中可以看出，中温热电层位于 C9 涂层与上 AB312 层之间，低温热电层位于下 AB312 层与 RTV 胶层之间。热电层通过 Ag 电极与热防护概念连接，热电材料嵌入隔热材料 Q – fiber 中，p 型和 n 型热电材料通过 Ag 电极以"π"形式连接。本研究中，低温 p 型和 n 型热电材料为 Bi_2Te_3 基化合物，而 n 型热电材料中额外添加了 7%的 Cu_2Te[1]；中温 p 型和 n 型热电材料分别为 $\beta-Zn_4Sb_3$[2] 和 $(Pb_{0.95}Sn_{0.05}Te)_{0.92}(PbS)_{0.08}$[3]。热电材料的热学和电学性能见文献[1 – 3]，热防护概念其他材料的物性见文献[4, 5]，Bi_2Te_3 基化合物的密度取 7 700 kg/m^3，$\beta-Zn_4Sb_3$ 的密度取 6 330 kg/m^3，$(Pb_{0.95}Sn_{0.05}Te)_{0.92}(PbS)_{0.08}$ 的密度取 8 160 kg/m^3。

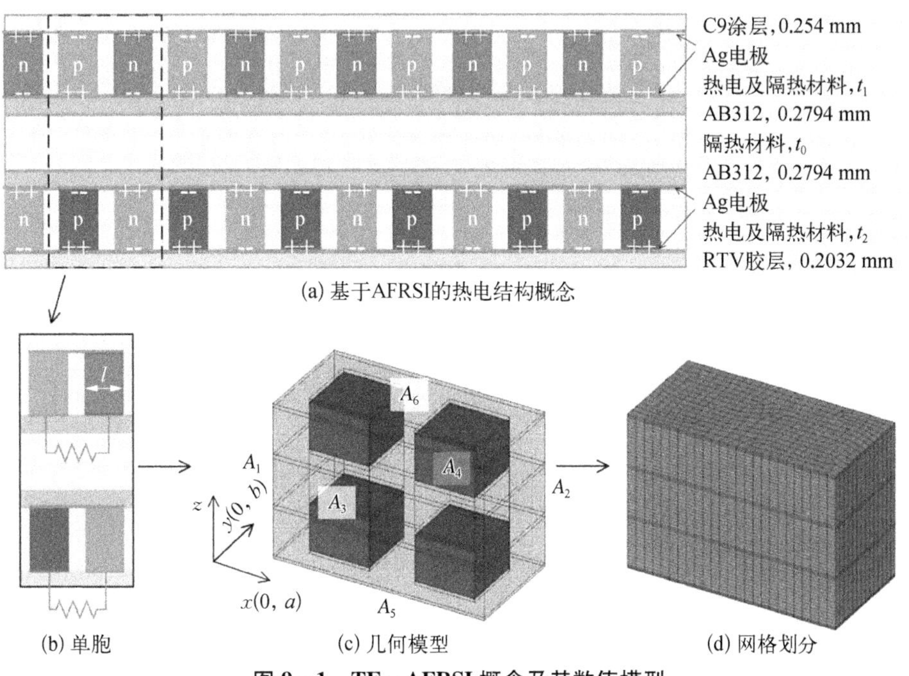

图 9 – 1　TE – AFRSI 概念及其数值模型

本研究中,TE－AFRSI 的热电性能分析基于 ANSYS Multiphysics,选取一个代表性单胞建立数值模型,如图 9－1(b)所示,该单胞包括一对中温和一对低温热电材料。图 9－1(c)为单胞的几何模型,为了简化计算,忽略了具有较高导热和导电性能的 Ag 导电层。图 9－1(d)为网格模型,本研究中热电材料区域选用耦合场实体单元 SOLID226 及其热电分析模式,其他区域选用热实体单元 SOLID70,利用表面效应单元 SURF152 施加热辐射,模型含有 21 432 个单元和 33 281 个节点。

如图 9－1(c)所示,模型在 x、y 和 z 方向上的边界面分别表示为 A_1 和 A_2、A_3 和 A_4、A_5 和 A_6。模型的边界条件见表 9－1,事实上,该单胞是基于 x 和 y 方向上的平移对称性所构建,因此相应边界面 A_1 和 A_2、A_3 和 A_4 应为周期性边界条件,对于周期性边界条件的详细描述见文献[6];底面 A_5 施加对流换热,而顶面 A_6 则为气动热流密度[19.8 kW/m^2,等效传热系数为 10 W/(m^2 · K)时 F_{II-L} 和 F_{III-L} 面的最大热流密度]和热辐射。表 9－1 中,T 和 q 分别为温度和热流密度,h_l 为模型底面的对流换热系数,下标 bottom 表示模型底面,下标 aero 和 rad 分别表示气动热和辐射热。

表 9－1　TE－AFRSI 模型边界条件

边界面	边　界　条　件	边界面	边　界　条　件
A_1-A_2	$T_{(0,\,y)} - T_{(a,\,y)} = 0$	A_5	$q = -h_l(T_{\text{bottom}} - 300)$
A_3-A_4	$T_{(x,\,0)} - T_{(x,\,b)} = 0$	A_6	$q = q_{\text{aero}} - q_{\text{rad}}$

9.2.2　热电-热防护概念的优化模型

本研究中,对 TE－AFRSI 结构进行了优化设计,优化目标为以最小的质量增加获得最大的发电功率。中温热电层的高度 t_1、低温热电层的高度 t_2、热电材料的宽度 l(图 9－1)及底面对流换热系数为优化参数。本研究中,针对三种目标函数进行了优化,即热电转换效率最大、单位等效密度的发电功率最大及热能传递量最大,其中热能传递量包括热电转换和对流输运的热量。优化模型的数学描述分别见方程(9－1)、方程(9－2)和方程(9－3):

$$\begin{aligned} &\max \quad TEC = P/q_{\text{aero}}/(ab) \\ &\text{s.t.} \quad 300\ \text{K} < T_{\text{bottom}} < 440\ \text{K} \end{aligned} \tag{9-1}$$

$$\begin{aligned} &\max \quad P_D = P/\rho_e \\ &\text{s.t.} \quad 300\ \text{K} < T_{\text{bottom}} < 440\ \text{K} \end{aligned} \tag{9-2}$$

$$\begin{aligned} &\max \quad H_{\text{reuse}} = q_{\text{in}}/q_{\text{aero}} \\ &\text{s.t.} \quad 300\ \text{K} < T_{\text{bottom}} < 440\ \text{K} \end{aligned} \tag{9-3}$$

式中，*TEC* 为热电转换效率；P 为热电模块的最大发电功率；$a = 14$ mm 和 $b = 7$ mm 分别为单胞的长度和宽度；P_D 为单位等效密度的最大发电功率；ρ_e 为 TE－AFRSI 概念的等效密度；H_{reuse} 为热能传递量（对流输运和热电转换带走的热量）的比重。因此，本研究中的优化问题可以表述为，分别获得最大的 *TEC*、H_{reuse} 和 P_D，同时结构底面温度约束在 300～440 K。

本研究中，基于商业软件 ISIGHT 和混合整数序列二次规划方法进行优化问题求解，优化参数的范围分别给定为 1 mm $\leqslant t_1 \leqslant$ 10 mm、1 mm $\leqslant t_2 \leqslant$ 10 mm、1 mm $\leqslant l \leqslant$ 6 mm，对流换热系数假定为 10 W/(m^2·K) $\leqslant h_l \leqslant$ 25 000 W/(m^2·K)，其中最小、最大值分别对应自然对流和相变换热[7]。

9.2.3　热管理性能评估

本研究中，若考虑 TE－AFRSI 底部的工质对流实际情况，则对流换热系数可通过数值计算获得。根据第 6 章的研究结果，当冷却工质为液氢和碳氢燃料时，TE－AFRSI 底部所需最小工质流量对应的对流换热系数分别为 2 016 W/(m^2·K) 和 134 W/(m^2·K)，也即图 6－13 中的点 PL6 和 PJ6。因此，针对每个目标函数，额外考虑当对流换热系数等于 134 W/(m^2·K) 和 2 016 W/(m^2·K) 时，结构的优化。图 9－2 为优化后的温度和电势场，优化结果见表 9－2。

表 9－2　供电性能及热管理性能

目标函数	h_l/W·m^{-2}·K^{-1}	P/W	*TEC*/%	P_D/10^{-6} W·m^3·kg^{-1}	P_W/W·kg^{-1}	P_A/W·m^{-2}	P_{AD}/10^{-3} W·m^2·kg^{-1}	H_{reuse}/%
TEC	25 000	0.063 9	0.90	3.70	1.57	178.4	0.154	18.0
	2 016	0.017 4	0.90	3.68	1.56	177.6	0.153	19.1
	134	0.016 3	0.84	3.45	1.47	166.6	0.144	21.5
P_D	21 600	0.009 25	0.48	14.2	9.56	94.5	0.94	30.0
	2 016	0.008 87	0.46	13.6	9.16	90.5	0.897	28.6
	134	0.006 96	0.36	10.7	7.19	71.0	0.704	20.8

（续表）

目标函数	h_l/W·m^{-2}·K^{-1}	P/W	TEC/%	P_D/10^{-6} W·m^3·kg^{-1}	P_W/W·kg^{-1}	P_A/W·m^{-2}	P_{AD}/10^{-3} W·m^2·kg^{-1}	H_{reuse}/%
H_{reuse}	1 420	0.004 30	0.22	1.94	3.28	43.9	0.322	31.5
	2 016	0.004 33	0.22	1.94	3.30	44.1	0.323	31.5
	134	0.003 9	0.20	1.76	2.99	40.0	0.293	28.2

图 9－2(a)、(b)和(c)分别为以 TEC、P_D和 H_{reuse}为目标函数的计算结果，C1 和 C2 算例分别对应对流换热系数 h_l＝134 W/(m^2·K)和 2 016 W/(m^2·K)的情况，C3 算例则为优化后的换热系数。对于结构温度场(图 9－2 左侧部分)和热电材料的温度场(图 9－2 中间部分)，C1、C2 和 C3 算例的温度分布模式差异很小，因此图中只显示了一种分布模式，但温度的绝对值差异较大，图中标明了三种算例的温度标尺。所有算例底面的温度都在 300～440 K，符合约束要求。对于热电材料的电势场(图 9－2 右侧部分)，C1、C2 和 C3 算例的分布由左至右排布。从图中可以看出，热电材料输出的电势从 C1 到 C3 逐渐增加，可见，结构冷端对流换热的增强有助于提高输出电势。另外，图 9－2 各小图比较可知：以 TEC 为目标函数优化获得的 TE－AFRSI 概念[图 9－2(a)、(b)和(c)]，其热电材料的温差和输出电势最大；以 P_D为目标函数优化获得的 TE－AFRSI 概念[图 9－2(d)、(e)和(f)]，其底面温度最低，输出电势中等；以 H_{reuse}为目标函数优化获得的 TE－AFRSI 概念[图 9－2(g)、(h)和(i)]，其顶面温度最低，输出电势最低。

表 9－2 为优化后结构和系统的供电性能和热管理性能，从表中可以看出最高热电转换效率 TEC 为 0.90%，针对液氢和碳氢最小工质流量的 TEC 分别为 0.90% 和 0.84%，而对应的几何参数为 t_1 ＝ 10 mm、t_2 ＝ 10 mm 和 l ＝ 6 mm(图 9－2)，为各参数的上约束边界；可见，热电材料高度 t_1和 t_2越大，则温差和输出电势越大，而热电材料的边长 l 越大则电阻越小，因此输出功率越大[公式(2－13)]，表明在给定热量下，结构中的热电材料含量越多，发电功率越大，热电转换效率越大。最高的单位等效体密度发电功率 P_D为 14.2×10^{-6} W·m^3/kg，针对液氢和碳氢最小工质流量的 P_D分别为 13.6×10^{-6} W·m^3/kg 和 10.7×10^{-6} W·m^3/kg，对应的几何参数为 t_1＝4.38 mm、t_2＝6.73 mm 和 l＝1.62 mm(图 9－2)。最高热能传递量比重 H_{reuse}为 31.5%，针对液氢和碳氢最小工质流量的H_{reuse}分别为 31.5%和 28.2%，而对应的几何参数为 t_1＝1 mm、t_2＝1 mm 和

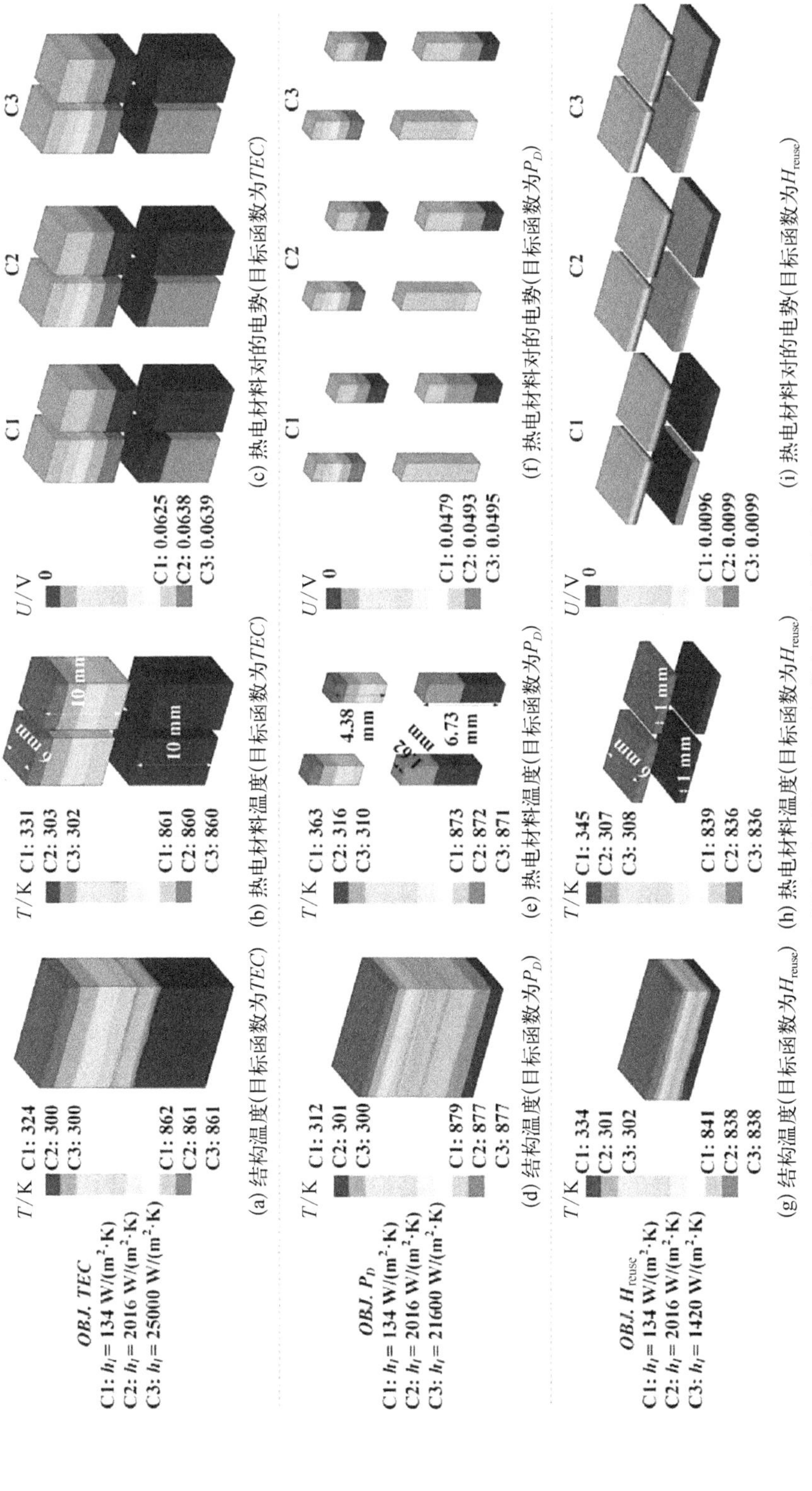

OBJ. TEC
C1: h_l = 134 W/(m^2·K)
C2: h_l = 2016 W/(m^2·K)
C3: h_l = 25000 W/(m^2·K)

T/K C1: 324 C2: 300 C3: 300 C1: 862 C2: 861 C3: 861

(a) 结构温度(目标函数为TEC)

T/K C1: 331 C2: 303 C3: 302 C1: 861 C2: 860 C3: 860
6 mm 10 mm 10 mm

(b) 热电材料温度(目标函数为TEC)

U/V 0 C1: 0.0625 C2: 0.0638 C3: 0.0639
C1 C2 C3

(c) 热电材料对的电势(目标函数为TEC)

OBJ. P_D
C1: h_l = 134 W/(m^2·K)
C2: h_l = 2016 W/(m^2·K)
C3: h_l = 21600 W/(m^2·K)

T/K C1: 312 C2: 301 C3: 300 C1: 879 C2: 877 C3: 877

(d) 结构温度(目标函数为P_D)

T/K C1: 363 C2: 316 C3: 310 C1: 873 C2: 872 C3: 871
4.38 mm 1.62 mm 6.73 mm

(e) 热电材料温度(目标函数为P_D)

U/V 0 C1: 0.0479 C2: 0.0493 C3: 0.0495
C1 C2 C3

(f) 热电材料对的电势(目标函数为P_D)

OBJ. H_{reuse}
C1: h_l = 134 W/(m^2·K)
C2: h_l = 2016 W/(m^2·K)
C3: h_l = 1420 W/(m^2·K)

T/K C1: 334 C2: 301 C3: 302 C1: 841 C2: 838 C3: 838

(g) 结构温度(目标函数为H_{reuse})

T/K C1: 345 C2: 307 C3: 308 C1: 839 C2: 836 C3: 836
6 mm 1 mm 1 mm

(h) 热电材料温度(目标函数为H_{reuse})

U/V 0 C1: 0.0096 C2: 0.0099 C3: 0.0099
C1 C2 C3

(i) 热电材料对的电势(目标函数为H_{reuse})

图 9-2　TE-AFRSI 的温度和电势分布

l=6 mm(图 9-2),t_1和 t_2为下约束边界,材料层厚度降低则有更多热量进入对流热输运通道,l 为上约束边界,则热电材料的电阻较小而发电功率较大。

表 9-2 中,第 6、7 和 8 列分别为单位质量发电功率 P_W、单位面积发电功率 P_A、单位面密度发电功率 P_{AD}。P_W、P_A和 P_{AD}最大值分别为 9.56 W/kg、178.4 W/m 和 0.94×10^{-3} W · m^2/kg,分别通过以 P_D、TEC 和 P_D为目标函数的优化获得。而表 9-2 中,h_l = 2 016 W/(m^2 · K)对应的结果表明,对于本研究中的高超声速巡航飞行器,背风面 F_{II-L}和 F_{III-L}面积为 34.8 m^2,若以热电转换效率 TEC 最大为评判标准,则最大的发电功率可达约 6.16 kW,热防护系统质量约增加 3 909 kg(热电材料质量);若以 P_D最大为评判指标,则背风面 F_{II-L}和 F_{III-L}最大的发电功率可达约 3.15 kW,热防护系统质量约增加 304 kg;若以 H_{reuse}最大为评判指标,则背风面 F_{II-L}和 F_{III-L}最大的发电功率可达约 1.53 kW,热防护系统质量约增加 426 kg;可见,以 P_D最大为目标函数获得的热电-热防护概念,具有最高的性价比。

从第 3 章、第 6 章和第 8 章的案例分析中,可以得出热管理系统的基本特征有: 随着等效传热系数的增加,被动热防护系统的规模减小,而热输运网络的热容量需求增加;对流热输运网络对于工质流量的最低约束,需要根据设计热容量、冷端约束温度和热防护-对流热输运数值分析确定;对于高超声速飞行器而言,若针对特定区域建立防热-供电多功能的热防护概念,可实现上千瓦的发电功率,但会带来质量的增加,需要进行权衡设计。

9.3 面向飞行器总体的热管理系统设计流程

热管理系统包括被动热防护子系统、对流热输运子系统和热电转换再利用子系统,设计流程可分为 4 步,如图 9-3[8] 所示: ① 基于飞行器构型、弹道、等效传热系数及工质初始温度[某些情况下,如公式(2-12)所示,等于 0];② 基于气动热流密度、壁面温度、冷端约束温度、被动热防护概念数据库以及燃料工质的物性,确定被动热防护子系统及对流热输运系统所需的热容量;③ 利用被动热防护子系统和冷却工质物性,建立热防护-对流热输运系统数值模型,基于数值分析与设计容量,确定实际所需的最小工质流量;基于被动热防护子系统、热电材料和对流热输运子系统换热系数,建立热电-热防护概念及其数值分析模型,并进行结构优化;④ 迭代设计,直至被动热防护子系统、对流热输运子系统和热电转换子系统满足总体设计需求。

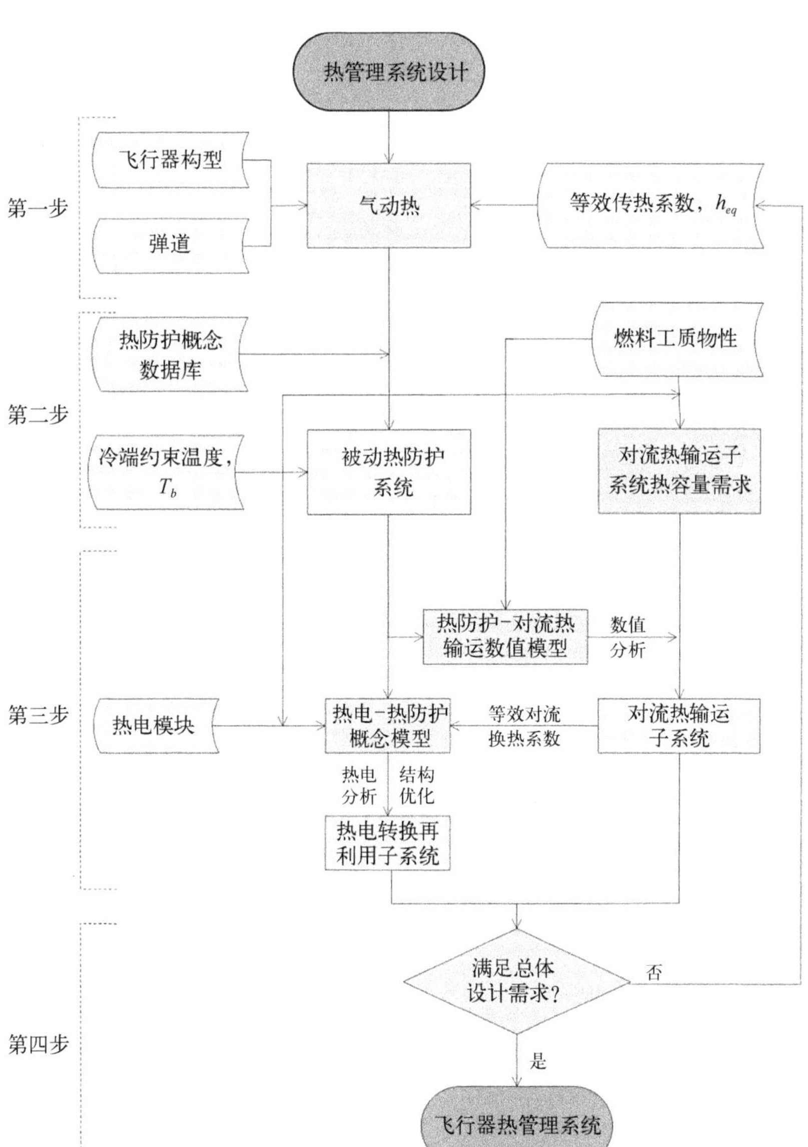

图 9-3　高超声速飞行器热管理系统设计流程

9.4　高超声速飞行器热能管理系统的应用设想

可重复使用高超声速飞行器的热管理方案设想如图 9-4 所示：极高温区

域如机身前缘位置,使用耐高温防热方案、基于热管对流冷却的热输运方案;大面积迎风面,采用刚性防热方案,对流热输运及再生方案;大面积背风面,采用柔性防热方案对流热输运及再生方案;进气道唇口等半径极小的尖锐位置,采用高导热耐高温防热方案、基于发汗冷却的热耗散或对流热输运及再生方案;燃烧室和尾喷管,则采用耐高温防热方案,对流热输运及再生方案;另外,在压缩面和机身背风面等区域,可以尝试采用热电多功能结构方案,实现热电转换利用。

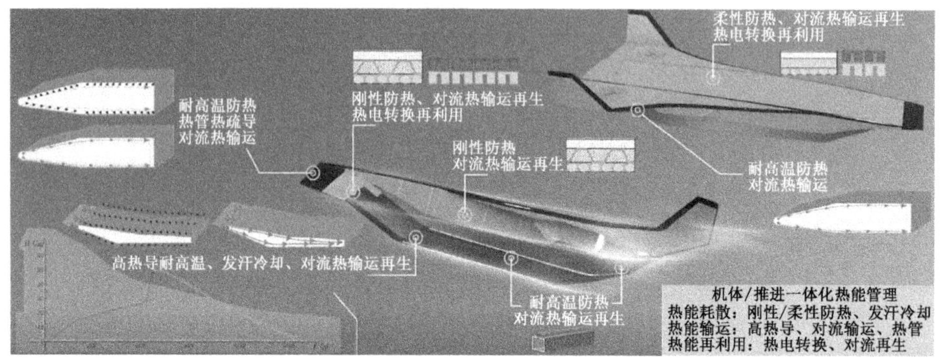

图 9-4 高超声速飞行器热管理总体方案设想

可见,高超声速飞行器机体/推进一体化的热管理,在热能耗散方面,关键技术包括刚性/柔性的被动防热,以及发汗冷却等主动热耗散技术;在热输运方面,关键技术包括基于高热导、对流冷却和热管的热输运技术;在热再利用方面,关键技术包括热电转换和对流热输运再生技术。

随着高超声速工程的不断发展,飞行器所面临的热环境极其严峻,设计空间极其严苛,飞行器热管理成为总体设计、传热传质、流体气动、结构材料、能源电子等学科紧密耦合下的复杂过程管理,因此,高效可靠的热管理系统设计,需要长期持续性的科学研究和工程实践。

参考文献

[1] Wu H J, Yen W T. High thermoelectric performance in Cu-doped Bi_2Te_3 with carrier-type transition[J]. Acta Materialia, 2018, 157: 33-41.

[2] Snyder G J, Christensen M, Nishibori E, et al. Disordered zinc in Zn_4Sb_3 with phonon-glass and electron-crystal thermoelectric properties[J]. Nature Materials, 2004, 3(7): 458-463.

[3] Sootsman J R, He J, Dravid V P, et al. Microstructure and thermoelectric properties of mechanically robust PbTe-Si eutectic composites[J]. Chemistry of Materials, 2010, 22(3): 869-875.

[4] Myers D E, Martin C J, Blosser M L. Parametric weight comparison of advanced metallic,

ceramic tile, and ceramic blanket thermal protection systems[R]. Hampton: NASA Langley Technical Report Server, 2000.

[5] Mui D, Clancy H M. Development of a protective ceramic coating for shuttle orbiter advanced flexible reusable surface insulation[J]. Ceramic Engineering and Science Proceedings, 1985, 6(7-8): 793-805.

[6] Gou J J, Gong C L, Tao W Q. Appropriate utilization of the unit cell method in thermal calculation of composites[J]. Applied Thermal Engineering, 2018, 139: 295-306.

[7] 陶文铨.传热学[M].5 版. 北京：高等教育出版社，2019.

[8] Gou J J, Yan Z W, Hu J X, et al. The heat dissipation, transport and reuse management for hypersonic vehicles based on regenerative cooling and thermoelectric conversion [J]. Aerospace Science and Technology, 2021, 108: 106373.